U0163138

高/光/谱/遥/感/科/学/丛/书

丛书主编　童庆禧　薛永祺

执行主编　张　兵　张立福

国家出版基金项目
NATIONAL PUBLICATION FOUNDATION

高光谱遥感信息处理

Hyperspectral Remote Sensing Data Processing

▶ 张立福　张　霞　黄长平　著

长江出版传媒
Changjiang Publishing & Media

湖北科学技术出版社
HUBEI SCIENCE & TECHNOLOGY PRESS

图书在版编目(CIP)数据

高光谱遥感信息处理/张立福，张霞，黄长平著. — 武汉:湖北科学技术出版社,2021.6
(高光谱遥感科学丛书/童庆禧，薛永祺主编)
ISBN 978-7-5352-9603-0

Ⅰ.①高…　Ⅱ.①张…　②张…　③黄…　Ⅲ.①遥感图像—图像处理　Ⅳ.①TP751

中国版本图书馆 CIP 数据核字(2020)第 193174 号

高光谱遥感信息处理

GAOGUANGPU YAOGAN XINXI CHULI

策划编辑：严　冰　杨瑰玉

责任编辑：严　冰　郎　媛　张波军

封面设计：喻　杨

出版发行：湖北科学技术出版社

电　　话：027-87679468

地　　址：武汉市雄楚大街 268 号(湖北出版文化城 B 座 13－14 层)

邮　　编：430070

网　　址：http://www.hbstp.com.cn

排版设计：武汉三月禾文化传播有限公司

印　　刷：湖北金港彩印有限公司

开　　本：787×1092　1/16

印　　张：22

字　　数：460 千字

版　　次：2021 年 6 月第 1 版

印　　次：2021 年 6 月第 1 次印刷

定　　价：258.00 元

高光谱遥感科学丛书

编　委　会

锲而不舍　执着追求

人们观察缤纷世界主要依靠电磁波对眼睛的刺激,这就产生了两个主要的要素:一是物体的尺度和形状,二是物体的颜色。物体的尺度和形状反映了物体在空间上的展布,物体的颜色则反映了它们与电磁波相互作用所表现出来的基本光谱特性。这两个主要的要素是人们研究周围一切事物,包括宏观和微观事物的基本依据,也是遥感的出发点。当然,这里指的是可见光范畴内,对遥感而言,还包括由物体发出或与之相互作用所形成的,而我们眼睛看不见的紫外线、红外线、太赫兹波和微波,甚至无线电波等特征辐射信息。

高光谱遥感技术诞生、成长,并迅速发展成为一个极具生命力和前景的科学技术门类,是遥感科技发展的一个缩影。遥感,作为一门新兴的交叉科学技术的代名词,最早出现于20世纪60年代初期。早期的航空或卫星对地观测时,地物的影像和光谱是分开进行的,技术的进步,特别是探测器技术、成像技术和记录、存储、处理技术的发展,为影像和光谱的一体化获取提供了可能。初期的彩色摄影以及多光谱和高光谱技术的出现就体现了这一发展中的不同阶段。遥感光谱分辨率的提高亦有助于对地物属性的精确识别和分类,大大提升了人们对客观世界的认知水平。

囿于经济和技术发展水平,我国的遥感技术整体上处于后发地位,我国的第一颗传输型遥感卫星直到20世纪90年代最后一年才得以发射升空。得益于我国遥感界频繁深入的对外交往,特别是20世纪80年代初期国家遥感中心成立之际的“请进来、派出去”方针,让我们准确地把握住了国际遥感技术的发展,尤其是高光谱遥感技术的兴起和发展态势,也抓住了我国高光谱遥感技术的发展时机。高光谱遥感技术是我国在遥感技术领域能与国际发展前沿同步且为数不多的遥感技术领域之一。

我国高光谱遥感技术发展的一个重要推动力是当年国家独特的需求。20世纪80年代中期,中国正大步走在改革开放的道路上,为了解决国家发展所急需的资金,特别是外汇问题,国家发起了黄金找矿的攻关热潮,这一重大任务当然责无旁贷地落到了地质部门身上,地矿、冶金、核工业等部门以及武警黄金部队的科技人员群情激奋、捷报频传。作为国家科学研究主力军的中国科学院也同样以自己雄厚的科研力量和高技术队伍积极投身于这一伟大的事业,依据黄金成矿过程中蚀变矿化现象的光谱吸收特性研制成像光谱仪的建议被提上日程。在中国科学院的组织和支持下,一个包括技术和应用专家在内的科研攻关团队组建起来,当时参加的有上海技术物理研究所的匡定波、薛永祺,安徽光学精密机械研究所的章立民,长春光学精密机械与物理研究所的叶宗怀等人,我有幸与这一批优秀的专家共谋高光谱遥感技术的发展之路。从我国当年科技水平和黄金找矿的急需出发,以国内自主研制成熟的硫化铅器件为基础研发了针对黄金成矿蚀变带和矿化带矿物光谱吸收的短波红外多波段扫描成像仪。这一仪器虽然空间分辨率和信噪比都不算高,如飞行在 3 000 m 高度时地面分辨率仅有 6 m,但其光谱波段选择适当,完全有效地针对了蚀变矿物在 2.0～2.5 μm 波段的吸收带,具有较高的光谱分辨率,故定名为红外细分光谱扫描仪(FIMS)。这是我国高光谱成像技术发展的最初成果,也是我国高光谱遥感技术发展及其实用性迈出的第一步,在短短 3 年的攻关时间内共研制了两种型号。此外,中国科学院引进、设计、改装的"奖状"型遥感飞机的投入使用更使这一技术如虎添翼。两年多的遥感实践,识别出多处黄金成矿蚀变带和矿化带,圈定了一些找矿靶区,验证并获得了一定的"科研预测储量"。初期高光谱仪器的研制以及在黄金找矿实践中的成功应用和技术突破,使我国的高光谱遥感及应用技术发展有了一个较高的起点。

我国高光谱遥感技术的发展是国家和中国科学院大力支持的结果。以王大珩院士为代表的老一辈科学家对这一技术的发展给予了充分的肯定、支持、指导和鼓励。国家科技攻关计划的实施为我国高光谱遥感技术的发展注入了巨大的活力,提供了经费支持。在国家"七五"科技攻关计划支持下,上海技术物理研究所的薛永祺院士和王建宇院士团队研制完成了具有国际先进水平的 72 波段模块化机载成像光谱仪(MAIS)。在国家 863 计划支持下,推帚式高光谱成像仪(PHI)和实用型模块化成像光谱仪(OMIS)等先进高光谱设备相继研制成功。依托这些先进的仪器设备和一批执着于高光谱遥感应用的研究人员,特别是当年中国科学院遥感与数字地球研究所和上海技术物理研究所科研人员的紧密合作,我国的高光谱遥感技术走在了国际前沿之列,在地质和油气资源探查,生态环境研究,农业、海洋以及城市遥感等方面均取得了一系列重要成果,如江西都阳湖湿地植被和常州水稻品种的精细分类、日本各种蔬菜的识别和提取、新疆柯坪县和吐鲁番市的地层区分、澳大利亚城市能源的消耗分析以及 2008 年北京奥运会举办前对"熊猫环岛"购物中心屋顶材质的区分等成果都已成为我国高光谱遥感应用的经典之作,在国内和国际上产生了很大的影响。在与美国、澳大利亚、日本、马来西亚等国的合作中,我国的高光谱遥感技术一直处于主导地位并享有很高的国际声誉,如澳大利亚国家电视台曾两度报道我国遥感科技人员及遥感飞机与澳大利亚的合作情况,当时的工作地区——北领地首府达尔文市的地方报纸甚至用"中国高技术赢得了达尔文"这样的说法报道了中澳合作的研究成果;马来西亚科技部部长还亲自率团来华商谈技术引进及合作;在与日本的长期合作中,也不断获得日本大量的研究费用和设备支持。

进入 21 世纪以来,中国高光谱遥感的发展更是迅猛,"环境卫星"上的可见近红外成像光谱仪,"神舟""天宫"以及探月工程的高光谱遥感载荷,"高分五号"(GF-5)卫星可见短波红外高光谱相机等的各项高光谱设备的研制与发展,将中国高光谱遥感技术推到一个个新的阶段。经过几代人的不懈努力,中国高光谱遥感技术从起步到蓬勃发展、从探索研究到创新发展并深入应用,始终和国际前沿保持同步。目前我国拥有全球最多的高光谱遥感卫星及航天飞行器、最普遍的地面高光谱遥感设备以及最为广泛的高光谱遥感应用队伍。我国高光谱遥感技术应用领域已涵盖地球科学的各个方面,成为地质制图、植被调查、海洋遥感、农业遥感、大气监测等领域的有效研究手段。我国高光谱遥感科技人员还致力于将高光谱遥感技术延伸到人们日常生活的应用方面,如水质监测、农作物和食品中有害残留物的检测以及某些文物的研究和鉴别等。当今的中国俨然已处于全球高光谱遥感技术发展与应用研究的中心地位。

然而,纵观中国乃至世界的高光谱遥感技术及其应用水平,与传统光学遥感(包括摄影测量和多光谱)相比,甚至与 20 世纪同步发展的成像雷达遥感相比,我国的高光谱遥感技术成熟度,特别是应用范围的广度和应用层次的深度方面还都存在明显不足。其原因主要表现在以下三个方面。

一是"技术瓶颈"之限。相信"眼见为实"是人们与生俱来的认知方式,当前民用光学遥感卫星的分辨率已突破 0.5 m,从遥感图像中,人们可以清晰地看到物体的形状和尺度,譬如人们很容易分辨出一辆小汽车。就传统而言,人们根据先验知识就能判断许多物体的类别和属性。高光谱成像则受限于探测器的技术瓶颈,当前民用卫星载荷的空间分辨率仍难突破 10 m,在此分辨率以内,物质混杂,难以直接提取物体的纯光谱特性,这往往有悖于人们的传统认知习惯。随着技术的进步,借助于芯片技术和光刻技术的发展,这一技术瓶颈总会有突破之日,那时有望实现空间维和光谱维的统一性和同一性。

二是"无源之水"之困。从高光谱遥感技术诞生以来,主要的数据获取方式是依靠有人航空飞机平台,世界上第一颗实用的高光谱遥感器是 2000 年美国发射的"新千年第一星"EO-1 Hyperion 高光谱遥感卫星上的高光谱遥感载荷,目前在轨的高光谱遥感卫星鉴于其地面覆盖范围的限制尚难形成数据的全球性和高频度获取能力。航空,包括无人机遥感覆盖范围小,只适合小规模的应用场合;航天,在轨卫星少且空间分辨率低、重访周期长。航空航天这种高成本、低频度获取数据的能力是高光谱遥感应用需求的重要限制条件和普及应用的瓶颈所在,即"无源之水",这是高光谱遥感技术和应用发展的困境之一。

三是"曲高和寡"之忧。高光谱遥感在应用模型方面,过于依靠地面反射率数据。然而从航天或航空高光谱遥感数据到地面反射率数据,需要经历从原始数据到表观反射率,再到地面真实反射率转换的复杂过程,涉及遥感器定标、大气校正等,特别是大气校正有时候还需要同步观测数据,这种处理的复杂性使高光谱遥感显得"曲高和寡"。其空间分辨率低,使得它不可能像高空间分辨率遥感一样,让大众以"看图识字"的方式来解读所获取的影像数据。因此,很多应用部门虽有需求,但高光谱遥感技术的复杂性令其望而却步,这极大地阻碍了高光谱遥感的应用拓展。

"高光谱遥感科学丛书"(共 6 册)瞄准国际前沿和技术难点,围绕高光谱遥感领域的关键技术瓶颈,分别从信息获取、信息处理、目标检测、混合光谱分解、岩矿高光谱遥感、植被高光谱遥感六个方面系统地介绍和阐述了高光谱遥感技术的最新研究成果及其应用前沿。本丛书代表我国目前在高光谱遥感科学领域的最高水平,是全面系统反映我国高光谱遥感科学研究成果和发展动向的专业性论著。本丛书的出版必将对我国高光谱遥感科学的研究发展及推广应用以至对整个遥感科技的发展产生影响,有望成为我国遥感研究领域的经典著作。

十分可喜的是,本丛书的作者都是多年从事高光谱遥感技术研发及应用的专家和科研人员,他们是我国高光谱遥感发展的亲历者、伴随者和见证者,也正是由于他们锲而不舍、追求卓越的不懈努力,我国高光谱遥感技术才能一直处于国际前沿水平。非宁静无以致远,在本丛书的编写和出版过程中,参与的专家和作者们心无旁骛的自我沉静、自我总结、自我提炼以及自我提升的态度,将会是他们今后长期的精神财富。这一批年轻的专家和作者一定会在历练中得到新的成长,为我国乃至世界高光谱遥感科学的发展做出更大的贡献。我相信他们,更祝贺他们!

2020 年 8 月 30 日

　　遥感技术自问世以来得到了迅速发展。研究发现,光谱特征代表了地物的本征特征,光谱分辨率的提高有助于对地物的遥感分类和识别。20世纪80年代初期,美国人最先提出将光谱和影像探测技术融为一体的成像光谱技术的设想,并于1983年和1987年相继研发成功 AIS(airborne imaging spectrometer)第一代成像光谱仪和 AVIRIS(airborne visible infrared imaging spectrometer)第二代成像光谱仪。这一技术的突破,在国际上产生了重大影响,被认为是与成像雷达技术并列,自遥感技术问世以来最重大的两项技术突破。科学敏感性和应用需求,推动了中国高光谱遥感技术的发展。20世纪80年代初,原中国科学院遥感应用研究所的童庆禧先生在与美国科学家交流时,了解到成像光谱技术发展的有关信息,坚信这是遥感技术发展的新的技术突破方向,便与上海技术物理研究所的薛永祺先生开展了我国成像光谱技术发展的可行性探讨和技术研究。80年代中期国家黄金找矿的应用需求,推动了成像光谱技术的发展。由于国家对外汇的迫切需求,我国组织了黄金找矿的地质勘探和科技攻关队伍,中国科学院也作为这支攻关队伍中的重要成员。成像光谱技术由于具有图像和光谱两重属性,既可以通过遥感影像信息了解区域地质构造、地层和岩石的空间格局,又可以利用光谱分析揭示与岩矿类型、矿物特征和成矿背景有关的信息,成为当时国际上最新的地矿遥感研究方向。

　　基于我国红外探测器的技术优势以及新疆富铁矿遥感、云南腾冲遥感和中国科学院一系列遥感技术发展和应用研究项目的科研积累,中国科学院上海技术物理研究所仅用了几个月时间便研制成功了8波段航空短波红外成像仪,成为基于成像光谱技术理念的设计的我国首台成像光谱仪,当时命名为红外细分多光谱扫描仪(fine infrared multi-spectral scanner,FIMS),于1986年装载于"奖状"遥感飞机在新疆西准噶尔地区开展了遥感飞行。在"七五"国家重点科技攻关计划支持下,1989年我国研制成功模块化航空成像光谱仪(modular airborne imaging spectrometer,MAIS)。此后,基于 MAIS 及系列改进型成像光谱仪器,童庆禧团队和薛永祺团队开展了系列高光谱遥感合作项目,并首次实现了中国高光谱遥感技术和设备向发达国家输出,开展了中日、中澳等多个国际合作项目研究,在国际高光谱遥感领域产生了重要影响。2008 年,在童庆禧、薛永祺两位院士的指导下,张立福研究团队研发了地面成像光谱仪,为地物光谱机理研究和高空间分辨率地物光谱信息获取提供了重要手段,有力支撑了高光谱遥感机理和应用研究。此后,一系列成像光谱仪系统相继研发成功,例如短波红外地面成像光谱仪、显微成像光谱仪、文物成像光谱仪、无人机成像光谱仪等。

经过几十年的研究,中国科学院高光谱团队取得了重要成果,有效解决了高光谱遥感理论研究与多领域应用中的关键技术瓶颈,获得了国际同行高度赞誉,引领了国际高光谱遥感创新研究,使我国在高光谱遥感学科发展方面始终处于国际前沿,在国际上产生了重要影响。鉴于此,中国科学院高光谱遥感研究集体获得 2016 年度中国科学院杰出科技成就奖,并于 2018 年获得国家科技进步奖二等奖等重要奖项。近几年,研究团队针对不断提高的遥感应用技术需求,在时空谱多维遥感数据综合与表征理论与方法等方面开展了深入研究,取得一系列创新研究成果。例如,研究团队 2017 年在《全球变化数据学报》首次发布了 MDD(multi-dimensional dataset)遥感时空谱多维数据格式及互操作软件模块 MDA(multi-dimensional data analysis),该研究突破了传统遥感数据维度的限制,使遥感数据存储格式和分析技术由三维拓展到四维,为遥感数据的时—空—谱多维联合分析提供了重要支撑。2020 年,经中国地理信息产业协会团体标准化管理委员会审查,《遥感时—空—谱多维数据格式》CAGIS 团体标准批准立项。

《高光谱遥感信息处理》作为高光谱遥感科学丛书学术专著之一,围绕"高光谱遥感原始数据如何转化为高光谱遥感信息"难题,紧密结合应用需求,着重介绍了研究团队近年来在高光谱遥感数据处理与信息提取算法模型及创新应用研究方面取得的成果。本书共分 9 章,张立福、张霞、黄长平负责全书整体策划、审定,并撰写了部分章节,其中:第 1 章概述了高光谱遥感与高光谱遥感信息处理研究现状与发展趋势;第 2 章介绍了高光谱信息处理的数学基础,包括矩阵变换、最优化问题等;第 3 章介绍了高光谱数据的预处理技术,主要包括成像系统定标、辐射纠正、几何校正、噪声估计等;第 4 章介绍了高光谱图像融合算法,包括空谱融合与时空融合,并在此基础上,着重介绍了研究团队提出的时空谱遥感数据多维组织与一体化融合框架;第 5 章分别从光谱维、空间维、时间维、时空谱多维等方面介绍了高光谱遥感特征提取技术;第 6 章介绍了高光谱遥感影像精细分类算法,包括非监督分类、监督分类、半监督分类等;第 7 章高光谱水质信息提取,主要介绍了研究团队近些年研发的便携式水质智能光谱在线检测系统;第 8 章介绍了高光谱农业信息提取的新技术、新方法与新思路,包括基于时—空—谱多维特征的大宗农作物精准识别、基于全谱段信息的新型植被指数构建原理与方法、太阳诱导叶绿素荧光遥感反演技术等;第 9 章介绍了研究团队近年来开创的高光谱书画文物信息提取新方向,主要包括书画文物矿物颜料光谱库构建、书画文物隐藏信息提取、书画文物高光谱无损检测系统平台等。

本书是研究团队近年来在高光谱遥感信息处理与信息提取算法模型及创新应用研究方面取得的研究成果的系统总结,感谢团队成员邓楚博、孙雪剑、王楠、岑奕分别对第2章、第4章、第8章、第9章做出了贡献。感谢吴太夏、张红明、代双凤、刘佳等团队成员所做的贡献,感谢研究生张鹏、彭明媛、张明月、黄海、翟涌光、尚坤、孙艳丽、戚文超、陈瑶、王思恒、乔娜、张琳珊、郭新蕾等对本书做出的贡献。本书得到国家自然科学基金重点项目"多维时空谱遥感数据综合与表征关键理论与方法研究"(41830108)、兵团重大科技项目"新疆兵团棉花生产大数据关键技术及农业大数据平台研发应用"(2018AA004)、兵团重点领域创新团队"绿洲农业生产监测与遥感大数据应用创新团队"(2018CB004)、国家重点研发计划"星机地协同的大地震灾后灾情快速调查关键技术研究"(2017YFC1500901)和"林果水旱灾害监测预警与风险防范技术研究"(2017YFC1502802)、中国科学院前沿科学重点研究计划"棉花'癌症'黄萎病荧光遥感早期诊断机理与方法"(ZDBS-LY-DQC012)、国家自然科学基金面上项目"基于太阳诱导叶绿素荧光的棉花黄萎病遥感早期诊断与病情分级方法研究"(41971321)、中国科学院青年创新促进会(2017086)等资助。

希望《高光谱遥感信息处理》一书能够在高光谱遥感信息处理的数学基础、算法模型、创新应用等方面为读者提供一个比较系统化的介绍,但由于作者水平有限,本书的编写难免出现差错和疏漏,恳请广大读者不吝赐教,共同促进我国高光谱遥感信息处理领域的发展。

2020 年 12 月 29 日

目　　录

第1章 概 述

1.1 高光谱遥感发展概述

高光谱遥感技术起源于 20 世纪 80 年代初期(Goetz et al.,1985),因其既能成像又能测光谱,在概念和技术上有重大创新,被认为是与成像雷达技术并列,自遥感技术问世以来最重大的两项技术突破(Tong et al.,2016)。经过 30 多年的飞速发展,高光谱遥感已成为一个颇具特色的前沿领域,并孕育形成了一门成像光谱学的新兴学科门类(Goetz,2009;Tong et al.,2014)。它的出现和发展使人们通过遥感技术观测和认识事物的能力产生了一次飞跃,也续写和完善了光学遥感影像从全色影像经由多光谱到高光谱的全部影像信息链。

光谱是指复色光经色散系统分光后按波长或频率大小依次排列的图案,可以反映物质内部电子跃迁、分子振动等所产生的诊断性吸收差异,在很大程度上表征了地物的本征特性。光谱分辨率的提高有助于对地物的精确识别和分类(Goetz,1995;Goetz,2009;Goetz et al.,1985)。高光谱遥感技术发展的动力来自数据获取方式的创新。1983 年,美国率先成功研制出世界上第一台航空成像光谱仪 AIS(airborne imaging spectrometer),并在矿物填图、植被生化特征等方面取得了成功,初显了高光谱遥感的魅力(Goetz et al.,1985;童庆禧,2009)。此后,各个国家陆续研制了多种类型的航空成像光谱仪(T. Cocks et al.,1998;Tong et al.,2014;Vane et al.,1993),包括美国的 AVIRIS(airborne visible/infrared imaging spectrometer)、加拿大的 CASI(compact airborne spectrographic imager)、SASI(shortwave airborne spectrographic imager)、TASI(thermal airborne spectrographic imager),德国的 ROSIS(reflective optics system imaging spectrometer)、澳大利亚的 HyMap(hyperspectral mapper)、中国的 MAIS(modular airborne imaging spectrometer)、PHI(pushbroom hyperspectral imager)、OMIS(operational modular imaging spectrometer)等。

到 21 世纪初,随着遥感平台和传感器技术等的发展,卫星高光谱成像仪受到各国关注,并陆续发射升空,以便从更宽广的视角观测地球。例如美国在 2000 年成功发射了著名的"新千年第一星"EO-1 Hyperion 高光谱遥感卫星(Pearlman et al.,2003)。Hyperion 是第一颗真正意义上的高光谱遥感卫星,光谱范围为 $0.4 \sim 2.5~\mu m$,共有 220 个有效波段,光谱分辨率高达 10 nm,空间分辨率 30 m,幅宽 7.5 km,重访周期 16 天。Hyperion 开启了航天高光谱遥感应用的时代,在地质制图、植被调查、海洋遥感、农业遥感、大气研究、环境监测等领域得到广泛应用。继 Hyperion 之后,国际上陆续成功发射了一系列高光谱遥感卫星,应用较广的主要包括:欧洲航天局(european space agency,ESA)于 2001 年在印度发射的 CHRIS(compact high resolution imaging spectrometer)(Cutter,2004) 和 2002 年成功发射的 MERIS(medium resolution imaging spectrometer)/ENVISAT(Guanter et al.,2007);中国于 2008 年成功发射的环境一号小卫星 HJ-1A(hyper-spectral imager,HSI)(Tong et al.,2014)。中国的高光谱遥感技术自 20 世纪 80 年代以来,经过几代人的不懈努力,从蹒跚起步到蓬勃发展,从探索研究到开展应用,始终和国际保持同步发展步伐:早在 2002 年中国就成功发射了一颗中分辨率成像光谱仪 SZ-3 CMODIS,该卫星与美国 NASA 于 1999 年发射的 MODIS 指标类似(Tong et al.,2004);在 2007 年 10 月、2008 年 5 月、2011 年 9 月和 2016 年 12 月又先后成功发射了嫦娥一号探月干涉成像光谱仪 IIM、风云三号中分辨率光谱成像仪 MERSI(medium resolution spectral imager)、天宫一号高光谱成像仪 TG-1 HSI、高光谱微纳卫星(SPARK01、SPARK02) 等(Tong et al.,2004)。尤其,2018 年 5 月 9 日,我国在太原卫星发射中心成功发射了一颗太阳同步轨道高光谱观测卫星(简称高分五号,GF-5)。GF-5 是我国高分辨率对地观测系统的重要组成部分,它设计寿命 8 年,同时搭载了可见短波红外高光谱相机、全谱段光谱成像仪、大气主要温室气体监测仪、大气环境红外甚高光谱分辨率探测仪、大气痕量气体差分吸收光谱仪、大气气溶胶多角度偏振探测仪等 6 种先进载荷,是实现我国高光谱分辨率观测能力的重要标志(刘文清,2019)。其中,GF-5 主载荷可见短波红外高光谱相机综合性能指标与未来 5～10 年国际上要发射的高光谱载荷(如德国的 EnMAP、美国的 HyspIRI 等)相当(Zhang et al.,2017;刘银年,2018),其光谱范围覆盖 400～2500nm,共有 330 个波段,光谱分辨率 5～10 nm,空间分辨率高达 30 m,幅宽是 Hyperion 的 8 倍(60 km)。

纵观中国乃至世界,尽管在短短的三十几年内高光谱遥感取得了飞速发展(Goetz 2009;Goetz et al.,1985;Tong et al.,2014;Zhang,2014),但高光谱遥感技术及其应用水平,特别是和传统摄影测量遥感和多光谱遥感相比,其应用范围的广度和应用层次的深度还都存在明显差距。造成这种差距的原因主要表现在以下两个方面(Tong et al.,2016)。

其一是"无源之水"之困。从高光谱遥感技术诞生以来,主要的数据获取方式是依靠有人航空飞机平台,航空数据获取实施难度大、覆盖范围小;世界上第一颗实用的高光谱卫星是美国于 2000 年发射的 EO-1 Hyperion 高光谱遥感卫星,目前在轨的高光谱遥感卫星尚未形成业务化的全球获取能力。截至 2017 年 6 月,在地球科学领域,全球共成功发射 1 079 颗卫星(NSSDC,2017),然而高光谱遥感卫星有效载荷很少,目前仍在轨运行的则更少,并且高光谱遥感卫星普遍存在空间分辨率低、重访周期长等特点。总之,航空航天这种高成本、低频率获取数据的能力是高光谱遥感发展的瓶颈所在,"无源之水"也就是高光谱遥感技术和应用发展的最大困境。

其二是"曲高和寡"之忧。高光谱遥感在应用模型方面,过于依靠地面反射率数据。然而从航天卫星或航空高光谱遥感数据到地面反射率数据,需要经历从原始数据到表观反射率再到地面反射率的复杂过程,涉及遥感器定标、大气校正等一系列复杂处理过程,特别是大气校正有时候还需要同步的观测数据,这种处理的复杂性把高光谱遥感变得"曲高和寡",很多应用部门对高光谱遥感技术望而却步,极大地阻碍了高光谱遥感的应用推广。

如何破解这两方面的问题,降低高光谱遥感的数据获取、处理、信息提取与应用等方面的门槛,便构成了高光谱遥感关键的科学问题。本书侧重介绍高光谱遥感数据处理与信息提取算法模型方面的内容以及近年来在研究方面取得的最新成果,通过信息处理"软"手段弥补硬件的不足,试图解决高光谱遥感的"无源之水"之困和"曲高和寡"之忧。

1.2 高光谱遥感信息处理概述

何为信息和信息处理? 1989 年,美国著名系统理论家罗素·艾可夫(Russell Ackoff)曾将数据(data)、信息(information)、知识(knowledge)和智慧(wisdom)进行了系统定义与区分(Ackoff,1989),即数据是物体或事件属性的客观描述,除了简单存在外,本身没有任何意义;信息是处理后被赋予了意义和逻辑而可能有用的数据,处理的目的就是提高数据的有用性;知识是为应用而收集的适当有用的信息;智慧是通过知识的应用,预测未来。为进一步理解并区分数据、信息与知识,Gene Bellinger 等学者在罗素·艾可夫的基础上,给出了从数据到信息、知识再到智慧的转化关系(Bellinger et al.,2004),如图 1.1 所示为著名的 DIKW金字塔,展示了数据、信息、知识和智慧之间的关系。对于高光谱遥感而言,高光谱遥感传感器或载荷直接记录的地物反射或发射的信号即为数据,高光谱遥感信息处理包括数据处理和信息提取两部分内容,其内涵就是利用数据处理、信息提取等技术将这些原始数据转化为有意义的、可用的信息,即可被人类理解的关于地球表层的某种物理的、几何的、生物学的及化学的参数等。因此,高光谱遥感信息处理是高光谱遥感全科技链条(包括基础理论、数据获取、信息处理与多学科应用等)的重要环节,是提高高光谱遥感技术及其应用水平的关键所在。

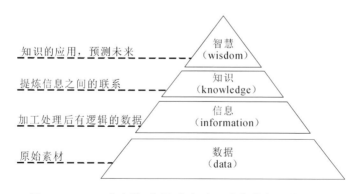

图 1.1 DIKW 金字塔:数据、信息、知识与智慧间的转化关系

1.2.1 高光谱遥感数据的特点

将高光谱遥感原始数据加工处理为信息之前,需要了解高光谱遥感数据具备的特点。高

光谱遥感是高光谱分辨率遥感的简称,一般将光谱分辨率在 $10^{-2}\lambda$ 数据量级范围内的遥感称为高光谱遥感(hyperspectral remote sensing),1985 年 Goetz 首次定义高光谱遥感为"the simultaneous acquisition of images in many narrow,contiguous spectral bands",即"图谱合一"(Goetz et al. ,1985)。因此,与全色、多光谱等传统遥感相比,高光谱遥感具有如下特点:

(1) 光谱波段多:可以为每个像元提供几十、数百甚至上千个波段,如 Hyperion 高光谱载荷拥有 220 个有效波段,高分五号高光谱载荷共有 330 个波段。

(2) 光谱分辨率高:一般优于 10 nm,如 Hyperion 高光谱载荷光谱分辨率为 10 nm,高分五号高光谱载荷光谱分辨率为 5～10 nm。

(3) 波段连续:高光谱遥感载荷,如 Hyperion 高光谱载荷、高分五号高光谱载荷等的地物光谱在 400～2 500 nm 光谱范围内几乎是连续的。

(4) 数据量大:随着波段数的增加,数据量成指数增加。

(5) 信息冗余增加:由于相邻波段高度相关,冗余信息也相对增加。一般,在一定光谱范围内,波段越多,光谱分辨率越高,信息冗余也越大。

高光谱遥感数据的上述特点使得在多光谱遥感中无法感知的具有诊断性光谱特征的物质得以探测,极大提高了遥感观测能力,因此,高光谱遥感被认为是遥感技术发展以来最重大的科技突破之一。

1.2.2　高光谱遥感信息处理的难点

与传统多光谱遥感相比,高光谱遥感数据具备独特的优势,但同时也给信息处理带来了诸多挑战,一些针对传统遥感数据的图像处理算法和技术,如特征选择与提取、图像分类等技术不能简单地直接应用于高光谱遥感数据。高光谱遥感数据对于传统的图像分析处理方法提出了新的要求,同时不断更新的图像分析处理方法也推动着高光谱遥感图像分析技术的发展。高光谱遥感信息处理面临的主要难题归纳如下:

(1) 高光谱遥感数据是超高维数据(very high-dimensional data)(Plaza et al. ,2009),这给数据的处理、分析与理解带来挑战。

(2) 高光谱数据信噪比低:高光谱图像光谱分辨率高,波段带宽窄,地物的能量被细分到各个窄波段,导致单个波段的信噪比低,影响高光谱图像质量。

(3) 高光谱数据混合像元问题严重:由于受到传感器硬件的限制,在一定信噪比下,空间分辨率与光谱分辨率往往是互斥的。因此,相对于全色、多光谱遥感数据,高光谱数据的空间分辨率较低且普遍存在混合像元,这是限制高光谱图像信息提取精度及其进一步应用的重要原因。

(4) 高光谱数据的"同物异谱"与"异物同谱"问题:即相同的地物可能具有不一样的光谱曲线,而不同的地物可能光谱曲线一样或类似,这极大地影响了信息提取的精度。

(5) Hughes 现象明显:Hughes 现象是指当训练样本数目有限时,分类精度随着图像波段数目的增加先增加,在到达一定极值后,分类精度随着图像波段数目的增加而下降的现象。

(6) 高光谱数据的"Smile"效应:是指面阵探测器空间维像元的波长发生光谱弯曲的现象,由于弯曲之后形似一个笑脸,因此被称为"Smile"效应。推扫式面阵成像光谱仪容易出现"Smile"效应,如美国的 EO-1 Hyperion(Dadon et al.,2010)。

(7)高光谱的光谱漂移问题:是指成像光谱仪光谱维像元的中心波长发生移动的现象,由于高光谱遥感的波段多、光谱分辨率高,即便很小的光谱偏移,也将导致很大的反射率反演误差,研究表明,光谱定标精度达到光谱分辨率的1%时,才能避免明显的光谱误差(Gao et al.,2004)。

(8)高光谱数据的幅宽窄:受限于目前传感器硬件技术,与多光谱遥感数据相比,高光谱遥感数据的幅宽一般比较窄,如 EO-1 Hyperion 的幅宽仅有 7.5 km,而多光谱卫星 Landsat 的幅宽达到了 185 km,窄幅宽问题严重制约了高光谱遥感的广泛应用。

解决上述难题涉及一系列关键技术,如光谱、辐射与几何纠正、噪声估计、特征提取、影像融合、图像分类等。

1.2.3　高光谱遥感信息处理的现状与发展趋势

高光谱遥感技术诞生于 20 世纪 80 年代,由于技术起步较晚、数据规模化获取效率低、数据处理复杂度高等原因,高光谱遥感技术的应用广度和深度相对多光谱遥感明显落后,现阶段的应用还局限在专业人员主导下的范围,普通大众难以享受高光谱遥感技术快速发展所带来的便利。

随着美国著名的 EO-1 Hyperion 高光谱遥感卫星于 2015 年 10 月宣布关闭(Zhang et al.,2017),目前在轨运行的高光谱遥感卫星寥若晨星,为解决"无米之炊"的尴尬与困境,未来 5 年全球计划发射系列性能优异的高光谱遥感卫星,表 1.1 列出了未来 5 年国内外主要的高光谱遥感卫星计划。这些规划中的高光谱卫星将给全球高光谱遥感技术及应用的快速发展带来新的机遇,正如 Butler 所言:对地观测将迎来下一个新的时代(Butler,2014)。然而,挑战也将伴之而来,比如,至今国际上还没有一种各国都普遍遵守的高光谱遥感产品分级分类标准和规范,没有公认的高光谱遥感产品算法模型,造成各国生产的遥感产品标准不同,产品精度无法定量评价。为促进高光谱卫星遥感技术的业务化推广应用,作者团队于2015 年联合美国 USGS、德国 DLR、澳大利亚 CSIRO、日本 HISUI 卫星等国际高光谱遥感著名科学家及研究团队,发起组建了高光谱遥感国际团队。国际团队面向未来高光谱卫星遥感产品多层次应用需求,开展高光谱卫星产品标准化设计、典型应用产品算法研发、产品精度评价等国际联合研究,最终形成高光谱遥感产品国际标准和系列产品算法模型集。团队通过优势互补、成果共享、标准统一等模式,加快高光谱遥感由研究走向应用的步伐,进而通过应用模式创新,借助互联网+技术平台,让普通民众能够享受到遥感技术给生产和生活带来的便利,提高高光谱遥感的应用水平。

表 1.1　未来 5 年全球主要高光谱遥感卫星计划

卫星名	光谱范围(nm)	光谱分辨率(nm)	空间分辨率(m)	国别
EnMAP	420~2 450	8~10	30	德国
HISUI	400~2 500	10	30	日本
HERO	430~2 450	10	30	加拿大
HyspIRI	380~2 500	10	60	美国
PRISMA	400~2 500	12	30	意大利

卫星名	光谱范围(nm)	光谱分辨率(nm)	空间分辨率(m)	国别
SHALOM	400～2 500	10	28	意大利
HYPXIM	400～2 500	10	8	法国
CCRSS	400～2 500	6～10	30	中国

近年来,全球新科技革命,特别是空间科学、电子科学、计算机科学的快速发展,为解决高光谱遥感数据高效获取与快速处理相关问题提供机遇。借助这些相关技术最新发展成果,研发新型光谱成像设备和星上实时处理系统,构建智能型高光谱对地观测系统(Zhang,2011),实现面向观测对象的星上空间-光谱-辐射资源的自适应调节和数据快速处理,解决传统固定成像模式所带来的数据针对性差、处理效率低等问题,从数据源头出发,面向观测对象和用户建立精准、快速的数据获取和专题产品生产直接通道,将会降低高光谱遥感技术的应用门槛。伴随着各项技术的革新以及应用需求的不断提高,高光谱遥感已由传统的纳米级光谱分辨率向亚纳米级的超光谱发展。例如,欧洲航天局(ESA)为精准测量全球陆地植被所存储的碳量,将于2022年前后发射一颗面向太阳诱导叶绿素荧光遥感探测的卫星FLEX(Kraft et al.,2012)。该卫星的光谱范围为500～780 nm,空间分辨率300 m,光谱分辨率0.3 nm。我国规划中的首颗陆地生态系统碳卫星也将搭载一个指标类似的超光谱成像仪,用于探测森林叶绿素荧光,该卫星预计2022年前后发射。这些新型高光谱成像仪的出现提高了高光谱遥感应用的广度和深度,但同时也将会给高光谱遥感信息处理带来新的挑战,需要不断探索新颖的数据处理与信息提取技术(张兵,2016)。

另外,大数据、云计算等新兴技术的出现,特别是互联网快速发展所产生的服务模式变革,为高光谱遥感技术快速向各个行业拓展应用提供了发展机遇。借助互联网平台和云服务技术,构建高光谱遥感应用云服务平台,在专业人员和普通大众之间建立一座桥梁,把专业人员在高光谱数据处理和信息提取方面的技术与用户对具体生产和应用的需求通过网络平台结合起来,实现产学研的真正结合;同时,借助"互联网+"的服务模式和理念,面向行业形成包括数据获取与处理、信息提取与应用的整套解决方案,并建立基于互联网的应用拓展渠道,将有利于推动高光谱遥感更便捷地服务于大众。

1.3　本书的内容体系

本书针对高光谱遥感数据的特点,围绕"高光谱遥感原始数据如何转化为高光谱遥感信息"难题,紧密结合应用需求,着重介绍在高光谱遥感数据处理与信息提取算法模型及创新应用研究方面取得的成果,主要包括高光谱信息处理数学基础、高光谱数据预处理、高光谱数据融合、高光谱数据特征提取、高光谱数据影像精细分类等关键技术,以及高光谱水质信息提取、高光谱农业信息提取、高光谱书画文物信息提取等多学科领域的创新应用。通过本书系统的描述(图1.2),将有助于制定一套标准化的高光谱遥感数据处理与信息提取技术和流程,从而加快高光谱遥感由研究走向应用的步伐。

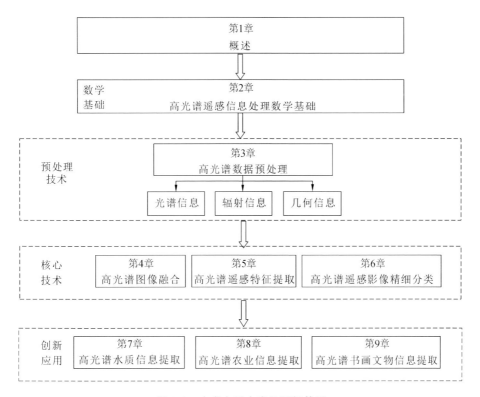

图 1.2　本书主要内容及逻辑体系

参 考 文 献

刘文清,2019."高分五号卫星载荷研制"专辑[J].大气与环境光学学报,14(01):5.

刘银年,2018."高分五号"卫星可见短波红外高光谱相机的研制[J].航天返回与遥感,(3):25-28.

童庆禧,2009.立足国内开拓创新走向世界:中国科学院遥感应用研究所高光谱遥感发展 30 年回顾[J].遥感学报,13(s1):21-33.

张兵,2016.高光谱图像处理与信息提取前沿[J].遥感学报,(20):1062-1090.

ACKOFF R L,1989. From data to wisdom[J]. Journal of applied systems analysis,16:3-9.

CASTRO D,BELLINGER G,MILLS A,et al. ,2004. Information,Knowledge,and Wisdom[C]//European Congress of Rheumatology Eular. BMJ Publishing Group.

BUTLER D,2014. Earth observation enters next phase[J]. Nature,508(7495):160-1.

T COCKS,R JENSSEN,A STEWART,et al,1998. The HyMap airborne hyperspectral sensor: the system, calibration and performance[C]. 1st Earsel Workshop on Imaging Spectroscopy:1-6.

CUTTER M A,2004. Compact high-resolution imaging spectrometer (CHRIS) design and performance [C]//Spie International Symposium on Optical Science & Technology. International Society for Optics and Photonics.

DADON A,BEN-DOR E,KARNIELI A,2010. Use of derivative calculations and minimum noise fraction transform for detecting and correcting the spectral curvature effect (smile) in Hyperion images[J]. IEEE Transactions on Geoscience & Remote Sensing,48(6):2603-2612.

GAO B C,MONTES M J,DAVIS C O,2004. Refinement of wavelength calibrations of hyperspectral imaging data using a spectrum-matching technique[J]. Remote Sensing of Environment,90(4):424-433.

GOETZ A F H,1995. Hyperspectral imaging and quantitative remote sensing[J]. Land Satellite Information in the Next Decade:E1-E10,180.

GOETZ A F H,2009. Three decades of hyperspectral remote sensing of the Earth:A personal view[J]. Remote Sensing of Environment,113(supp-S1):S5-S16.

GOETZ A F H,VANE G,SOLOMON J E,et al. ,1985. Imaging spectrometry for Earth remote sensing[J]. Science,228(4704):1147-1153.

GUANTER L,GONZALEZ-SANPEDRO M D C,MORENO J,2007. A method for the atmospheric correction of ENVISAT/MERIS data over land targets[J]. International journal of remote sensing,28(3/4):p. 709-728.

KRAFT S,BELLO U D,BOUVET M,et al. ,2012. FLEX:ESA's Earth Explorer 8 candidate mission[C]// Geoscience and Remote Sensing Symposium (IGARSS),2012 IEEE International. IEEE.

PEARLMAN J S,BARRY P S,SEGAL C C,et al. ,2003. Hyperion,a space-based imaging spectrometer[J]. Geoscience & Remote Sensing IEEE Transactions on,41(6):1160-1173.

A A P,B J A B,C J W B,et al. ,2009. Recent advances in techniques for hyperspectral image processing[J]. Remote Sensing of Environment,113.

TONG J,QIU K,LI X,2004. Radiometric cross-calibration of the SZ3-CMODIS and EOS-MODIS in the visible and near-infrared spectral bands by using two targets in the images[C]//IEEE International Geoscience & Remote Sensing Symposium. IEEE.

TONG Q,XUE Y,ZHANG L. Progress in Hyperspectral Remote Sensing Science and Technology in China Over the Past Three Decades[J]. Selected Topics in Applied Earth Observations and Remote Sensing Journal of,7:70-91.

TONG Q,ZHANG B,ZHANG L,2016. Current progress of hyperspectral remote sensing in China[J]. Journal of Remote Sensing,20:689-707.

VANE G,GREEN R O,CHRIEN T G,et al.,1987. The airborne visible/infrared imaging spectrometer (AVIRIS)[J]. Remote Sensing of Environment,44(2-3):127-143.

ZHANG B,2011. Intelligent remote sensing satellite system[J]. Journal of Remote Sensing,15:415-431.

ZHANG L,LIU Y,XIA Z,2014. Progress in Chinese Satellite Hyperspectral Missions[C]//IEEE IGARSS.

ZHANG L,2016. Perspectives on Chinese developments in spaceborne imaging spectroscopy：What to expect in the next 5-10 years[C]//2016 IEEE International Geoscience and Remote Sensing Symposium (IGARSS). IEEE.

第 2 章　高光谱遥感信息处理数学基础

高光谱数据包含的波段数量众多，提供了极其丰富的地物光谱信息，这有助于更加细致地进行遥感地物分类和定量反演。然而，想要从大量的光谱数据中提取有效信息，科学准确地对其中的信息进行分析，必须掌握相关的数学知识，尤其是数学中的线性代数部分。本章将对高光谱遥感数据处理中常用的数学知识进行介绍，帮助读者对有关数学基础有更加深入的了解，从而更好地理解高光谱信息处理算法。

高光谱数据本质上是一个三维数据立方体，其中包含空间维度和光谱维度，如图 2.1 所示。

在高光谱数据立方体中，波段数根据光谱分辨率的不同，可以从几百到上千个不等，而空间分辨率则直接决定空间维中的像素个数。常规的 RGB 图像可以看成 3 个波段，而高光谱图像则拥有几百甚至上千个波段，其包含的信息远远大于常规的 RGB 图像，这些信息中也存在冗余信息，需要从中找到有用信息，就需要运用一些专用的数学工具。

常规的图像处理算法针对的是二维矩阵，直接应用于三维数据的算法并不多见，通常情况下高光谱图像需要在空间维度按照先行后列的顺序排成一维，然后根据波段展开成二维矩阵，这样常规算法便可以应用到高光谱图像处理上；针对点光谱数据，其本身为一维数组，由样本维度展开组成矩阵，便可以进行光谱处理。

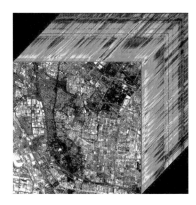

图 2.1　高光谱数据立方体

2.1　矩阵基本性质

矩阵是高光谱信息处理的基础，各种算法的核心及基本构成都建立在矩阵运算的基础上。通常矩阵可以写成如下格式：

$$\begin{pmatrix} a_{11} & \cdots & a_{1n} \\ \vdots & \ddots & \vdots \\ a_{m1} & \cdots & a_{mn} \end{pmatrix} \tag{2.1}$$

式(2.1)矩阵是由 $m×n$ 个数 a_{ij} 排成的 m 行 n 列的数表组成,每个 a_{ij} 称为矩阵的一个元素。在高光谱信息处理领域,如果使用的处理软件不同,其矩阵行列所代表的意义则有所不同,如在 Python 中通常每行代表一个样本,每列代表一个波段,而在 Matlab 里更多人则把每列当成一个样本,把每行当成一个波段。因此,在数据处理前应该明确样本行和列所代表的意义。因为高光谱波段众多,从几百到几千个波段不等,而样本数通常没有那么多。只有在样本数量等于光谱维数的情况下矩阵才是 n 阶方阵,但这种情况几乎不可能发生,因为矩阵大多数性质都是建立在方阵的前提下,比如本小节要讲到内容,其前提都要求矩阵是方阵。

方阵是矩阵的核心,首先需要了解方阵的性质,以便更好地处理非方阵,且非方阵矩阵可以通过一些处理变成方阵;实际上,方阵和非方阵在本质上是相通的。

2.1.1　矩阵的行列式和秩

在介绍行列式与秩之前,需要先明确一个概念,即任何矩阵都会有秩,只是大小不同而已,但必须是方阵才能有行列式。为了给出 n 阶矩阵行列式的定义,先来观察一下三阶行列式的结构。对于任意三阶矩阵,其行列式为

$$\det\begin{pmatrix} a_{11} & a_{12} & a_{13} \\ a_{21} & a_{22} & a_{23} \\ a_{31} & a_{32} & a_{33} \end{pmatrix} = a_{11}\begin{pmatrix} a_{22} & a_{23} \\ a_{32} & a_{33} \end{pmatrix} - a_{12}\begin{pmatrix} a_{21} & a_{23} \\ a_{31} & a_{33} \end{pmatrix} + a_{13}\begin{pmatrix} a_{21} & a_{22} \\ a_{31} & a_{32} \end{pmatrix}$$

$$= a_{11}(a_{22}a_{33} - a_{23}a_{32}) - a_{12}(a_{21}a_{33} - a_{23}a_{31}) + a_{13}(a_{21}a_{32} - a_{22}a_{31})$$

$$(2.2)$$

其中,det 是 determinant 的缩写,代表行列式。在这里用到了一个定理,即行列式等于它的任意一行(列)的各元素与其对应的代数余子式的乘积之和,将这个定理推广到 n 阶矩阵行列式为

$$\det\begin{pmatrix} a_{11} & \cdots & a_{1n} \\ \vdots & \ddots & \vdots \\ a_{n1} & \cdots & a_{m} \end{pmatrix} = \begin{vmatrix} a_{11} & \cdots & a_{1n} \\ \vdots & \ddots & \vdots \\ a_{n1} & \cdots & a_{m} \end{vmatrix} = \sum_{j=1}^{n} (-1)^{1+j} a_{1j} \boldsymbol{M}_{1j} \qquad (2.3)$$

因为行列式可选用任意一行或列作为起始,为了方便,式(2.3)选用了第一行的元素,其中的 $\boldsymbol{M}_{1j}$ 为剔除 M 的第一行以及第 j 列后的 $(n-1)$ 阶行列式。求取 n 阶行列式是一个复杂的过程,一般都用程序去求解,了解行列式的计算过程会对理解矩阵性质大有帮助。

矩阵的秩是矩阵的重要性质之一,它是连接众多概念的一座桥梁。比如说,非方阵矩阵也会有秩,而与它秩相同的方阵则会在性质上与非方阵矩阵有共同点。秩就是矩阵线性独立行或者列的个数,如果考虑波段维就对应着高光谱的波段冗余问题(有效波段数问题)——高光谱波段众多,在波段维通常存在大量冗余,所以高光谱信息处理方法中会大量应用波段选择及数据主成分提取。虽然波段选择可以有效减少冗余信息,但被选波段之间仍然无法避免相关性,其个数并不是真正意义上矩阵的秩。如果考虑样本维,就对应着有效样本个数问题。比如说光谱仪为了避免测量误差干扰,在一次测量中会给出多条光谱,这些

光谱都是极其相似的,其本质是一条光谱,在这种情况下矩阵的秩必然很小。首先来看一下秩的数学定义。

设在矩阵 A 中有一个不等于 0 的 r 阶子式 D,且所有 $(r+1)$ 阶子式(如果存在话)全等于 0,那么 D 称为矩阵 A 的最高阶非零子式,数 r 称为矩阵 A 的秩,记作 $R(A)$。通俗来讲,一个矩阵 A 的列秩是 A 的线性独立的纵列的极大数目。类似地,行秩是 A 的线性无关的横行的极大数目。如果把矩阵看成一个个行向量或者列向量,秩就是这些行向量或者列向量的秩,也就是极大无关组中所含向量的个数。

根据定义可以得到关于秩的一个重要性质,即对于 n 阶方阵 A,当行列式 $|A| \neq 0$ 时 $R(A) = n$,当 $|A| = 0$ 时 $R(A) < n$,而当 $R(A) = n$ 时被称为满秩。满秩方阵 A 有以下几条性质:

(1)$\det(A) \neq 0$。

(2)A 的逆存在。

(3)线性方程组 $Ax = B$ 有唯一解。

其中由(1)可以推导出(2),而由(2)可以推导出(3),其证明比较简单;假设 A 的逆存在,在 $Ax = B$ 等式两边同时左乘 A^{-1} 便可以得到线性方程组的唯一解 $x = A^{-1}B$。

在高光谱领域,矩阵秩的意义更显重要,因为在点光谱数据中,样本数量通常很少而波段数很多,在这种情况下,矩阵有 $m < n$,其中 m 为样本数,n 为波段数,矩阵秩的大小通常为样本数量 m。需要注意的是,在这种情况下只能说矩阵的秩大概率为 m,具体的数值还需要计算求得。对于秩很小的样本,其反演能力通常很差,因为样本矩阵的秩很小则代表样本间相关性高,其能提供的有效信息较少。举一个极端例子,如果样本矩阵的秩为 1,各个样本的光谱形状会呈现相互平行,这种情况将无法反演任何参数。换句话说,所有光谱均可用一条光谱代表,其包含的信息量极低。

矩阵的秩在数据压缩方面也扮演着重要的角色,如最常用的主成分分析(PCA)中,矩阵秩的大小就是 PCA 能够选取最少的主成分使得所有信息完全保留的值。用一个例子来说明,如果一个大小为 100×1 000 的矩阵,其中 1 000 代表波段维,100 代表样本个数,假设它的秩为 100,则 PCA 可以将原矩阵压缩到大小为 100×100 的新矩阵而使其原矩阵所有信息得到保留,当然在大多数情况主成分选择的个数远远小于其秩的值。

2.1.2　特征向量和特征值

特征值和特征向量是线性代数中重要的概念,在高光谱信息处理中也扮演着重要的角色。例如常用到的 PCA 算法,其过程就是求取矩阵的协方差矩阵,然后解出协方差矩阵的特征值和特征向量,按照特征值大小选取主成分,最后得到压缩后的矩阵。首先给出特征值和特征向量的定义。

设 A 是 n 阶方阵,如果实数 λ 和 n 维非零列向量 x 使关系式:

$$Ax = \lambda x \tag{2.4}$$

成立,那么这样的 λ 称为矩阵 A 的特征值,非零向量 x 称为 A 的对应于特征值 λ 的特征向量。式(2.4)也可写成:

$$(\boldsymbol{A} - \lambda \boldsymbol{I})\boldsymbol{x} = 0 \tag{2.5}$$

其中，$\boldsymbol{I}$ 为单位矩阵。这是拥有 n 个未知数和 n 个方程的齐次线性方程组，它有非零解的充分必要条件是系数行列式等于 0：

$$|\boldsymbol{A} - \lambda \boldsymbol{I}| = 0 \tag{2.6}$$

上式是以 λ 为未知数的一元 n 次方程，称为矩阵 $\boldsymbol{A}$ 的特征方程。其左端 $|\boldsymbol{A} - \lambda \boldsymbol{I}|$ 是 λ 的 n 次多项式，记作 $f(\lambda)$，称为矩阵 $\boldsymbol{A}$ 的特征多项式。$\boldsymbol{A}$ 的特征值就是特征多项式的解。特征方程在复数范围内恒有解，其个数为方程的次数；因此，n 阶矩阵 $\boldsymbol{A}$ 在复数范围内有 n 个特征值。用一个例子来说明如何求得特征值和特征向量，例如：

$$\boldsymbol{A} = \begin{pmatrix} -1 & 1 & 0 \\ -4 & 3 & 0 \\ 1 & 0 & 2 \end{pmatrix} \begin{pmatrix} 0 \\ 0 \\ 1 \end{pmatrix} = 2 \begin{pmatrix} 1 \\ 0 \\ 2 \end{pmatrix}$$

那么 $\boldsymbol{A}$ 的特征多项式为

$$|\boldsymbol{A} - \lambda \boldsymbol{I}| = \begin{vmatrix} -1-\lambda & 1 & 0 \\ -4 & 3-\lambda & 0 \\ 1 & 0 & 2-\lambda \end{vmatrix} = (2-\lambda)(1-\lambda)^2$$

容易求得 $\boldsymbol{A}$ 的特征值为 $\lambda_1 = 2, \lambda_2 = \lambda_3 = 1$。

当 $\lambda_1 = 2$ 时，可以得到

$$\boldsymbol{A} - 2\boldsymbol{I} = \begin{pmatrix} -3 & 1 & 0 \\ -4 & 1 & 0 \\ 1 & 0 & 0 \end{pmatrix} \tag{2.7}$$

可以得到其对应的特征向量为

$$\boldsymbol{v}_1 = \begin{pmatrix} 0 \\ 0 \\ 1 \end{pmatrix}$$

$x_1 = 0, x_2 = 0, x_3$ 为任意数，通常选取 1。

当 $\lambda_2 = \lambda_3 = 1$ 时，可以得到

$$\boldsymbol{A} - \boldsymbol{I} = \begin{pmatrix} -2 & 1 & 0 \\ -4 & 2 & 0 \\ 1 & 0 & 1 \end{pmatrix} \tag{2.8}$$

由此可知 $-2x_1 + x_2 = 0, -4x_1 + 2x_2 = 0$ 且 $x_1 + x_3 = 0$，可以写成 $x_1 = -x_3, x_2 = -2x_3$。令 $x_3 = 1$，其特征值为

$$\boldsymbol{v}_2 = \begin{pmatrix} -1 \\ -2 \\ 1 \end{pmatrix}$$

可以得到矩阵 $\boldsymbol{A}$ 的特征值为 $\lambda_1 = 2, \lambda_2 = \lambda_3 = 1$，其对应的特征向量为

$$\boldsymbol{v}_1 = \begin{pmatrix} 0 \\ 0 \\ 1 \end{pmatrix}, \boldsymbol{v}_2 = \begin{pmatrix} -1 \\ -2 \\ 1 \end{pmatrix}$$

2.1.3　向量的内积和长度

向量的内积、长度和正交性是向量最基本的性质。在高光谱领域,向量本身对应一条光谱,而向量的内积与光谱角之间有着密切的联系,向量的长度则代表欧氏距离。

首先来看一下内积的定义,设有 n 维向量 $\boldsymbol{x}, \boldsymbol{y}$

$$\boldsymbol{x} = \begin{pmatrix} x_1 \\ x_2 \\ \vdots \\ x_n \end{pmatrix}, \boldsymbol{y} = \begin{pmatrix} y_1 \\ y_2 \\ \vdots \\ y_n \end{pmatrix}$$

则

$$\boldsymbol{x} \cdot \boldsymbol{y} = x_1 y_1 + x_2 y_2 + \cdots + x_n y_n \tag{2.9}$$

即为 $\boldsymbol{x}, \boldsymbol{y}$ 的内积,也叫点积。

内积是两个向量之间的一种运算,其结果是一个实数,内积也可用矩阵乘法表示,如下:

$$\boldsymbol{x} \cdot \boldsymbol{y} = \boldsymbol{x}^{\mathrm{T}} \boldsymbol{y} \tag{2.10}$$

内积具有以下几条性质:

(1) $\boldsymbol{x} \cdot \boldsymbol{y} = \boldsymbol{y} \cdot \boldsymbol{x}$。

(2) $(\lambda \boldsymbol{x}) \cdot \boldsymbol{y} = \lambda (\boldsymbol{x} \cdot \boldsymbol{y})$。

(3) $(\boldsymbol{x} + \boldsymbol{y}) \cdot \boldsymbol{z} = \boldsymbol{x} \cdot \boldsymbol{z} + \boldsymbol{y} \cdot \boldsymbol{z}$。

(4) 当 $\boldsymbol{x} = 0$ 时,$\boldsymbol{x} \cdot \boldsymbol{x} = 0$,当 $\boldsymbol{x} \neq 0$,$\boldsymbol{x} \cdot \boldsymbol{x} > 0$。

(5) $(\boldsymbol{x} \cdot \boldsymbol{y})^2 \leqslant (\boldsymbol{x} \cdot \boldsymbol{x})(\boldsymbol{y} \cdot \boldsymbol{y})$。

(6) $\boldsymbol{x} \cdot \boldsymbol{y} = |\boldsymbol{x}| |\boldsymbol{y}| \cos(\theta)$。

如果 $\boldsymbol{x}, \boldsymbol{y}$ 代表着两条光谱,那么 θ 就是其光谱角,根据性质(6)易得光谱角公式为

$$\theta = \arccos \frac{\boldsymbol{x} \cdot \boldsymbol{y}}{\| \boldsymbol{x} \| \| \boldsymbol{y} \|} \tag{2.11}$$

式中,$\| \boldsymbol{x} \|$ 代表向量 $\boldsymbol{x}$ 的长度,即欧氏距离,其公式为

$$\| \boldsymbol{x} \| = \sqrt{x_1^2 + x_2^2 + \cdots + x_n^2} \tag{2.12}$$

考虑两个向量之间的长度,即

$$\| \boldsymbol{x} - \boldsymbol{y} \| = \sqrt{(x_1 - y_1)^2 + (x_2 - y_2)^2 + \cdots + (x_n - y_n)^2} \tag{2.13}$$

式(2.13)表达了高维空间中两点间的距离即欧氏距离,其应用极其广泛。向量长度有以下性质:

(1) 非负性:当 $\boldsymbol{x} \neq 0$ 时,$\| \boldsymbol{x} \| > 0$;当 $\boldsymbol{x} = 0$ 时,$\| \boldsymbol{x} \| = 0$。

(2) 其次性,对于任意常数 λ,

$$\| \lambda \boldsymbol{x} \| = |\lambda| \| \boldsymbol{x} \|$$

(3) 三角不等式

$$\| \boldsymbol{x} + \boldsymbol{y} \| \leqslant \| \boldsymbol{x} \| + \| \boldsymbol{y} \|$$

在高光谱领域,向量长度和点积为光谱可视化提供了一种新的可能。数学上,高光谱可以看成高维的点,一般来说,它的维数是波段的数量。维度超过三维的点是不能直接可视化的,但是运用数学中的极坐标便可以将 N 维的点变换成二维的坐标,这样便可以投影到二维平面上。首先,任选数据集中的一条光谱作为基准光谱,把它称作 x_j,记 $L_i = \| x_i - x_j \|_2$,L_i 即为光谱和基准光谱间的欧氏距离。然后计算数据光谱和基准光谱之间的夹角(即光谱角),光谱角计算公式为

$$\alpha = \cos^{-1} \left[\frac{\sum_{i=1}^{n} t_i r_i}{\left(\sum_{i=1}^{n} t_i^2 \right)^{\frac{1}{2}} \left(\sum_{i=1}^{n} r_i^2 \right)^{\frac{1}{2}}} \right] \tag{2.14}$$

其中,t,r 分别为一条光谱。依照基准光谱求所有数据相对于基准光谱的光谱角,这样就得到了光谱的极坐标。

最后将极坐标转换为笛卡尔坐标,其公式为

$$(L\cos(\alpha_i), L\sin(\alpha_i)) \tag{2.15}$$

它可以以点的形式画到坐标轴上。图 2.2 展示了两条光谱在笛卡尔坐标系的映射,其光谱角为两条光谱的夹角,而两条光谱之间的欧氏距离为两点之间的直线距离。

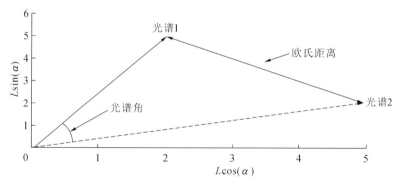

图 2.2　光谱极坐标示意图

2.1.4　向量的正交性

正交性是几何学中的术语,如果两条直线相互垂直,则称它们正交。对于向量 x,y,当 $x \cdot y = 0$ 时,称向量 x 与 y 正交。

定理　若 n 维向量 $x_1, x_2, \cdots, x_r$ 是一组两两正交的非零向量,则 $x_1, x_2, \cdots, x_r$ 线性无关。这个定理非常重要也容易证明,设有 $\lambda_1, \lambda_2, \cdots, \lambda_r$,使

$$\lambda_1 x_1 + \lambda_2 x_2 + \cdots + \lambda_r x_r = 0 \tag{2.16}$$

式(2.16)左右两端左乘 x_1^T,因为当 $i \geqslant 2$ 时,$\lambda_i x_1^T x_i = 0$,故 $\lambda_1 x_1^T x_1 = \lambda_1 \| x_1 \|^2 = 0$,因为 x 为非零向量,从而必有 $\lambda_1 = 0$。类似可证 $\lambda_2 = \lambda_3 = \cdots = \lambda_r = 0$,于是 $x_1, x_2, \cdots, x_r$ 线性无关。

如果以上两两正交的 $x_1, x_2, \cdots, x_r$ 向量为单位向量,则称 $x_1, x_2, \cdots, x_r$ 是向量空间中的一个规范正交基。

如果矩阵 A 的每个列向量都是单位向量,且两两正交,则称 A 为正交矩阵。正交矩阵有以下性质:

(1) 若 A 为正交矩阵,则 $A^{-1} = A^T$ 也是正交矩阵,且 $|A| = 1$ 或 -1。

(2) 若 A 和 B 都是正交矩阵,则 AB 也是正交矩阵。

向量的正交性是线性代数的基础,与其他概念都有着紧密的联系。譬如,矩阵秩的含义就是矩阵能用最少的正交向量线性组合的个数。而从维度考虑,一对正交向量的线性组合可以表示二维空间的所有点,最直观的例子便是笛卡尔坐标系,其上边的每个点都可以写成 (x, y) 的形式,而 $(x, y) = x(1, 0) + y(0, 1)$,$(0, 1)$ 和 $(1, 0)$ 就是正交向量,同理,n 维空间的点可以用 n 个正交向量的线性组合表示。

2.2 矩阵变换

矩阵变换是一个非常广泛的概念,广义地讲,凡是作用在矩阵上的线性变换都可以叫作矩阵变换。例如 PCA 中,原始数据矩阵乘以系数矩阵得到变换后的主成分矩阵,从而达到数据降维的目的;而在小波变换中可以将原始信号通过矩阵变换及逆变换达到消除噪声的目的。需要注意的是,矩阵变换均是线性变换,满足所有线性变换的性质。本节主要介绍高光谱遥感信息处理中常见的几种矩阵变换方法。

2.2.1 主成分变换

PCA 是最常用也是相当有效的数据降维算法,PCA 是对于原先提出的所有波段,提取其主要特征,使得新波段两两正交,并且使它们在反映光谱信息方面尽可能保持原有的信息。在这里介绍一下算法流程。

1. 去均值

首先对数据矩阵进行去均值,假设每列为一个光谱特征,每行为一条光谱,需要减去每列的均值。由于下一步要求协方差矩阵,在这一步先对数据减去均值,以简化求协方差矩阵的复杂度。

2. 求协方差矩阵

对去完均值后的数据矩阵求协方差矩阵,协方差矩阵可以写成如下形式:

$$R = \begin{bmatrix} r_{11} & r_{12} & \cdots & r_{1n} \\ r_{21} & r_{22} & \cdots & r_{2n} \\ \vdots & \vdots & \vdots & \vdots \\ r_{n1} & r_{n2} & \cdots & r_{nn} \end{bmatrix} \tag{2.17}$$

需要注意到协方差矩阵是 $n \times n$ 的方阵,其中 r_{ij} 为 data 中的第 i 列和第 j 列的相关系数。相关系数公式如下:

$$r_{ij} = \frac{\sum_{k=1}^{m}(x_{ki} - \bar{x}_i)(x_{kj} - \bar{x}_j)}{\sqrt{\sum_{k=1}^{m}(x_{ki} - \bar{x}_i)^2 \sum_{k=1}^{m}(x_{kj} - \bar{x}_j)^2}} \tag{2.18}$$

式中,x_{ki} 为 x_k 的第 i 个元素,即第 k 条光谱的第 i 个波段为观测值;$\bar{x}_i$ 是第 i 个波段为均值。

3. 求取协方差矩阵的特征值 $\lambda_1, \lambda_2, \cdots, \lambda_n$ 和特征向量 $V_1, V_2, \cdots, V_n$

解特征方程 $|\lambda I - R| = 0$,求取协方差矩阵的特征值和特征向量,并将特征值从大到小排列 $\lambda_1 \geqslant \lambda_2 \geqslant \cdots \geqslant \lambda_p \geqslant 0$,分别求出对应于特征值 λ_i 的特征向量,按照特征值位置排列。按对应特征值由大到小排列好后的特征向量称为主成分,最大特征值对应的特征向量称为第一主成分,其余以此类推。

4. 计算主成分贡献率及累计贡献率

其中每个特征值的大小除以特征值总和即为此特征值的贡献率。累计贡献率计算公式为

$$\frac{\sum_{j=1}^{k}\lambda_j}{\sum_{j=1}^{n}\lambda_j} \tag{2.19}$$

一般考虑累计贡献率达到 95% 的特征值 $\lambda_1, \lambda_2, \cdots, \lambda_i$ 所对应的第一、第二、第 i 个主成分。

5. 样本点投影到选取的特征向量上

假设样本数为 m,波段数为 n,减去均值后的样本矩阵为 $\widetilde{X} \in R^{m \times n}$,协方差矩阵是 $C \in R^{n \times n}$,选取的 k 个特征向量组成的矩阵为 $V \in R^{n \times k}$。那么投影后的数据 Y 为

$$Y = \widetilde{X}V$$

这样,就将原始样例的 n 维特征变成了 k 维,这 k 维就是原始特征在 i 个主成分上的投影。

PCA 仅需要保留系数矩阵 V 与均值向量即可通过简单的向量减法和矩阵向量乘法将新样本投影到低维空间中。很显然,低维空间与原始高维空间比有不同,因为对应于最小的 $(n-k')$ 个特征值的特征向量被舍弃了。这是降维导致的结果,但舍弃这部分信息往往是必要的:一方面,舍弃这方面信息能使样本的采样密度更大,这正是降维的重要动机;另一方面,当数据受到噪声影响时,最小的特征值所对应的特征向量往往与噪声有关,将它们舍弃能在一定程度上起到去噪的效果。

2.2.2　最小噪声分离变换

最小噪声分离变换(minimum noise fraction rotation,MNF Rotation)是由 Green 等于 1988 年在 PCA 的基础上提出的,用于判定高光谱图像数据内在的维数(即波段数),分离数

据中的噪声,提高后续处理的精度。MNF 首先对数据进行高通滤波处理,得到噪声协方差矩阵,用于分离和调节数据中的噪声,去除数据噪声的相关性,并对噪声进行归一化处理,得到方差为 1 且不相关的噪声数据;然后,分别对噪声数据和信号数据进行 PCA 变换,并求 PCA 变换后数据的信噪比;最后,由大到小排列信噪比,得到数据的各主成分信息。PCA 是根据方差大小来获取主成分信息的,而 MNF 是由信噪比大小来确定主成分信息的,降低了噪声的影响。

首先介绍一下高通滤波器,顾名思义,高通滤波器会让高频信息通过,过滤掉低频信息,其数学表达为

$$H(u,v) = \begin{cases} 1, D(u,v) > D_0 \\ 0, D(u,v) \leqslant D_0 \end{cases} \tag{2.20}$$

其中,D_0 表示通带半径,$D(u,v)$ 是像素 (u,v) 到图像中心的距离(欧氏距离),计算公式如下:

$$D(u,v) = \sqrt{(u-M/2)^2 + (v-N/2)^2} \tag{2.21}$$

其中,M,N 表示图像的大小。数据 X 通过上述处理,可以得到噪声 X_N 和信号 X_S,则有:

$$X = X_N + X_S \tag{2.22}$$

MNF 变换是寻找一个线性变换 V,使得变化后的信号与噪声的比值最大,也就是信噪比最高。

$$\max \frac{\mathrm{Var}(Y_S)}{\mathrm{Var}(Y_N)} = \frac{\mathrm{Var}(v^\mathrm{T}X_S)}{\mathrm{Var}(v^\mathrm{T}X_N)} = \frac{v^\mathrm{T}\mathrm{Var}(X_S)v}{v^\mathrm{T}\mathrm{Var}(X_N)v} = \frac{v^\mathrm{T}C_S v}{v^\mathrm{T}C_N v} \tag{2.23}$$

其中,Y_S,Y_N 为变换后的信号与噪声,C_S,C_N 为信号和噪声的协方差矩阵,式(2.23)可以等价于

$$\max \frac{v^\mathrm{T}C v}{v^\mathrm{T}C_N v} \tag{2.24}$$

其中,C 代表数据的总协方差,$C = C_S + C_N$。根据拉格朗日乘子法,式(2.24)的最优解为

$$C v = \lambda C_N v \tag{2.25}$$

式(2.25)中的所有特征值从大到小排列,取前 d 个特征值对应的特征向量,可得到转换矩阵:

$$v = [v_1, v_2, \cdots, v_d] \tag{2.26}$$

原矩阵乘以转换矩阵 v 即可得到变换后矩阵。

MNF 变换具有 PCA 变换的性质,是一种正交变换,变换后得到的向量中的各元素互不相关,第一分量集中了大量的信息,随着维数的增加,影像质量逐渐下降,按照信噪比从大到小排列,而不像 PCA 变换按照方差由大到小排列,从而克服了噪声对影像质量的影响。正因为 MNF 变换过程中的噪声具有单位方差,且波段间不相关,所以它比 PCA 变换更加优越。

2.2.3　奇异值分解

对于矩阵来说,存在许多分解形式,例如 LU 分解、QR 分解、正交分解、奇异值(SVD)分解等,根据高光谱数据矩阵不为方阵的特点,本小节着重介绍奇异值分解,它可以对非方阵矩阵进行特征提取。奇异值的定义为:对于一个矩阵 A,有 $(A^\mathrm{T}A)v = \lambda v$,那么向量 v 就是矩

阵 A 的右奇异向量,并且 $\sigma_i = \sqrt{\lambda_i}$ 为奇异值,$u_i = \dfrac{1}{\sigma_i} A v_i$ 称作左奇异向量。

假设 A 是一个 $m \times n$ 的矩阵,秩为 k。事实上矩阵 A 是将 n 维空间中的向量映射到 k 维空间上的一个线性变换。现在的目标就是:在 n 维空间中找一组正交基,使得经过 A 变换后还是正交的。假设已经找到这样一组正交基:

$$\{v_1, v_2, \cdots, v_n\}$$

如果变换后两两正交,即

$$A v_i \cdot A v_j = (A v_i)^{\mathrm{T}} A v_j = v_i{}^{\mathrm{T}} A^{\mathrm{T}} A v_j = 0 \tag{2.27}$$

根据假设,存在

$$v_i \cdot v_j = 0$$

所以如果正交基 v 选择为 $A^{\mathrm{T}} A$ 的特征向量的话,由于 $A^{\mathrm{T}} A$ 是对称矩阵,v 之间两两正交,那么

$$
\begin{aligned}
v_i{}^{\mathrm{T}} A^{\mathrm{T}} A v_j &= v_i{}^{\mathrm{T}} \lambda_j v_j \\
&= \lambda_j v_i{}^{\mathrm{T}} v_j = 0
\end{aligned} \tag{2.28}
$$

这样就找到正交基并且其映射后还是正交基。现在,将映射后的正交基单位化。

$$A v_i \cdot A v_i = \lambda_i v_i \cdot v_i = \lambda_i \tag{2.29}$$

所以,

$$|A v_i|^2 = \lambda_i \geqslant 0 \tag{2.30}$$

进一步 $A v_i = \sigma_i u_i$,$\sigma_i = \sqrt{\lambda_i}$,当 $k < i \leqslant m$ 时,对 $u_1, u_2, \cdots, u_k$ 进行扩展 $u_{k+1}, \cdots, u_m$,使得 $u_1, u_2, \cdots, u_m$ 为 m 维空间中的一组正交基,即将 $\{u_1, u_2, \cdots, u_k\}$ 正交基扩展成 $\{u_1, u_2, \cdots, u_m\}$ 空间的单位正交基,同样地,对 $v_1, v_2, \cdots, v_k$ 进行扩展 $v_{k+1}, \cdots, v_n$(这 $n-k$ 个向量存在于 A 的零空间中,即满足 $A x = 0$ 的所有 X 形成的空间),使得 $v_1, v_2, \cdots, v_n$ 为 n 维空间中的一组正交基,即在 A 的零空间中选择 $\{v_{k+1}, v_{k+2}, \cdots, v_n\}$ 使得 $i > k$ 并取 $\sigma = 0$ 则可得到:

$$A [v_1 v_2 \cdots v_k \mid v_{k+1} \cdots v_n] = [u_1 u_2 \cdots u_k \mid u_{k+1} \cdots u_m] \begin{pmatrix} \sigma_1 & & & \\ & \ddots & & 0 \\ & & \sigma_k & \\ 0 & & & 0 \end{pmatrix} \tag{2.31}$$

进而得到奇异值分解:

$$A = U \sum V^{\mathrm{T}} \tag{2.32}$$

其中,U 是 $m \times m$ 阶的酉矩阵;$\sum$ 是 $m \times n$ 阶非负实数对角矩阵;而 V^{T} 是 $n \times n$ 阶的酉矩阵。这样的分解就称作 A 的奇异值分解。$\sum$ 对角线上的元素 $\sum_i$ 即为 A 的奇异值,而且一般来说,会将 $\sum$ 上的值按从大到小的顺序排列。

通过上面对 SVD 的简单描述,不难发现,SVD 解决了特征值分解中只能针对方阵而没法对一般矩阵进行分解的问题,所以在实际中,SVD 的应用场景比特征值分解更广泛。

2.2.4　小波变换

小波变换是由法国科学家 Morlet 于 1980 年提出的,是强有力的时频分析工具,是在克服了傅立叶变换缺点的基础上发展而来的,已成功应用于很多领域,如信号处理、图像处理、模式识别等。

小波变换的一个重要性质是它在时域和频域均有很好的局部化特征,它能够提供目标信号各个频率子段的频率信息。小波变换是将一个平方可积分函数 $f(t)$ 与一个在时域和频域上均具有良好局部性质的小波函数 ψ 作为内积:

$$W_f(a,b) = <f,\psi_{a,b}> = \frac{1}{\sqrt{a}}\int_{-\infty}^{+\infty} f(t)\bar{\psi}\left(\frac{t-b}{a}\right)\mathrm{d}t \tag{2.33}$$

其中,$\bar{\psi}$ 为 ψ 的共轭。

小波变换是高光谱数据去噪时非常有用的工具,本小节通过一个实例来讲解小波变换是如何去噪的。一个含噪光谱可以表现为

$$X = X_N + X_S \tag{2.34}$$

其中,X_S,X_N 分别表示为真实光谱信号和噪声,通过小波变换可得

$$Y(X) = Y(X_N) + Y(X_S) \tag{2.35}$$

其中,Y 为小波变换系数,随后利用阈值函数对小波系数进行运算,阈值函数为

$$\hat{Y} = \begin{cases} Y, |Y| \geqslant T \\ 0, |Y| < T \end{cases} \tag{2.36}$$

最后通过新的小波变换系数 $\hat{Y}$ 进行小波重构,得到真实光谱估值 $\hat{X}_\xi$:

$$\hat{X}_\xi = \omega^{-1}\hat{Y} \tag{2.37}$$

其中,ω^{-1} 为小波逆变换算子。

小波变换在去除光谱噪声方面的优势是,可以通过小波分解将含噪光谱中的信号和噪声部分分离开来,从而进行分别处理;不过由于小波阈值对噪声水平有一定的依赖性,针对不同噪声水平时还需根据需求探索合适的参数组合。

2.2.5　稀疏表达

当矩阵 D 中存在很多非零元素,称 D 为稀疏矩阵。当样本矩阵具有这样的表达形式时,对学习任务会有益处。例如,线性支持向量机之所以能在文本数据上有很好的性能,是因为文本数据具有高度稀疏性,使大多数问题变得线性可分。同时,稀疏性并不会造成存储上的巨大负担,因为对于稀疏矩阵已经有很高效的存储方法。

那么当样本数据 D 是稠密的,即普通非稀疏数据,能否将其转换为稀疏表述,从而享有稀疏性带来的好处呢? 需要注意的是,我们希望稀疏表示是恰当稀疏,而不是过度稀疏,在一般的信息处理任务中,需要一个"字典",为普通稠密表达的样本找到合适的字典,将样本转化为合适的稀疏表示形式,从而使学习任务得以简化,模型复杂度降低,通常称之为"字典

学习"。给定数据集 $\{x_1, x_2, \cdots, x_m\}, x_i \in R^\delta$ 字典学习最简单的形式为

$$\min_{B, \alpha_i} \sum_{i=1}^m \parallel x_i - B\alpha_i \parallel_2^2 + \lambda \sum_{i=1}^m \parallel \alpha_i \parallel_1 \qquad (2.38)$$

其中 $B \in R^{d \times k}$ 为字典矩阵, k 称为字典的词汇量,通常由用户指定, $\alpha_i \in R^k$ 则是样本 x_i 的稀疏表示。显然式(2.38)的第一项是希望由 α_i 能很好地重构 x_i,第二项则是希望 α_i 能够稀疏。

因为需要同时学习字典矩阵 B 和 α_i,受 LASSO 启发,可以采用变量交替优化策略来求解式。

第一步先固定字典矩阵 B,从而为每个样本 x_i 找到相应的 α_i:

$$\min_{\alpha_i} \sum_{i=1}^m \parallel x_i - B\alpha_i \parallel_2^2 + \lambda \sum_{i=1}^m \parallel \alpha_i \parallel_1 \qquad (2.39)$$

第二步固定住 α_i 来更新字典矩阵 B,式(2.39)可以写成

$$\min_B \parallel X - BA \parallel_F^2 \qquad (2.40)$$

其中, $X = (x_1, x_2, \cdots, x_m) \in R^{d \times m}$, $A = (\alpha_1, \alpha_2, \cdots \alpha_m) \in R^{k \times m}$, $\parallel \cdot \parallel_F$ 是矩阵的 Frobenius 范数。式(2.39)可以重写为

$$\min_{b_i} \parallel X - \sum_{j=1}^k b_j \alpha^j \parallel_F^2 = \min_{b_i} \parallel X - \sum_{j=1}^k b_j \alpha^j \parallel_F^2 = \min_{b_i} \parallel \left(X - \sum_{j \neq i} b_j \alpha^j \right) - b_i \alpha^i \parallel_F^2$$

$$= \min_{b_i} \parallel E_i - b_i \alpha^i \parallel_F^2 \qquad (2.41)$$

在更新字典的第 i 列时,其他各列都是固定的,即 $E_i = \sum_{j \neq i} b_j \alpha^j$ 是固定的,因此最小化原则上只需对 E_i 进行奇异值分解以取得最大奇异值所对应的正交向量。然而,直接对 E_i 进行奇异值分解会同时修改 b_i 与 α^i,可能破坏 A 的稀疏性。为避免发生这种情况,KSVD 对 E_i 和 α^i 进行专门处理, α^i 仅保留非整元素, E_i 则仅保留 b_i 与 α^i 的非零元素的乘积项,然后再进行奇异值分解,这样就保持了第一步得到的稀疏性。初始化字典 B 之后反复迭代上述两步,最终可以求得字典矩阵 B 和样本 x_i 的稀疏表示 α_i,在上述字典学习过程中,用户能通过设置词汇量 k 的大小来控制字典的规模,从而影响到稀疏程度。

2.3 最优化问题

最优化问题应用范围很广,大多数遥感算法都会使用最优化求解;最优化问题需要构造一个合适的目标函数,使这个目标函数取到极值。例如常见的支持向量机、随机森林、神经网络等,它们的结构差异很大,但都需要一个目标函数,例如最大化模型的精度等。为了最小化错误率,最优化过程一般从一套初始随机值开始,然后利用梯度下降法等其他算法达到目标极值点。其中梯度法较流行,包含牛顿法、共轭梯度法、Levenberg-Marquard 等常见算法。然而,发现各种梯度法通常只能找到目标函数的局部最优值而不是全局最优值。针对此类问题,模拟退火、粒子群、遗传算法等算法表现出更好的效果。本节主要介绍几种在高光谱领域常见的最优化算法,以加深对这些算法的理解。

2.3.1　过拟合和欠拟合

以下以分类器为例,回归拟合也可以此类推。在很多情况下,利用训练数据集可以得到一个训练误差很小、分类效果表现很好的分类器,表现为对所有训练样本都分类正确,即分类错误率为 0,分类精度为 100%。然而这样的算法在利用测试集进行训练时表现通常都不尽如人意。

实际上,我们希望能够找到在新样本上依然表现优良的分类器。为了达到这个目的,应该从训练样本中尽可能地训练得到适用于所有潜在样本的普遍规律,这样才能在遇到新样本时作出正确的判断。然而,当学习器把训练样本训练得太好时,很可能已经把样本自身的一些特点当成所有潜在样本都会具有的一般性质,这样会使泛化能力下降,这种现象被称为"过拟合"。与过拟合相对的是"欠拟合",这是指对训练样本的一般性质尚未学习好,图2.3 给出了关于过拟合和欠拟合的一个例子。

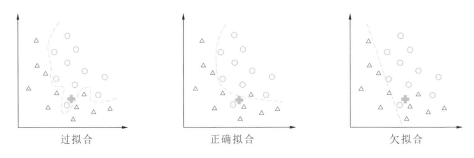

过拟合　　　　　　　正确拟合　　　　　　　欠拟合

图 2.3　过拟合、正确拟合、欠拟合示例

导致过拟合的因素有很多,其中最常见的便是模型复杂度太高,把训练样本中的噪声都包含到模型中了。欠拟合通常是由复杂度低或优化过程未达到极值点导致的。通常来说,欠拟合比较容易克服,例如在神经网络学习中增加迭代次数;而过拟合相对麻烦,也不能彻底避免,我们能做到的只能相对缓解过拟合,降低风险。

对于过拟合和欠拟合,通常的解决方法如下。

解决欠拟合的方法:

(1) 模型复杂化。使用更加复杂的模型,例如用神经网络替代线性回归,用随机森林替代决策树等。

(2) 增加更多的特征输入,挖掘更多表达能力较强的特征。在高光谱领域,可以依靠前人总结出的特征波段进行相应输入。

(3) 调整参数。包括但不限于神经网络中的学习率,隐含层层数,Adam 优化器中的 β_1、β_2 等,batch_size 数值等。

(4) 降低正则化约束。正则化约束是为了防止模型过拟合,如果模型不存在过拟合,那么就考虑是否降低正则化参数或者直接去除正则化项。

解决过拟合的方法:

（1）增加训练数据。发生过拟合最常见的原因就是训练数据太少而模型太复杂；过拟合是由模型学习到了数据的一些噪声特征导致的，增加训练数据的量能够减少噪声的影响，让模型更多地学习数据的一般特征。增加数据量有时会有困难，利用现有数据进行扩充或许也是一个可行的办法。例如在图像分类中，如果没有足够的训练图像，可以把已有的图像进行旋转、拉伸、镜像、对称等变换，这样就可以把数据量扩大好几倍而不需要额外补充数据。

（2）使用正则化约束。在代价函数后面添加正则化项，可以避免训练得到的参数过大，从而使模型过拟合。使用正则化来缓解过拟合的手段被广泛应用，不论是在线性回归还是在神经网络的梯度下降计算过程中，都应用到了正则化的方法。常用的正则化有 L1 正则和 L2 正则，具体使用哪个应视具体情况而定，一般 L2 正则应用比较多。

（3）减少特征数。欠拟合需要增加特征数，那么过拟合就要减少特征数。去除那些非共性特征，可以提高模型的泛化能力。

（4）调整参数和超参数。超参数包含神经网络中的学习率、学习衰减率、隐藏层层数等。其他算法如随机森林与树数量等。

（5）降低模型的复杂度。模型过深的层数会导致过拟合，适当降低层数会解决此类问题。

（6）使用 Dropout 层。这一方法针对神经网络算法，即按一定比例去除隐含层的神经单元，使神经网络能够提取更加泛化的信息。

（7）提前结束训练。可以通过调高损失函数阈值来结束训练。在模型训练时记录训练精度和测试精度，当模型测试精度不再提高时便可以结束训练。

2.3.2 支持向量机

支持向量机（support vector machines）是一类按监督学习方式对数据进行二元分类的广义线性分类器，其决策边界是对学习样本求解的最大边距超平面，如图 2.4 所示。

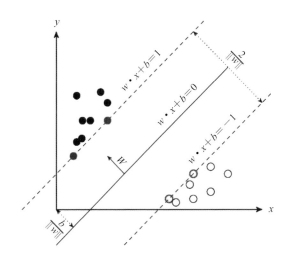

图 2.4 线性划分

图 2.4 线性划分是将数据划分成两个部分,在这个二维平面上有两种类数据,实心圆标记为 1,规定其为正样本;空心圆标记为 -1,规定其为负样本。超平面是指 n 维欧氏空间中维度等于 $(n-1)$ 的线性子空间,如果存在上述超平面能类数据够完全地将正负样本分开,则超平面会满足以下方程:

$$\begin{cases} \omega^{T} x_{i} + b > 0, y_{i} = 1 \\ \omega^{T} x_{i} + b < 0, y_{i} = -1 \end{cases} \tag{2.42}$$

其中,$x_{i} \in X$ 为样本空间;b 是偏移量,为物体偏置。式(2.42)可以整合成为

$$y_{i}(\omega^{T} x_{i} + b) \geqslant 1 \quad \forall x_{i} \tag{2.43}$$

支持向量机的目标是在正确分类的前提下,最大化间隔宽度,也就是说:

$$\max \frac{2}{\| \omega \|} \tag{2.44}$$

其中,$\frac{2}{\| \omega \|}$ 为图 2.4 中两条虚线间的距离,也就是 $\min \| \omega \|$,其等价于

$$\min \frac{1}{2} \| \omega \|^{2} \tag{2.45}$$

因为二次优化问题有成熟的方案可行,所以将转换成以求得最优解。

通过拉格朗日对偶变化,可以进一步将其转换为对偶变量优化问题:

$$L(\omega, b, \alpha) = \frac{1}{2} \| \omega \|^{2} - \sum_{i=1}^{n} \alpha_{i}(y_{i}(\omega^{T} x_{i} + b) - 1) \tag{2.46}$$

其中,α_{i} 为拉格朗日算子,将式(2.46)对 ω 和 b 求导可得

$$\begin{aligned} \frac{\partial L(\omega, b, \alpha)}{\partial \omega} &= 0 \\ \frac{\partial L(\omega, b, \alpha)}{\partial b} &= 0 \end{aligned} \tag{2.47}$$

利用式(2.46)和式(2.47)可得

$$\begin{aligned} \omega &= \sum_{i=1}^{n} \alpha_{i} y_{i} x_{i} \\ \sum_{i=1}^{n} \alpha_{i} y_{i} &= 0 \end{aligned} \tag{2.48}$$

代入式(2.46)中可得

$$\begin{aligned} L(\omega, b, \alpha) &= \frac{1}{2} \omega^{T} \omega - \sum_{i=1}^{n} \alpha_{i} y_{i} \omega^{T} x_{i} - b \sum_{i=1}^{n} \alpha_{i} y_{i} + \sum_{i=1}^{n} \alpha_{i} = \frac{1}{2} \omega^{T} \omega - \omega^{T} \sum_{i=1}^{n} \alpha_{i} y_{i} x_{i} + \sum_{i=1}^{n} \alpha_{i} \\ &= \frac{1}{2} \omega^{T} \omega - \omega^{T} \omega + \sum_{i=1}^{n} \alpha_{i} = -\frac{1}{2} \omega^{T} \omega + \sum_{i=1}^{n} \alpha_{i} \end{aligned} \tag{2.49}$$

利用式(2.48)可得

$$\omega^{T} \omega = \omega^{T} \sum_{i=1}^{n} \alpha_{i} y_{i} x_{i} = \sum_{i=1}^{n} \sum_{j=1}^{n} \alpha_{i} \alpha_{j} y_{i} y_{j} (x_{i})^{T} x_{j} \tag{2.50}$$

设 L 的最优解为 $\{\alpha_{1}^{*}, \alpha_{2}^{*}, \cdots, \alpha_{n}^{*}\}$,可通过计算最优权值向量,其中多数样本的拉格朗日系数为 0,因此

$$\omega^* = \sum_{i=1}^{n} x_i^* y_i x_i \tag{2.51}$$

进一步得出最优偏置为

$$b^* = 1 - \omega^* x \tag{2.52}$$

其中，i 是任务的使 $\alpha_j \neq 0$ 的值。求解线性可分问题求得最优分类判别器为

$$f(x) = \mathrm{sgn} \Big[\sum_{i=1}^{n} \alpha_i^* y_i \ (x_i)^{\mathrm{T}} x + b^* \Big] \tag{2.53}$$

在上式中的 n 个输入向量，只有若干个支持向量的拉格朗日系数不为零，因此计算复杂度取决于支持向量的个数。对于线性可分数据，该判别函数对训练样本的分类误差为 0，对于非训练样本有着很好的泛化能力。

2.3.3 多元逐步回归

多元回归模型首先将实际问题中的全部波段引入回归方程，然后根据变量的显著性把方程中不重要的波段逐个剔除，建立新方程。它的缺点也比较明显，那就是提取合适的波段并不容易，并且波段间的相关性通常很高，给回归系数带来了许多不合理的解释；其次，波段一次性地引入方程，易导致计算量增大、运算效率降低、精度不够等问题。

为了得到一个稳定、可靠的多元回归模型，需要给出一种方法，能够从标签 y 中自动根据某种准则将对 y 贡献大的波段 x_i 引入方程，将不重要的波段从方程中剔除，从而建立最优化的回归方程。

逐步回归算法的思路是根据各自变量的重要性，每一步选取一个重要的波段进入回归方程。第一步是在所有可供选择的波段中选择出一个波段 a_i，使它组成的一元回归方程比其他波段有更大的回归精度。第二步是在剩余波段中选择这样一个波段 a_j，组成一个二元回归方程，这个回归方程是包含 a_i 的最优双波段组合。由此逐步选择波段，直到第 k 步，无论如何选择新的波段，其回归平方和将不再增大。

逐步回归不仅考虑到按贡献大小逐一挑选重要变量，还考虑到较早选入回归方程的某些变量，有可能随着其后一些变量的选入而失去原有的重要性，这样的变量也应该及时从回归方程中剔除，使回归方程中始终只保留重要的变量。

逐步回归的具体步骤如下：

（1）输入模型原始数据：

$$\boldsymbol{X} = \begin{bmatrix} x_{11} & x_{12} & \cdots & x_{1m} & y_1 \\ x_{21} & x_{22} & \cdots & x_{2m} & y_2 \\ \vdots & \vdots & \cdots & \vdots & \vdots \\ x_{n1} & x_{n2} & \cdots & x_{nm} & y_n \end{bmatrix} \tag{2.54}$$

其中，$[x_{i1}, x_{i2}, \cdots, x_{im}]$ 为第 i 个样本，y 为其对应标签值，n 为样本数，m 为波段数。

（2）做如下变换：

① 求各变量均值 $\bar{x}_j = \dfrac{1}{n} \sum_{i=1}^{n} x_{ij}$。

② 求 $\zeta_j = \sqrt{\sum\limits_{i=1}^{n} (x_{ij} - \bar{x}_j)^2}$ $(j=1,2,\cdots,m)$。

③ 做变换 $x_{ij}^* = \dfrac{x_{ij} - \bar{x}_j}{\zeta_j}$。

变换后的数据各光谱波段均值为 0。

（3）建立正规方程组：

$$\begin{cases} r_{11} b'_1 + r_{12} b'_2 + \cdots + r_{1m} b'_m = r_{1y} \\ r_{21} b'_1 + r_{22} b'_2 + \cdots + r_{2m} b'_m = r_{2y} \\ \quad\vdots \qquad \vdots \quad \cdots \quad \vdots \qquad \vdots \\ r_{m1} b'_1 + r_{m2} b'_2 + \cdots + r_{mn} b'_m = r_{my} \end{cases} \tag{2.55}$$

其中，r_{ij} 为相关系数，即

$$r_{ij} = \frac{\sum\limits_{k=1}^{n} (x_{ki} - \bar{x}_i)(x_{kj} - \bar{x}_j)}{\sqrt{\sum\limits_{k=1}^{n} (x_{ki} - \bar{x}_i)^2} \sqrt{\sum\limits_{k=1}^{n} (x_{kj} - \bar{x}_j)^2}} \tag{2.56}$$

方程组左边的系数为矩阵 $\boldsymbol{R}^{(0)}$，即零步矩阵，为了方便，把 $\boldsymbol{R}^{(0)}$ 扩充为

$$\boldsymbol{R}^{(0)} = \begin{bmatrix} r_{11} & r_{12} & \cdots & r_{1m} & r_{1y} \\ r_{21} & r_{22} & \cdots & r_{2m} & r_{2y} \\ \vdots & \vdots & \cdots & \vdots & \vdots \\ r_{m1} & r_{m2} & \cdots & r_{mn} & r_{my} \\ r_{y1} & r_{y2} & \cdots & r_{ym} & r_{yy} \end{bmatrix} \tag{2.57}$$

假设已经计算了 l 步，其系数矩阵 $\boldsymbol{R}^{(0)}$ 已经转换为

$$\boldsymbol{R}^{(l)} = \begin{bmatrix} r_{11}^{(l)} & r_{12}^{(l)} & \cdots & r_{1m}^{(l)} & r_{1y}^{(l)} \\ r_{21}^{(l)} & r_{22}^{(l)} & \cdots & r_{2m}^{(l)} & r_{2y}^{(l)} \\ \vdots & \vdots & \cdots & \vdots & \vdots \\ r_{m1}^{(l)} & r_{m2}^{(l)} & \cdots & r_{mn}^{(l)} & r_{my}^{(l)} \\ r_{y1}^{(l)} & r_{y2}^{(l)} & \cdots & r_{ym}^{(l)} & r_{yy}^{(l)} \end{bmatrix} \tag{2.58}$$

（4）对引入方程的波段 x_i 计算方差贡献 $\boldsymbol{V}_i^{(l+1)}$，即 $(l+1)$ 步的 $\boldsymbol{V}_i$：

$$\boldsymbol{V}_i^{(l+1)} = \frac{(r_{iy}^{(l)})^2}{r_{ii}^{(l)}} \tag{2.59}$$

从 $\boldsymbol{V}_i^{(l+1)}$ 中选取最小的记为 $\boldsymbol{V}_{i,\min}^{(l+1)}$，计算 $\boldsymbol{F}_2^{l+1}$。

$$\boldsymbol{F}_2^{(l+1)} = \frac{\boldsymbol{V}_{i,\min}^{(l+1)} \cdot (n-l-1)}{r_{yy}^{(l)}} \tag{2.60}$$

如果 $\boldsymbol{F}_2^{(l+1)} \leqslant \boldsymbol{F}_2^*$，$\boldsymbol{F}_2^*$ 为事先设定的阈值，则将贡献率最小的变量 x_k 从回归方程中剔除。

（5）对 r 进行消去变换，公式为

$$r_{ij}^{(l+1)} = \begin{cases} r_{kj}^{(l)}/r_{kk}^{(l)} & (i=k,j\neq k) \\ r_{ij}^{(l)} - r_{ik}^{(l)} r_{kj}^{(l)}/r_{kk}^{(l)} & (i\neq k,j\neq k) \\ 1/r_{kk}^{(l)} & (i=k,j=k) \\ -r_{ik}^{(l)}/r_{kk}^{(l)} & (i\neq k,j=k) \end{cases} \tag{2.61}$$

如果不用消除波段,则进行新一轮引入波段的操作,进入下一步。

(6)对未引入方程的波段计算其方差贡献率,从中选出最大的,即 $V_{i,\max}^{(l+1)}$,计算

$$F_1^{(l+1)} = \frac{V_{i,\max}^{(l+1)} \cdot (n-l-2)}{r_{kk}^{(l)} - V_{i,\max}^{(l+1)}} \tag{2.62}$$

如果 $F_1^{(l+1)}$ 大于预设阈值 F_1^*,则将该方差最大的波段引入回归方程。

(7)对新的波段组合进行消去运算,运算所遵从公式仍为(2.65)。

(8)重复上述步骤,直到无新波段引入,也无波段剔除为止。

(9)最后计算回归方程系数,设到第 l 步为止,其系数为

$$b_i = \frac{\sigma_y}{\sigma_i} \times r_{iy}^{(l)} = \frac{\sqrt{S_{yy}}}{\sqrt{S_{ii}}} \times r_{iy}^{(l)}, i=1,2,\cdots,l \tag{2.63}$$

其中,σ_y、σ_i 为引入波段 x_i 和其标签 y 的标准差,S_{ii} 为引入波段 x_i 的离差平方和。常数项 b_0 为

$$b_0 = \bar{y} - \sum_{i \in l} b_i \bar{x}_i \tag{2.64}$$

最后得到回归方程:

$$\hat{y}_k = b_0 + \sum_{i \in l} b_i x_{ik} \tag{2.65}$$

2.3.4　偏最小二乘法

偏最小二乘法在高光谱数据处理中被广泛应用,因为这种算法对高光谱数据有非常好的兼容性。一般来说,能用主成分分析就能用偏最小二乘法。偏最小二乘法集成了主成分分析、典型相关分析、线性回归分析的优点。普通多元线性回归在应用中有许多限制,最典型的问题就是自变量之间的多重相性,并且有的时候样例很少,甚至比变量的维度还少,变量之间又存在多重相关性。偏最小二乘法回归就是为解决这些棘手的问题而产生的。高光谱数据的光谱波段很多,一般来说都有几百上千个波段,而每次的样本量又比较小,通常样本量只有几十个到 100 个,所以偏最小二乘法对于高光谱数据处理有着很好的针对性。

首先介绍偏最小二乘法建模原理,设有 q 个因变量 $\{y_1,\cdots,y_q\}$ 和 p 个自变量 $\{x_1,\cdots,x_p\}$。为了研究因变量和自变量的统计关系,观测 n 个样本点,由此构成了自变量与因变量的数据表 $\boldsymbol{X}=\{x_1,\cdots,x_p\}$ 和 $\boldsymbol{Y}=\{y_1,\cdots,y_q\}$。偏最小二乘法回归分别在 $\boldsymbol{X}$ 与 $\boldsymbol{Y}$ 中提取出成分 t_1 和 u_1(也就是说,t_1 是 $x_1,x_2,\cdots,x_q$ 的线形组合,u_1 是 $y_1,y_2,\cdots,y_q$ 的线形组合)。在提取这两个成分时,为了回归分析的需要,有下列两个要求:

(1) t_1 和 u_1 应尽可能多地携带它们各自数据表中的变异信息。

(2) t_1 与 u_1 的相关程度能够达到最大。

这两个要求表明,t_1 和 u_1 应尽可能好地代表数据表 $\boldsymbol{X}$ 和 $\boldsymbol{Y}$,同时自变量的成分 t_1 对因变量的成分 u_1 又有最强的解释能力。在第一个成分 t_1 和 u_1 被提取后,偏最小二乘法回归

分别实施 X 对 t_1 的回归以及 Y 对 u_1 的回归。如果回归方程已经达到满意的精度,则算法终止;否则,将利用 X 被 t_1 解释后的残余信息以及 Y 被 t_2 解释后的残余信息进行第二轮的成分提取。如此往复,直到能达到一个较满意的精度为止。若最终对 X 共提取 m 个成分 $t_1, t_2, \cdots, t_m$,偏最小二乘法回归将通过实施 y_k 对 $t_1, t_2, \cdots, t_m$ 的回归,然后表达成 y_k 关于原变量 $x_1, x_2, \cdots, x_q$ 的回归方程。

偏最小二乘法的步骤过程如下:

(1) 残差矩阵 E_0 和标签矩阵 F_0,其中 E_0 为标准化后的矩阵,每一行是一个样例,每一列代表了一个波段的变量;F_0 是因变量矩阵,解释同 E_0。数据标准化即为减去每个波段的均值然后除以每个波段的标准差。

(2) 求矩阵 $E_0^{\mathrm{T}} F_0 F_0^{\mathrm{T}} E_0$ 的最大特征值所对应的特征向量 w_1,求得成分得分向量 $\hat{t}_1 = E_0 w_1$ 和残差矩阵 $E_1 = E_0 - \hat{t}_1 \alpha_1^{\mathrm{T}}$,其中 $\alpha_1 = E_0^{\mathrm{T}} \hat{t}_1 / \parallel \hat{t}_1 \parallel^2$。

(3) 求得 $E_1^{\mathrm{T}} F_0 F_0^{\mathrm{T}} E_1$ 最大特征值所对应的特征向量 w_2,求得成分得分向量 $\hat{t}_2 = E_1 w_2$ 和残差矩阵 $E_2 = E_1 - \hat{t}_2 \alpha_2^{\mathrm{T}}$,其中 $\alpha_2 = E_1^{\mathrm{T}} \hat{t}_2 / \parallel \hat{t}_2 \parallel^2$。

(4) 至第 r 步,求矩阵 $E_{r-1}^{\mathrm{T}} F_0 F_0^{\mathrm{T}} E_{r-1}$ 最大特征值所对应的特征向量 w_r,求得成分得分向量 $\hat{t}_r = E_{r-1} w_r$。

(5) 根据交叉有效性,确定共抽取 r 个成分 $t_1, \cdots, t_r$ 可以得到一个满意的预测模型,则求 F_0 在 $\hat{t}_1, \cdots, \hat{t}_r$ 上的普通最小二乘法回归方程:

$$F_0 = \hat{t}_1 \beta_1^{\mathrm{T}} + \cdots + \hat{t}_r \beta_r^{\mathrm{T}} + F_r \tag{2.66}$$

把 $t_k = w_{k1}^* x_1 + \cdots + w_{km}^* x_m (k = 1, 2, \cdots, r)$ 代入 $Y = t_1 \beta_1 + \cdots + t_r \beta_r$,即得 p 个因变量的偏最小二乘法回归方程式:

$$y_j = a_{j1} x_1 + \cdots + a_{jm} x_m, (j = 1, 2, \cdots, p) \tag{2.67}$$

这里 $w_h^* = (w_{h1}^*, \cdots, w_{hm}^*)^{\mathrm{T}}$ 满足 $\hat{t}_h = E_0 w_h^*$,$w_h^* = \prod_{j=1}^{h-1} (I - w_j \alpha_j^{\mathrm{T}}) w_h$。

在高光谱领域,通常情况下因变量 Y 为需要反演的数值标签或者是分类标签,偏最小二乘法为多标签分类问题提供了可能,此处的 Y 可以是多维的数据标签。例如评价水体质量指标有氮、磷、叶绿素、化学需氧量等,它们都对应着一条高光谱。又例如土壤中存在重金属铜、锌、锂等元素,在建立好模型之后,也可以通过一条高光谱进行反演。

2.3.5　神经网络

神经网络(neural network)是一种模仿生物学神经元系统的机器学习算法。该算法最早可追溯到 20 世纪 40 年代,几乎与计算机的历史同步。它的发展并非一帆风顺,由于受到计算能力的限制,直到最近几年才进入高速发展阶段。2016 年,谷歌公司开发的神经网络 AlphaGO 击败了围棋世界冠军李世石,其意义远远大于 1997 年 IBM 的超级计算机深蓝击败国际象棋大师,神经网络技术受到世人的高度关注。

在高光谱数据处理领域,神经网络技术也并不新奇,早在 20 世纪 90 年代神经网络在高光谱遥感中就得以应用,一些研究论文也陆续发表。进入 21 世纪,神经网络技术被写入高光谱教材。

传统方法大多是针对特征波段进行研究,而对于新的反演分类任务,寻找指定的特征波段并验证其准确率是一件非常困难且耗时耗力的工作。神经网络通过对网络权重的不断更新,有效避免了人为选择这个问题。本质上神经网络对于重要的特征波段给予高权重,对于不相关的波段给予低权重,对于负相关的波段给予负权重。当然,整个网络的权重分配是一个非常复杂的问题,人们称之为黑箱,即没有人能够完全了解这些权重的物理意义。近来,卷积神经网络已经在各种视觉任务中表现出优异的性能,包括常见二维图像的分类所提出的方法可以比一些传统方法(如支持向量机和传统的基于深度学习的方法)实现更好的分类性能。高光谱图像本质上就是将常规的RGB三通道图像扩充到几百甚至几千个通道,其提供的信息也远多于常规图像,理论上分类效果应该更加精确。然而随着通道数的增加,其需要储存及计算的参数也会增加,这是高光谱图像分类问题需要面对的难点,这些难点可以通过数据压缩、算法优化来解决。

几乎所有的神经网络都囊括了反向传播这一步骤,而反向传播中包含了大量的数学知识,本小节着重讲解反向传播的数学推导,让读者更加深入了解神经网络整个过程。

通常一个多层神经网络由 L 层神经元组成,其中,第一层称为输入层,最后一层(第 L 层)被称为输出层,其他各层均被称为隐含层[第 2 层至第$(L-1)$层]。

令输入向量为

$$\boldsymbol{x} = [x_1 \quad x_2 \quad \cdots \quad x_i \quad \cdots \quad x_m], i = 1, 2, \cdots, m \tag{2.68}$$

输出向量为

$$\vec{\boldsymbol{y}} = [y_1 \quad y_2 \quad \cdots \quad y_k \quad \cdots \quad y_n], k = 1, 2, \cdots, n \tag{2.69}$$

设第 l 层的隐含层为

$$\boldsymbol{h}^{(l)} = [h_1^{(l)} \quad h_2^{(l)} \quad \cdots \quad h_j^{(l)} \cdots h_{s_l}^{(l)}], j = 1, 2, \cdots, s_l \tag{2.70}$$

其中,s_l 为第 l 层神经元的个数。

设 $W_{ij}^{(l)}$ 为从$(l-1)$层第 j 个神经元与 l 层第 i 个神经元之间的连接权重;$b_i^{(l)}$ 为第 l 层第 i 个神经元的偏置,那么

$$\boldsymbol{h}_i^{(l)} = f(\mathrm{net}_i^{(l)})$$

$$O_i^{(l)} = \sum_{j=1}^{s_{l-1}} W_{ij}^{(l)} h_j^{(l-1)} + b_i^{(l)} \tag{2.71}$$

其中,$O_i^{(l)}$ 为 l 层第 i 个神经元的输入,$f(\cdot)$ 为神经元的激活函数。通常在多层神经网络中采用非线性激活函数,而不是用线性激活函数,因为采用基于线性激活函数的多层神经网络本质上还是多个线性函数的叠加,其结果仍然为一个线性函数。

假设有 u 个样本$\{(x(1), y(1)), (x(2), y(2)), \cdots, (x(u), y(u))\}$,其中 $d(i)$ 为该网络对应输入 $x(i)$ 的期望输出。BP 算法通过最优化各层神经元的输入权值以及偏置,使得神经网络的输出尽可能地接近期望输出,以达到训练(或者学习)的目的。

对于给定的 n 个训练样本,定义误差函数为:

$$\boldsymbol{E} = \frac{1}{n} \sum_{i=1}^{n} \boldsymbol{E}(i) \tag{2.72}$$

其中,$\boldsymbol{E}(i)$ 为单个的训练误差:

$$\boldsymbol{E}(i) = \frac{1}{2} \sum_{k=1}^{m} (d_k(i) - y_k(i))^2 \tag{2.73}$$

因此

$$E = \frac{1}{2m} \sum_{i=1}^{m} \sum_{k=1}^{n} (d_k(i) - y_k(i))^2 \tag{2.74}$$

BP 算法的每一次迭代,按照以下方式对权值以及偏置进行更新:

$$W_{ij}^{(l)} = W_{ij}^{(l)} + \alpha \frac{\partial E}{\partial W_{ij}^{(l)}}$$

$$b_i^{(l)} = b_i^{(l)} + \alpha \frac{\partial E}{\partial b_i^{(l)}} \tag{2.75}$$

其中,α 为学习速率,它的取值范围为$(0,1)$。BP 算法的关键在于如何求解 $W_{ij}^{(l)}$ 和 $b_i^{(l)}$ 的偏导数。对于单个训练样本,输出权值的导数计算过程如下:

$$\frac{\partial E(i)}{\partial W_{kj}^{(L)}} = \frac{\partial}{\partial W_{kj}^{(L)}} \left(\frac{1}{2} \sum_{k=1}^{m} (d_k(i) - y_k(i))^2 \right) = \frac{\partial}{\partial W_{kj}^{(L)}} \left(\frac{1}{2} (d_k(i) - y_k(i))^2 \right)$$

$$= -(d_k(i) - y_k(i)) \frac{\partial y_k(i)}{\partial O_k^{(L)}} \frac{\partial O_k^{(L)}}{\partial W_{kj}^{(L)}} = -(d_k(i) - y_k(i)) f(x)' \big|_{x=net_k^{(L)}} \frac{\partial O_k^{(L)}}{\partial W_{kj}^{(L)}}$$

$$= -(d_k(i) - y_k(i)) f(x)' \big|_{x=net_k^{(L)}} h_j^{(L-1)} \tag{2.76}$$

$$\frac{\partial E(i)}{\partial W_{kj}^{(L)}} = -(d_k(i) - y_k(i)) f(x)' \big|_{x=net_k^{(L)}} h_j^{(L-1)} \tag{2.77}$$

同理可得

$$\frac{\partial E(i)}{\partial b_k^{(L)}} = -(d_k(i) - y_k(i)) f(x)' \big|_{x=O_k^{(L)}} \tag{2.78}$$

令

$$\delta_k^{(L)} = -(d_k(i) - y_k(i)) f(x)' \big|_{x=O_k^{(L)}} \tag{2.79}$$

则有

$$\frac{\partial E(i)}{\partial W_{kj}^{(L)}} = \delta_k^{(L)} h_j^{(L)}$$

$$\frac{\partial E(i)}{\partial b_k^{(L)}} = \delta_k^{(L)} \tag{2.80}$$

对隐含层$(L-1)$层,

$$\frac{\partial E(i)}{\partial W_{ji}^{(L-1)}} = \frac{\partial}{\partial W_{ji}^{(L-1)}} \left(\frac{1}{2} \sum_{k=1}^{n} (d_k(i) - y_k(i))^2 \right) = \frac{\partial}{\partial W_{ji}^{(L-1)}} \left(\frac{1}{2} \sum_{k=1}^{n} \left(d_k(i) - f \left(\sum_{j=1}^{s_{L-1}} W_{kj}^{(L)} h_j^{(L-1)} + b_k^{(L)} \right) \right)^2 \right)$$

$$= \frac{\partial}{\partial W_{ji}^{(L-1)}} \left(\frac{1}{2} \sum_{k=1}^{n} \left(d_k(i) - f \left(\sum_{j=1}^{s_{L-1}} W_{kj}^{(L)} f \left(\sum_{i=1}^{s_{L-2}} W_{ji}^{(L-2)} h_i^{(L-2)} + b_j^{(L-1)} \right) + b_k^{(L)} \right) \right) \right)$$

$$= -\sum_{k=1}^{n} (d_k(i) - y_k(i)) f(x)' \big|_{x=net_k^{L}} \frac{\partial O_k^{(L)}}{\partial W_{ji}^{(L-1)}} \tag{2.81}$$

因为

$$O_k^{(L)} = \sum_{j=1}^{s_{L-1}} W_{kj}^{(L)} h_j^{(L-1)} + b_k^{(L)} = \sum_{j=1}^{s_{L-1}} W_{kj}^{(L)} f \left(\sum_{i=1}^{s_{L-2}} W_{ji}^{(L-2)} h_i^{(L-2)} + b_j^{(L-1)} \right) + b_k^{(L)}$$

$$= \sum_{j=1}^{s_{L-1}} W_{kj}^{(L)} f(O_j^{(L-1)}) \tag{2.82}$$

所以

$$\frac{\partial \boldsymbol{E}(i)}{\partial \boldsymbol{W}_{ji}^{(L-1)}} = -\sum_{k=1}^{n} \left(d_k(i) - y_k(i)\right) f\left(x\right)'\big|_{x=O_k^{(L)}} \frac{\partial O_k^{(L)}}{\partial \boldsymbol{W}_{ji}^{(L-1)}}$$

$$= -\sum_{k=1}^{n} \left(d_k(i) - y_k(i)\right) f\left(x\right)'\big|_{x=O_k^{(L)}} \frac{\partial O_k^{(L)}}{\partial f(O_j^{(L-1)})} \frac{\partial f(O_j^{(L-1)})}{\partial O_j^{(L-1)}} \frac{\partial O_j^{(L-1)}}{\partial \boldsymbol{W}_{ji}^{(L-1)}}$$

$$= -\sum_{k=1}^{n} \left(d_k(i) - y_k(i)\right) f\left(x\right)'\big|_{x=\mathrm{net}_k^{(L)}} W_{kj}^{(L)} f\left(x\right)'\big|_{x=O_j^{(L-1)}} h_i^{(L-2)} \tag{2.83}$$

同理,

$$\frac{\partial \boldsymbol{E}(i)}{\partial b_j^{(L-1)}} = \sum_{k=1}^{n} \left(d_k(i) - y_k(i)\right) f\left(x\right)'\big|_{x=O_k^{(L)}} W_{kj}^{(L)} f\left(x\right)'\big|_{x=\mathrm{net}_j^{(L-1)}} \tag{2.84}$$

令

$$\delta_j^{(L-1)} = \sum_{k=1}^{n} \left(d_k(i) - y_k(i)\right) f\left(x\right)'\big|_{x=O_k^{(L)}} W_{kj}^{(L)} f\left(x\right)'\big|_{x=O_j^{(L-1)}}$$

$$= \sum_{k=1}^{n} W_{kj}^{(L)} \delta_k^{(L)} f\left(x\right)'\big|_{x=O_j^{(L-1)}} \tag{2.85}$$

即

$$\frac{\partial \boldsymbol{E}(i)}{\partial \boldsymbol{W}_{ji}^{(L-1)}} = \delta_j^{(L-1)} h_i^{(L-2)}$$

$$\frac{\partial \boldsymbol{E}(i)}{\partial \boldsymbol{b}_j^{(L-1)}} = \delta_j^{(L-1)} \tag{2.86}$$

由上可得,第 l 层($2 \leqslant l \leqslant L-1$)的权值和对对齐的偏导可以表示为

$$\frac{\partial \boldsymbol{E}(i)}{\partial \boldsymbol{W}_{ji}^{(l)}} = \delta_j^{(l)} h_i^{(l-1)}$$

$$\frac{\partial \boldsymbol{E}(i)}{\partial \boldsymbol{b}_j^{(l)}} = \delta_j^{(l)} \tag{2.87}$$

其中,

$$\delta_j^{(l)} = \sum_{k=1}^{s_{l+1}} \boldsymbol{W}_{kj}^{(l+1)} \delta_k^{(l+1)} f\left(x\right)'\big|_{x=O_j^{(l)}} \tag{2.88}$$

在求得 $\dfrac{\partial \boldsymbol{E}(i)}{\partial \boldsymbol{W}_{ji}^{(l)}}$ 和 $\dfrac{\partial \boldsymbol{E}(i)}{\partial \boldsymbol{b}_j^{(l)}}$ 之后代入(式 2.76)更新权重 $\boldsymbol{W}$ 和偏执向量 $\boldsymbol{b}$,不断进行此过程直到误差函数小于预设阈值,停止迭代,此时的权重 $\boldsymbol{W}$ 和偏执向量 $\boldsymbol{b}$ 即为最终所求值。

当预测新样本时,只需将新的光谱代入训练好的权重 $\boldsymbol{W}$ 和偏执向量 $\boldsymbol{b}$ 中,通过正向传播便可以输出预测值。

这样整个神经网络的训练和预测过程就结束了。针对不同问题,各式各样的神经网络被提出。但这些神经网络主要是结构不同,其求解过程都使用了误差反向传播,反向传播是神经网络的主导优化工具。

参 考 文 献

同济大学数学系,2007.工程数学线性代数[M].5 版.北京:高等教育出版社.

童庆禧,张兵,郑兰芬,2006.高光谱遥感原理、技术与应用[M].北京:高等教育出版社.

赵春江,2018.机器学习经典算法剖析——基于OpenCV[M].北京:人民邮电出版社.

赵英时,2003.遥感应用分析原理与方法[M].北京:科学出版社.

周丹,王钦军,田庆久,等,2009.小波分析及其在高光谱噪声去除中的应用[J].光谱学与光谱分析,29(7):1941-1945.

周志华,王珏,2009.机器学习及其应用[M].北京:清华大学出版社.

马西-雷萨·阿米尼,2018.机器学习:理论、实践与提高[M].北京:人民邮电出版社.

AMATO U,CAVALLI R M,PALOMBO A,et al,2008. Experimental Approach to the Selection of the Components in the Minimum Noise Fraction[J]. IEEE Transactions on Geoscience & Remote Sensing,47(1):153-160.

BERMAN M,PHATAK A,TRAYLEN A,2012. Some invariance properties of the minimum noise fraction transform[J]. Chemometrics and Intelligent Laboratory Systems,117(none):189-199.

DAUBECHIES I,1990. The wavelet transform,time-frequency localization and signal analysis[J]. IEEE Transactions on Information Theory,36(5):961-1005.

FRIEDMAN J,HASTIE T,TIBSHIRANI R,2008. Sparse inverse covariance estimation with the graphical lasso[J]. Biostatistics,9(3):432-441.

HECHT-NIELSEN R,1992. Theory of the backpropagation neural network[M]. Neural Networks for Perception. Salt Lake City:Academic Press.

LEWIS A S,KNOWLES G P,1992. Image compression using the 2-D wavelet transform[J]. IEEE Transactions on Image Processing,1(2):244-250.

LIXIN G,WEIXIN X,JIHONG P,2015. Segmented minimum noise fraction transformation for efficient feature extraction of hyperspectral images[J]. Pattern Recognition,48(10):3216-3226.

GUANGCHUN,LUO,GUANGYI,et al,2106. Minimum Noise Fraction versus Principal Component Analysis as a Preprocessing Step for Hyperspectral Imagery Denoising[J]. Canadian Journal of Remote Sensing.

MIRSKY L,1956. An Introduction to Linear Algebra[J]. The American Mathematical Monthly,63(10).

RAO R,2002. Wavelet transforms[J]. Encyclopedia of Imaging Science and Technology.

SUYKENS J A K,VANDEWALLE J,1999. Least Squares Support Vector Machine Classifiers[J]. Neural Processing Letters,9(3):293-300.

WOLD S,ESBENSEN K,GELADI P. 1987. Principal component analysis[J]. Chemometrics and Intelligent Laboratory Systems,2(1-3):37-52.

第3章 高光谱数据预处理

成像光谱仪获得的原始图像是三维景物的二维投影显示,由于受传感器系统本身因素和外界环境条件的影响,高光谱影像存在不同程度、不同性质的辐射量的失真和几何畸变等现象。这些畸变和失真均会导致图像质量下降,严重影响其应用效果,因而必须对其进行预处理,首先通过定标获取传感器系统参数,然后利用辐射纠正和几何校正方法减小辐射失真和几何畸变。本章将介绍高光谱数据预处理方法,包括成像系统定标、辐射纠正和几何校正。此外,成像光谱仪因其波段通道较窄,获取的光能量较低,导致高光谱图像容易受到噪声的影响,将对特征提取、光谱解混、目标探测和精细分类等后处理产生较大影响。因此,需要对高光谱图像中的各个波段进行噪声评估,从而去除噪声较大的波段,避免噪声对后期处理的影响。

3.1 成像系统定标

高光谱成像系统存在平台外部系统误差以及相机内部系统误差,因此需要对成像系统进行几何、光谱和辐射参数的精确标定,为影像几何和辐射处理提供精确的几何成像参数、光谱与辐射定标参数。这一过程即为成像系统定标,它是后续高光谱数据几何校正和辐射纠正必不可少的关键环节。本节围绕几何、光谱和辐射参数定标,介绍基于二维平面定标物的几何定标、基于波长扫描法的光谱定标以及基于黑箱法的辐射定标。

3.1.1 基于二维平面定标物的几何定标

3.1.1.1 几何定标原理

基于二维平面定标物的几何定标方法主要为基于二维定标物法的张氏定标法,该方法利用已知格网尺寸的二维棋盘格作为定标物。该方法被广泛运用于机器视觉的光学传感器定标中。

1.内外方位元素估计

假设三维世界坐标系上一点 M 的坐标为 $M=[X,Y,Z]^T$,二维相机坐标系上对应的一点 m 的坐标为 $m=[u,v,1]^T$,根据仿射变换原理则有:

$$sm = \boldsymbol{A} [\boldsymbol{R} \quad \boldsymbol{t}] M \tag{3.1}$$

其中, $\boldsymbol{A} = \begin{bmatrix} \alpha & \gamma & \mu_0 \\ 0 & \beta & \nu_0 \\ 0 & 0 & 1 \end{bmatrix}$ 为内参矩阵, $(\mu_0 \quad \nu_0)$ 是像主点坐标; α, β 分别为水平垂直等效焦距

(与像元大小有关); γ 为扭曲参数,其表征了相机坐标系中坐标轴的偏斜程度。 $[\boldsymbol{R} \quad \boldsymbol{t}]$ 为外参矩阵, $\boldsymbol{R}$ 为旋转矩阵, $\boldsymbol{t}$ 为平移向量, s 为世界坐标系到相机坐标系的尺度因子。

假设棋盘格位于 $Z=0$ 上,且令 $\boldsymbol{R} = [r_1 \quad r_2 \quad r_3]$,则公式(3.1)转换为

$$s [\mu \quad \nu \quad 1]^{\mathrm{T}} = \boldsymbol{A} [r_1 \quad r_2 \quad r_3 \quad t] [X \quad Y \quad 0 \quad 1]^{\mathrm{T}} = \boldsymbol{A} [r_1 \quad r_2 \quad t] [X \quad Y \quad 1]^{\mathrm{T}} \tag{3.2}$$

再令 $\boldsymbol{H} = \boldsymbol{A} [r_1 \quad r_2 \quad t]$,则公式(3.2)转变为

$$s [\mu \quad \nu \quad 1]^{\mathrm{T}} = \boldsymbol{H} [X \quad Y \quad 1]^{\mathrm{T}} \tag{3.3}$$

一般将 $\boldsymbol{H}$ 称为单应性矩阵,它包括了相机的内参矩阵、旋转向量和平移向量。每张棋盘影像可以求得一个 $\boldsymbol{H}$ 矩阵,因为一个 $\boldsymbol{H}$ 矩阵作为一个 3×3 矩阵,其中一个元素作为齐次坐标,则具有 8 个未知数,至少需要 4 个对应点来求解。

旋转矩阵中的 r_1, r_2 正交且模相等。令 $\boldsymbol{H} = [h_1 \quad h_2 \quad h_3]$,则:

$$h_1^{\mathrm{T}} \boldsymbol{A}^{-\mathrm{T}} \boldsymbol{A}^{-1} h_2 = 0 \tag{3.4}$$

$$h_1^{\mathrm{T}} \boldsymbol{A}^{-\mathrm{T}} \boldsymbol{A}^{-1} h_1 = h_2^{\mathrm{T}} \boldsymbol{A}^{-\mathrm{T}} \boldsymbol{A}^{-1} h_2 \tag{3.5}$$

令 $\boldsymbol{B} = \boldsymbol{A}^{-\mathrm{T}} \boldsymbol{A}^{-1}$, $\boldsymbol{B}$ 是一个对称矩阵,实际上矩阵 $\boldsymbol{B}$ 只有 6 个未知数,则:

$$\boldsymbol{b} = [B_{11} \quad B_{12} \quad B_{22} \quad B_{13} \quad B_{23} \quad B_{33}]^{\mathrm{T}} \tag{3.6}$$

令单应性矩阵第 i 列 $h_i = [h_{i1} \quad h_{i2} \quad h_{i3}]$,则:

$$h_i^{\mathrm{T}} \boldsymbol{B} h_j = v_{ij}^{\mathrm{T}} \boldsymbol{b} \tag{3.7}$$

其中, $v_{ij} = [h_{i1} h_{j1} \quad h_{i1} h_{j2} + h_{i2} h_{j1} \quad h_{i2} h_{j2} \quad h_{j3} h_{j1} + h_{i1} h_{j3} \quad h_{i3} h_{j2} + h_{i2} h_{j3}]$

最后,根据公式(3.4)与公式(3.5)可以导出:

$$\begin{bmatrix} v_{12}^{\mathrm{T}} \\ (v_{11} - v_{22})^{\mathrm{T}} \end{bmatrix} \boldsymbol{b} = 0 \tag{3.8}$$

其中,由 V_{ij} 构成的矩阵 $\boldsymbol{V}$ 是 $2n \times 6$ 的矩阵, $\boldsymbol{B}$ 中的未知量为 6 个,所以当不同角度的拍摄的影像数目大于 3 的时候,可以得到 $\boldsymbol{b}$ 的唯一解。最终根据 $\boldsymbol{b}$ 使用 cholesky 分解,求解出内参矩阵的相关值。

根据公式(3.2),则可以计算出外参矩阵。

2.基于最大似然估计对内方位元素结果进行优化

最后根据最大似然估计,将计算出来的内参作为初始值进行迭代优化,求得最优解。

棋盘中角点 m_{ij} 的概率密度为

$$f(m_{ij}) = \frac{1}{\sqrt{2\pi}} e^{\frac{-(m(A, R_i, t_i, M_{ij}) - m_{ij})^2}{\sigma^2}} \tag{3.9}$$

构造似然函数

$$L(A, R_i, t_i, M_{ij}) = \prod_{i=1, j=1}^{n, m} f(m_{ij}) = \frac{1}{\sqrt{2\pi}} e^{\frac{-\sum\limits_{i=1}^{n} \sum\limits_{j=1}^{m} (m(A, R_i, t_i, M_{ij}) - m_{ij})^2}{\sigma^2}} \tag{3.10}$$

取 L 的最大值,则要求 $\sum\limits_{i=1}^{n}\sum\limits_{j=1}^{m}\parallel m(A,R_i,t_i,M_{ij})-m_{ij}\parallel^2$ 取最小值。

此时将问题转化为多参数非线性优化问题,采用最小二乘的方法迭代求出内方位元素的最优解。

3.径向畸变估计

对于径向畸变的估计可以通过每幅影像的内外参数,计算出无畸变的参考点坐标 (x,y),再根据实际发生径向畸变情况下的参考点坐标 (u,v) 求解参数。

$$\begin{bmatrix} (u-u_0)(x^2+y^2) & (u-u_0)(x^2+y^2)^2 \\ (v-v_0)(x^2+y^2) & (v-v_0)(x^2+y^2)^2 \end{bmatrix}\begin{bmatrix} k_1 \\ k_2 \end{bmatrix}=\begin{bmatrix} \breve{u}-u \\ \breve{v}-v \end{bmatrix} \tag{3.11}$$

$$k=(D^{\mathrm{T}}D)^{-1}D^{\mathrm{T}}d \tag{3.12}$$

最后将求解得到的畸变参数 k_1、k_2,连同前面得到的理想无畸变条件下的内外参数一起,利用极大似然估计进行参数优化,最终得到光谱仪的定标参数。

将求解的畸变估计参数和上述的理想无畸变条件下得到的内外方元素代入式(3.10),根据最大似然估计求解最优解。

3.1.1.2　几何定标实验设计及结果分析

二维定标物为使用刚性铝制底板上粘贴打印的 6×5 黑白方格相间的方形棋盘图,单个方格的边长为 $50\ \mathrm{mm}$。

(1)为利用 RGB 传感器在实验室内获取 10 幅不同角度拍摄的定标物的影像,去除了 1 幅模糊影像,余下的 9 幅用于几何定标,如图 3.1 所示。

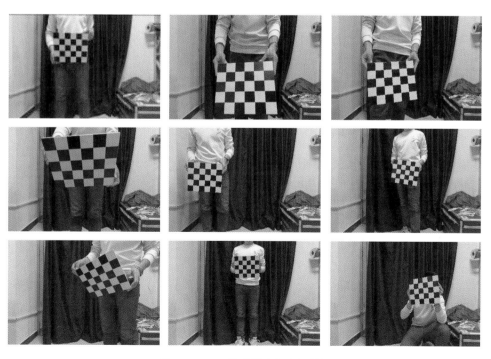

图 3.1　RGB 传感器几何定标数据

使用角点检测算法对上述 9 幅影像提取角点，也就是黑白相间方格的角点，图 3.2 所示为棋盘的两幅影像分别提取的角点。

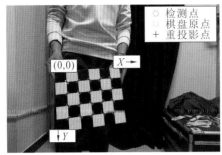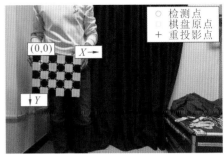

图 3.2　部分 RGB 传感器影像角点提取结果

对框幅式 RGB 传感器进行定标，定标结果如下：

焦距(像元)：3685.66969808294　　3690.02474595908

主点(像元)：2762.32648632222　　1826.32940428478

径向畸变：0.00871294966035841　　−0.00991099793754592

（2）对于推扫式高光谱传感器，传感器本身较大，如果要保证其进行高精度旋转，则需要昂贵的高精度旋转平台，为了节省成本，本文借鉴了摆扫式地面成像光谱仪的原理（童庆禧等，2010），用平面反光镜的摆动替代传感器本身的旋转，摆镜实物图如图 3.3 所示。

图 3.3　摆扫模块

其中 1 为步进电机，2 为推扫式高光谱传感器，3 为电机控制盒，4 为动力电池。使用此装置，将定标物放于反光镜 6 前侧，由控制器 3 控制步进电机 1 转动，带动反光镜 6 以一定的角速度转动，以完成高光谱传感器 2 对二维定标物高光谱数据采集工作。在暗室中，照明采用卤素灯作为入射光源。出厂标称的镜头焦距 f 为 12 mm，像元尺寸 d 为 7.4 μm，根据公式（3.13），计算出瞬时视场角 IFOV 为 0.0353324°。

$$\text{IFOV} = 2\arctan\left(\frac{d}{2f}\right) \tag{3.13}$$

再设定高光谱传感器的采集帧速度为 10 Hz，根据卤素灯的亮度，为了保证精度同时保证一定的信噪比,积分时间既不能太高也不能太低,所以根据经验确定为 10 ms。再根据 IFOV 以及采集帧频的设定,电机的转动速度设置为 0.3°/s。

根据上述参数设置,采集不同角度的定标物,获取了 10 幅 ENVI 格式的高光谱数据,其中两幅因质量较差而被舍弃。将采集的图像使用真彩色合成,即使用第 110 红色波段 (640.735 nm),第 69 绿色波段(549.694 nm)和第 33 蓝色波段(469.756 nm)合成,最后将该数据转换成 JPG 格式的影像,如图 3.4 所示。

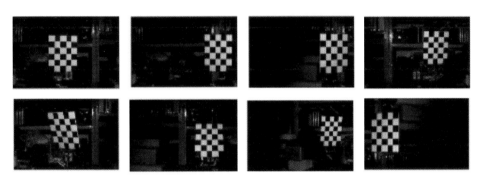

图 3.4 高光谱传感器几何定标数据

同样采用角点检测算法对上述图像进行角点提取,部分角点提取结果如图 3.5 所示。

图 3.5 部分高光谱几何纠正数据角点提取结果

高光谱真彩色合成影像同样检测出了所有 20 个角点。根据上节改进的定标算法对此高光谱传感器进行定标。根据行数计算旋转矩阵,如公式(3.14)所示。

$$R_s(\theta_k) = R(0.03 \times l) \tag{3.14}$$

其中,l 表示每幅影像中所对应像元所在的行数。

定标结果为:

焦距(像元):1701.21621621622

主点(像元):320.45892544781

径向畸变:0.01536597412300478 0.48966354712478991

(3)定标误差来源分析。利用二维定标物的几何定标方法误差来源主要有如下几个方面:

① 定标物与成像平面之间的夹角太小,定标误差会大大增加。本文中无论是 RGB 传感器还是高光谱传感器定标物与成像平面之间的角度都应大于 10°。

② 角点亚像元提取的精度直接影响到定标的精度,同时影像的信噪比会直接影响到角点亚像元提取的精度,应尽量提高定标物影像数据的信噪比。

③ 对于推扫式高光谱几何定标来说,误差来源主要有电机转动的角度误差和平面镜的光学畸变误差等。

3.1.2　基于波长扫描法的光谱定标

3.1.2.1　光谱定标原理

波长扫描法一般采用单色仪以固定波长间隔输出带宽很窄的光谱(一般小于 2 nm),并利用需定标的传感器采集光谱,实际采集到的每个通道的光谱响应曲线都是离散的,并且由于各种误差而存在一定的噪声,所以需要将各个通道的光谱响应值利用曲线拟合算法进行拟合。

(1)对于高光谱传感器,光谱响应函数一般利用高斯拟合,高斯拟合公式如式(3.15)所示。

$$f(x) = a_1 e^{-(\frac{(x-b_1)}{c_1})^2 / 2}$$ (3.15)

其中,a_1是高斯函数的幅高,b_1是高斯函数的中心,c_1为高斯函数的宽度即标准差。各个通道的中心波长由b_1得出,光谱分辨率半高全宽(FWHM)根据c_1计算得到,FWHM 计算公式如(3.16)所示。

$$\text{FWHM} = 2c_1 \sqrt{2\ln(2)}$$ (3.16)

(2) 宽波段的 RGB 传感器的光谱响应函数不能简单地用高斯拟合,本文考虑到精度和可操作性等因素,将采用三次样条函数进行拟合(Gao and Liu,2013)。三次样条函数是由多段三次多项式曲线衔接而成的,在衔接处其本身、一次、二次导数都是连续可导的,能够很好地修正误差,对于宽波段的 RGB 相机的光谱响应函数具有较高的拟合度。中心波长采用拟合曲线最大值一半的波长的平均值,光谱分辨率采用 FWHM。

3.1.2.2　光谱定标实验设计与结果分析

本节以推扫式无人机高光谱传感器、RGB 传感器和两个太阳下行辐亮度监测模块中的点光谱仪为例,进行光谱定标实验。

采用 HORIBA 公司的 ihr320 型单色仪,该单色仪可以输出 150～2 500 nm 的单色光,ihr320 型单色仪技术参数如表 3.1 所示。

表 3.1　ihr320 型单色仪技术参数表

名称	参数
焦长	320 mm
F 数	$f/4.1$
分辨率	0.06 nm
波长精度	±0.2 nm
光谱色散	2.31 nm/mm
光栅尺寸	68 mm×68 mm
杂散光	$1.5×10^{-4}$ W/(m² · sr · nm)

单色仪在暗室的环境下以步长 1 nm 的间隔,范围为 350～1 050 nm 输出单色光,然后用需定标的设备采集单色光数据。推扫式高光谱仪光谱定标现场如图 3.6 所示。

图 3.6　推扫式高光谱仪光谱定标现场

1. 点光谱仪

根据入射光强,调整积分时间,以保证采集的数据在各个波段都未饱和。采集的数据经过整理,将每个波段的数据进行高斯拟合,1 号点光谱传感器的第 150 波段高斯拟合结果如图 3.7 所示。

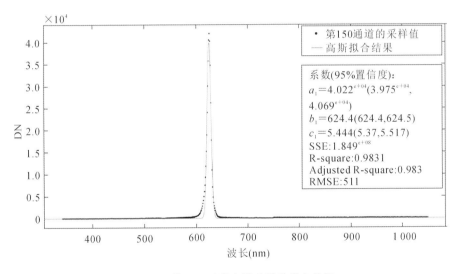

图 3.7　第 150 通道光谱采样及拟合结果

得到所有通道的中心波长如图 3.8 所示。中心波长进行线性拟合,以验证中心波长的线性拟合度。结果显示,两个点光谱的中心波长的线性拟合度较好。

根据公式(3.16),得到两个点光谱仪的带宽,如图 3.9 所示,可以看到在 750 nm 之前均值约为 9 nm,在 750 nm 以后均值约为 15 nm,且两个点光谱仪的 FWHM 一致性较好。750 nm 处 FWHM 出现一个很小很深的下降,因单色仪在 750 nm 处需要更换光栅,更换光

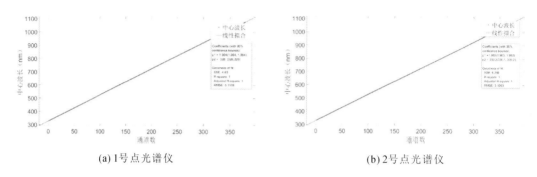

(a) 1号点光谱仪   (b) 2号点光谱仪

图 3.8 点光谱仪中心波长

栅前后亮度不同,导致出现 FWHM 计算误差较大。

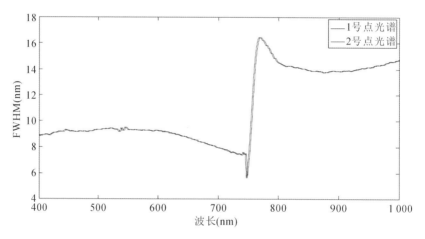

图 3.9 点光谱传感器带宽

2. 推扫式高光谱传感器

根据入射光能量调节积分时间,使各个波段获取的数据适中,并按照上述方法,将获取的高光谱数据用高斯曲线拟合,第 150 通道拟合的结果如图 3.10 所示。推扫式高光谱传感器的中心波长图和 FWHM 如图 3.11 和图 3.12 所示。

如图 3.11 所示,推扫式高光谱传感器中心波长与通道数的线性拟合度较好。如图 3.12 所示,光谱分辨率在 750 nm 之前约为 7 nm,在 750 nm 以后约为 13 nm,全波段比点光谱仪的光谱仪分辨率小 2 nm 左右。

因 RGB 传感器的带宽较大,且光谱范围在可见光波段,将单色仪光谱的步长拓宽至 5 nm,范围为 350～745 nm。

图 3.13 为 RGB 传感器光谱采样拟合图,可以发现红、绿、蓝三个波段的波形差异较大,且蓝色波段出现了两个波峰,一个位于蓝色光谱范围,另一个位于红色光谱范围。RGB 传感器的中心波长与带宽如表 3.2 所示。

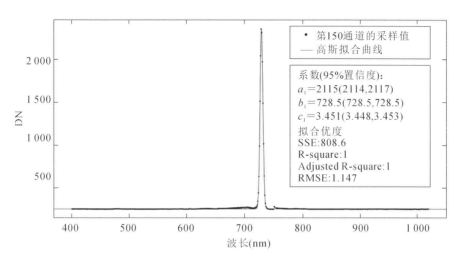

图 3.10　第 150 波段拟合结果

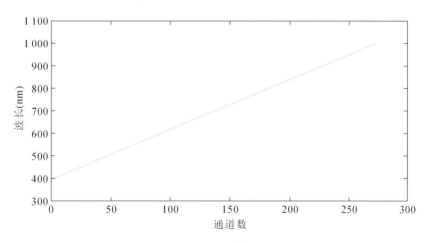

图 3.11　推扫式光谱仪中心波长

表 3.2　RGB 传感器的中心波长与带宽

波段	中心波长(nm)	带宽(nm)
蓝色通道	462.75/639.9	87.3/45.8
绿色通道	534.70	112.60
红色通道	620.55	90.90

3.定标误差来源分析

　　光谱定标误差的来源主要有两方面:第一是硬件设备方面,第二是拟合算法方面。对于硬件设备方面的误差,主要是单色仪的光谱误差和采集过程产生的随机误差造成的。

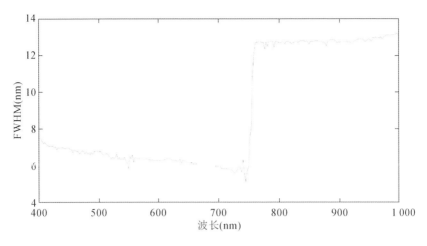

图 3.12　推扫式光谱仪带宽

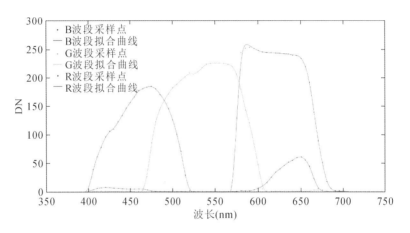

图 3.13　RGB 传感器光谱采样及拟合图

3.1.3　基于黑箱法的辐射定标方法

3.1.3.1　辐射定标原理

基于黑箱法的辐射定标方法中输出辐射源一般采用精度和稳定性都较高的面辐射源——积分球(Raghavachari et al.，2012)。基于黑箱法的辐射定标方法通过控制积分球输出多个能级的辐射亮度，并利用传感器采集不同能级的辐射能量，建立不同能级辐亮度和 DN 值之间的数学模型(Del Pozo et al.，2014)。随着探测器技术的发展，系统的线性度较好，所以使用线性模型就可以很好描述它们之间的关系。

辐射亮度与 DN 值之间的线性模型如公式(3.17)所示。

$$L_i = a_i(\mathrm{DN}_i - \mathrm{DN}_{i\text{暗电流}}) + b_i \tag{3.17}$$

其中,L_i 为积分球在对应每个通道的辐射亮度,计算公式如式(3.18);a_i,b_i 为不同波段的定标系数;DN_i,$DN_{i\text{暗电流}}$ 为传感器不同通道获得的 DN 值和在相同条件下关闭积分球情况下获得的暗电流值。

$$L_i = \frac{\int_{\lambda_1}^{\lambda_2} S(\lambda)L(\lambda)\mathrm{d}\lambda}{\int_{\lambda_1}^{\lambda_2} S(\lambda)\mathrm{d}\lambda} \tag{3.18}$$

其中,$S(\lambda)$ 为传感器探测的光谱响应函数,由上一节的光谱定标结果获得。

(1)高光谱传感器根据中心波长和 FWHM 采用高斯函数模拟,如公式(3.19)所示。

$$f(\lambda_i,\sigma) = e^{\frac{-(\lambda_i-\lambda_c)^2}{2\sigma^2}} \tag{3.19}$$

其中,$\sigma = \dfrac{\mathrm{FWHM}}{2\sqrt{2\ln2}}$;$\lambda_i$ 为光谱响应的波长,λ_c 为各通道的中心波长。

(2)RGB 传感器将每个通道不同波长的响应值按照三次样条函数拟合,并将结果归一化到(0,1)。

3.1.3.2 辐射定标实验设计及结果分析

本节以推扫式高光谱传感器,2 个点光谱传感器和 RGB 传感器进行辐射定标实验。辐射定标实验采用 Labsphere 公司的 XTH200 积分球作为输入能量,XTH200 积分球技术参数如表 3.3 所示。积分球分别采用了 7 个不同的能级,辐射亮度如图 3.14 所示。辐射定标现场如图 3.15 所示。

表 3.3 XTH200 积分球技术参数表

名称	参数
球体直径	20 inch
光源数量	2
光谱范围	300~2 400 nm
出光孔径	200 mm
出光均匀性	≥98%

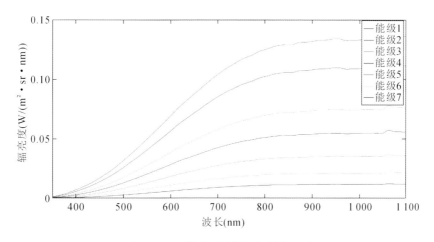

图 3.14 积分球不同能级辐射亮度图

(a)点光谱仪   (b)推扫式高光谱传感器   (c)RGB传感器

图 3.15　辐射定标现场图

1.点光谱仪

将带有余弦接收器的点光谱仪固定于积分球出光口处,如图 3.15(a)所示,分别设置积分时间为 20 ms、30 ms、40 ms、50 ms、60 ms、70 ms。然后再记录不同积分时间的暗电流和不同积分球能级的入射能量。

根据数据获取情况,在获取 1 号点光谱仪第四个能级入射能量时,不同积分时间获得的 DN 值和积分时间的关系如图 3.16 所示,其线性度较好。

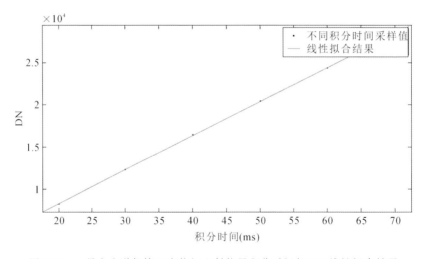

图 3.16　1 号点光谱仪第四个能级入射能量积分时间与 DN 线性拟合结果

因此,可以将不同积分时间的数据根据公式(3.19)归一化到 1 ms 积分时间,计算公式如式(3.20)所示。

$$DN_{1ms}(i) = \frac{\sum_k \dfrac{DN(i,k) - DN(i)_{暗电流}}{K}}{n}, k = 20, 30, 40, 50, 60, 70 \qquad (3.20)$$

其中,K 为对应的积分时间,$DN(i,k)$能级为 i,积分时间为 K 获取的数据,n 为不同积分时间的个数。

再根据公式(3.18),计算出不同通道对应的积分球入射辐亮度,最后根据公式(3.17),

算出最优化的不同波段的定标值 a_i，b_i。

1号点光谱仪第150波段拟合结果如图3.17所示。

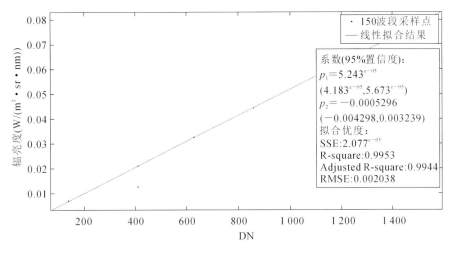

系数(95%置信度):
$p_1 = 5.243^{e^{-05}}$
$(4.183^{e^{-05}}, 5.673^{e^{-05}})$
$p_2 = -0.0005296$
$(-0.004298, 0.003239)$
拟合优度:
$SSE: 2.077^{e^{-05}}$
R-square: 0.9953
Adjusted R-square: 0.9944
RMSE: 0.002038

图 3.17　1号点光谱仪第150波段定标结果

2. 推扫式高光谱传感器

将推扫式高光谱传感器固定于积分球出光口前，如图3.15(b)所示，设置常用的积分时间，分别为5 ms、10 ms、15 ms、20 ms、25 ms、30 ms，并采集暗电流和积分球不同能级下的数据。与点光谱仪不同在于推扫式高光谱传感器在空间纬度具有640个像元，不同像元因制造工艺的原因而响应不同，如图3.18所示，推扫式高光谱传感器 DN 值数据具有很强的条带噪声。所以需要对不同的空间像元分别进行定标。

根据公式(3.18)将数据归一化到积分时间为1 ms的 DN 值，将公式(3.17)改写成

$$L_i = a_{i,j}(\mathrm{DN}_{i,j} - \mathrm{DN}_{i,j\text{暗电流}}) + b_{i,j} \tag{3.21}$$

其中，i 为波段数，j 为空间像元数。

根据公式(3.21)计算出定标结果，并利用此定标结果计算出推扫式高光谱传感器第四个能级辐亮度图如图3.19所示，该定标结果不仅将 DN 值转化为辐亮度而且将条带噪声消除了。

图 3.18　推扫式高光谱传感器定标前第四个能级获得的 DN 值图(真彩色合成)

图 3.19　推扫式高光谱传感器第四个能级辐亮度图(真彩色合成)

3. RGB 传感器

RGB 传感器需要设定的参数比较多,如 DN 值有关的参数有 ISO,积分时间、光圈等,为了简化计算,根据经验将一般选择的参数如 ISO 固定为 100,光圈固定为 5.6,主要调节积分时间也就是相机的曝光时间,分别设置为 1/640、1/800、1/1 000、1/1 250、1/1 600。如图 3.20 所示为绿色波段不同曝光时间 DN 值的线性拟合结果,其线性拟合没有高光谱的效果好,但是基本满足要求,现同样将积分时间归一化到 1 ms(1/1 000)并根据公式(3.18)计算三波段的积分球等效入射辐亮度。根据上节所述,RGB 的光谱响应函数并不符合高斯函数,使用了三次样条函数拟合该曲线,再将此曲线归一化到(0,1),计算出 RGB 传感器的光谱响应函数,根据公式(3.18),计算得到每个波段的等效辐亮度,最后根据式(3.17)进行线性拟合,其中绿色波段的拟合结果如图 3.21 所示。

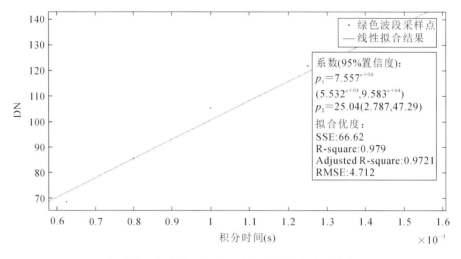

图 3.20　绿色波段不同积分时间 DN 值线性拟合

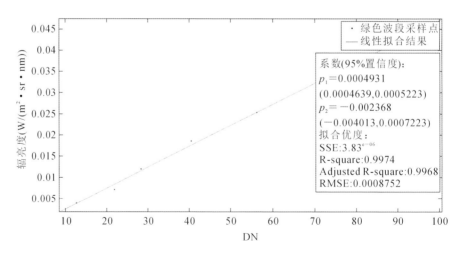

图 3.21　绿色波段线性拟合结果

最后得到 3 个波段的积分时间等效为 1 ms 的辐亮度定标系数,如表 3.4 所示。

表 3.4 RGB 传感器辐射定标结果(1 ms)

波段	a	b
蓝色波段	0.000379152183049462	-0.00176859147544177
绿色波段	0.000493913379000886	-0.00243224641136035
红色波段	0.000741730611376844	-0.000626329289178024

3.2 高光谱数据的辐射纠正

成像光谱的原始数据,除了反映地物反射辐射信息外,还受到外界因素的干扰,如大气辐射传输效应、地形效应等,使得从成像光谱图像上获得的光谱曲线失真,从而影响高光谱遥感影像的定量分析。准确的地表反射率光谱是进行高光谱遥感定量化处理与分析的基础(张兵等,2011)。因此,对高光谱影像进行辐射校正,获取地表反射率光谱,是高光谱遥感影像应用首要解决的任务和重要前提。本节介绍两种辐射纠正模型:一为基于卫星平台的高光谱影像地表反射率一体化反演模型,二为基于无人机平台的非均匀光照条件反射率反演模型。

3.2.1 基于卫星平台的高光谱影像地表反射率一体化反演

本节将介绍一种基于改进暗目标法的气溶胶光学厚度反演方法,以及基于多通道的大气水汽含量反演方法,然后基于反演得到的气溶胶光学厚度、水汽含量,介绍高光谱影像地表反射率一体化反演的原理与方法(胡顺石 等,2014)。

3.2.1.1 基于改进暗目标法的气溶胶光学厚度反演方法

气溶胶和大气分子的散射作用是造成可见近红外波段大气效应的重要因素之一,消除气溶胶引起大气效应是高光谱图像大气校正中一项重要研究内容(Bassani et al.,2010;Béal et al.,2007;Guang et al.,2011;Kaufman et al.,1997;Seidel et al.,2008;von Hoyningen-Huene et al.,2006;von Hoyningen-Huene et al.,2003)。但是气溶胶时空变化剧烈,采用单点地基观测手段获取气溶胶光学厚度的成本高昂、代价较大,而高光谱数据波段较多、波段宽度较窄,且能在气溶胶散射作用强、地表反射率低的光谱通道上连续成像,从而可以利用高光谱数据根据气溶胶粒子对太阳辐射散射物理机制实现气溶胶信息的获取。暗目标法作为陆地气溶胶光学厚度参数反演应用较为成功的方法,已经成功应用于 MODIS 气溶胶大气产品的生产(Kaufman et al.,1997;Kaufman and Tanre,1996),后来,Robert C. Levy 和 Remer 等在 Kaufman 的暗像元算法基础上发展了 NASA V5.2 气溶胶反演算法,并成功应用于 MODIS 全球 10 km×10 km 气溶胶产品的业务化生产(Levy et al.,2007;Remer et al.,2005)。然而,对于中高分辨率的星载高光谱卫星来说,高空间分辨率导致观测尺度发生变化,观测到的地物组成复杂程度更高,从而导致暗像元的判定和气溶胶光学厚度反演出现不稳定性,为此本节介绍一种改进的气溶胶光学厚度反演方法。

1.气溶胶光学厚度反演原理

利用卫星观测到的大气顶层辐亮度值和地表双向反射率特性之间的关系可以进行气溶胶光学厚度反演,假设地面为均匀朗伯体表面,不考虑气体吸收,卫星观测到的入瞳处的表观反射率 $\rho_\lambda^*(\theta_0,\theta,\varphi)$ 可用式(3.22)表示。

$$\rho_\lambda^*(\theta_0,\theta,\varphi) = \rho_\lambda^a(\theta_0,\theta,\varphi) + \frac{F_\lambda(\theta_0)T_\lambda(\theta)\rho_\lambda^s(\theta_0,\theta,\varphi)}{1-S_\lambda\rho_\lambda^s(\theta_0,\theta,\varphi)} \tag{3.22}$$

其中, $\rho_\lambda^a(\theta_0,\theta,\varphi)$ 表示大气程辐射引起的反射率; $F_\lambda(\theta_0)$ 为归一化的太阳下行辐射通量; $T_\lambda(\theta)$ 为上行辐射总透过率; S_λ 为大气半球反照率; $\rho_\lambda^s(\theta_0,\theta,\varphi)$ 为观测目标地表反射率; θ_0,θ,φ 分别表示太阳天顶角、传感器天顶角和相对方位角(太阳方位角减去传感器方位角)。从公式中可以看出,卫星观测到的表观反射率 $\rho_\lambda^*(\theta_0,\theta,\varphi)$ 是太阳/传感器几何位置、气溶胶类型、气溶胶光学厚度等影响因素的函数,同时还是地面目标地表反射率值 $\rho_\lambda^s(\theta_0,\theta,\varphi)$ 的函数。如果知道地表反射率值 $\rho_\lambda^s(\theta_0,\theta,\varphi)$、研究区域的气溶胶特征和气溶胶模式参量,就可以得到气溶胶光学厚度值;反之亦然。

Kaufman 等(Kaufman et al.,1997;Kaufman and Tanre,1996)通过统计大量的资料,并考虑多种地表覆盖类型,经研究发现大多数绿色植被在红(0.66 μm)、蓝(0.47 μm)波段具有较低的反射率,而中红外通道(2.12 μm)受气溶胶影响较小,其表观反射率与地表反射率极为相近,且在清洁大气条件下,绿色植被在 2.12 μm 处的地表反射率与 0.47 μm、0.66 μm 处的地表反射率具有如下的线性关系。

$$\rho_{0.47}^s = \rho_{2.12}^*/4 \tag{3.23}$$
$$\rho_{0.66}^s = \rho_{2.12}^*/2 \tag{3.24}$$

后来,Remer 等(Remer et al.,2005)和 Levy 等(Levy et al.,2007)在 Kaufman 的暗像元算法的基础上发展了一种新的气溶胶光学厚度反演算法,新的方法有效地去除了云、海拔以及均一性地表的影响,使得反演结果更加合理,对光学厚度的反演误差范围是 $\triangle\tau=\pm0.05\pm0.15\tau$,它是目前较为成功的、应用非常广泛的陆地气溶胶光学厚度反演算法。它主要在两方面进行了改进:一是将暗目标的地表反射率值在短波红外通道与红、蓝通道之间恒定的线性关系改了散射角等参数的函数关系,且利用 0.66 μm 的地表反射率值估计 0.44 μm 处的地表反射率;二是用短波红外的反射率比值对地表反射率进行参数化,使其成为植被指数和散射角的函数。

可见光与短波红外通道的反射率比较关系与观测几何条件和地表类型具有较大的关系,新定义的红、蓝通道与中红外通道之间的反射率比较关系是 NDVI$_{SWIR}$ 和散射角 θ 的函数,如以下公式所示。

$$\rho_{0.66}^s = f(\rho_{2.12}^s) = \rho_{2.12}^s \times \text{slope}_{0.66/2.12} + \text{yint}_{0.66/2.12}$$
$$\rho_{0.47}^s = f(\rho_{0.66}^s) = \rho_{0.66}^s \times \text{slope}_{0.47/0.66} + \text{yint}_{0.47/0.66} \tag{3.25}$$

式中

$$\text{slope}_{0.66/2.12} = \text{slope}_{0.66/2.12}^{\text{NDVI}_{SWIR}} + 0.002\theta - 0.027$$
$$\text{yint}_{0.66/2.12} = 0.00025\theta + 0.033$$
$$\text{slope}_{0.47/0.66} = 0.49 \tag{3.26}$$
$$\text{yint}_{0.47/0.66} = 0.005$$
$$\theta = \cos^{-1}(-\cos\theta_0\cos\theta + \sin\theta_0\sin\theta\cos\varphi)$$

由于 $\rho_{1.24}^m$, $\rho_{2.12}^m$ 两个通道受气溶胶影响比较小,从而可以用它们根据如下公式计算 NDVI$_{SWIR}$ 植被指数。

$$NDVI_{SWIR} == (\rho_{1.24}^m - \rho_{2.12}^m) / (\rho_{1.24}^m + \rho_{2.12}^m) \tag{3.27}$$

(1)当 NDVI$_{SWIR}$ < 0.25 时,slope$_{0.66/2.12}^{NDVI_{SWIR}}$ = 0.48;

(2)当 NDVI$_{SWIR}$ > 0.75 时,slope$_{0.66/2.12}^{NDVI_{SWIR}}$ = 0.58;

(3)当 0.25 ≤ NDVI$_{SWIR}$ ≤ 0.75 时,slope$_{0.66/2.12}^{NDVI_{SWIR}}$ = 0.48 + 0.2(NDVI$_{SWIR}$ − 0.25)

2.气溶胶光学厚度反演技术流程

根据上节描述的气溶胶光学厚度反演原理,假设影像中存在一定数量的暗目标,并且大气特性和气溶胶模式已知。本节以 EO-1 Hyperion 高光谱遥感影像为例展示气溶胶光学厚度反演流程,如图 3.22 所示。

根据图 3.22 的描述,将整个反演技术流程分为数据预处理、暗目标选取、地表反射率计算、查找表插值计算和寻找最优 τ_{550} 五部分,以下就这五部分进行详细描述和说明。

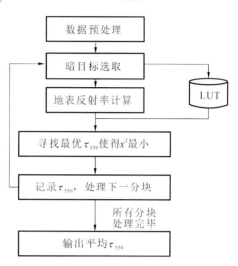

图 3.22 气溶胶光学厚度反演流程图

(1)数据预处理。首先选择 Hyperion 高光谱影像波长为 0.47 μm、0.66 μm、1.24 μm、2.12 μm 附近的波段,然后对输入高光谱数据进行噪声去除、辐射定标和表观反射率转换。然后采用如下公式对表观反射率进行水汽、臭氧和二氧化碳气体的吸收效应进行订正。

$$\rho_\lambda^m = T_\lambda^{gas} \rho_\lambda^*$$
$$T_\lambda^{gas} = T_\lambda^{H_2O} T_\lambda^{O_3} T_\lambda^{CO_2} \tag{3.28}$$
$$T_\lambda^i = \exp(-G\tau_\lambda^i), i = H_2O, O_3, CO_2$$

其中,$\tau_\lambda^{H_2O}$, $\tau_\lambda^{O_3}$, $\tau_\lambda^{CO_2}$ 分别表示水汽、臭氧和二氧化碳的吸收系数,它们可以从表 3.5 中获得;G 为大气质量数,可用如下公式获得:

$$G = \frac{1}{\cos\theta_0} + \frac{1}{\cos\theta} \tag{3.29}$$

表 3.5　气体吸收系数

波长(μm)	$\tau_\lambda^{H_2O}$	$\tau_\lambda^{O_3}$	$\tau_\lambda^{CO_2}$
0.47		2.432×10^{-3}	
0.66	1.543×10^{-2}	2.478×10^{-2}	
1.24	1.184×10^{-2}		4.196×10^{-4}
2.12	5.705×10^{-2}		2.164×10^{-2}

对所选择数据的各波段进行气体吸收效应订正后,进行水体、云掩膜(Levy et al.,2007;Remer et al.,2005),再以 32×32 像素为区域进行子块(block)划分。

（2）暗目标选取。对于某一子块，首先选择 2.12 μm 表观反射率值满足 $0.01 \leqslant \rho_{2.12}^* \leqslant$ 0.15 足条件的像元作为暗像元；然后选择 0.66 μm 波段与这些像元位置对应的像元，并对其进行排序，舍弃 50% 最亮的像元和 20% 最暗的像元，如果剩下的像元数量小于子块总数量的 1%，则只选择满足 $0.01 \leqslant \rho_{2.12}^* \leqslant 0.15$ 条件的像元；最后计算该子块 0.47 μm、0.66 μm、1.24 μm、2.12 μm 每个波段所有满足条件的暗像元的平均表观反射率值，并将其视为该子块平均表观反射率值。

（3）地表反射率计算。利用给定子块暗像元的平均表观反射率值计算 0.47 μm、0.66 μm、1.24 μm、2.12 μm 对应的地表反射率。

（4）查找表插值计算。所设计的六维大气参数查找表，以二进制文件方式存储查找表中的数据，其输入参数为 SZA，VZA，RAA，AOT@550，CWV，ELEV；输出参数为 x_{ap}，x_b，x_c，ρ_a，但本文在利用表观反射率计算地表反射率时仅需要 x_{ap}，x_b，x_c 三个参数。由于水汽含量的变化对气溶胶光学厚度的反演影响不大（Guanter Palomar.，2007），所以水汽含量设置为 CWV=2.3 g/cm^2，而高程设置为平均高程 0.06 km，其他几何位置参数均从数据文件中读取。具体插值办法请参见多维大气参数查找表的插值与计算一节。

（5）寻找最优 τ_{550}。通过改变 τ_{550} 值，利用上一步骤对输入参数进行多维查找表的插值计算，得到大气校正系数 x_{ap}，x_b，x_c，再根据反射率计算公式，输入暗像元的平均表观反射率 $\rho_{0.47}^*$，$\rho_{0.66}^*$，计算其对应的地表反射率 $\rho_{0.47}^{sim}$，$\rho_{0.66}^{sim}$，为了得到最优的气溶胶光学厚度值 τ_{550}，定义如下的代价函数：

$$\chi^2(\tau_{550}) = \sum_{i=1}^{2} (\rho_i^s - \rho_i^{sim})^2 \qquad (3.30)$$

其中，ρ_i^s，ρ_i^{sim} 分别表示 0.47 μm、0.66 μm 地表反射率值和由表观反射率和不同气溶胶光学厚度值模拟计算得到的地表反射率值。χ^2 达到最小时所对应的 τ_{550} 即为该子块区域对应的气溶胶光学厚度值；如果 τ_{550} 超出现了查找表的设置范围，则此时的 τ_{550} 为无效值。

在某一子块区域的 τ_{550} 计算完毕后，记录下该值，然后寻找下一子块区域，重复步骤（2）～（5）直到所有子块处理完毕。

3.2.1.2 基于多通道的大气水汽含量反演方法

水汽是大气的重要组成部分，对研究地表物质通量平衡和全球气候变化具有重要意义，同时它也是光学遥感中近红外通道的主要吸收气体，是进行光学定量遥感和大气校正需要考虑的主要因子。尽管可以通过地面探空数据、气象数据或者是地基遥感技术获取水汽含量数据，但是大气水汽的时空变化剧烈，而单点地面观测数据仅具有点测量特性，不适于大区域应用研究，且地面观测大气水汽含量需要耗费大量人力与物力。然而，通过遥感技术可以高效、快速地获取水汽含量信息及其空间分布（Albert et al.，2005；Barducci et al.，2004；Gao and Kaufman，2003；Mao et al.，2010；Schläpfer et al.，1998；刘三超 等，2009）。由于水汽在 0.94 μm 近红外谱段内有一系列吸收带，高光谱数据在水汽吸收带存在一些通道并记录了水汽含量信息，从而可以考虑利用水汽的吸收通道和非吸收通道的差分比值反演水汽含量值，这些方法包括窄宽波段比值法（Frouin et al.，1990）、三通道比值法（Seemann et al.，2006）和大气预处理微分吸收 APDA 法（Schläpfer et al.，1998）等。这些方法均可以获得较高精度的水汽含量空间分布,但这些方法大部分均应用在 MODIS 卫星影像上,对中高分辨率遥感影像而言,其空间分辨率更高,光谱分辨率也更高,在水汽吸收带具有更多的吸收通道,这就需要寻找对水汽吸收更为敏感的通道进行大气水汽含量反演,将大气水汽含量的反演在气溶胶光学厚度反演之后,这样可以消除由气溶胶光学厚度不确定而带来的误差(Guanter Palomar,2007)。本节介绍一种基于多通道的大气水汽含量反演方法。

1. 多通道水汽含量反演原理

假设天气晴朗无云,地面近似朗伯体,卫星传感器接收到的辐亮度 $L_{Sensor}(\lambda)$ 可以由公式(3.31)表示:

$$L_{Sensor}(\lambda) = L_{Sun}(\lambda)T(\lambda)\rho(\lambda) + L_{Path}(\lambda) \tag{3.31}$$

其中,λ 为波长;$L_{Sun}(\lambda)$ 为大气顶层太阳辐射亮度值;$T(\lambda)$ 为大气总透过率;表示太阳辐射经历太阳-地表-传感器路径上总的透过率;$\rho(\lambda)$ 为地表反射率;$L_{Path}(\lambda)$ 为大气程辐射。为了消除太阳高度角的影响,定义 $L_{Sensor}(\lambda)/L_{Sun}(\lambda)$ 为表观反射率 $\rho^*(\lambda)$,因此,上述公式可以重新调整为

$$\rho^*(\lambda) = T(\lambda)\rho(\lambda) + \frac{L_{Path}(\lambda)}{L_{Sun}(\lambda)} \tag{3.32}$$

根据瑞利散射的特性,$1~\mu m$ 处的瑞利散射作用可以忽略不计,所以气溶胶的散射作用是产生程辐射的主要来源。然而气溶胶在 $1~\mu m$ 附近所产生的程辐射相对于大气顶层的太阳辐射来说是非常小的一部分,在天气晴朗,气溶胶光学厚度较小的情况下,可以忽略大气程辐射作用。因此,忽略程辐射影响后,可将上述公式改写为

$$\rho^*(\lambda) = T(\lambda)\rho(\lambda) \tag{3.33}$$

Gao 等(Gao and Goetz,1990)指出除富含铁的土壤和矿物外,大部分典型地物的地表反射率在 $0.85\sim1.25~\mu m$ 基本与波长呈线性关系。由于各类地物的地表反射率光谱并不一致,想要从单一水汽吸收波段来确定水汽透过率具有较大的困难,同时也会受传感器信噪比的影响。如果地物的地表反射率在较窄的水汽吸收波段和大气窗口波段之间变化较小或者保持恒定不变,那么可以用水汽吸收波段和大气窗口波段的比值来确定水汽吸收波段的透过率。

以 EO-1 Hyperion 为例介绍大气水汽含量反演模型。图 3.23 显示了 $800\sim1~100$ nm 大气透过率和重采样到 EO-1 Hyperion 波段上的大气透过率。EO-1 Hyperion 的水汽吸收波段在 940 nm 水汽吸收带上有双吸收谷峰现象,即 900 nm 附近一个吸收谷,940 nm 附近存在更明显的吸收谷。大气透过率在 940 nm 水汽吸收窗口两侧变化较小。因此,可以考虑采用 940 nm 水汽吸收带中的相应通道及其两侧的通道进行水汽含量反演。

由于 EO-1 Hyperion 高光谱数据在 940 nm 水汽吸收带具有多个水汽吸收波段,在进行水汽含量反演时不可能将全部波段进行运算,需要挑选对水汽较为敏感的波段进行反演。在进行水汽反演通道选择时,本文使用水汽含量敏感性指数 η 进行水汽反演通道的选择。

$$\eta = \sum_{i=1}^{n}\eta_i = \sum |\Delta\tau_i/\Delta W_i| \tag{3.34}$$

其中,i 表示不同的水汽吸收通道;$\Delta\tau$ 表示透过率变化量;ΔW 表示水汽变化量。

图 3.24 显示了水汽含量在 $0.3\sim5$ g/cm^2 以 0.1 g/cm^2 为步长变化时大气透过率和归一化水汽权重因子变化情况。图 3.24(a)显示了 Hyperion 传感器在 905 nm、915 nm、

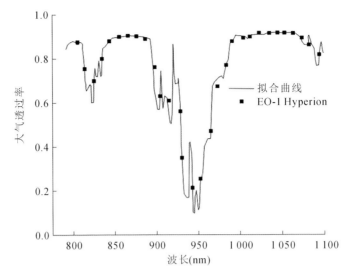

图 3.23　800~1100 nm 大气透过率及重采样到 Hyperion 波段的大气透过率

932 nm、942 nm 和 952 nm 五个明显水汽吸收通道内的大气透过率与水汽含量变化之间的关系,905 nm、915 nm 两个通道的透过率较高,处于水汽较弱的吸收通道位置;而 942 nm、952 nm 两个通道的透过率较低,处于水汽强吸收通道位置;932 nm 通道处于上述两者之间。图 3.24(b)显示了上述 5 个水汽吸收通道的归一化水汽权重因子 f_i。905 nm、915 nm 两个通道的权重因子趋势十分一致;942 nm、952 nm 两个通道的权重因子也较为接近,但在水汽含量值较大时表现出较大的差异性;932 nm 权重因子变化值不大。

$$f_i = \eta_i / \sum_{i=1}^{n} \eta_i, \eta_i = |\Delta\tau_i / \Delta W_i| \tag{3.35}$$

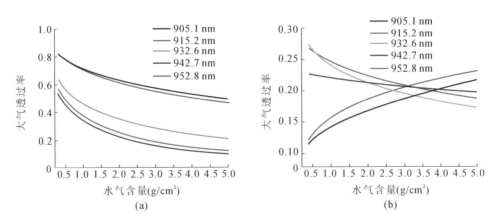

图 3.24　Hyperion 水汽吸收波段的大气透过率随水汽含量的变化(a)和归一化的权重因子(b)

　　上述 5 个水汽吸收通道的水汽敏感性指数分别为 31.97、35.65、42.8208、44.34、45.2286。因此,942 nm、952 nm 是较为理想的水汽反演通道。但考虑到 905 nm 是所有选择的 5 个通道中水汽敏感性指数最小的一个,为了得到较为全面的水汽含量信息,本文最终选择一个最不敏感的水汽通道和两个最敏感的水汽通道进行大气水汽含量反演,即最终选择905 nm、942 nm 和 952 nm 三个水汽通道。非水汽吸收通道分别选择 874 nm、884 nm、1 003 nm 和 1 013 nm 所在的波段。假设地物的地表反射率在大气窗口波段和水汽吸收波段随波长呈线性变化,那么3个水汽通道的大气透过率之比可以由以下公式得到:

$$R_{obs}(0.905\mu m) = \rho^*(0.905\mu m)/LIR(0.905\mu m, \rho^*(ref))$$
$$R_{obs}(0.942\mu m) = \rho^*(0.942\mu m)/LIR(0.942\mu m, \rho^*(ref)) \quad (3.36)$$
$$R_{obs}(0.952\mu m) = \rho^*(0.952\mu m)/LIR(0.952\mu m, \rho^*(ref))$$

其中,$R_{obs}(0.905\mu m)$、$R_{obs}(0.942\mu m)$、$R_{obs}(0.952\mu m)$ 分别表示 905 nm、942 nm 和 952 nm 三个水汽通道的大气透过率之比;LIR 表示根据大气窗口的表观反射率线性拟合水汽吸收通道的表观反射率值;$\rho^*(ref)$ 分别表示 874 nm、884 nm、1 003 nm 和 1 013 nm 四个非水汽吸收通道卫星传感器的表观反射率。

另外,根据建立的多维大气参数查找表,通过改变不同的大气水汽含量,可以插值得到模拟的大气透过率 $T_{sim}(\lambda)$,并采用以下公式得到模拟的 905 nm、942 nm 和 952 nm 三个水汽通道的大气透过率之比 $R_{sim}(\lambda)$。

$$R_{sim}(\lambda) = T_{sim}(\lambda)/LIR(\lambda, T_{sim}(ref)), \lambda = 0.905\mu m, 0.942\mu m, 0.952\mu m \quad (3.37)$$

其中,$LIR(\lambda, T_{sim}(ref))$ 表示利用非水汽吸收通道的大气透过率进行线性插值得到水汽吸收通道的大气透过率;$T_{sim}(ref)$ 分别表示 874 nm、884 nm、1 003 nm 和 1 013 nm 四个通道的大气透过率。

最后根据以下公式所示的代价函数,采用基于黄金分割和二次插值法的 fminbnd 最优算法求取 $0.3 \sim 5$ g/cm² 范围内的水汽含量,使得 χ^2 最小,此时的水汽含量即为该细胞元组在某个水汽吸收通道的反演结果。

$$\chi^2(cwv) = (R_{obs} - R_{sim})^2 \quad (3.38)$$

由于 905 nm、942 nm 和 952 nm 这三个波段对水汽具有不同的敏感性,905 nm 波段是弱水汽吸收波段,在潮湿条件下对水汽敏感,942 nm 波段对干燥大气比较敏感,而 952 nm 波段对湿润大气更加强敏感,因此,这 3 个不同水汽吸收通道所获取的水汽含量是不一样的,可以通过加权平均的办法获取最终的大气水汽含量值。

$$W = \sum_{i=1}^{3}(f_i \cdot W_i) \quad (3.39)$$

其中,f_i、W_i 分别表示不同水汽吸收通道的加权因子和水汽含量值。

2. 多通道水汽含量反演技术流程

根据利用多通道进行大气水汽含量反演的原理,假设天气晴朗无云,本节选择 940 nm 附近的水汽吸收波段和其左右两侧的大气窗口中的波段进行水汽含量反演。以 EO-1 Hyperion 影像为例,水汽含量反演的技术流程如图 3.25 所示。

根据图 3.25 中描述的水汽含量反演技术流程,可以将其分为数据预处理、表观反射率转换、获取最佳水汽含量和水汽含量加权平均四部分。

(1) 数据预处理。首先选择 EO-1 Hyperion 高光谱影像中 874 nm、884 nm、1 003 nm 和 1 013 nm 四个非水汽吸收波段作为大气窗口波段,选择 905 nm、942 nm 和 952 nm 作为水汽吸收波段进行水汽含量反演。波段选择完毕后,再对输入的高光谱数据进行噪声去除等工作。

（2）表观反射率转换。根据描述的高光谱表观反射率计算方法对所选择的 7 个波段进行表观反射率转换，以消除太阳高度角和日地距离因子的影响，使输入的影像归一化为表观反射率因子。

（3）获取最佳水汽含量。获取每一个水汽吸收通道的最佳水汽含量是水汽含量反演技术流程中非常重要的一个步骤，为了消除地表环境影响因素和增加图像信噪比，本文以 2×2 像素作为一个基础细胞元组，然后取均值代表此细胞元组进行大气水汽含量反演。

在进行水汽含量反演之前，假设水汽吸收通道附近的表观反射率与波长呈线性关系，对 874 nm、884 nm、1 003 nm 和 1 013 nm 四个非水汽吸收波段的表观反射率进行线性插值拟合，分别获取 905 nm、942 nm 和 952 nm 三个水汽吸收通道的表观反射率 $\rho_{\text{interp}}^{*}(\lambda)$，然后根据公式获得卫星观测的大气透过率之比 $R_{\text{obs}}(\lambda)$。同时，输入与影像一致太阳和传感器的角度参数、气溶胶光学厚度参数、地表高程，通过改变不同水汽含量值，根据多维大气参数查找表和插值算法，得到不同水汽吸收波段的大气透过率 $T_{\text{sim}}(\lambda)$，最后根据公式求得不同水汽吸收通道的大气透过率之比 $R_{\text{sim}}(\lambda)$。

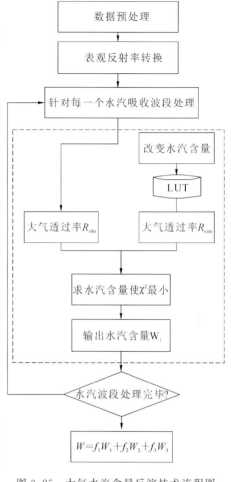

图 3.25 大气水汽含量反演技术流程图

在求得 3 个水汽吸收通道的卫星观测的大气透过率之比和模拟的大气透过率之比后，采用 fminbnd 最优算法求取各水汽吸收波段水汽含量反演结果。

（4）水汽含量加权平均。在求得每个细胞元组的水汽含量值后，根据公式对三个水汽吸收通道的反演结果进行加权平均，得到最后的水汽含量值。当所有细胞元组处理完毕，再对水汽含量反演结果进行双线性重采样，得到与原始影像相同尺寸的逐像素的水汽含量空间分布图。

3.2.1.3 高光谱影像地表反射率一体化反演流程

如果已经成功获取气溶胶光学厚度、大气水汽含量等大气参数，便可以利用辐射传输模型将表观反射率转换为地表反射率。本节仍以 EO-1 Hyperion 为例介绍反射率一体化反演模型。由于 Hyperion 影像的幅宽仅为 7.7 km 左右，在此狭窄的范围内，认为其太阳天顶角变化很小、气溶胶光学厚度也变化很小。因此，对于整景影像而言，太阳天顶角和气溶胶光学厚度值仅取平均值。另外，由于所选影像区域地势较为平坦，所以不考虑地形的影响，仅考虑平均高程。最后根据大气参数将表观反射率转换成地表反射率，具体技术流程如图 3.26 所示。

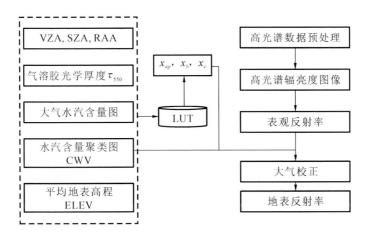

图 3.26 地表反射率一体化反演技术流程

根据图 3.26 所描述的技术流程,本文将其分为大气校正参数准备、高光谱数据预处理、多维大气参数查找表插值计算和输出地表反射率四个主要部分。

1. 大气校正参数准备

这部分主要内容包括根据影像成像参数获得其对应的观测天顶角、太阳天顶角和相对方位角的角度信息,以及研究区域的平均地表高程,然后采用 3.2.1.1 节的气溶胶光学厚度反演算法获取整幅影像的气溶胶光学厚度值,采用 3.2.1.2 节的水汽含量反算法获取逐像元的水汽含量空间分布图。

由于空间水汽含量分布变化剧烈,而如果针对水汽含量的变化进行逐像素大气校正,其计算量非常巨大,所以本文将水汽含量分布图进行聚类分级,使得类内差异最小、类间差异最大,同一类的水汽含量采用平均水汽含量代替。通过聚类分级后,既保证了不同区域之间水汽含量的差异性,又使得相同水汽含量区域能保证均质性,同时还可以大量减少运算量。根据此原则,本文将整个水汽含量图分为五大类,每一类用平均水汽含量代替所有像素的水汽含量。后续地表反射率反演分别针对不同水汽含量值进行。

2. 高光谱数据预处理

这部分内容主要是进行辐射定标、坏波段去除以及噪声去除等工作。另外,还要将辐亮度图像转换成表观反射率图像。

3. 多维大气参数查找表插值计算

根据已准备的大气参数,采用多维大气查找表插值计算方法得到步长为 2.5 nm 的 x_{ap},x_b,x_c,ρ_a 参量,然后将其与 EO-1 Hyperion 各波段的光谱响应函数进行积分,得到与 EO-1 Hyperion 传感器相匹配的 x_{ap},x_b,x_c,ρ_a 参量。EO-1 Hyperion 各波段的光谱响应函数根据各波段的中心波长和半高宽利用高斯函数模拟。

4. 输出地表反射率

由第三步得到 x_{ap},x_b,x_c,ρ_a 后,进行大气校正,消除大气引起的散射和吸收作用,最后将表观反射率转换成地表反射率。

对于所选择的 EO-1 Hyperion 影像的大部分波段按照上述步骤进行,然而,由于传感器噪声、定标等因素的影响,最终的地表反射率在某些固定波段位置出现 spike 现象,这些波段主要发生在氧气强烈吸收波段、部分 940 nm 水汽波段、1 135 nm 水汽吸收波段等,针对这些特殊的波段,本文采用邻近波段线性插值的方法进行获取,这是由于大部分地物的地表反射率在这些波段附近呈现较强的线性关系(Gao and Goetz,1990;Guanter and Palomar,2007)。另外,地表反射率光谱曲线在不同的波段均出现一定的随机噪声,为了消除这些随机噪声,本文采用窗口均值滤波的方法对反射率光谱进行滤波以消除噪声的影响。

3.2.2　基于无人机平台的非均匀光照条件反射率反演

在低空无人机平台上使用高光谱传感器的一个巨大优势是能够在云下进行高光谱数据采集,而不会被云遮挡,但数据采集往往受到非均匀光照条件的影响。本节将针对该问题,介绍一种非均匀光照条件下的反射率反演模型,从而提高无人机平台反射率反演的精度。

3.2.2.1　基于标准板的反射率反演改进模型

1.基于单标准板的反射率反演改进模型

单标准板法是无人机高光谱反射率反演最简单也最常用的方法。此方法是利用一个标准板来对实验期间的太阳下行辐亮度进行估算。反射率反演方法如公式(3.40)所示。

$$\rho_{地物}(\lambda)=\frac{L_G(\lambda,t)}{L_S(\lambda,t)}=\frac{\dfrac{L_M(\lambda,t)}{\tau(\lambda)}}{\dfrac{L_{标准板}(\lambda,t_0)}{\tau(\lambda)}}\quad \rho_{标准板}(\lambda)=\frac{L_M(\lambda,t)}{L_{标准板}(\lambda,t_0)}\rho_{标准板}(\lambda)\quad (3.40)$$

其中,$L_G(\lambda,t)$为地物的反射辐亮度;$L_S(\lambda,t)$为地物的太阳入射辐亮度;$L_M(\lambda,t)$为地物的无人机高光谱传感器的入瞳辐亮度;$L_{标准板}(\lambda,t_0)$为标准板处的无人机高光谱传感器的入瞳辐亮度;t_0为无人机飞临标准板的时刻;$\tau(\lambda)$为大气透过率指从无人机平台到地面这段大气的透过率);$\rho_{标准板}(\lambda)$为标准板的反射率;$\rho_{地物}(\lambda)$为所求的地物的反射率。

公式(3.40)成立建立在两个假设的基础上:

(1)假设一:忽略了大气程辐射,所以 $L_G(\lambda,t)=\dfrac{L_M(\lambda,t)}{\tau(\lambda)}$。

(2)假设二:整个数据采集的过程中太阳下行辐亮度和大气透过率并没有变化,所以 $L_S(\lambda,t)=\dfrac{L_{标准板}(\lambda,t_0)}{\rho_{标准板}(\lambda)}\cdot\tau(\lambda)$。

但是无人机平台下,太阳下行辐亮度往往会发生较大的变化,如果按照上述假设二所述,则会引入巨大的误差。针对此问题,本节将介绍基于单标准板的反射率反演改进方法,将采集的不同波段太阳下行辐亮度引入模型,克服误差。

使用太阳下行辐亮度监测模块测得任意时间太阳下行辐亮度为 $L_S(\lambda,t)$,并令任意时刻的标准板的反射辐亮度为 $L_{标准板}(\lambda,t)$,飞临标准板时刻 t_0 的太阳下行辐亮度为 $L_S(\lambda,t_0)$,则:

$$L_{标准板}(\lambda,t)=\frac{L_S(\lambda,t)}{L_S(\lambda,t_0)}L_{标准板}(\lambda,t_0)\quad (3.41)$$

根据公式(3.40)与公式(3.41)可得地物目标的反射率为

$$\rho_{地物}(\lambda) = \frac{L_M(\lambda,t)L_S(\lambda,t_0)}{L_S(\lambda,t)L_{标准板}(\lambda,t_0)}\rho_{标准板}(\lambda) \tag{3.42}$$

2. 基于多标准板的反射率反演改进模型

按照上一节单标准板法中的第一个假设,当有雾霾等时,或者需要精确测量时,此时程辐射不能简单地忽略不计。假设地物的无人机高光谱传感器的入瞳辐亮度为 L_M,则

$$L_M(\lambda,t) = L_G(\lambda,t)\tau(\lambda) + L_P(\lambda) \tag{3.43}$$

其中,$L_G(\lambda,t)$ 为地物的反射辐亮度,$L_P(\lambda,t)$ 为程辐射,$\tau(\lambda)$ 为透过率。$L_G(\lambda,t)$ 利用地面光谱仪在飞临某个地物(一般是标准板)时,采集地物的反射辐亮度数据。如果采集两种或者两种以上的该数据,则可以根据公式(3.43)求得大气透过率和程辐射。

根据公式(3.40)与公式(3.43),则地物的反射率为

$$\rho_{地物}(\lambda) = \frac{L_G(\lambda,t)}{L_S(\lambda,t)} = \frac{\dfrac{(L_M(\lambda,t)-L_P(\lambda))}{\tau(\lambda)}}{\dfrac{(L_{标准板}(\lambda,t_0)-L_P(\lambda))}{\tau(\lambda)}} \quad \rho_{标准板}(\lambda) = \frac{L_M(\lambda,t)-L_P(\lambda)}{L_{标准板}(\lambda,t_0)-L_P(\lambda)}\rho_{标准板}(\lambda)$$

$$\tag{3.44}$$

该方法的问题在于,无人机飞行速度较快,很难保证无人机传感器与地面光谱仪获取数据的同时性。特别是如果光照发生变化,则会引入误差,造成大气程辐射与透过率计算不准确。

为了解决此问题,本节介绍一种改进方法,利用系统的太阳下行辐亮度模块提供的太阳下行辐亮度数据 $L_S(\lambda,t)$ 来替代地面光谱仪获得的地物的反射辐亮度。令高光谱传感器的入瞳辐亮度为 $L_M(\lambda,t)$,则:

$$L_M(\lambda,t) = L_G(\lambda,t)\tau(\lambda) + L_P(\lambda,t) = L_S(\lambda,t)\rho(\lambda)\tau(\lambda) + L_P(\lambda) \tag{3.45}$$

其中,L_G 是地物的反射辐亮度;$L_P(\lambda,t)$ 为程辐射;$L_S(\lambda,t)$ 为太阳下行辐亮度;$\tau(\lambda)$ 为大气透过率。

当地物目标为标准板时,其反射率 $\rho(\lambda)$ 是已知的,太阳下行辐亮度 $L_S(\lambda,t)$ 可以由系统中的太阳下行辐亮度模块获得,入瞳辐亮度 $L_M(\lambda,t)$ 可以从高光谱影像上得到,与公式(3.43)类似,公式(3.45)中只有大气透过率 $\tau(\lambda)$ 与程辐射 $L_P(\lambda,t)$ 两个参数未知。此时,当存在两个及两个以上的不同反射率的标准板,则可以计算出大气程辐射与大气透过率。

再根据公式(3.45),可得地物反射率:

$$\rho_{地物}(\lambda) = \frac{L_M(\lambda,t)-L_P(\lambda,t)}{L_S(\lambda,t)\cdot\tau(\lambda)} \tag{3.46}$$

3.2.2.2 基于辅助测量模块的反射率反演方法

利用标准板进行反射率反演不仅受到光照变化的影响,标准板本身也会产生较大的误差,特别是:

(1)飞行高度较高造成的标准板在图像上的分辨率较低的情况。

(2)无法找到较为平整的区域放置大幅面标准板等情况。

因此,本节将介绍一种不利用标准板的方法,既满足简单高效的原则,又具有一定的反演精度。

如图 3.27 所示,如果要测得地物的反射率 $\rho_{地物}(\lambda)$,则需要知道到达该地物的入射能量

和反射能量,现令入射辐亮度为 L_{SD} 和反射辐亮度为 L_T ,则:

$$\rho_{地物}(\lambda) = \frac{L_T(\lambda,t)}{L_{SD}(\lambda,t)} \qquad (3.47)$$

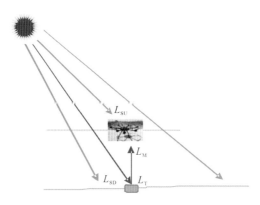

图 3.27　基于辅助测量的反射率反演方法原理图

其中, $L_{SD}(\lambda,t)$ 为地物的入射辐亮度, $L_T(\lambda,t)$ 为地物的反射辐亮度。两者都是时间和波段的函数,这是由于在复杂环境下,入射能量与太阳辐照度、太阳高度角和云等遮挡物有关系,所以随着时间的变化而变化。

令无人机高度到地面的大气透过率为 $\tau(\lambda,t)$,则

$$\tau(\lambda,t) = \frac{L_{SD}(\lambda,t)}{L_{SU}(\lambda,t)} \qquad (3.48)$$

其中, $L_{SD}(\lambda,t)$ 为到达地表的太阳下行辐亮度, $L_{SU}(\lambda,t)$ 为无人机高度层太阳下行辐亮度。

假设忽略大气程辐射,并令无人机高光谱传感器的入瞳辐亮度为 L_M ,则:

$$L_M(\lambda,t) = L_T(\lambda,t)\tau(\lambda,t) \qquad (3.49)$$

根据公式(3.47)到公式(3.49)得到地物反射率 $\rho_{地物}(\lambda)$ 的计算公式为

$$\rho_{地物}(\lambda) = \frac{L_T(\lambda,t)}{L_{SD}(\lambda,t)} = \frac{\frac{L_M(\lambda,t)}{\tau(\lambda,t)}}{L_{SD}(\lambda,t)} = \frac{L_M(\lambda,t)L_{SU}(\lambda,t)}{L_{SD}^2(\lambda,t)} \qquad (3.50)$$

根据公式(3.50)可知,求取地物反射率的核心问题转化为如何得到高精度的 $L_{SU}(\lambda,t)$ 与 $L_{SD}(\lambda,t)$ 。

根据多次测试得知,太阳下行辐亮度监测模块获得的辐亮度数据对余弦接收器的角度非常敏感。然而只有当余弦接收器与所测地物的角度相同时,才能保证所测数据的准确性。但由于地面起伏的原因,此问题变得复杂化。现假设所测地物都是与水平面平行。

理论上要求太阳下行辐亮度监测模块中的余弦接收器表面与水平面平行,但系统本身固定的误差和操作误差,还有平台的震动,导致无法准确获得预想的太阳下行辐亮度数据。现假设某一个瞬间余弦接收器平面的法线与太阳直射线的夹角为 θ_{sun_point} ,太阳照射方向与水平面法线夹角为 θ_{sun} ,如图 3.28 所示。

理想状态下的太阳下行辐亮度 L_{SU} 由两部分构成,太阳直射光在水平面的法线上的分量和与方向无关的程辐射 L_P ,如公式(3.51)所示,实际上带有余弦接收器点光谱仪获得的辐

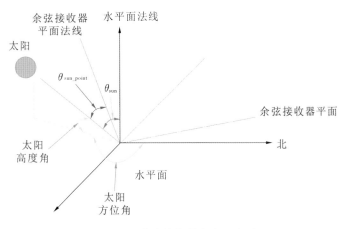

图 3.28 余弦接收器角度示意图

亮度 L_{point} 也由两部分构成,分别为太阳直射光在余弦接收器表面的法线方向的分量和与方向无关的程辐射 L_{P},如公式(3.52)所示。

$$L_{\text{SU}} = L_{\text{sun}}\cos(\theta_{\text{sun}}) + L_{\text{P}} \qquad (3.51)$$

$$L_{\text{point}} = L_{\text{sun}}\cos(\theta_{\text{sun\_point}}) + L_{\text{P}} \qquad (3.52)$$

其中,太阳直射的辐亮度为 L_{sun}。根据公式(3.51)和公式(3.52),可以得出理想状态下太阳下行辐亮度 L_{SU} 的计算公式为

$$L_{\text{SU}} = L_{\text{point}}\frac{\cos(\theta_{\text{sun}})}{\cos(\theta_{\text{sun\_point}})} + \left(1 - \frac{\cos(\theta_{\text{sun}})}{\cos(\theta_{\text{sun\_point}})}\right)L_{\text{P}} \qquad (3.53)$$

根据公式(3.53),理想状态下的太阳下行辐亮度数据 L_{SU} 与点光谱仪获取的辐亮度数据 L_{point}、大气程辐射 L_{P} 和两个角度 θ_{sun}、$\theta_{\text{sun\_point}}$ 有关。

如图 3.28 所示,θ_{sun} 为太阳高度角的余角,又因为可以根据 UTM 时间、经纬度等信息,计算出太阳高度角和方位角,可以计算出 θ_{sun}。根据平台的姿态信息,则可以计算出平面法线的单位向量,再根据得到的太阳高度角和方位角,计算出太阳直射方向的单位向量,就可以根据余弦定理计算出两个向量的夹角,即为 $\theta_{\text{sun\_point}}$。

UTM时间、位置信息和姿态信息都可以从太阳下行辐亮度模块中的位置姿态数据中获取。

而程辐射 L_{P} 很难直接测量获取,但从公式(3.53)可以看出,当 θ_{sun} 无限接近 $\theta_{\text{sun\_point}}$ 的时候,也就是余弦接收器的平面与水平面的夹角趋近零的时候,后边一项无限趋于零。这样就可以消去程辐射项。

上述假设地面为水平的状况,当在山区等高程变化较大的区域,该假设不成立,则可以根据 DEM 数据,获得地表的坡面数据,再根据上述原理,对点光谱仪获得的辐亮度数据进行修正,本文暂时不考虑此种复杂情况。

3.2.2.3 多云天气下的野外测试与验证

1. 数据获取情况介绍

实验区选在北京城郊山谷旁(116.57°E,40.31°N),如图 3.29 所示,红框内区域地物种类丰富,包括植被、裸土、房屋、道路等,实验区面积约为 90 m²。

2019年1月28日,开展野外实验,用以验证在非均匀光照条件下,本节介绍的反射率反演算法精度,天气情况如图3.30所示。

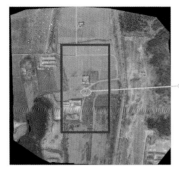  

图3.29　实验区　　　　　　　　　　图3.30　天气情况图

此次实验时间为10:00－14:00,风力2～3级,空气质量为良。此次飞行,飞行高度为300 m,航线规划如表3.6所示。

表3.6　实验航线规划参数表

高度	飞行速度 (m/s)	航带间距 (m)	高光谱重叠度 (旁向 %)	高光谱地面分辨率 (cm)	RGB 地面分辨率 (cm)
300	9	71.04	60	18.5	8.2

2.数据处理

图3.31所示为地面端太阳下行辐亮度模块获得数据中第150波段经过优化整理后的结果。可以看出由于薄云的原因,辐亮度曲线变化较为剧烈,如果此环境下根据常规算法很难获得较为满意的反射率数据,这也是多云天气不适合高光谱遥感数据获取的一个主要原因。

将地面端数据与无人机端数据进行纠正与优化,如图3.32所示,此为一架次三个条带的数据处理结果。

3.反射率反演

利用四种反射率反演方法,分别为未经改进的单标准板法、经过改进的单标准板法、多标准板法和辅助测量法,对实验数据进行反射率反演。由于未经改进的单标准板法和经过改进的单标准板法过程相同,不再说明。

(1)多标准板法。根据多个标准板求得程辐射和大气透过率如图3.33所示。再利用公式(4.8)求得反射率。

(2)辅助测量法。利用获得的两个高度层的太阳下行辐亮度数据,计算获得大气透过率变化图。

图3.34所示为第150通道大气透过率随着时间变化图,大气透过率的最大值为0.92,最小值为0.79。简单用一个值对大气透过率估算,会产生不小的误差。图3.35为飞临标准板瞬间的每个波段的大气透过率,同样和稳定大气环境下的测试结果相同,大气透过率比多

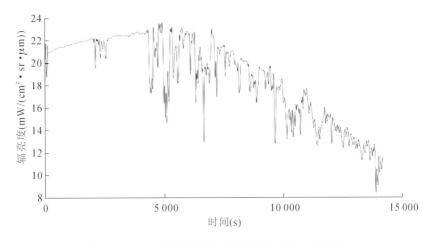

图 3.31　地面端太阳下行辐亮度图(第 150 通道)

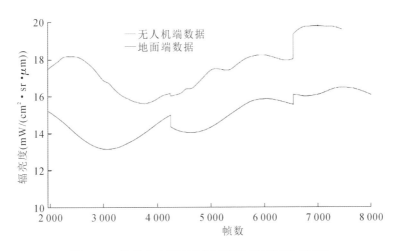

图 3.32　航线内太阳下行辐亮度数据(第 150 通道)

标准板法反演的透过率平均值要高,且在大气强吸收波段,760 nm 和 940 nm 处,透过率也异常地升高。

最后根据公式(4.12)进行反射率反演。

4. 结果分析与评价

本小节通过验证四种不同的反射率反演方法在不同条带的同名点光谱的相似度来证明改进方法在多云天气下反射率反演的稳定性和所具有的优势。

本文分别用两个指标评价不同条带同名点的光谱:一个是均方根误差(RMSE),另一个是相关系数(r)(Qi et al.,2018)。每种方法分别选取三种地物,每种地物选取三个同名点,得到结果如表 3.7 所示。将表 3.7 数据进行总结,得到四种反射反演算法差异总结表。

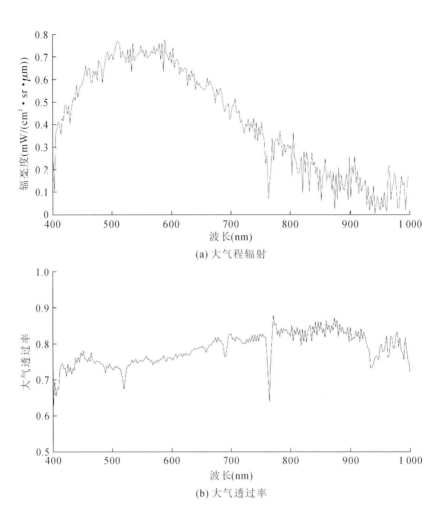

(a) 大气程辐射

(b) 大气透过率

图 3.33　多标准板反射率反演结果

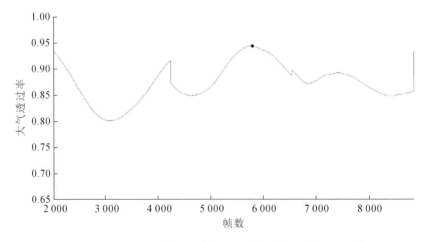

图 3.34　辅助测量法求得的大气透过时间变化图(第 150 通道)

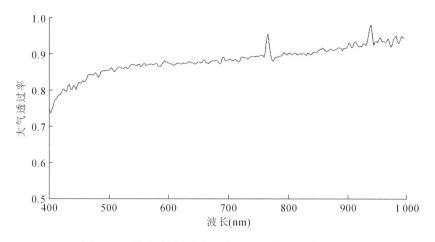

图 3.35 辅助测量法获得的大气透过率(飞临标准板)

表 3.7 不同条带反射率反演差异性分析表

方法		未改进的单标准板法			单标准板法			多标准板法			辅助测量法		
地物编号		1	2	3	1	2	3	1	2	3	1	2	3
植被	RMSE	0.129	0.036	0.032	0.048	0.069	0.028	0.060	0.081	0.036	0.053	0.072	0.027
	r	0.983	0.961	0.995	0.997	0.995	0.968	0.997	0.995	0.966	0.997	0.995	0.974
裸土	RMSE	0.100	0.046	0.054	0.022	0.087	0.052	0.029	0.105	0.068	0.025	0.093	0.101
	r	0.942	0.952	0.955	0.982	0.979	0.987	0.981	0.979	0.986	0.985	0.988	0.992
房顶	RMSE	0.085	0.088	0.166	0.014	0.013	0.015	0.017	0.016	0.020	0.011	0.012	0.016
	r	0.898	0.987	0.648	0.991	0.978	0.926	0.991	0.978	0.937	0.995	0.991	0.969

3.3 高光谱数据的几何校正

由于受到气流影响,传感器在获取地面影像期间,平台的俯仰、侧滚和偏航会导致影像存在变形,给后续处理带来很大的困难,因此必须对原始影像进行几何校正。

3.3.1 高光谱数据几何校正基本流程

由于传感器自身、平台及其目标地形变化等各种因素都会导致影像中像素相对于地面目标的实际位置发生扭曲、拉伸、偏移等几何畸变,直接使用这种带有畸变的图像,往往是"失之毫厘,谬以千里"。高光谱几何校正一般指通过一系列的数学模型来改正和消除高光谱影像成像时由各种因素导致的原始图像上的各种地物的几何位置、形状、尺寸、方位等特征与参照的系统中的表达不一致而产生的变形。本节将分别介绍几何校正的一般流程,如图 3.36 所示,主要包括如下四个部分:①获取先验知识;②建立高光谱几何校正模型并求解,即选择合适的几何校正模型,利用先验知识估计模型中的参数;③影像纠正,即将原始影像纠正为地图,包括空间转换和重采样;④精度评价。

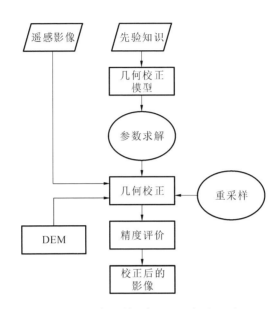

图 3.36 高光谱几何校正一般流程图

1.获取先验知识

先验知识包括:①高光谱系统的参数,如焦距、镜头畸变系统等;②系统的内外方元素;③地面控制点;④采集区域地面高程信息。

2.建立高光谱几何校正模型并求解系数

高光谱几何校正模型定义了校正图像和参考影像的坐标转换关系,其精度是几何校正关键所在。无论采用何种模型,都需要对模型中的参数进行求解,最终实现影像的校正。

3.影像校正

影像校正是根据校正模型求出的改正数对原始的每个像元转换成地图坐标,并根据原始像元的亮度值计算地图的亮度值。一般此过程包括两个阶段:空间变换和重采样。

(1) 空间变换阶段。一般情况下,空间变换阶段方案分为直接法和间接法,如图 3.37 所示。

直接法:所谓直接法(Hruska et al.,2012),就是直接计算输入影像中各点变换到输出影像的位置、坐标,即从原有影像(x,y)出发,按下列公式求出校正后的像点坐标的正确位置:

$$\begin{cases} X = F_x(x,y) \\ Y = F_y(x,y) \end{cases}$$
$$\begin{cases} x = G_x(X,Y) \\ y = G_y(X,Y) \end{cases} \quad (3.54)$$

所以,上式中的 F_x,F_y 为直接校正转换函数,利用 F_x,F_y 对原有影像进行计算后,就可以得出相应的输出影像上点的位置,但是对排列整齐的原影像进行计算后坐标通常排列散乱,需

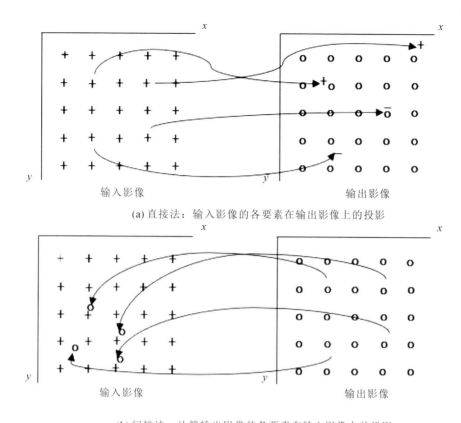

(a) 直接法：输入影像的各要素在输出影像上的投影

(b) 间接法：计算输出影像的各要素在输入影像上的投影

图 3.37　直接法和间接法对比图

要通过重采样内插的方法重新计算。

间接法：间接法与直接法正好相反,它是从输出影像出发,在输出影像的各个像元输入影像坐标系的相应位置,按行列的顺序依次对每个像元点进行反向运算,求出该点在原始遥感图像中的各种数据,即根据已经校正好的图像中的各像元点的坐标,按下列公式求出未经过校正的图像上的该点所对应的点的坐标,其中 G_x,G_y 间接校正转换函数。此时我们认为原有图像的像元点的灰度值与校正后的该点的灰度值是相同的,由于该方法计算后的点的坐标 (X,Y) 也不是整数,同样也需要对其进行重采样的插值计算以得到正确的点的各项数据,间接校正法是通常采用的方法。

（2）重采样阶段。由于数字影像是客观连续世界的离散化采样,当要预知非采样点上的灰度值时,就需要由采样点(已知像素)内插,这称为重采样。重采样时,附近若干像素的灰度值对采样点的影响的大小(权重)可以用重采样函数来表达。常用的重采样方法主要有6 种:最近邻点法、双线性内插值法、三次卷积法、邻点权重法、辛克插值法和 Stolt 插值法。

4.精度评价

几何校正精度就是校正后的坐标和真实地物的坐标之间的差别,一般用地面控制点的均方根误差(RMSE)来度量。但是考虑到利用地面控制点的 RMSE 会带来评价结果的偏优,所以通常用独立于地面控制点的验证 RMSE 来度量。上述两种评价方法都以验证点的精度可靠为前提。在其精度不稳定的情况下，可以使用交叉验证的方法进行评价。

3.3.2　无人机高光谱数据几何校正与拼接方法

无人机遥感作为航空遥感的重要补充，以其机动灵活、作业选择性强、精准度高、作业周期短等特点，在各领域中得到了广泛的应用，对无人机高光谱数据进行精确的几何校正及拼接是无人机影像应用的重要基础。

经过几十年的发展，出现了一批高度商业化的几何校正软件，大部分使用的都是基于SFM+GPS/IMU的方法，该方法对于框幅式成像的传感器具有很好的效果，在没有地面控制点的情况下，也可以得到精度较高的校正效果（Aasen et al.，2018）。虽然对于框幅式成像和推扫式成像，他们的几何畸变来源相同，但是因推扫式成像模式相邻帧没有同名点，所以无法使用较为成熟的SFM+GPS/IMU方法进行几何校正与拼接。对于推扫式无人机高光谱传感器来说，现阶段主要采用的都是基于低精度的GPS/IMU。利用物理模型的方法进行几何校正，该方法在传感器配有三轴稳定系统的情况下，单幅影像可以获得较好的相对几何位置。但是此种情况下，几何粗校正影像的绝对定位精度较差。这主要是受低精度的GPS/IMU的误差和平台系统装配误差等因素影响，导致直接利用此数据进行无缝拼接，将会出现明显的错位等现象，同时灾区目标的绝对位置也不准确。

然而轻小型无人机平台的载重有限，很难匹配高精度的GPS/IMU模块用于几何校正；并且长时间在恶劣环境中使用，平台装配误差也会随着时间的推移发生变化。所以直接从数据本身出发，很难提高几何校正与定位的精度。目前急需切实可行的方法用于面向地震灾害监测无人机高光谱数据几何校正与拼接。

一般几何校正研究都集中于对定位精度的追求和忽略效率问题。特别是在一些紧急的地震灾害监测应用中，只需在一定的几何定位精度的基础上，获得具有较高辨识度的大幅面影像用于灾害信息的提取即可。基于上述考虑，本节根据数据几何校正与拼接处理的精度及时间效率要求不同，介绍两种不同的优先方法——精度优先和效率优先。

3.3.2.1　精度优先

该方法将高精度的RGB正射数据作为底图，利用基于GPS/IMU数据的物理模型粗校正后的单景数据与高精度的RGB正射图进行高精度的配准，从而校正单景影像的几何畸变（Habib et al.，2017），最后再对单景数据按照地理坐标拼接，最终获得整个灾区的高光谱影像。此方法的优点在于使用了辅助数据；高精度的RGB正射影像获取相对简单；几何纠正与拼接处理可以使用商业化软件完成。综上所述，精度优先方法可以非常方便快捷地获得高精度的辅助数据。

但是此种方法也同时存在诸多问题，特别是高光谱数据和RGB数据的高精度匹配方面还具有一定的难度，主要原因有：

（1）RGB影像与高光谱影像的成像原理不同。

（2）光谱分辨率和空间分辨率相差较大。

（3）在实际应用的情况下很难做到同步采集。

基于上述原因,无法直接利用常规的匹配方法,如特征点匹配等进行配准。本文使用了光谱定标的结果,根据 RGB 数据的光谱响应函数,计算高光谱数据在 RGB 三波段的等效辐亮度。再利用等效辐亮度数据和经过绝对辐射纠正的 RGB 数据进行点特征提取与匹配。最后将匹配好的单景数据,直接利用其地理编码进行拼接处理,得到整个灾区的高光谱影像。

3.3.2.2 效率优先

效率优先则不追求对灾区目标的高精度的地理定位,而是快速对灾区的整体情况进行定性分析。该方法使用一幅高光谱影像作为基准影像,采用一种快速的特征点匹配的方法,将其他影像逐一进行匹配,再将匹配好的影像拼接处理。该方法的核心问题是高光谱数据波段之间冗余度较高,如何进行高效的特征提取与匹配。基于上述考虑,本文采取的方法为:不使用全部波段,而是首先提取匹配最优波段,然后利用此波段进行特征提取与匹配,以提高匹配精度与效率。

以下两节将以线阵推扫式无人机高光谱数据为例对精度优先几何校正和效率优先的流程和实现方式进行详细说明。

3.3.3 线阵推扫式无人机高光谱数据精度优先几何校正

图 3.38 所示为精度优先几何校正方法的流程图。该方法的主要步骤为:辅助 RGB 高分辨率数据处理;推扫式高光谱成像数据粗纠正;高光谱数据与 RGB 数据匹配。

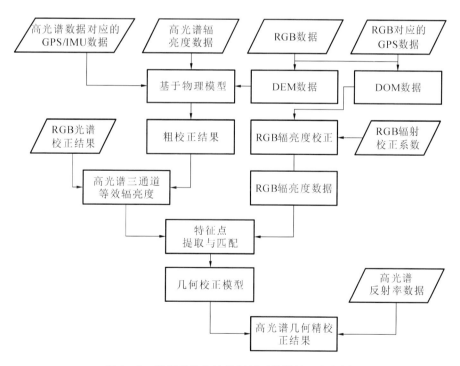

图 3.38　精度优先方法几何纠正数据处理流程图

3.3.3.1 辅助 RGB 高分辨率数据获取与处理分析

1.数据获取

常规的 RGB 高分辨率地面正射影像制作的数据源来源于固定翼无人机搭载测绘级的相机,此种模式布置时间长,价格昂贵,一般单独使用。如果采用此种数据生成的正射影像与 DEM/DSM 作为底图数据,可以获得更高精度的辅助数据(Kamerman et al.,2013),但是作为基于无人机平台的高光谱数据的辅助数据,这种高成本的模式,不利于实践操作。在地震灾害监测应用时,此种数据很难同时获得,且因其精度过高,处理速度相对较慢。综上所述,此种数据并不适合作为无人机高光谱的辅助数据。所以本文采用了轻量级的解决方案,采用同时搭载体积小、重量轻的经过定标的工业相机作为 RGB 数据源。

2.数据处理与分析

数据处理基于 SFM+GPS/IMU 的方法,根据照片的时间标识,从高光谱仪存储系统中提取每张 RGB 相片对应的位置姿态数据,再利用第 3.1 节几何定标数据作为初始值。处理过程为数据匹配、空三加密、生成密集点云、生成网格,最后生成纹理。最终得到了两个产品,分别为正射影像(DOM)与数字高程模型(DEM)。本文考虑到时间成本,采用了商业化软件完成此步骤,如图 3.39 所示。该系统获得的地面分辨率为 2.74 cm@100 m 航高。

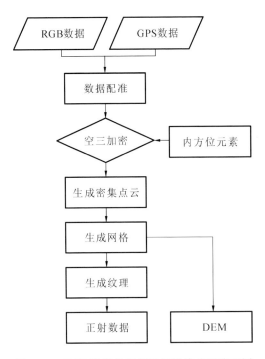

图 3.39 RGB 数据几何纠正与拼接处理流程图

3.3.3.2 线阵推扫式无人机高光谱数据粗纠正

粗纠正采用常规的基于物理模型的方法,此模型又称为严密成像几何纠正模型,它的主要原理是通过建立影像像元坐标和地面目标坐标严格的变换模型,再利用先验知识得到模型的改正数（Yeh and Tsai, 2015）。此处所述的先验知识包括三个部分，分别为：①几何定标中定标的传感器的内方位元素和镜头畸变；②高光谱传感器配备的 GPS/IMU 提供的位置信息（精度、纬度和高度）和姿态信息（翻滚、俯仰和偏航）；③辅助 RGB 数据生成的 DEM 数据。具体粗纠正步骤如下。

1. 数据整理

此处的数据整理，主要是指将 GPS/IMU 模块数据和与高光谱传感器每帧数据相匹配。因为 GPS/IMU 模块不是采取的物理触发模式，而是以 200Hz 的频率持续采集，所以每帧数据与 GPS/IMU 数据无法做到一一对应，由于传感器搭载在高精度的三轴稳定平台上，如图 3.40 所示，姿态角度变化很小而且很平滑，则本文采用了距离权重法，根据影像采集时间最近的 5 个 POS 数据，算出最优位置姿态信息，例如求 roll，如公式（3.55）所示。

$$\text{roll} = \sum_{i=0}^{5} (W_i \times \text{roll}_i) \tag{3.55}$$

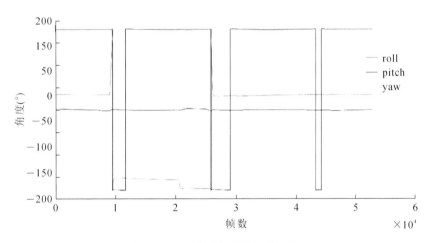

图 3.40 高光谱传感器姿态变化

其中，$W_i = \dfrac{t_i - t}{\sum\limits_{i=0}^{5}(t_i - t)}$，$t_i$ 为离搜索到的离影像获取时间 t 最近的第 i 个 GPS/INS 数据获取的时间。

按同样的方法和公式可以分别求出 pitch、yaw、经度、纬度和高度。此处不再赘述。

2. 外方位元素求解（Andresen et al., 2014；Baissa et al., 2011；Kurz et al., 2013；Zhou et al., 2015）

将在几何定标的结果的内方位元素和镜头畸变和上述计算出的位置姿态数据作为输入数据，求出共线方程中的线元素和旋转矩阵（Luan et al., 2014）。

从像元坐标系到成图坐标系的转换过程如图 3.41 所示。

（1）像元坐标系到像空间坐标系。

$$
\begin{aligned}
x &= (r - n_{\text{raw}}) s_{\text{pixel}} \\
y &= (n_{\text{line}} - c) s_{\text{pixel}}
\end{aligned}
\tag{3.56}
$$

图 3.41　坐标轴转换过程图

其中，(x,y) 为像点平面坐标；(r,c) 为像点像元坐标；n_{raw} 为列数，n_{line} 为行数；s_{pixel} 为像元大小。

（2）像空间坐标系到载荷坐标系。本文假设像空间坐标系和载荷坐标的坐标原点皆为透镜中心，且 X 轴同向，Y 轴和 Z 轴则反向，其转换矩阵为

$$\mathbf{R}_i^c = \begin{bmatrix} 1 & 0 & 0 \\ 0 & -1 & 0 \\ 0 & 0 & -1 \end{bmatrix} \tag{3.57}$$

（3）载荷坐标系到载体坐标系。传感器和平台之间有一个固定安装角度 $(\theta_x,\theta_y,\theta_z)$，与原点之间的误差记为 $(\mathrm{d}x,\mathrm{d}y,\mathrm{d}z)$，则存在如下公式：

$$\begin{bmatrix} X_q^b \\ Y_q^b \\ Z_q^b \end{bmatrix} = \mathbf{R}_c^b \begin{bmatrix} x_q^c \\ y_q^c \\ z_q^c \end{bmatrix} + \begin{bmatrix} \mathrm{d}x \\ \mathrm{d}y \\ \mathrm{d}z \end{bmatrix} \tag{3.58}$$

其中，$\mathbf{R}_c^b$ 是传感器到载体坐标系的变换矩阵，可以根据此安装角度计算，如公式（3.59）所示：

$$\mathbf{R}_c^b = \begin{bmatrix} 1 & 0 & 0 \\ 0 & \cos\theta_x & \sin\theta_x \\ 0 & -\sin\theta_x & \cos\theta_x \end{bmatrix} \begin{bmatrix} \cos\theta_y & 0 & -\sin\theta_y \\ 0 & 1 & 0 \\ \sin\theta_y & 0 & \cos\theta_y \end{bmatrix} \begin{bmatrix} \cos\theta_z & \sin\theta_z & 0 \\ -\sin\theta_z & \cos\theta_z & 0 \\ 0 & 0 & 1 \end{bmatrix}$$

$$= \begin{bmatrix} \cos\theta_y\cos\theta_z & \cos\theta_y\sin\theta_z & -\sin\theta_y \\ \sin\theta_x\sin\theta_y - \cos\theta_x\sin\theta_z & \sin\theta_x\sin\theta_y\sin\theta_z + \cos\theta_x\cos\theta_z & \sin\theta_x\cos\theta_y \\ \cos\theta_x\sin\theta_y + \sin\theta_x\sin\theta_z & \cos\theta_x\sin\theta_y\sin\theta_z - \sin\theta_x\cos\theta_z & \cos\theta_x\cos\theta_y \end{bmatrix}$$

$$\tag{3.59}$$

此位置和角度的变化，很难做到精确测量，一般采用外场地标获得，但由于长期使用，无法避免造成新的误差，很难长时间保持精度。这也是不同航线间相对定位误差的主要来源。

（4）载体坐标系到地理坐标系。载体坐标系在地理坐标系的旋转情况，可以由载体上配置的姿态测量系统获取 (θ,φ,ω)，各轴按照一定的顺序旋转完成变换，旋转的顺序由姿态测量装置决定。本文所用的 GPS/IMU 模块是按照 X-Y-Z 顺序，假设有一点 p 在地理坐标系中的坐标可以用公式（3.60）计算：

$$\begin{bmatrix} X_p^g \\ Y_p^g \\ Z_p^g \end{bmatrix} = \begin{bmatrix} \cos\omega & 0 & -\sin\omega \\ 0 & 1 & 0 \\ \sin\omega & 0 & \cos\omega \end{bmatrix} \begin{bmatrix} 1 & 0 & 0 \\ 0 & \cos\varphi & \sin\varphi \\ 0 & -\sin\varphi & \cos\varphi \end{bmatrix} \begin{bmatrix} \cos\theta & \sin\theta & 0 \\ -\sin\theta & \cos\theta & 0 \\ 0 & 0 & 1 \end{bmatrix} \begin{bmatrix} X_q^b \\ Y_q^b \\ Z_q^b \end{bmatrix} = \mathbf{R}_b^g \begin{bmatrix} X_p^b \\ Y_p^b \\ Z_p^b \end{bmatrix}$$

$$\tag{3.60}$$

其中,所述的(θ,φ,ω)就是上述计算出的 roll、pitch 和 yaw。

(5)地理坐标系到地心坐标系转换。由高光谱系统成像系统配备的 GPS/IMU 获得的位置信息采用的是 WGS-84 坐标系统,用(L,B,H)表示。假设只考虑坐标轴旋转,则可以根据当前经纬度值计算从地理坐标系变换到地心坐标系的转换矩阵。当关注坐标轴的旋转,利用 GPS/IMU 系统获取的位置信息(L,B,H),代入如下公式,则可以得到地理坐标系到地心坐标系的转换矩阵。

$$\boldsymbol{R}_g^E = \begin{bmatrix} \cos L & -\sin L & 0 \\ \sin L & \cos L & 0 \\ 0 & 0 & 1 \end{bmatrix}\begin{bmatrix} -\sin B & 0 & -\cos B \\ 0 & 1 & 0 \\ \cos B & 0 & -\sin B \end{bmatrix} = \begin{bmatrix} -\sin B\cos L & -\sin L & -\cos B\cos L \\ -\sin B\sin L & \cos L & -\cos B\sin L \\ \cos B & 0 & -\sin B \end{bmatrix} \tag{3.61}$$

(6)地心坐标系到制图坐标系。因本文采用配准的方法进行纠正,所以选取简单计算的制图坐标系,假设原点在图像的中心,三轴与局部切面坐标系相同,则可根据经纬度的平均值计算地心坐标系到制图坐标系的旋转矩阵如公式(3.62)所示。

$$\boldsymbol{R}_E^m = \begin{bmatrix} -\sin\bar{B} & 0 & \cos\bar{B} \\ 0 & 1 & 0 \\ -\cos\bar{B} & 0 & -\sin\bar{B} \end{bmatrix}\begin{bmatrix} \cos\bar{L} & \sin\bar{L} & 0 \\ -\sin\bar{L} & \cos\bar{L} & 0 \\ 0 & 0 & 1 \end{bmatrix} = \begin{bmatrix} -\sin\bar{B}\cos\bar{L} & -\sin\bar{B}\sin\bar{L} & \cos\bar{B} \\ -\sin\bar{L} & \cos\bar{L} & 0 \\ -\cos\bar{L}\cos\bar{B} & -\cos\bar{B}\sin\bar{L} & -\sin\bar{B} \end{bmatrix} \tag{3.62}$$

其中,$\bar{B}$、$\bar{L}$为经纬度的平均值。

大地坐标系为极坐标系,一般用经纬度和高度来表示,而制图坐标系为直角坐标系,需要将其统一为直角坐标系。可以利用公式,将经纬度和高度转化为单位为米的直角坐标系。其中地球的参数用 WGS-84 坐标系的推荐值。

$$\begin{bmatrix} X \\ Y \\ Z \end{bmatrix} = \begin{bmatrix} (N+H)\cos B\cos L \\ (N+H)\cos B\sin L \\ (Nb^2/a^2+H)\sin B \end{bmatrix} \tag{3.63}$$

其中,$N=a/\sqrt{1-e^2\sin^2 B}$,曲率半径;$e=\sqrt{(a^2-b^2)/b^2}$,第一偏心率;$a=6378137$ m,长轴半径;$b=6356755$ m,短轴半径。

根据上述内容,则可以计算从像元坐标到制图坐标系的旋转矩阵为

$$\boldsymbol{R}_i^m = \boldsymbol{R}_E^m\boldsymbol{R}_g^E\boldsymbol{R}_b^g\boldsymbol{R}_r^b\boldsymbol{R}_i^r \tag{3.64}$$

线元素的本质是在制图坐标系下,投影中心坐标系原点与制图坐标系原点的向量。我们可以通过在地心坐标下,载体坐标系原点和制图坐标系原点的向量经过$\boldsymbol{R}_E^m$矩阵旋转获得。当假设投影中心在载体坐标系的坐标为$(\mathrm{d}x,\mathrm{d}y,\mathrm{d}z)$,则我们可以求得在地心坐标系下投影中心的坐标。再利用公式,将经纬度转化为直角坐标系,则可以求出线元素,如公式(3.65)所示。

$$\begin{bmatrix} X_S^m \\ Y_S^m \\ Z_S^m \end{bmatrix} = \boldsymbol{R}_E^m\left(\begin{bmatrix} X_b^E \\ Y_b^E \\ Z_b^E \end{bmatrix} + \boldsymbol{R}_g^E\boldsymbol{R}_B^g\begin{bmatrix} \mathrm{d}x \\ \mathrm{d}y \\ \mathrm{d}z \end{bmatrix} - \begin{bmatrix} X_m^E \\ Y_m^E \\ Z_m^E \end{bmatrix}\right) \tag{3.65}$$

其中，$[\begin{matrix} X_b^E & Y_b^E & Z_b^E \end{matrix}]^T$，则经度、纬度和高度在大地直角坐标系的坐标可求出。而$[\mathrm{d}x$ $\mathrm{d}y \quad \mathrm{d}z]^T$ 和 $[\begin{matrix} X_m^E & Y_m^E & Z_m^E \end{matrix}]^T$ 很小，且难以精确得到，本文计算是认为其都为 0。则上式变为

$$\begin{bmatrix} X_s^m \\ Y_s^m \\ Z_s^m \end{bmatrix} = \boldsymbol{R}_E^m \begin{bmatrix} X_b^E \\ Y_b^E \\ Z_b^E \end{bmatrix} \tag{3.66}$$

3. 地面点坐标求解

根据公式计算出每个像元对应地面点的坐标，其中 Z_p 可以根据 DEM 得到，如果目标区域平坦，且面积不大，可以选取 DEM 的平均值作为 Z_p。如果该地形较为复杂，则需要将 DEM 对应点进行插值，再利用最优化原理得到地面对应点坐标（田玉刚 等，2015）。

4. 重采样

得到的对应点的坐标一般为小数，计算机无法显示，需要将其栅格化。可以根据像元大小和焦距计算出地面分辨率，然后根据此分辨率建立格网，将地面点的坐标进行内插，最后得到粗校正数据。

到此为止，就得到了粗校正的结果数据，一般保存为 ENVI 格式，作为匹配的输入数据。

3.3.3.3 推扫式高光谱粗校正数据与 RGB 正射数据配准

影像的配准方法主要分为三大类，分别为基于图像区域像素灰度统计的方法、基于变换域的方法和基于图像特征的方法。

（1）基于图像区域像素灰度统计的方法。在基准图像中选取一个局部块作为模板，在待配准图像中进行平移搜索，以某种相似度为指标，找到最佳匹配位置，进行配准拼接。主流算法有基于互信息匹配算法、互相关匹配算法和投影匹配算法。此类算法的优点在于对平移参数估计较好，且计算简单，但是其对光照的变化和尺度缩放旋转比较敏感，最重要的是其计算量较大，对于分辨率较高的图像，时间成本过高。

（2）基于变换域的方法。该方法采用一定的数学变换，将图像中某些不变的系数分离出来构造不变量来进行匹配。主流的算法有小波变换法、对数极坐标变换和 Fourier-Mellin 变换等。该类方法对平移、尺度和旋转都具有良好的鲁棒性，但是其一般要求图像间的重叠率大于 50% 以上，且变换和配准过程计算量较大。

（3）基于图像特征的方法。图像特征一般包括点特征、线特征和面特征（Jhan et al.，2016）。基于点特征的匹配算法是当今最为流行的算法，使用最广泛的特征点匹配算法主要有 SIFT(scale invariant feature transform)算法（Al-Khafaji et al.，2018）、SURF(speeded up robust features)算法和 ORB(oriented fast and rotated BRIEF)算法。SIFT 算法基于尺度不变特征，它与影像中的局部位置点有关，而与图像整体无关。其对光照变化、噪声等并不敏感。但是速度较慢，SURF 就是 SIFT 加速版本，它不但具有 SIFT 算法在尺度不变提取的优良特性，而且简化了 SIFT 的计算过程，极大加快了处理速度。ORB 算法是将 FAST 特征点检测算法和 BRIEF 特征点描述子结合的一种算法，其最大的特点是速度快，是前两种算法的几倍。但是很遗憾，FAST 检测算法不具有尺度不变性，且鲁棒性不强（Habib et al.,2017;Piqueras Solsona et al.,2017)。

综上所述,结合地震灾害监测任务的要求,不但对匹配算法的鲁棒性有一定的要求,而且对算法的速度也有要求。选取图像特征算法中的 SURF 算法用作特征点提取与描述方法,并且结合 RANSAC(random sample consensus)算法,对图像进行配准,基本流程如图3.42所示。本文将按照此流程分别进行说明。

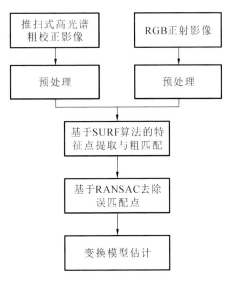

图 3.42 匹配流程图

1.预处理过程

预处理过程主要有两个方面:第一个方面是将推扫式高光谱粗校正数据转化为等效辐亮度数据;第二个方面是将 RGB 正射影像进行辐亮度校正转化为辐亮度数据(Abdel-Aziz and Karara,2015;Honkavaara and Khoramshahi,2018),并根据高光谱影像粗校正的地理位置进行截取。

(1)推扫式高光谱粗校正结果,根据处理的阶段不同可以是 DN 值、辐亮度和反射率;而 RGB 镶嵌数据是 DN 值。为了方便配准的执行,需要将其进行统一。其中 DN 值没有具体的物理意义,而是与传感器本身的特性有很强的相关性,直接使用 DN 值进行配准,会给配准带来巨大的困难。虽然反射率值直接反映了地物的物理化学性质,但是 RGB 数据求取反射率数据会引入新的误差(Schaepman-Strub et al.,2006)。因此,本文选择将两种数据统一成辐亮度数据。

根据 3.1 节光谱定标结果,RGB 数据每个波段的 FWHM 都达到 100 nm 左右,而高光谱数据的每个波段的 FWHM 在 10 nm 左右,相差甚远。所以本文按照 RGB 数据每个波段的响应函数(图 3.43)进行计算。

根据图 3.43 的波段响应函数,计算出 RGB 三个波段的高光谱数据的等效辐亮度。

$$L_i = \frac{\int_{\lambda_1}^{\lambda_2} S(\lambda)L(\lambda)\mathrm{d}\lambda}{\int_{\lambda_1}^{\lambda_2} S(\lambda)\mathrm{d}\lambda} \tag{3.67}$$

其中,$S(\lambda)$ 为 RGB 传感器的波段响应函数。具体过程为根据波段响应函数计算出在高光谱

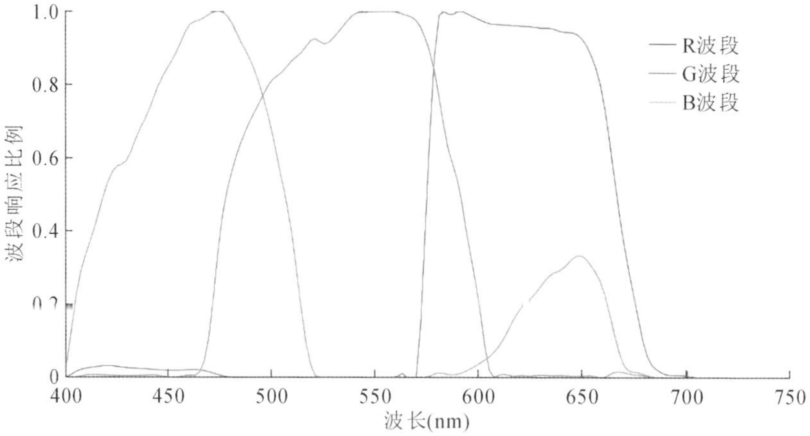

图 3.43　RGB 传感器的波段响应函数

各个波段中心波长处的响应比例,将定积分转化为累加,公式如下:

$$L_{\text{band}} = \frac{\sum\limits_{\lambda=\lambda_1}^{\lambda_n} (S_{\text{band}}(\lambda) \cdot L(\lambda))}{\sum\limits_{\lambda=\lambda_1}^{\lambda_n} S_{\text{band}}(\lambda)} \tag{3.68}$$

其中,Band 分别为红色波段 R、绿色波段 G 和蓝色波段 B,$L(\lambda)$ 为高光谱在波段 λ 的辐亮度。

利用上述原理将单条带的高光谱数据都转变为具有三个波段的等效辐亮度数据。

(2) 利用 RGB 传感器的辐亮度定标数据,将 RGB 三个波段的 DN 值,转化为辐亮度数据,再根据高光谱粗校正结果头文件中对位置的描述,计算出影像的范围,将此范围外扩 20 m。这是由于在一般情况下,粗校正绝对误差一般约为 10 m。(地形变化较大或者推扫式高光谱 GPS/IMU 数据质量不好的时候误差会加大)。然后再利用得到的范围对 RGB 的辐亮度数据进行截取。

2. 特征点提取与粗匹配

基于 SURF 算法的特征点提取与粗匹配主要有以下几个步骤:

(1) 对图像进行积分运算。此过程简化了 SIFT 算法中的高斯滤波部分,只是将图像的灰度值累加,以提高计算速度。

(2) 检测图像中的极值点。SURF 算法是利用 Hessian 矩阵对极值点进行检测的,如公式(3.69)所示,为像素点 $P(x,y)$ 的 Hessian 矩阵。

$$\boldsymbol{H}(P,\sigma) = \begin{bmatrix} \dfrac{\partial^2 g(\sigma)}{\partial x^2} & \dfrac{\partial^2 g(\sigma)}{\partial x \partial y} \\ \dfrac{\partial^2 g(\sigma)}{\partial x \partial y} & \dfrac{\partial^2 g(\sigma)}{\partial y^2} \end{bmatrix} \tag{3.69}$$

其通过定义不同尺度的模板对影像进行滤波处理,而不是 SIFT 算法的多次高斯模糊和降采样的方法,检测出的极大值点即为特征点。

（3）特征主方向确定与描述子。为了保证它在旋转特性中具有很好的鲁棒性，需要确定特征的主方向，一般计算半径为 6 倍于特征点尺度的圆形区域内的 Harr 小波响应。为响应值分配高斯权重系数，使用 60° 的扇形以步长为 30° 进行旋转分别计算响应和作为方向矢量，将最长的矢量确定为主方向。SURF 的特征描述向量具有 64 维，其是以特征点为中心去 20 倍于特征尺度的正方形区域，将其分割成 4×4 的区域，在这 16 个区域内分别计算主方向和垂直于主方向的 Harr 小波响应，并求解这 16 个区域的主方向和垂直于主方向的 Harr 小波响应的总和与其绝对值的综合。这样每个特征点就具有了 64 维的特征点描述子。

（4）根据特征点及其描述子采用暴力匹配的方法进行粗匹配。

3. 基于 RANSAC 算法误匹配点去除

该方法具有过程稳定可靠、对噪声和特征点提取误差不敏感等特性，是一种非常有效的方法。主要步骤如下。

（1）从暴力匹配的结果中随机选取 4 个点，建立投影变换方程，并求解变换矩阵。

令变换矩阵 $\boldsymbol{M} = \begin{bmatrix} a_{11} & a_{12} & a_{13} \\ a_{21} & a_{22} & a_{23} \\ a_{31} & a_{32} & 1 \end{bmatrix}$，则原点 $P(x,y)$ 经过变换矩阵 $\boldsymbol{M}$ 变换后的点 P' (x',y') 有如下关系：

$$x' = \frac{a_{11}x + a_{12}y + a_{13}}{a_{31}x + a_{32}y + 1}$$
$$y' = \frac{a_{21}x + a_{22}y + a_{23}}{a_{31}x + a_{32}y + 1} \tag{3.70}$$

（2）将其他特征点代入变换矩阵，求其与待匹配点之间的距离。

（3）当其与匹配点之间的距离小于确定阈值，则把此特征点定义为内点，其余的点定义为外点，并计算内点的个数。

（4）将另外的 4 个特征点执行（1）～（3）的步骤。

（5）将内点最多的集合作为最优匹配点对。

4. 几何变化参数估计

将得到的内点集合代入公式（3.70），并利用最小二乘法进行几何变换矩阵估计优化，得到最终变换矩阵。

图 3.44 展示了直接拼接结果（图 3.44 第二列）和经过精度优先方法几何校正后的拼接结果（图 3.44 第三列）。可以看出，与直接拼接结果相比，经过精度优先方法几何校正后，拼接并未出现错位等现象，整体效果较好。

本节主要讨论了精度优先用于几何校正和拼接的方法，利用粗校正后的高光谱数据与 RGB 正射影像进行配准来进行几何校正，RGB 影像为 RGB 波段范围的等效辐亮度数据，此数据能够增加配准的鲁棒性，在耗时较少的条件下，保证较高的绝对定位精度。

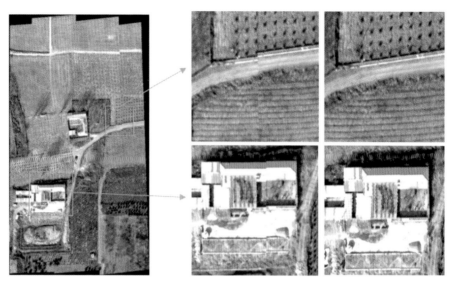

图 3.44　拼接结果对比图

3.3.4　线阵推扫式无人机高光谱数据效率优先几何校正

本节将对效率优先几何校正方法进行详细叙述,效率优先方法几何校正数据处理流程图如图 3.45 所示。

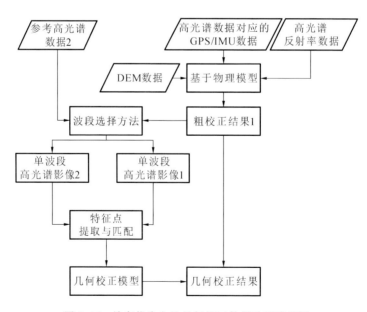

图 3.45　效率优先方法几何校正数据处理流程图

效率优先几何校正方法的第一步骤和精度优先中关于粗校正的方法相同,皆为利用物理模型对原始高光谱影像进行几何粗校正,此处不再赘述。

此小节主要论述最优匹配波段选择和最优波段特征值提取与匹配两个关键预处理过程,以加速匹配的精度与效率。

3.3.4.1 最优匹配波段选择

效率优先是将粗校正的结果中的一景影像作为参考影像(一般使用主要目标区或者最中间的一景影像),将其余的影像依次进行配准,然后再进行拼接的方法。然而本文所使用的推扫式高光谱数据具有 272 个波段,波段冗余严重,此种成像模式下,不同波段间几乎没有几何误差(几何误差较小,现忽略不计)。所以只需要利用其中一个波段建立变换矩阵即可。现在的主要问题就是确定如何选择最佳波段。

本文将以信噪比为评价指标,而评价信噪比的方法有很多,本文选择考虑到整体效率问题,采用最简单的方法——方差法(又称为定义法)。计算如公式(3.71)所示。

$$\text{SNR}(\lambda) = \frac{\dfrac{1}{N}\sum_{i=1}^{N}\text{DN}_i(\lambda)}{\sqrt{\dfrac{1}{(N-1)}\sum_{i=1}^{N}\left(\text{DN}_i(\lambda) - \dfrac{1}{N}\sum_{i=1}^{N}\text{DN}_i(\lambda)\right)}} \tag{3.71}$$

该方法一般用于面积较大而且均匀的区域求取信噪比,对于一般地物虽然不能准确地计算出每个波段的信噪比,但是可以定性地评价不同波段信噪比。此方法最大的好处是计算简单、速度较快。

利用上述方法计算参考影像不同波段的信噪比,选择最大信噪比的波段为最优波段,然后提取参考影像,与待配准影像该波段数据进行匹配。

3.3.4.2 最优波段特征值提取与匹配

上一小节论述了几种常用的特征点提取算法,根据图像特点和运行速度,精度优先选择了 SURF 算法作为特征点的提取算法,而对于此种方法,需要匹配的数据都是单波段的高光谱数据,数据的成像方式相同,分辨率相同,假设都采用反射率数据,上一节经过高精度的反射率反演,几乎消除了光照变化对其的影响,综上所述,本文选择速度更快的方法:ORB 算法。

该方法也分为特征点提取、主方向确定和描述子计算。

本节首先介绍特征点提取。ORB 算法的特征点提取使用的是 FAST 算法检测,即为某个像素与其以一定半径的圆上的像素点的插值大于一定值的点数多余阈值,则认为其为特征点。然而 FAST 特征点不具备尺度不变性,一般情况下需要建立不同尺度的金字塔,并在各级尺度金字塔中提取 FAST 特征点。同时,FAST 特征点也不具备方向性,一般情况下,我们根据灰度质心法来确定特征点的主方向,以特征点的灰度和周边像元的灰度质心之间的偏移向量的方向来表示特征点的方向。特征点的主方向为特征点方向和质心点向量的夹角。

而特征点的描述子采用了 BRIEF 描述子,该描述子具有计算简单、速度快等优点,但是不具有旋转不变性。ORB 算法提出了利用一个旋转矩阵,给 BRIEF 描述子增加一个方向,也就是 Steered BRIEF 描述子,利用该描述子执行一个贪婪搜索找到 256 个相关性最小的像素块即为最终的 rBRIEF 描述子。

特征匹配和去除误匹配点的方法采用暴力匹配与基于 RANSAC 算法的误匹配点去除。

本节利用效率优先对粗校正后的高光谱影像进行配准以实现相对几何校正,使用的配准数据为经过优选的单波段数据,能够在不降低匹配精度的条件下,提高匹配效率,从而在保证较高相对定位精度的同时,大大减少数据处理时间。

3.4　高光谱数据的噪声估计方法

与多光谱遥感载荷相比,成像光谱仪因其波段通道较窄,获取的光能量较低,导致高光谱图容易受到噪声的影响。高光谱图像中噪声的存在会对特征提取、光谱解混、目标探测和精细分类等产生较大影响(童庆禧 等,2016)。当光谱吸收深度比噪声值大一个数量级时,光谱的吸收特征才有可能被探测出来(Stein et al.,2002)。因此,需要对高光谱图像中的噪声进行评估,避免噪声对后处理分析的影响。

3.4.1　高光谱数据噪声评估原理与方法

高光谱图像的噪声一般分为随机噪声和周期噪声两种类型(张兵,2016)。周期噪声拥有固定的模式,可以通过一定的处理进行去除。随机噪声具有不可预测性,难以完全去除(Corner et al.,2003)。因此,随机噪声是影响高光谱图像质量的主要因素(Fu et al.,2017)。高光谱图像中的随机噪声一般被认为是与图像中信号不相关的加性噪声(Mahmood et al.,2014、2017;Roger and Arnold,1996)。

$$x_{i,j,k} = s_{i,j,k} + n_{i,j,k} \tag{3.72}$$

其中,$x_{i,j,k}$ 为包含噪声的图像;$s_{i,j,k}$ 和 $n_{i,j,k}$ 分别为图像中的信号和噪声信息。高光谱图像的随机噪声通常是正态分布的(Fu et al.,2018),可以用一个均值为 0 的随机过程结合高斯概率密度函数(probability density function,PDF)进行模拟,其模型为

$$f(x) = \frac{1}{\sqrt{2\pi}\sigma}e^{\frac{-x^2}{2\sigma^2}} \tag{3.73}$$

其中,σ 为噪声的标准差,即噪声评估中需要被估算的值。

噪声评估方法主要分为两类:一种是基于空间维进行估算;另一种是基于光谱维进行估算。

基于空间维的噪声评估方法,通过选取图像中的均匀子块,将图像子块的噪声估算作为对图像噪声的估算。在图像均匀子块的选取上,均匀区域法(homogeneous area,HA)通过人工选取四个以上均匀区域并将计算其标准差作为对图像噪声的估算(Wrigley et al.,1984);地学统计(geo-statistical,GS)法通过选取图像中几个均匀窄条带并计算其半方差函数作为对图像噪声的估计(Curran and Dungan,1989)。这两种方法都需要人工选取均匀区域,自动化程度较低,并且预先选取的均匀区域并不能够代表目标图像整体的噪声水平。为了改进这些不足,Gao 提出了局部均值和局部标准差(local means and local standard deviations,LMLSD)法(Gao,1993),该方法将图像进行规则分割,计算每个图像子块的 LSD 并对其排序,选择一个众数最大的区

间,将落入该区间内图像子块的 LSD 均值作为高光谱图像的平均噪声,实现了自动化全图分析图像噪声,但是噪声估算结果受地物覆盖类型和图像子块均匀程度的影响较大。

基于光谱维的噪声评估方法,利用高光谱图像在空间维和光谱维上存在高相关性的特点,在图像均匀子块中通过多元线性回归(multivariable linear regression,MLR)将高相关性的信号去除,利用得到的残差实现对图像噪声的估计。空间光谱维去相关(spatial and spectral de-correlation,SSDC)法利用目标像元光谱维和空间维相邻像元进行 MLR 计算残差(Roger and Arnold,1996),适用于不同的遥感图像(蒋青松 等,2003);一种残差比例的局部标准差(residual-scaled local standard deviation,RLSD)方法,利用目标像元光谱维相邻像元进行 MLR 计算残差(Gao et al.,2007)。这两种方法都是在对图像进行规则分割后的图像子块中进行计算,其中,SSDC 方法计算所有图像子块残差的标准差并将其作为对图像噪声的估算;RLSD 方法以图像子块的残差取代 LMLSD 方法中的 LSD,并利用与 LMLSD 方法相同的统计方式实现对图像噪声的估算。但是,上述方法中规则分割获得的图像子块并不是完全均匀的,其中会包含地物的边界和纹理信息,使得图像噪声的估算结果不准确。在此基础上,Gao 等(Gao et al.,2008)提出均匀区域划分的光谱维去相关法(homogeneous regions division and spectral de-correlation,HRDSDC),是基于连续性分割的空间维去相关法和波谱维去相关法的综合,具有很好的稳定性和适用性(朱博 等,2010),但是其图像子块仍会存在地物边界,导致高光谱图像噪声的估算结果存在一定误差。

3.4.2 优化的空间光谱维去相关高光谱图像噪声评估方法

高光谱图像中均匀子块的提出方法有多种。其中,LMLSD 方法中假设图像由大量均匀图像子块和少量非均匀图像子块构成,但实际图像中多包含大量非均匀子块,不能满足其前提条件,该方法的适用范围比较小。SSDC 和 RLSD 方法采用与 LMLSD 相同的对图像规则分割来估算图像噪声,但是规则分割的图像子块中会包含大量地物边界和纹理信息(图 3.46(a)),使估算结果不准确。HRDSDC 方法利用光谱角对图像进行连续性分割,但仅考虑了地物光谱曲线形状上的相似性,使得图像子块中会存在地物边界(图 3.46(b)),影响图像噪声估算的结果的准确性。

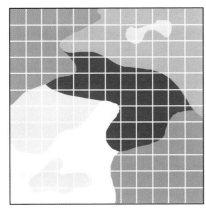 

(a) 规则分割　　　　　　　　　　　　(b) 连续性分割

图 3.46　不同图像子块获取方法

为了更准确地寻找高光谱图像中存在的均匀子块,改进了 SSDC 算法并提出了优化的 OSSDC 算法(张立福 等,2019),该算法在光谱角判据的基础上增加了欧氏距离判据,利用两个判据准则对图像进行连续性分割。

光谱角距离(SAD)是高光谱图像应用最广泛的光谱相似性度量方法,它与光谱的形状有关,对光照强度不敏感。对于光谱曲线 x 和 y,其光谱角可表示为

$$\alpha(x,y) = \cos^{-1}\left(\frac{\sum_{i=1}^{n} x_i \cdot y_i}{\sqrt{\sum_{i=1}^{n} x_i^2} \sqrt{\sum_{i=1}^{n} y_i^2}}\right) \tag{3.74}$$

式中,$\alpha(x,y)$ 值越小,其余弦值越接近 1,两条光谱曲线越相似。

欧氏距离(ED)主要描述了光谱向量的亮度差异,是 n 维波段亮度差异的总贡献,对高光谱图像的亮度敏感。欧氏距离将高光谱图像的每个像元作为多元随机变量,通过计算两个像元的距离值,衡量其变化情况。其计算公式为

$$d(x,y) = \sqrt{\sum_{i=1}^{n} (x_i - y_i)^2} \tag{3.75}$$

式中,x_i、y_i 分别代表两个像元在第 i 通道的亮度值。$d(x,y)$ 值越小,表示两个像元的亮度差异越小。

为了更直观地表示图像分割中利用光谱角和欧氏距离组合的优势,以二维向量为例,如图 3.46 所示。

假设光谱曲线 A、B、C 投影到二维空间后的向量为 $\vec{a}$、$\vec{b}$、$\vec{c}$,其中 $\vec{a}$ 与 $\vec{b}$、$\vec{c}$ 的夹角分别为 $\alpha(\vec{a},\vec{b})$ 和 $\alpha(\vec{a},\vec{c})$ 且二者相同,即光谱角相同,但是其欧氏距离 $d(\vec{a},\vec{b})$、$d(\vec{a},\vec{c})$ 不相同,其中 $\vec{a}$ 与 $\vec{c}$ 的欧氏距离更小。因此,光谱曲线 C 在形状和数值上与光谱曲线 A 更接近,更应被视为同一地物。

从上述分析可知,单纯使用光谱角或者欧氏距离均不能准确地反映光谱向量之间的距离,但将两者结合,便提高了光谱向量间距离描述的准确性(孙艳丽 等,2015),将两者结合,得到如下公式:

$$D = \sqrt{\sum_{i=1}^{n} (x_i - y_i)^2}\left(1 - \frac{\sum_{i=1}^{n} x_i \cdot y_i}{\sqrt{\sum_{i=1}^{n} x_i^2} \cdot \sqrt{\sum_{i=1}^{n} y_i^2}}\right) \tag{3.76}$$

阈值的设定要根据待估算的影像确定,其中,设定光谱角的阈值为 0.1 弧度,欧氏距离的阈值通过选取图像中均匀区域内相邻两个像元并计算其光谱之间的欧氏距离来确定,然后利用设定的光谱角阈值和计算的欧氏距离阈值计算 D 值,确定最终图像子块划分的阈值。

设定阈值,利用公式(3.76)对图像像元进行遍历,影像中像元的遍历顺序如图 3.48 所示。将首个像元所属的子块编号定为 1,然后按图 3.47 的遍历顺序,分别计算待归类像元(用黑色方块表示)与相邻的各个已遍历像元(用灰色块表示)的 D 值,若 D 值小于给定阈值,则待归类像元与相邻像元归为同一图像子块,否则归为新的图像子块。

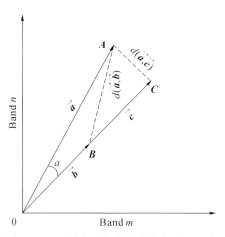

图 3.47　不同向量间的光谱角与欧氏距离

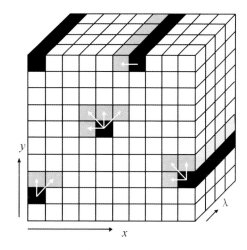

图 3.48　影像连续性分割像元遍历顺序图

在获取的不重叠图像均匀子块中,利用目标像元相邻波段的像元预测图像信号值,并将真实值与预测值的差作为残差,残差的计算公式为

$$r_{i,k} = x_{i,k} - \hat{x}_{i,k} \tag{3.77}$$

式中,$\hat{x}_{i,k}$ 为像元 $x_{i,k}$ 利用 MLR 计算的预测值。计算公式为

$$\hat{x}_{i,k} = a + bx_{i,k-1} + cx_{i,k+1} \tag{3.78}$$

式中,a、b、c 为 MLR 的系数。

然后,计算所有图像子块残差的标准差:

$$LSD = \left[\frac{1}{m-3} \sum_{i=1}^{m} r_{i,k}^2 \right]^{\frac{1}{2}} \tag{3.79}$$

式中,m 表示图像子块的像元数。MLR 中使用了 3 个系数,其自由度由 m 递减为 $(m-3)$。

最后,计算上述所有图像子块 LSD 的均值,并将其作为对图像噪声的估算结果。

3.4.3　高光谱图像噪声评估实验与分析

3.4.3.1　模拟数据噪声评估及其分析

模拟数据为利用五种矿物端元光谱生成的模拟图像,首先从 USGS 波谱库中选择明矾石(Alunite)、钙铁榴石(Andradite)、方解石(Calcite)、绿泥石(Chlorite)、高岭石(Kaolinite)五种矿物光谱,生成图像大小为 128×128、420 个波段的高光谱图像。图像中每个颜色代表一种地物类型,每种地物类型包含两种矿物端元,该地物类型由这两种矿物端元混合构成混合像元。矿物端元的丰度根据 Dirichlet 分布生成,并用于生成混合像元。

如图 3.49 所示,生成了三幅不同纹理特征的模拟图像:简单纹理、水平条纹、复杂纹理。其中,图像(a)中每一方块代表一种地物大小为 32×32,图像(b)中每一水平条纹代表一种地物类型高度为 5 像元,图像(c)通过将图像(a)和图像(b)进行组合来模拟复杂的地物分布。

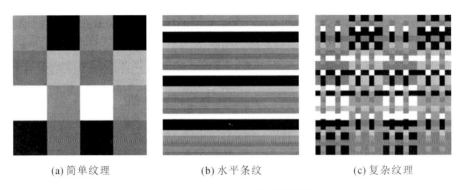

(a) 简单纹理　　　　　　　　　(b) 水平条纹　　　　　　　　　(c) 复杂纹理

图 3.49　不添加噪声的模拟图像

　　根据文中描述的噪声模型,对模拟信号数据加入信噪比为 15 dB、20 dB、25 dB、30 dB 的高斯随机噪声,噪声与信号不相关。增加了信噪比(SNR)为 20 dB 的模拟图像和地物反射率曲线如图 3.50 所示,可以看出,增加了噪声的图像空间和光谱特征都有退化。

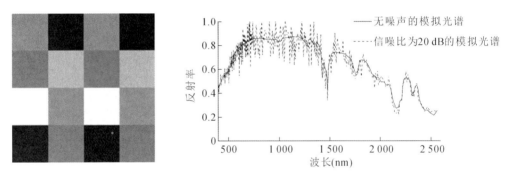

图 3.50　增加了信噪比为 20 dB 的模拟图像(a)和地物反射率曲线

　　同时,使用统计指标对噪声估计的结果进行评估:平均绝对误差(mean of absolute error,MAE)和绝对误差标准差(stand deviation of absolute error,SDAE)。MAE 是所有单个观测值与算术平均值偏差的绝对值的平均,MAE 可以避免误差相互抵消的问题,因而可以准确反映实际预测误差的大小。因此,MAE 和 SDAE 的值越小,说明预测值与真实值越接近。其计算公式如下:

$$\text{MAE}(n_k, \hat{n}_k) = \frac{1}{K} \sum_{k=1}^{K} | n_k - \hat{n}_k | \tag{3.80}$$

$$\text{SDAE} = \left(\frac{1}{K} \sum_{k=1}^{K} (| n_k - \hat{n}_k | - \text{MAE})^2 \right)^{\frac{1}{2}} \tag{3.81}$$

式中,n_k、$\hat{n}_k$ 分别为图像第 k 波段的真实噪声值和估计噪声值。

　　使用 LMLSD、RLSD、SSDC、HRDSDC 和 OSSDC 五种方法对图 3.50 模拟高光谱图像噪声进行估算,为了定量分析不同算法对不同信噪比和纹理特征模拟图像噪声估算的稳定性,利用 MAE 和 SDAE 表示噪声估计结果的误差大小,结果如表 3.8 所示。

表 3.8　加入不同信噪比噪声的模拟图像噪声估计结果

模拟图像	噪声估计方法	噪声信噪比(dB)							
		15∶1		20∶1		25∶1		30∶1	
		MAE	SDAE	MAE	SDAE	MAE	SDAE	MAE	SDAE
(a)	LMLSD	7.62	2.93	4.27	1.60	2.42	0.90	1.35	0.51
	RLSD	23.17	19.09	13.65	11.32	7.36	5.68	4.24	3.43
	SSDC	33.90	12.05	19.03	6.75	10.69	3.77	6.02	2.15
	HRDSDC	1.22	1.05	6.43	3.66	0.35	0.23	0.44	0.23
	OSSDC	1.38	4.29	0.73	0.59	0.34	0.25	0.44	0.23
(b)	LMLSD	379.78	189.10	429.41	197.16	464.96	200.39	488.14	201.41
	RLSD	21.14	17.02	13.73	11.72	7.63	6.82	4.19	3.79
	SSDC	5.27	4.43	3.57	2.21	2.29	1.28	1.39	0.77
	HRDSDC	1.51	1.07	0.99	0.77	2.53	0.98	3.11	0.75
	OSSDC	1.49	1.17	1.72	1.10	1.38	0.77	3.11	0.75
(c)	LMLSD	607.38	143.99	678.51	153.08	725.76	159.85	755.38	164.32
	RLSD	25.11	22.45	17.81	14.07	8.88	7.65	5.38	4.43
	SSDC	6.77	3.81	5.30	2.60	3.59	1.55	2.31	0.93
	HRDSDC	16.04	6.09	8.36	3.25	3.91	1.58	2.05	0.87
	OSSDC	14.73	5.68	8.57	3.44	3.93	1.59	2.04	0.87

图 3.51 为五种噪声估计方法对增加了信噪比为 20 dB 的模拟图像噪声估计结果。从图中可以看出,LMLSD 方法对三幅模拟图像噪声估算结果有很大差异,其中,对图 3.49(a) 得到的结果与模拟值最接近,而对图 3.49(b)、(c)得到的结果与模拟值相差较大。这是因为图 3.49(a)中的地物类型是连续且规则分布的,每一种地物类型都可以被均匀分割,图像子块中不包含地物的边界,而图 3.49(b)、(c)的图像子块含有地物边界而影响计算结果。同时,对于图 3.49(b)、(c)随着加入的噪声信噪比的升高,LMLSD 方法得到的噪声估计结果与模拟值的差异逐渐增大。因此,LMLSD 算法稳定性较差,不能适用于大多数的遥感图像;RLSD 方法的噪声估算结果波动性较大,不能够准确反映图像的噪声水平。

图 3.52 为利用 SSDC、HRDSDC 和 OSSDC 方法对加入不同噪声的模拟图像(图 3.49 (c))噪声估计结果与加入的不同信噪比噪声的对比。从图中可以看出,三种方法对加入不同信噪比噪声的复杂纹理图像噪声估计结果都具有很好的稳定性,得到的噪声估计结果与模拟噪声具有较高的重合度。在大多数的情况下,HRDSDC 和 OSSDC 方法得到的噪声估计值比模拟值略小,这是因为此两种方法对图形进行连续性分割,保证图像子块中的地物类型是均匀的,降低相邻像元间的差异对图像噪声估计的影响,同时在利用多元线性回归进行噪声估算时,只考虑了光谱波段间的差异性。

利用 T 检验对模拟图像噪声估计结果的显著性进行了分析,分析结果如表 3.9 所示。

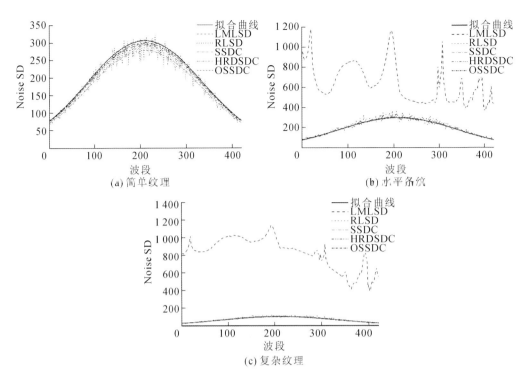

图 3.51　增加了信噪比为 20 dB 的模拟图像噪声估计结果

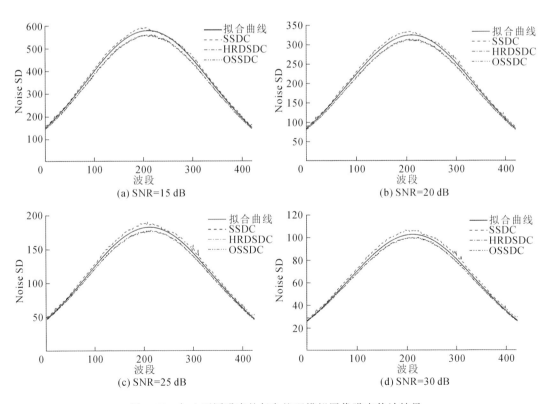

图 3.52　加入不同噪声的复杂纹理模拟图像噪声估计结果

当 P 值等于 0.05，说明估计噪声与模拟噪声在统计学上不存在显著差异。

从表中可以看出，LMLSD 方法对图 3.49(b)、(c)不同信噪比模拟图像噪声估计结果的 P 值远小于 0.05；RLSD 方法对不同信噪比的模拟图像噪声估计结果，大多数情况下 P 值都小于 0.05；SSDC 方法对图 3.49(a)不同信噪比图像噪声估计的结果的 P 值远小于 0.05，说明这些计算结果与真实值存在显著差异。而对于不同纹理特征、不同信噪比的模拟图像噪声估计的结果中，HRDSDC 和 OSSDC 方法噪声估计结果的 P 值都远大于 0.05，说明这两种方法的计算结果与真实值不存在显著性差异，噪声估计的结果可靠，适用范围较广，算法稳定性较高。

表 3.9 加入不同信噪比噪声的模拟图像噪声估计结果

模拟图像	噪声估计方法	噪声信噪比(dB)			
		15：1	20：1	25：1	30：1
(a)	LMLSD	0.3954	0.3977	0.3944	0.3969
	RLSD	0.0319	0.0207	0.0271	0.0230
	SSDC	9.718×10^{-5}	0.0001	0.0001	9.8452×10^{-5}
	HRDSDC	0.9416	0.2010	0.9118	0.7854
	OSSDC	0.9642	0.9357	0.9206	0.7854
(b)	LMLSD	1.129×10^{-164}	5.085×10^{-220}	2.4×10^{-244}	7.1×10^{-256}
	RLSD	0.0685	0.1619	0.0866	0.1202
	SSDC	0.9710	0.6552	0.5037	0.4069
	HRDSDC	0.9089	0.9777	0.3642	0.0482
	OSSDC	0.9565	0.7354	0.6217	0.0482
(c)	LMLSD	8.30×10^{-242}	0	0	0
	RLSD	0.1142	0.0274	0.0739	0.0176
	SSDC	0.5029	0.3346	0.2447	0.1850
	HRDSDC	0.0905	0.1167	0.1929	0.2259
	OSSDC	0.1206	0.1077	0.1911	0.2285

3.4.3.2 真实高光谱图像噪声评估及分析

使用的高光谱辐射图像由 CCD 推扫式成像光谱仪(PHI)获取，该成像光谱仪由中国科学院上海技术物理研究所研制，覆盖 400～1 000 nm 波长范围，包含 251 个波段，光谱采样间隔 2 nm，空间分辨率 0.5m，数据经过几何校正。如图 3.53 所示，所使用的数据大小为 1 024×1 024，由同一次航空实验获得，因此可以认为图像中包含的噪声大小相同。图 3.53 中，(a)和(b)主要为建筑，(c)和(d)主要为植被，(e)和(f)主要为裸地，(g)和(h)主要为水体。(a)、(c)、(e)、(g)地物纹理特征比较简单，地物类型存在大面积均匀分布；(b)、(d)、(f)、(h)地物纹理特征比较复杂，地物类型多为非均匀分布。

利用 LMLSD、RLSD、SSDC、HRDSDC 和 OSSDC 五种方法对图 3.53 中 8 幅高光谱辐射影像噪声估计，结果如图 3.54 所示。

从图 3.54 中可以看出，LMLSD 方法对具有不同地物类型的真实影像噪声估计结果差异较大，这是因为真实遥感影像的地物类型往往比较复杂，当图像被简单分割时，很难保证图像中的子块是均质的，只有当图像中的主要地物类型为水体(图 3.53(g))时，才能保证有

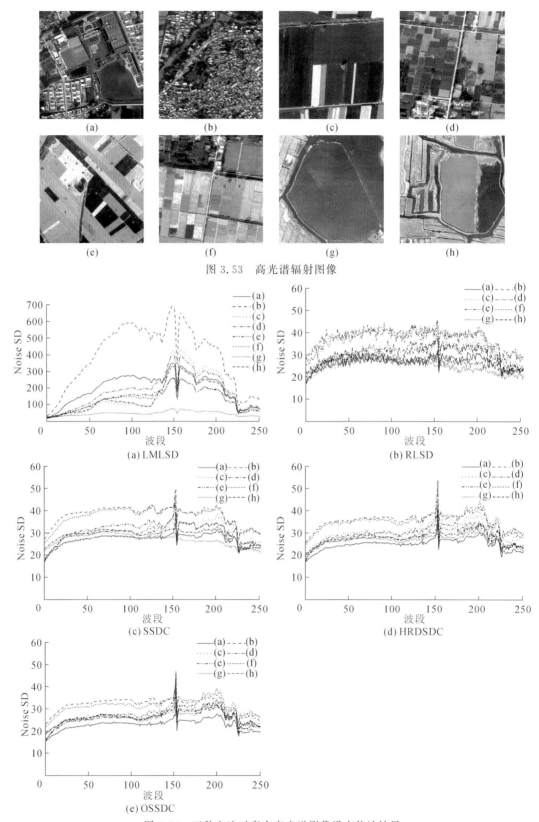

图 3.53　高光谱辐射图像

图 3.54　五种方法对真实高光谱影像噪声估计结果

足够数量的均匀子块。同时,RLSD、SSDC、HRDSDC 和 OSSDC 四种方法得到的噪声估计结果曲线趋势可以保持一致,均优于 LMLSD 方法得到的结果,但是 RLSD 方法得到的结果同样波动性较大。从真实数据的噪声估算结果中可以看出,SSDC、HRDSDC、OSSDC 三种方法计算的结果比较可靠,都能够较准确地估算出影像噪声。

图 3.54 将三种利用多元线性回归的噪声评估方法的结果进行了对比,结果表明,对于具有不同地表覆盖类型以及不同纹理特征的 8 幅真实影像,OSSDC 方法得到的噪声估计结果均优于 HRDSDC 和 SSDC 方法得到的结果。SSDC 方法将图像进行简单的规则分割,不能保证分割后的图像子块是均匀的,尤其当影像具有很高的空间分辨率时,这种不均匀性更明显;HRDSDC 方法时使用 SAD 作为判定准则对图像进行分割,利用了地物光谱形状特征,此方法得到的图像子块要比简单分割的图像子块更均匀,降低了相邻像元的差异对噪声估计的影响;OSSDC 方法使用 SAD 和 ED 双重判定标准对图像进行分割,在利用了地物光谱形状特征的同时也利用了影像的辐射特征,得到的图像子块比简单分割和仅利用 SAD 分割的图像子块更加均匀,使相邻像元的差异对噪声估计的影响降到最小,其计算结果也能够更准确地反映影像的噪声水平。

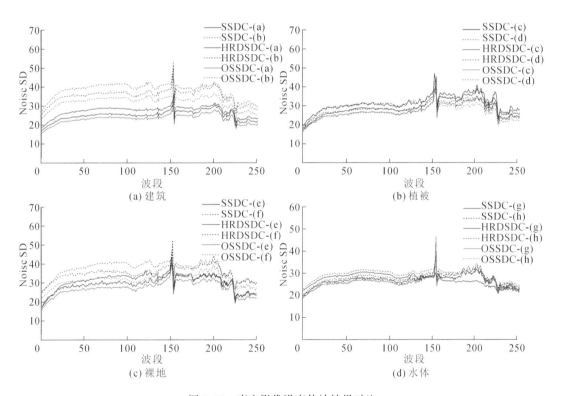

图 3.55 真实影像噪声估计结果对比

另一方面,从图 3.54 所示的图像噪声估计结果中我们发现,影像中噪声会受地表复杂度也就是纹理特征的影响。因此,本文在对上述方法进行对比的基础上,同时分析了具有不同地物纹理特征的高光谱图像中噪声估计结果的差异。图 3.55 展示了图 3.54(a)和(b)、(c)和(d)、(e)和(f)、(g)和(h)的噪声估计结果的对比,从对比中可以看出,当两幅影像的主要地物覆盖类型保持一致时,图像的纹理特征越复杂,图像噪声估计的结果越大。尤其当图像的地物类型为图 3.55(a)建筑和图 3.55(c)裸地时,图像噪声估计结果随着影像纹理特征的改变而有较大差异;而当地物类型主要为图 3.55(b)植被和图 3.55(d)水体时,图像噪声估计结果随影像纹理特征的改变差异较小。其中,当地物类型主要为水体时,噪声的差异最小,这是因为水体的辐射值在可见近红外波段相对于其他地物类型较低。对于具有高空间分辨率的航飞影像而言,影像中会包含更多的地物边缘,这样会使影像噪声估计的结果偏大。

同时,从图 3.54 和图 3.55 对真实影像噪声估算的结果可以看出,该数据在 150 波段附近噪声的估计值较大,说明该波段的图像含有的噪声大于其他波段,可以选择重点对该波段进行去噪处理或者将该波段剔除,为图像去噪处理提供参考。

参 考 文 献

刘三超,高懋芳,柳钦火,等,2009.高光谱数据反演大气水汽研究[J].遥感信息,000(003):11-14.

胡顺石,张立福,佘晓君,等,2014.遥感影像大气校正通用查找表的设计与插值算法[J].遥感学报,18(001):45-60.

蒋青松,王建宇,2003.实用型模块化成像光谱仪多光谱图像的信噪比估算及压缩方法研究[J].光学学报,(11):1335-1340.

彭妮娜,易维宁,方勇华,2008.400～1000nm 波段反演气溶胶光学厚度的暗像元法[J].红外与激光工程,37(5):878-883.

田玉刚,杨贵,吴蔚,2015.高分影像辅助下的航空高光谱严密几何检校方法[J].航空学报:1250-1258.

童庆禧,薛永祺,王晋年,等,2010.地面成像光谱辐射测量系统及其应用[J].遥感学报,14:409-422.

童庆禧,张兵,张立福.2016.中国高光谱遥感的前沿进展[J].遥感学报,020(005):689-707.

孙艳丽,张霞,帅通,等,2015.光谱角—欧氏距离的高光谱图像辐射归一化[J].遥感学报,19(4):618-626.

张兵,2016.高光谱图像处理与信息提取前沿[J].遥感学报,(20):1062-1090.

张兵,高连如,2011.高光谱图像分类与目标探测[M].北京:科学出版社,2011.

张立福,等.2019.一种优化的空间光谱维去相关高光谱图像噪声评估方法[J].遥感学报,12(1):1-6.

朱博,王新鸿,唐伶俐,等,2010.光学遥感图像信噪比评估方法研究进展[J].遥感技术与应用,25(2):303-309.

HELGE A,EIJA H,ARKO L,et al.,2018. Quantitative Remote Sensing at Ultra-High Resolution with UAV Spectroscopy:A Review of Sensor Technology,Measurement Procedures,and Data Correction Workflows[J]. Remote Sensing,10(7):1091.

ABDEL-AZIZ Y I,DR H M K,DIRECTOR M H D A E,2015.Direct Linear Transformation from Comparator Coordinates into Object Space Coordinates in Close-Range Photogrammetry- ScienceDirect[J]. Photogrammetric Engineering & Remote Sensing,81(2):103-107.

AL-KHAFAJIP S L,et al.,2018. Spectral-spatial scale invariant feature transform for hyperspectral images

[J]. IEEE Trans Image Process，27：837-850.

AL-KHAFAJI S L，ZHOU J，ZIA A，et al.，2108. Spectral-Spatial Scale Invariant Feature Transform for Hyperspectral Images[J]. IEEE Transactions on Image Processing，PP(99)：1-1.

ALBERT P，BENNARTZ R，PREUSKER R，et al.，2015. Remote Sensing of Atmospheric Water Vapor Using the Moderate Resolution Imaging Spectroradiometer[J]. Journal of Atmospheric & Oceanic Technology，22(3)：309-314.

ANDRESEN B F，et al.，2014. HySpex ODIN-1024：a new high-resolution airborne HSI system 9070，90700L.

BAISSA R，LABBASSI K，LAUNEAU P，et al.，2011. Using HySpex SWIR-320m hyperspectral data for the identification and mapping of minerals in hand specimens of carbonate rocks from the Ankloute Formation (Agadir Basin，Western Morocco)[J]. Journal of African Earth Sciences，61(1)：1-9.

BARDUCCI，et al.，2004. Algorithm for the retrieval of columnar water vapor from hyperspectral remotely sensed data[J]. Appl. Opt.，43：5552-5563.

BARDUCCI A，GUZZI D，MARCOIONNI P，et al.，2004. Algorithm for the retrieval of columnar water vapor from hyperspectral remotely sensed data[J]. Applied Optics，43(29)：5552-5563.

BASSANI C，CAVALLI R M，PIGNATTI S，2010. Aerosol Optical Retrieval and Surface Reflectance from Airborne Remote Sensing Data over Land[J]. Sensors，10(7)：6421-6438.

BEAL D，BARET F，BACOUR C，et al.，2007. A method for aerosol correction from the spectral variation in the visible and near infrared：application to the MERIS sensor[J]. International Journal of Remote Sensing，28(3/4)：761-779.

CORENER B R，NARAYANAN R M，REICHENBACH S E，2003. Noise estimation in remote sensing imagery using data masking[J]. International Journal of Remote Sensing，24(4)：689-702.

CURRAN P J，DUNGAN J L，1989. Estimation of signal-to-noise：A new procedure applied to AVIRIS data[J]. IEEE Transactions on Geoscience and Remote Sensing，27(5)：620-628.

SUSANA D P，RODRíGUEZ-GONZáLVEZ PABLO，HERNáNDEZ-LóPEZ DAVID，et al.，2014. Vicarious Radiometric Calibration of a Multispectral Camera on Board an Unmanned Aerial System[J]. Remote Sensing，6(3)：1918-1937.

FROUIN R，DESCHAMPS P Y，LECOMTE P，1990. Determination from space of atmospheric total water vapor amounts by differential absorption near 940nm：theory and airborne verification[J]. Journal of Applied Meteorology，29(6)：448-460.

BO-CAI GAO，GOETZ A F H，1990. Column atmospheric water vapor and vegetation liquid water retrievals from Airborne Imaging Spectrometer data[J]. Journal of Geophysical Research：Atmospheres，95(D4).

BO-CAI GAO，KAUFMAN Y J，2003. Water vapor retrievals using Moderate Resolution Imaging Spectroradiometer (MODIS) near-infrared channels[J]. Journal of Geophysical Research：Atmospheres，108(D13).

GAO B C，LIU M，2013. A Fast Smoothing Algorithm for Post-Processing of Surface Reflectance Spectra Retrieved from Airborne Imaging Spectrometer Data[J]. Sensors，13(10)：13879-13891.

GUANG J，XUE Y，WANG Y，et al.，2011. Simultaneous determination of aerosol optical thickness and surface reflectance using ASTER visible to near-infrared data over land[J]. International journal of remote sensing,32(22)：p. 6961-6974.

PALOMAR L G,2007. New algorithms for atmospheric correction and retrieval of biophysical parameters in Earth Observation[J]. Application to ENVISAT/MERIS data. Tdx.

HABIB A，XIONG W，HE F，et al.，2016. Improving Orthorectification of UAV-Based Push-Broom Scanner Imagery Using Derived Orthophotos From Frame Cameras[J]. IEEE Journal of Selected Topics in Applied Earth Observations and Remote Sensing,10(1)，1-15

FU P，SUN X，SUN Q,2017. Hyperspectral Image Segmentation via Frequency-Based Similarity for Mixed Noise Estimation[J]. Remote Sensing,9(12)：1237.

FU P，SUN X，SUN Q,2018. Estimation of signal-dependent and -independent noise from hyperspectral images using a wavelet-based superpixel model[J]. Remote Sensing Letters,9(7-9)：906-915.

BO-CAI,GAO,1993. An operational method for estimating signal to noise ratios from data acquired with imaging spectrometers[J]. Remote Sensing of Environment，43(1)：23-33.

GAO L,BING Z，WEN J,et al.，2007. Residual-scaled local standard deviations method for estimating noise in hyperspectral images[J]. Proceedings of SPIE-The International Society for Optical Engineering，6787:39.

GAO L R,ZHANG B,ZHANG X,et al.，2008. A New Operational Method for Estimating Noise in Hyperspectral Images[J]. IEEE Geoscience & Remote Sensing Letters，5(1):83-87.

HONKAAVARA E,KHORAMSHAHI E，2018. Radiometric Correction of Close-Range Spectral Image Blocks Captured Using an Unmanned Aerial Vehicle with a Radiometric Block Adjustment[J]. Remote Sensing,10(2):256.

RYAN H,JESSICA M,MATTHEW A,et al.，2012. Radiometric and Geometric Analysis of Hyperspectral Imagery Acquired from an Unmanned Aerial Vehicle[J]. Remote Sensing,4:2736-2752.

JHAN J P,RAU J Y,HUANG C Y,2016. Band-to-band registration and ortho-rectification of multilens/multispectral imagery：A case study of MiniMCA-12 acquired by a fixed-wing UAS[J]. Isprs Journal of Photogrammetry & Remote Sensing,114(Apr.):66-77.

SCHILLING H,LENZ A,GROSS W,et al.，2013. Concept and integration of an on-line quasi-operational airborne hyperspectral remote sensing system[C]//Spie Security+Defense.

YORAM,J.，KAUFMAN,DIDIER & TANRé,1996. Strategy for direct and indirect methods for correcting the aerosol effect on remote sensing：From AVHRR to EOS-MODIS[J]. Remote Sensing of Environment,55(1):65-79.

KAUFMAN Y J,D TANRé, REMER L A，et al.，1997. Operational remote sensing of tropospheric aerosol over land from EOS moderate resolution imaging spectroradiometer[J]. Journal of Geophysical Research Atmospheres，102(D14):51-17.

KURZ T H,BUCKLEY S J,HOWELL J A,2013. Close-range hyperspectral imaging for geological field studies：workflow and methods[J]. International Journal for Remote Sensing,34(5-6):1798-1822.

LEVY R C,REMER L A,MATTOO S,et al.,2007. Second-generation operational algorithm：Retrieval of aerosol properties over land from inversion of Moderate Resolution Imaging Spectroradiometer spectral reflectance[J]. Journal of Geophysical Research Atmospheres,112(D13).

KUIFENG,LUAN,XIAOHUA,et al.,2014. Geometric Correction of PHI Hyperspectral Image without Ground Control Points[J]. IOP Conference Series:Earth and Environmental Science, 17(1):12193-12193.

MAHMOOD A,ROBIN A,SEARS M,2014. Estimation of correlated noise in hyperspectral images[C]// Hyperspectral Image & Signal Processing:Evolution in Remote Sensing. IEEE.

MAHMOOD A,ROBIN A,SEARS M,2017. Modified Residual Method for the Estimation of Noise in Hyperspectral Images[J]. IEEE Transactions on Geoscience and Remote Sensing,PP(3):1-10.

MAO K B,LI H T,HU D Y,et al.,2010. Estimation of water vapor content in near-infrared bands around 1 μm from MODIS data by using RM-NN[J]. Optics Express,18(9):9542-9554.

SOLSONA S P,MAEDER M,TAULER R,et al.,2017. A new matching image preprocessing for image data fusion[J]. Chemometrics and Intelligent Laboratory Systems,164:32-42.

QI,HAIJUN,PAZ-KAGAN,et al.,2018. Evaluating calibration methods for predicting soil available nutrients using hyperspectral VNIR data[J]. Soil & Tillage Research,Soil Tillage Res,175:267-275.

KOSEC M,M BüRMEN,D TOMA? EVI?,et al.,2012. Automated model-based calibration of imaging spectrographs[J]. Proc Spie,8215:6.

Remer L A,Kaufman Y J,D Tanré,et al.,2005. The MODIS Aerosol Algorithm，Products，and Validation [J]. Journal of the Atmospheric Sciences,62(4):947-973.

ROGER,RE ARNOLD,JF,1996. Reliably estimating the noise in AVIRIS hyperspectral images[J]. International Journal of Remote Sensing, 17(10): 1951-1962.

SCHAEPMAN-STRUB G,SCHAEPMAN M E,PAINTER T H,et al.,2006. Reflectance quantities in optical remote sensing—definitions and case studies[J]. Remote Sensing of Environment,103(1):27-42.

SCHLÄPFER D,et al.,1998. Atmospheric precorrected differential absorption technique to retrieve columnar water vapor[J]. Remote Sens. Environ.,65: 353-366.

DSCHLAPFER,BOREL C C,KELLER J,et al.,1998. Atmospheric Precorrected Differential Absorption Technique to Retrieve Columnar Water Vapor - Systems,Data,and Environmental Applications，Section III & IV[J]. Remote Sensing of Environment,65(3):353-366.

SEEMANN S W,BORBAS E E,LI J,et al.,2014. MODIS Atmospheric Profile Retrieval Algorithm Theoretical Basis Document. Remote Sens. 6(9):8387-8404.

FELIX S,DANIEL S,JENS N,et al.,2008. Sensor Performance Requirements for the Retrieval of Atmospheric Aerosols by Airborne Optical Remote Sensing[J]. Sensors,8(3):1901-1914.

STEIN D W J，et al.,2002. Anomaly detection from hyperspectral imagery[J]. IEEE Signal Processing Magazine，19(1): 58-69.

STEIN D,BEAVEN S G,HOFF L E,et al.,2002. Anomaly detection from hyperspectral imagery[J]. IEEE

Signal Processing Magazine,19(1):58-69.

VON HOYNINGEN-HUENE W，FREITAG M，BURROWS J B,2003. Retrieval of aerosol optical thickness over land surfaces from top-of-atmosphere radiance[J]. J. Geophys. Res. Atmos. ,108.

HOYNINGEN-HUENE V W,2003. Retrieval of aerosol optical thickness over land surfaces from top-of-atmosphere radiance[J]. Journal of Geophysical Research Atmospheres,108(D9).

HOYNINGEN-HUENE W V,KOKHANOVSKY A A,BURROWS J P,et al. ,2006. Simultaneous determination of aerosol- and surface characteristics from top-of-atmosphere reflectance using MERIS on board of ENVISAT[J]. Advances in Space Research,37(12),2172-2177.

WRIGLEY R C,CARD D H, HLAVKA C A,et al. ,1984. Thematic Mapper Image Quality: Registration, Noise，And Resolution[J]. IEEE Transactions on Geoscience and Remote Sensing,22(3):263-271.

ZHOU X,F NEUBAUER,DONG Z,et al. ,2015. Geometric correction of synchronous scanned Operational Modular Imaging Spectrometer II hyperspectral remote sensing images using spatial positioning data of an inertial navigation system[J]. Journal of Applied Remote Sensing,9:96078.

第4章　高光谱图像融合

4.1　概　　述

随着遥感技术的飞速发展,遥感数据的种类和数量不断增加,获得信息的多样性以及信息量急剧增长,如何充分挖掘多源多尺度遥感信息,发挥各种遥感数据的优势,解决单一类型数据无法解决的问题,成为新的需求和挑战。遥感影像数据融合正是为了满足这种需求而发展起来的一种新方法。数据融合能够综合利用多源信息,使不同信息相互补充,从而获得对事物更加全面、详细的认知。具体到遥感领域的图像融合技术,是指将两个或两个以上的传感器在同一时间或不同时间获取的关于某个具体场景的图像或图像序列信息加以综合,以生成新的统一图像或综合利用各图像信息对场景进行解释的信息处理过程。当融合数据源为高光谱或成像光谱数据时称之为高光谱影像融合技术。

由于具有极高的光谱分辨率,高光谱遥感数据在越来越多的领域发挥重要的作用。然而随着高光谱遥感技术的深入应用,高光谱数据本身也凸显出了种种问题,主要表现在以下两个方面。其一,受到成像光谱仪感光器件研制水平的制约,以及传感器光学设计方面存在很大困难(张立,2002),无论是推扫式还是摆扫式成像光谱仪,视场角都比较小,因而很难在短时间内获得宽幅大范围的高光谱遥感数据,难以满足矿产勘探、精准农业、环境变化以及植被监测等领域对大范围、多时相高光谱遥感数据的要求。其二,不同的研究和应用需要不同的空间和光谱分辨率遥感数据(Liu et al.,2009),而对于光谱分辨率较高的高光谱遥感图像,尤其是航天高光谱图像的空间分辨率还不能达到很高。这是因为研发一种大幅宽、高空间分辨率的星载高光谱传感器目前还很困难,例如 HJ-1 高光谱数据空间分辨率为 100 m,Hyperion 高光谱数据幅宽只有 7.5 km,因此,高光谱数据的应用能力受到了很大的制约。

(1) 数据获取瓶颈难题限制了满足用户需求的卫星高光谱数据的获取。然而对于一套光学遥感器系统而言,图像空间分辨率和光谱分辨率是一对矛盾。在信噪比一定的情况下,较高光谱分辨率往往意味着不能有较高的空间分辨率。卫星遥感成像系统的设计中,为了满足信噪比的要求,在获取高光谱遥感数据的同时,必须牺牲一定的空间分辨率,图像信噪比、空间分辨率和光谱分辨率三者之间是相互制约的,不能同时满足(张立,2002)。这成为制约遥感技术进一步发展的瓶颈问题。

(2) 从硬件方面解决这一瓶颈问题难度很高。许多从事成像光谱硬件研究的科研人员试图设计一种宽视场的兼顾高空间和高光谱信息的成像光谱仪器,提出了诸如两分总视场或三分总视场的宽视场拼接等多种设计方案(薛庆生 等,2011)。但这些方案对镜头位置精度等提出了极高的要求,给机械设计和材料选择带来很大困难,同时受到焦平面探测产品在像元尺寸、像元数等方面研制水平的限制,始终未能较好地解决目前所面临的问题。

(3) 从数据处理角度尝试突破是可行的。科研人员开始尝试从数据处理角度突破这一瓶颈问题,高光谱和高空间分辨率图像融合技术引起了高度重视。尤其是近年来,为了加强高光谱数据融合技术的研究与应用,许多已经发射或者即将发射的遥感卫星往往同时带有高光谱遥感器和高空间分辨率的全色或多光谱遥感器,这为后期数据融合处理,以获取高空间信息和高光谱信息兼备的图像数据提供了理想的数据来源。

4.2　高光谱图像融合算法发展现状

基于不同理论与方法的高光谱图像融合算法众多,本节从融合数据各维度(时、空、谱)指标提升的角度,将数据融合算法分为面向空间维提升的融合算法、面向光谱维提升的融合算法、面向时间维提升的融合算法,并根据原理将其细分进行阐述。

4.2.1　面向空间维提升的融合算法

面向空间维提升的融合算法是通过多源数据融合获得比原始数据空间分辨率更高的过程。空间维提升主要的应用场景为多光谱-全色融合,即利用全色数据的空间维信息提升多光谱数据的空间分辨率,如图 4.1 所示。它侧重于影像空间分辨率的提升,而在光谱维上有一定失真。具有代表性的方法有成分替换法与多分辨率分析法。

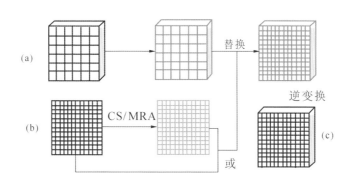

图 4.1　基于空间维提升的融合算法示意图

1.成分替换法

成分替换法(component constitution)是指将遥感影像投影至一个新的变换空间,将含有空间信息的成分替换为高空间分辨率影像并逆变换得到空间维提升后的遥感数据的过程(Ghassemian,2016)。假设高光谱数据可以用 $\boldsymbol{H}(x_1,\cdots,x_m)\in R^{i\times j\times m}$ 表示,全色影像可以用

$\boldsymbol{P}(y) \in R^{I \times J}$ 表示,其中 i、j、m 分别可以表示为高多光谱数据的行数、列数和波段,I、J 可以表示为全色数据的行列数。高光谱数据首先进行投影变换,得到变换特征集

$$\boldsymbol{H}'(x_1, \cdots, x'_m) = \boldsymbol{F}(\boldsymbol{H}(x_1, \cdots, x_m)) \tag{4.1}$$

其中,$\boldsymbol{F}$ 为投影变换的映射关系。

得到变换特征集后,将其中含有空间信息的成分替换为高空间分辨率影像,即得到 $\boldsymbol{H}'$ $(y, \cdots, x_m)$。为了减少光谱失真,在替换之前往往先进行直方图匹配。对替换完的变换特征集进行逆变换得到融合后的数据集

$$\boldsymbol{H}_F(x'_1, \cdots, x'_m) = \boldsymbol{F}'(\boldsymbol{H}'(y, \cdots, x'_m)) \tag{4.2}$$

其中,$\boldsymbol{F}'$ 为投影变换的逆变换。

常用的方法有:①Intensity-hue-saturation(IHS)变换(Tu et al.,2001),即将 RGB 影像(高光谱数据的任意 3 个波段)变换为强度、模糊度和色度 3 个分量,其中的空间分量主要集中于强度分量中,因此替换的分量为 I 分量;②主成分变换法(Shettigara,1992),主要通过线性变换将高光谱数据投影到新的变换空间,其第一主成分处于最大方差方向上,具有最丰富的信息,因此被替换的分量为第一主成分;③Gram-Schmidt 变换法(Aiazzi et al.,2007),是将全色数据模拟至高光谱的空间分辨率,模拟的全色数据作为第一主成分与高光谱同时进行 GS 变换,用原始全色数据的第一主成分,并逆变换获得融合后数据。此外还有 Brovey 变换(brovey transform,BT)(Tu et al.,2005)等。

成分替换法能有效提高空间分辨率,但对于光谱维上信息保持能力欠佳。为了解决这个问题,学者发展了许多算法,例如将波段响应函数考虑在内的 GS adaptive(GSA)、GIHS adaptive(GIHSA)等(Aiazzi et al.,2007)以及波段分组的策略(Chen et al.,2014),在一定程度上解决了高光谱融合过程中的光谱失真问题。

2. 多分辨率分析法

多分辨率分析法(multiresolution analysis method)是将每个原始数据都分解为不同分辨率的一系列影像,在不同的分辨率上进行融合,最后进行逆变换获得融合后的影像。对高光谱影像 $\boldsymbol{H} \in R^{i \times j \times m}$ 逐波段分解到 l 个平面,得到

$$\boldsymbol{H}_m \rightarrow \boldsymbol{H}'_{m \times l}(x_1, x_2, \cdots, x_l) \tag{4.3}$$

对全色影像 $\boldsymbol{P} \in R^{I \times J}$ 进行同样的分解,得到

$$\boldsymbol{P} \rightarrow \boldsymbol{P}'_l \tag{4.4}$$

获得不同分辨率上的数据后,在不同尺度上实现融合,常用的融合策略:①替换方法,即将高光谱影像每个波段分解得到的第一个平面上的成分替换为相应的全色影像的分解成分,然后进行逆变换得到融合后的数据;②加法方法,即只分解全色影像,将得到的 l 个平面上的分解成分分别加到各个波段上,再进行逆变换得到融合后的数据。

常用的多分辨率分析方法有高通滤波(high-pass filtering,HPF)(Psjr et al.,1991)、小波方法(Nunez et al.,1999b)、Curvelet 变换(Nencini et al.,2007)、基于平滑滤波的强度调制(smoothing filter-based intensity modulation)(Liu,2000)、Contourlet 变换(Do and Vetterli,2005)、Laplacian pyramid(Schmitt and Xiao,2016)等。多分辨率分析方法相对于成分替换方法能够较好地保持光谱信息,但要求数据进行严格配准,否则会出现空间失真现象(Yuan et al.,2018)。

4.2.2 面向光谱维提升的融合算法

面向光谱维提升的融合算法主要是通过融合获得比原始数据更高光谱分辨率数据的过程。光谱维提升主要的应用场景为高光谱-多光谱融合,即利用高光谱数据提升多光谱数据的光谱分辨率,如图 4.2 所示。相对于基于空间维提升的融合算法,它在空间维提升的同时,更加注重光谱维信息的保真性。常用的方法可分为线性优化分解法及人工智能法。

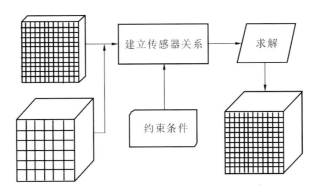

图 4.2　基于光谱维提升的融合算法示意图

1.线性优化分解法

线性优化分解法是假设融合重建数据 $Z \in R^{N \times S}$ 与观测数据 $X \in R^{N \times S}$ 之间的关系可以通过线性表示,即

$$X = WZ + n \tag{4.5}$$

其中,W 为变换算子。当观测数据为高光谱数据时,W 为空间模糊算子及降采样算子;当观测数据为多光谱数据时,W 为多光谱卫星的波段响应函数。利用已知数据 X 求解 Z 可以视为一个病态的拟合问题(Yuan et al.,2018),通过加入不同的约束条件,求解最优解。按照原理不同,可分为光谱解混法、贝叶斯概率法以及稀疏解混法。

光谱解混是近年来针对高光谱影像分析的有力手段,它将一个有限区域内的反射率当作是不同材料光谱的混合,即高、多光谱中每个像元中端元(endmember)光谱及成分丰度(fraction abundances)的线性加和(Adams and Smith,1986)。基于光谱解混方法的融合,学者提出了诸多方法,如解混后亚像元定位获得融合数据(Gross and Schott,1998),以及光谱分辨率提升算法 SREM(Sun et al.,2015)等。其中较为典型的多-高光谱光谱解混融合法(Bendoumi et al.,2014),用矩阵的形式可以表示为

$$Z = EA + n \approx EA \tag{4.6}$$

式(4.6)中,$E \in R^{S \times n}$ 代表 n 个波段为 S 的端元矩阵,$A \in R^{n \times N}$ 代表 n 个端元的丰度矩阵。代入式(4.6)中,高光谱影像与多光谱影像分别可以表示为

$$H = EAW + n = EA_h + n \tag{4.7}$$

$$M = WEA + n = E_m A + n \tag{4.8}$$

其中，$H\in R^{n\times S}$ 为观测到的高光谱数据；$M\in R^{N\times S}$ 为观测到的多光谱数据；M_h 为高光谱数据和多光谱数据求解得的端元矩阵。

通过对高光谱数据端元提取获得 E 并降采样获得 E_m，再最小化误差 n 获得 A，最终得到重建数据 Z。近年来基于光谱解混算法发展而来的非负矩阵分解（NMF）方法的融合方法也发展迅速，如 Zhi 比较了 NMF 以及 NMF 发展出的几种方法（Zhi et al.，2008）。Yokoya 利用结合光谱响应和点扩散函数建立了传感器观测模型，并利用成对的非负矩阵迭代分解获得了重建后的高光谱数据（Yokoya et al.，2012a）。

概率统计法是通过概率统计的方法进行融合，主要是基于贝叶斯模型假设。它将待融合的数据视为观测值，融合后的数据视为未被观测到的真实值，通过计算出现观测值的前提条件下真实值出现的概率，并将概率最大化从而求解得融合过程中的参数值，最后得到融合后的数据。其中具有代表性的算法为最大后验概率（maximum a posteriori，MAP）（Hardie et al.，2004），即

$$\hat{Z} = \arg\max_z p(Z\mid M,H) \tag{4.9}$$

其中，Z 为融合重建后的数据；M 为观测到的真实多光谱数据；H 为观测到的真实高光谱数据；$p(Z\mid M,H)$ 为在观测到 M 和 H 后获得 Z 的最大概率。

利用贝叶斯准则，可得下式

$$\hat{Z} = \arg\min_z C(Z) \tag{4.10}$$

其中，损失函数 $C(Z)$ 为

$$C(Z) = \frac{1}{2}(M-WZ)^{\mathrm{T}}C_n^{-1}(M-WZ) + \frac{1}{2}(Z-\mu_{Z|H})^{\mathrm{T}}C_{Z|X}^{-1}(Z-\mu_{Z|H}) \tag{4.11}$$

具体推导过程详见相关文献（Hardie et al.，2004）。通过求解损失函数的梯度并令梯度为零，并通过参数估计获得最终的融合结果。此外，代表性的概率统计模型还有随机混合模型（stochastic mixing model，SMM）（Eismann and hardie，2003）（Eismann and Hardie，2005）、线性贝叶斯模型（Zhirong et al.，2007）、与小波结合（Zhang et al.，2009）（Yifan Zhang，2012）、分层贝叶斯模型（Wei et al.，2014；Wei et al.，2015b）等。

稀疏表达法的融合是将观测数据分解为稀疏字典矩阵和稀疏系数矩阵，并加入稀疏约束条件求解稀疏系数，最终获得融合重建后的数据。其表达如下：

$$X = D\alpha + n \tag{4.12}$$

式中，D 为稀疏字典；α 为稀疏系数。其中要求 α 达到最稀疏，即

$$\min_\alpha \|\alpha\|_0 \quad \text{subject to} \ \|X-D\alpha\|_2^2 < \varepsilon \tag{4.13}$$

式中，$\|\cdot\|_0$ 为 0 范数，计算矩阵中非零元素的个数；ε 为残差。由于该问题是一个 NP 难问题（Elad et al.，2010），通常在求解时放松其约束，求其 1 范数，即

$$\min_\alpha \|\alpha\|_1 \quad \text{subject to} \ \|X-D\alpha\|_2^2 < \varepsilon \tag{4.14}$$

在式（4.14）的基础上代入传感器线性模型，利用稀疏解混的方法获取字典和稀疏矩阵，最后进行融合数据重建，常用方法有压缩感知（Li and Yang，2011）、稀疏表达（Huang et al.，2014）（Wei et al.，2015a）、解析稀疏模型（Han et al.，2016）等。

线性优化分解法能够有效地提升多光谱数据的光谱维分辨率，并且对空间维具有较好

的保真效果。然而分解优化法都是基于线性观测模型假设,在实际成像过程中,线性条件往往不能被满足。

2. 人工智能法

上述方法大多都基于假设传感器间的关系是线性关系,然而这种假设并没有得到较严谨的验证,同时优化类方法的参数较为依赖先验知识(Yuan et al.,2018)。人工智能法是基于人工神经网络(artificial neural network,ANN)、卷积神经网络(convolutional neural networks,CNN)等,能够较好地学习系统输入输出的非线性关系。人工神经网络是模拟生物神经元结构,这些神经元各自构造简单但互相紧密联结。其基本结构如下:

$$y = f\left(\sum_{k=1}^{K} x_i w_{ij} + b\right) \tag{4.15}$$

对于一组输入 $(x_1, x_2, x_3, \cdots, x_K)$,经过训练调整,得到一组权重为 w 的非线性函数,使得输出 y 与符合期望的输出值 $\hat{y}$ 之间误差最小。通过调整输入权重 w,神经网络自动学习如何得到期望的结果。对传统的人工神经网络而言,每一个神经元都要接受来自上一层所有神经元的输出,导致神经元的权重数量极为庞大,所需要的训练数据集也相应地需要增大,计算数量极为庞大。而 CNN 通过放弃全局连接性解决了这个问题。CNN 的每一个神经都有一个感知域,只处理来自一定邻域神经元的特征值,对于空间特征较为局部化的图像而言更为适用。神经元的输出可以视为前一层神经元输出特征的卷积:

$$y_{ij} = f\left(b + \sum_{n=1}^{K} \sum_{m=1}^{K} w_{nm} x_{i+n, j+m}\right) \tag{4.16}$$

可写为卷积形式:

$$y = f(b + w * x) \tag{4.17}$$

式中,* 代表卷积运算。

近年来,随着深度学习研究的爆发式发展,也有部分学者研究利用深度学习方法进行遥感图像融合。该方法大多基于假设高、低空间分辨率的全色影像之间的关系与高、低空间分辨率多光谱影像之间的关系相同且非线性。Huang 等首次利用深度神经网络(DNN)对多光谱和全色影像进行了融合,在 DNN 框架内加入了预训练和微调学习阶段,增加了融合的准确性(Huang et al.,2015)。在此基础上,学者发展出了众多算法如 PNN(Masi et al.,2016)、MRA 框架下的 DNN(Azarang and Ghassemian,2017)、DRPNN(Wei et al.,2017b)、MSDCNN(Yuan et al.,2018)。对于高光谱和多光谱融合的研究较少,Frosti Palsson 利用 3D CNN 模型对高光谱和多光谱进行了融合,为了克服高光谱数据量大造成的计算复杂性,对高光谱数据进行了降维处理,相对于 MAP 算法具有更高的精度(Palsson et al.,2017)。

基于深度学习的融合方法的精度相对于投影变换、分解优化法而言,能够更好地刻画不同分辨率影像之间的非线性关系,可迁移性强。然而基于 CNN 的问题在于,前提假设并未得到严格的证实,同时 CNN 的计算复杂性较大,比较耗时,且对样本数量要求较大,在训练样本数量较少的情况下往往难以获得很好的融合结果。

4.2.3 面向时间维提升的融合算法

面向时间维提升的融合算法主要是通过数据融合模拟出缺失时相的遥感数据,以达到时间维提升的目的。时间维提升主要的应用场景为多光谱时空融合,较为常见于利用MODIS数据和Landsat数据融合获得缺失时相的具有Landsat空间分辨率的数据,如图4.3所示。典型的方法有权重函数法、线性优化分解法及人工智能法。

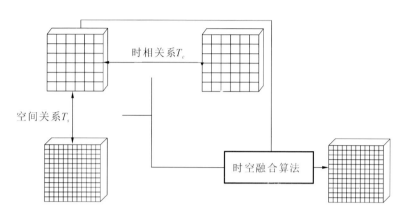

图4.3 基于时间维提升的融合算法示意图

1.权重函数法

权重函数法假设高空间低时间分辨率影像与低空间高时间分辨率影像之间有一定的线性关系,在此基础上建立两者之间的联系,利用滑动窗口内的像元确定像元中心的值,加上权重系数来预测重建缺失时间影像,获得高空间高时间分辨率影像,该方法起源于由Gao于2006年提出的时空自适应融合方法(a spatial and temporal adaptive reflectance fusion model,STARFM)(Gao et al.,2006),是时空融合中应用最广泛的算法之一。其前提假设地物在成像时间到预测时间之内地物不发生变化,其基本形式为

$$L\left(x_{w/2}, y_{w/2}, t_0\right) = \sum_{i=1}^{w}\sum_{j=1}^{w}\sum_{k=1}^{n} W_{ijk}\left(M\left(x_i, y_i, t_0\right) + L\left(x_i, y_i, t_k\right) - M\left(x_i, y_i, t_k\right)\right)$$

(4.18)

其中,(x_i, y_i)代表像元位置;t_k为成像时间;$L\left(x_i, y_i, t_k\right)$为Landsat反射率数据(或高分辨率反射率数据集);$M\left(x_i, y_i, t_k\right)$为已升采样到Landsat数据分辨率的MODIS反射率数据(或升采样至低分辨率的数据集);w为滑动窗口大小,$(x_{w/2}, y_{w/2})$为滑动窗口中心像元;W_{ijk}为计算像元与中心像元光谱、时相、位置差异有关的权重值。

STARFM算法模型虽然易于理解,应用广泛,但仍具有如下问题:① STARFM算法虽然在预测渐变信息上具有较好的效果,但它不能预测短期内瞬时的扰动事件;② STARFM没有考虑反射率方向性问题;③ STARFM依赖于MODIS低分辨率像元的纯净、同质像元假设。针对这些问题,学者们进行了改进,如STAARCH模型(Hilker et al.,2009)、Enhanced STARFM算法(ESTARFM)(Zhu et al.,2010)、mESTARFM(Fu et al.,2013)、

RWSTFM(Wang and Huang,2017)。除了常见的可见-近红外卫星数据融合以外,时空滤波法还广泛应用于地表温度数据的融合如双边滤波法(Huang et al.,2013)、SADFAT(Weng et al.,2014)、STITFM(Wu et al.,2015c)等以及 NDVI 数据融合如 STVIFM(Liao et al.,2017)等。

权重函数法优点在于模型直观、应用广泛,但它的问题在于:①对形状变化的物体、短期瞬时变化不能很好地进行预测;②传感器之间的相关关系未得到严格证明;③滑动窗口大小等参数需要人工制定,不能做到自动化。

2.线性优化分解法

基于线性优化分解法的时间维提升融合算法同样基于线性假设,通过加入约束条件获得最优解以得到融合后的重建影像。所基于的原理包括光谱解混法、概率统计法以及稀疏表达法。

光谱解混法也是基于光谱线性解混模型。常见步骤有(Song et al.,2018):①对高空间低时相数据进行非监督分类;②利用①获得的成分信息对低空间高时相数据进行光谱解混;③通过将低空间高时相数据解混出的光谱信息加入高空间低时相数据,获得融合后的高空间高时相数据。常用算法有 MMT 光谱解混算法(Zhukov et al.,1999)、STDFM 算法(Wu,2012)、ESTDFM(Zhang et al.,2013)、MSTDFA(Wu et al.,2015b)、软聚类方法(soft clustering)(Amorós-López et al.,2013)、OB-STVIUM 算法(object based image analysis,OBIA)(Lu et al.,2016)等。基于光谱解混的时空融合方法的优点在于考虑了低分辨率影像混合像元的问题,提高了融合的精度。但该方法大多建立于线性光谱解混方法上,其前提假设未经过严格验证;端元成分和确定过程中,地物覆盖类型图与待预测时相之间的时间差距离太大,其精度无法保证;同时端元成分确定是在预测时间内地物类型不发生变化的基础上建立的,然而这种情况有时不能被满足。

概率统计法是利用贝叶斯统计概率作为融合框架,对缺失时相的高空间分辨率数据进行预测的融合算法。一般首先建立缺失影像与已知影像之间的关系,然后通过最大化在已知影像的条件下缺失影像的条件概率来进行缺失影像重建,即最大后验概率模型(maximum a posteriori,MAP)。根据 Zhu 的分类方法,在缺失影像与已知影像的关系上,可分为时相关系模型及尺度关系模型(Zhu et al.,2018)。时相关系模型是指建立不同时相影像之间的关系,刻画地物缓慢和瞬时变化,如 NDVI-BSFM(Liao et al.,2016)。尺度关系模型指的是通过对在同一时相上缺失影像与已知影像的关系进行建模,通过点扩散函数来建立已知影像像元与未知影像像元的关系,如利用低分辨率影像的联合协方差作为时相关系模型、低分辨率影像的双边滤波以及高分辨率影像的高通滤波来建立尺度关系模型的基于贝叶斯统计算法的融合方法(Xue et al.,2017)。基于概率统计的算法的优点在于不要求波段响应严格匹配。

基于稀疏表达的融合算法,最有代表性的算法为基于稀疏表达的时空融合算法(sparse-representation-based spatio temporal reflectance fusion model,SPSTFM)(Huang and Song,2012),主要是通过缺失影像前后的时相影像的差异影像对进行联合字典训练,并用学习获得的字典重建缺失影像前、后时相与缺失影像的两个差值影像,再加权获得最终融合重建结果。在差异影像思想的基础上,学者们也发展出了许多基于稀疏表达的融合方法,如

EBSCDL(Wu et al.，2015a)、基于 ELM 的融合方法(ELM-based method)(Liu et al.，2017)、bSBL-SCDL/msSBL-SCDL(Wei et al.，2016)、CSSF(Wei et al.，2017a)等。

基于线性优化分解法的时间维提升融合算法虽然有较好的时间维重建效果,但由于其假设模型为人为设定的近似线性关系,在实际成像关系中难以满足。

3.人工智能法

权重滤波法、概率统计法、优化分解法都是基于对传感器观测模型或者已知、缺失时相影像之间的线性关系,然而这种线性关系未被严格证明。深度学习方法能够很好地刻画非线性关系,因此也有学者探索利用深度学习方法进行时空融合的方法。Vahid Moosavi 结合小波算法及人工神经网络(artificial neural network,ANN)、自适应神经模糊推理系统(adaptive neuro-fuzzy inference system,ANFIS)以及支持向量机(supported vector machine,SVM),提出预测时相的 Landsat 热红外数据的 WAIFA 算法(Moosavi et al.，2015)。近年来卷积神经网络(convolutional neural networks,CNN)的兴起,利用 CNN 进行时空融合的算法如 STFDCNN(Song et al.，2018)、DCSTFN(Tan et al.，2018)等也逐渐被提出。

人工智能法能够学习并较为准确地刻画已知、缺失时相影像之间的非线性关系,相对于线性优化分解方法更具有迁移性和准确性。但其刻画能力与网络架构设计、参数设置有关,较差的网络结构往往不能起到良好的效果,且需要大量训练样本及训练时间。

4.2.4　融合数据指标评价方法

4.2.4.1　有参考影像的融合评价指标

有参考影像的融合通常使用原始数据模拟出的模拟数据进行融合以得到参考影像,参考影像融合评价的过程遵循 Wald 准则(Wald,1997)。Wald 准则包括两部分:一致性(consistency property)以及合成性(synthesis property)。一致性是指融合数据 B_{0x} 在降采样后得到数据 B_0' 应该与原始影像 B_1 相同。合成性是指原始影像 A_0 和 B_1 降采样后得到的数据 A_1 和 B_2 在融合之后获得的数据可以用原始的 A_0 数据作为参考数据。在大部分情况下,Wald 准则在融合质量评价上是有效的,但在如下情况中有一定限制(Thomas and Wald,2007):①数据包含噪声时,准则无效;②准则的适用性依赖于降采样倍数。

有参考影像的融合评价指标通常通过对比较评价参考影像及融合影像之间的在光谱维、空间维上的相关统计量实现融合质量评价。常见的评价指标有光谱角(spectral angle mapper,SAM)(Zhang et al.，2009)、光谱信息散度(spectral information divergence,SID)(Chang,1999)、通用图像质量指数(universal image quality index,UIQI)(Li et al.，2012)、均方根误差(root mean square error,RMSE)(Wei et al.，2015a)、相对平均光谱误差(relative average spectral error,RASE)(Choi,2006)、信噪比(signal noise ratio,SNR)(Zhang et al.，2009)、峰值信噪比(peak signal noise ratio,PSNR)(Huynh-Thu and Ghanbari,2008)、相关系数(the correlation coefficient,CC)(Alparone et al.，2007)、结构相似参数(the structural similarity metric,SSIM)(Zhou et al.，2004)、全局综合误差指标(ERGAS)(Zurita-Milla et al.,2008)、平均偏差(mean bias,MB)（YuhendraYusuf et al.,2013）等。各个指标的概述、常见融合场景详见表 4.1。

表 4.1 有参考影像的融合质量评价指标

评价指标	概述	常用融合场景		
		空间维提升	光谱维提升	时间维提升
光谱信息散度	通过计算参考影像与融合影像像元的交叉熵,以反映光谱失真(spectral distortion)情况			P
光谱角	通过计算参考影像与融合影像逐像元向量之间的光谱角,以反映融合数据的光谱失真情况		P	
通用图像质量指数	利用参考影像与融合影像之间的协方差、均值以及方差对融合数据的空间细节进行评估	P		P
均方根误差	常用的衡量参考影像与融合影像之间的误差,可逐波段计算,或将所有波段相加,获得总体误差(total error)	P		P
相对平均光谱误差	在均方根的基础上,衡量融合算法在影像的所有波段上的平均性能		P	
信噪比	将参考影像与融合影像的差值视为噪声,将参考影像视为信号,计算其比值,来衡量影像的失真情况	P		
峰值信噪比	在均方差(MSE)的基础上,通过计算重建影像最大峰值和两个图像均方差的比值,来反映融合重建影像的质量	P		
相关系数	通过计算融合影像与参考影像像元与平均像元间的差异获得相关系数	P		P
结构相似参数	通过计算融合影像与参考影响的均值、方差和协方差来衡量整体的融合质量	P		P
全局综合误差指标	在 RMSE 的基础上,考虑融合影像与观测影像之间的尺度关系	P	P	
平均偏差	以融合影像和参考影像的均值的差值来衡量融合效果	P		

4.2.4.2 无参考影像的融合评价指标

在大部分融合场景中,参考影像都难以获取。因此,直接在待融合数据以及融合重建数据的基础上在不改变分辨率尺度的条件下进行融合质量评价,对于无参考影像的融合目标更具有意义。常见的融合质量评价指标包括无参考质量指标(quality with no reference,QNR)（Alparone et al.,2008）、均值(mean value)（Ghassemian,2016）、方差（variance）（Ghassemian,2016）、标准差(standard deviation)（Ghassemian,2016）、信息熵(information entropy)（Ghassemian,2016)和平均梯度（average gradient)（Ghassemian,2016）等。各个指标的概述、常见融合场景详见表 4.2。

表 4.2 无参考影像的融合质量评价指标

评价指标	概述	常用融合场景		
		空间维提升	光谱维提升	时间维提升
无参考质量指标	不需要融合参考数据,从光谱失真、空间失真两者综合指标进行衡量评估。适用于多光谱-全色影像融合	P		P
均值	融合重建数据每个波段图像的所有像元的平均值	P		P
方差	融合重建数据每个波段影像相对于平均值的离散情况	P		P
标准差	融合重建数据每个波段影像相对于平均值的离散情况	P		P
信息熵	融合重建数据每个波段影像的信息量	P		P
平均梯度	单波段影像细节反差变化速率,表征图像清晰程度	P		P

4.2.5 高光谱图像融合的发展特点与方向

纵观融合算法的发展历程,其发展特点和方向有:

(1)多指标综合。即时间维、空间维、光谱维多特征、多指标的提升。从空谱融合、时空融合的两种指标提升,发展至时间、空间、光谱三维指标综合提升。

(2)多源传感器综合。即综合不同指标、不同种类传感器数据的优势,从两个传感器数据融合,发展至多种传感器的一体化融合。

(3)融合精度不断提高,算法鲁棒性增强。算法在最初被提出时,通常只能在一定条件下获得较好的融合效果,或者对系数变化较为敏感。随着技术的发展,融合结果在时间、空间、光谱多个维度上都具有更好的鲁棒性,精度也不断提升。

(4)深度学习成为近年来融合算法发展的新方向。深度学习由于具备刻画观测数据间的非线性关系的能力,以及具有强大的学习能力,在数据融合算法中具有不可小觑的潜力,可视为未来融合算法的发展方向。然而现今的基于深度学习的算法刚刚起步,仍有一定的不足之处,有待进一步的发展与创新。

4.3 典型高光谱图像融合算法评价

上一节对高光谱图像融合算法的发展现状进行了总结,本节分别介绍几种常用的典型空谱融合、时空融合和时空谱一体化融合算法,并对 SISU、SREM 和基于 MDD 多维组织的时空谱一体化融合算法进行实验验证与评价。

4.3.1 空谱遥感数据融合

4.3.1.1 常用的传统空谱融合方法

1. Gram-Schmidt 变换融合算法

Gram-Schmidt 正交化算法（Clayton，1971）是一种向量正交化算法，它可以将一组相互独立的向量转换成一组正交向量。其变换方法为

$$
\begin{aligned}
\boldsymbol{\beta}_1 &= \boldsymbol{\alpha}_1 \\
\boldsymbol{\beta}_2 &= \boldsymbol{\alpha}_2 - \frac{<\boldsymbol{\alpha}_2,\boldsymbol{\beta}_1>}{<\boldsymbol{\beta}_1,\boldsymbol{\beta}_1>}\boldsymbol{\beta}_1 \\
\boldsymbol{\beta}_3 &= \boldsymbol{\alpha}_3 - \frac{<\boldsymbol{\alpha}_3,\boldsymbol{\beta}_1>}{<\boldsymbol{\beta}_1,\boldsymbol{\beta}_1>}\boldsymbol{\beta}_1 - \frac{<\boldsymbol{\alpha}_3,\boldsymbol{\beta}_2>}{<\boldsymbol{\beta}_2,\boldsymbol{\beta}_2>}\boldsymbol{\beta}_2 \\
&\vdots \\
\boldsymbol{\beta}_n &= \boldsymbol{\alpha}_n - \frac{<\boldsymbol{\alpha}_n,\boldsymbol{\beta}_1>}{<\boldsymbol{\beta}_1,\boldsymbol{\beta}_1>}\boldsymbol{\beta}_1 - \frac{<\boldsymbol{\alpha}_n,\boldsymbol{\beta}_2>}{<\boldsymbol{\beta}_2,\boldsymbol{\beta}_2>}\boldsymbol{\beta}_2 - \cdots - \frac{<\boldsymbol{\alpha}_n,\boldsymbol{\beta}_{n-1}>}{<\boldsymbol{\beta}_{n-1},\boldsymbol{\beta}_{n-1}>}\boldsymbol{\beta}_{n-1}
\end{aligned}
\tag{4.19}
$$

其中，$\{\boldsymbol{\alpha}_1,\boldsymbol{\alpha}_2,\cdots,\boldsymbol{\alpha}_n\}$ 是一组独立的向量，而变换后的 $\{\boldsymbol{\beta}_1,\boldsymbol{\beta}_2,\cdots,\boldsymbol{\beta}_n\}$ 是一组两两正交的向量。

Laben 等在 1998 年最早将 Gram-Schmidt 算法应用到遥感图像的融合处理上（Laben and Brower，2000）。利用 Gram-Schmidt 正交化进行图像融合的基本原理与 PCA 算法类似，但它们的不同之处在于 Gram-Schmidt 变换得到的各个正交分量所包含的信息量并没有明显的差异，而且在正交化过程中，其第 n 个分量是通过第（$n-1$）个分量计算得到的，因此 Gram-Schmidt 变换后的第一个分量与变换之前相比是没有变化的。利用这一特点，Laben 等首先利用低空间多光谱或高光谱图像进行光谱重采样，或者利用高空间分辨率全色图像进行空间降采样，得到一个模拟的低空间分辨率全色图像；然后将得到的模拟图像作为第一波段与原始拥有 N 个波段多光谱或高光谱图像进行组合，形成（$N+1$）个波段的图像，并进行 Gram-Schmidt 变换，得到各个正交分量；再将原始高空间分辨率全色图像与 Gram-Schmidt 变换后的第一分量进行直方图匹配（使均值和方差近似一致），并进行替换；最后对分量替换后的图像进行 Gram-Schmidt 逆变换，得到（$N+1$）个波段的融合图像，剔除掉多余波段，得到最终的融合图像。基于 Gram-Schmidt 变换的遥感图像基本流程如图 4.4 所示。

目前，Gram-Schmidt 融合算法已经被作为一个单独模块封装在 ENVI 遥感图像处理软件中，该算法原理清楚，可选参数较少，算法相对稳定。重要的是，它能够实现高光谱数据所有波段与高空间分辨率数据的同时融合，得到光谱保真度较高的空间增强数据。因此，该融合算法可作为高光谱数据融合的备选算法之一。然而，Gram-Schmidt 融合算法在波段变换过程中，依然会对光谱信息造成损失，产生光谱畸变现象。

2. 小波变换融合算法

小波变换融合算法是一种在傅里叶变化基础上发展起来的新的变换分析方法。利用小波变换可以将遥感图像进行不同层级的分解，得到图像的低频部分和高频部分。每一更深层级的小波变换都可以将上一层级的低频部分继续分解为图像的低频分量、图像垂直方向

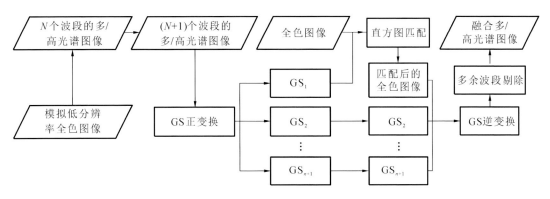

图 4.4　Gram-Schmidt 融合基本流程

上的高频分量、图像水平方向上的高频分量和图像对角线上的高频分量。利用小波变换进行图像融合的算法有很多(Li et al.，1995；Nunez et al.，1999a；Pu and Ni，2000；Yocky，1995)。它们的基本原理是类似的：分别将高空间分辨率图像和低空间分辨率图像进行小波变换，然后将高空间分辨率图像的所有高频分量和低空间分辨率图像的低频分量重新组合，并进行小波逆变换，得到最终的融合图像。二层小波变换融合的基本原理示意图如图 4.5所示。

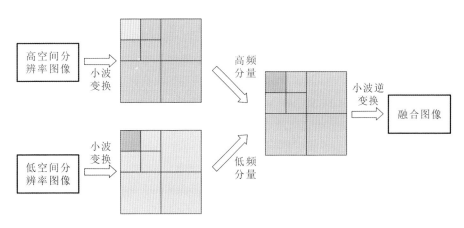

图 4.5　二层小波变换融合原理示意图

　　基于小波变换基本原理，并与其他融合方法相结合发展而来的融合算法有很多(Chen et al.，2006；Li and Yang，2008；Li et al.，2006；Liu et al.，2006；Yu et al.，2012；Zhao et al.，2012)，在多光谱与全色图像的融合中也取得了不错的效果。但对于不同的遥感数据，分解层数和小波基函数的选择会产生差异很大的融合结果。对于高光谱数据来说，逐波段的小波分解的过程中，也会造成一定原有数据信息的丢失，造成光谱信息的失真。因此小波变换在高光谱数据融合上的应用还有待进一步研究，发展光谱失真小、效果稳定的算法。

3.CNMF 高光谱融合算法

　　遥感传感器获得的对地观测影像由于各种传感器空间分辨率不一致，因此造成了地物信息在不同空间尺度表达上的空间尺度效应。混合像元问题在遥感图像中普遍存在，特别是高光谱影像中。Yokoya 等（2012）首次利用耦合非负矩阵分解（non-negative matrix factorization，NMF）分离出线性混合模型下的图像端元及其对应丰度信息，将高光谱的光谱信息与多光谱的空间信息融合，实现两类图像的融合。他们基于 NMF 解混理论提出一种名为 CNMF(coupled non-negative matrix factorization)的融合算法（Yokoya et al. 2012b），有效地将高光谱图像与多光谱图像进行了信息融合。

NMF 算法的原理是将分解成两个低阶非负矩阵的乘积表示为一个高阶非负矩阵，这样就是原始信号分解、维数约减及提取隐含数据特征，具体过程为：已知非负矩阵 $X_1 \in \mathbf{R}^{m \times n}$（$\mathbf{R}$ 为非负有理数）和正整数 $p(p < \min(m,n))$，同时寻找元素均为非负的矩阵 $X_2 \in \mathbf{R}^{m \times p}$ 和 $X_3 \in \mathbf{R}^{p \times n}$，使其满足

$$X_1 \approx X_2 X_3 \tag{4.20}$$

或等价表示为

$$X_{1j} \approx X_2 X_{3j} \tag{4.21}$$

其中，X_{1j} 是 X_1 的第 j 列的列向量；$X_{3j} \in \mathbf{R}^p$；p 为矩阵 X_2 的期望秩，一般可用先验信息或者 X_1 本身确定。寻找 X_1 和 $X_2 X_3$ 之间的欧氏距离最优解。

$$\min f(X_2, X_3) = \frac{1}{2} \| X_1 - X_2 X_3 \|_F^2 \tag{4.22}$$

根据 CNMF 融合算法，高空间分辨率的高光谱图像 $Z(Z \in \mathbb{R}^{\lambda_h \times L_m})$ 经过空间退化可以得到低空间分辨率的高光谱图像 $X(X \in \mathbb{R}^{\lambda_h \times L_h})$，同时 Z 经过光谱退化后可以产生高空间分辨率多光谱图像 $Y(Y \in \mathbb{R}^{\lambda_m \times L_m})$，且由于两种传感器光谱分辨率和空间分辨率的矛盾关系，满足 $\lambda_h > \lambda_m, L_h < L_m$，因此这三者可以表示为

$$X = ZS + E_s \tag{4.23}$$
$$Y = RZ + E_r \tag{4.24}$$

其中，$S \in \mathbb{R}^{L_m \times L_h}$ 为空间退化矩阵；$R \in \mathbb{R}^{\lambda_m \times \lambda_h}$ 为光谱退化矩阵；E_s 和 E_r 为残差项，R 与 S 为非负的且假设已知。

根据线性混合模型，Z 可以表示为

$$Z = WH + N \tag{4.25}$$

其中，$W \in \mathbb{R}^{\lambda_h \times D}$ 为端元矩阵；D 是端元数量；N 为残差，$H \in \mathbb{R}^{D \times L_m}$ 是丰度矩阵，且 $W \geqslant 0, H \geqslant 0$，将公式(4.25)代入公式(4.23)与公式(4.24)中去：

$$X \approx WH_h \tag{4.26}$$
$$Y \approx W_m H \tag{4.27}$$

经过图像空间的退化关系可得

$$H_h \approx HS \tag{4.28}$$
$$W_m \approx RW \tag{4.29}$$

其中，$H_h \in \mathbb{R}^{D \times L_h}$ 为高光谱图像丰度矩阵，$W_m \in \mathbb{R}^{\lambda_h \times D}$ 为多光谱端元矩阵。通过不断迭代和耦合解混，实现两类图像间端元矩阵和丰度矩阵相匹配，完成融合，得到

$$Z = WH \tag{4.30}$$

4. CRISP 高光谱融合算法

CRISP(color resolution improvement software package)融合方法(Winter et al.,2005)是一个包括高光谱数据线性重构和图像滤波等技术在内的组合算法模型。CRISP 模型输入的参数为高空间分辨率的多光谱图像或者是全色影像以及高光谱影像。CRISP 模型利用多光谱或者全色影像的空间信息来增强低空间分辨率的高光谱图像,以获得融合后的高空间分辨率的高光谱图像。

其首先将高光谱图像的空间像元大小利用最邻近法重采样到与多光谱图像一致,且每个高光谱或多光谱图像像元的光谱都用列向量来表示,那么高光谱图像就可以用矩阵表示为

$$H = [h_{K(1)}^{\mathsf{T}}, h_{K(2)}^{\mathsf{T}}, \cdots, h_{K(R)}^{\mathsf{T}}] \tag{4.31}$$

其中,$h_{K(i)}^{\mathsf{T}}$ 表示图像中第 i 个像元包含 K 个波段的列向光谱;R 为图像的像元数量。因此,波段数为 L 的多光谱图像可以表示为

$$M = [m_{L(1)}^{\mathsf{T}}, m_{L(2)}^{\mathsf{T}}, \cdots, m_{L(R)}^{\mathsf{T}}] \tag{4.32}$$

假设多光谱图像恰为高光谱图像在光谱上的线性采样,可得

$$M = FH + \varepsilon \tag{4.33}$$

其中,F 为将高光谱图像转换为多光谱图像的一个拟合矩阵,可以用多光谱图像的光谱响应函数来表示;ε 是高斯随机误差。而 CRISP 模型将公式(4.33)逆向变换,将高光谱影像模拟为多光谱图像:

$$GM = H + r \tag{4.34}$$

其中,G 为一个 $K \times L$ 大小的转换矩阵,该矩阵可以将多光谱图像近似转换为高光谱图像;r 同样假定为高斯随机误差。利用最小二乘来求解:

$$G = HM^{\mathsf{T}}(MM^{\mathsf{T}})^{-1} \tag{4.35}$$

这样,一条重构的高光谱向量可以通过下式估算出来:

$$
\begin{pmatrix} h'_{1(i)} \\ h'_{2(i)} \\ \vdots \\ h'_{K(i)} \end{pmatrix} = \begin{pmatrix} g_{(1,1)} & g_{(1,2)} & \cdots & g_{(1,L)} \\ g_{(2,1)} & g_{(2,2)} & \cdots & g_{(2,L)} \\ \vdots & \vdots & \ddots & \vdots \\ g_{(K,1)} & g_{(K,2)} & \cdots & g_{(K,L)} \end{pmatrix} \cdot \begin{pmatrix} m_{1(i)} \\ m_{2(i)} \\ \vdots \\ m_{L(i)} \end{pmatrix} \tag{4.36}
$$

$$h'^{\mathsf{T}}_{K(i)} = Gm_{L(i)}^{\mathsf{T}} \tag{4.37}$$

其中,$h'^{\mathsf{T}}_{K(i)}$ 表示重构的第 i 个像元的高光谱向量$m_{L(i)}^{\mathsf{T}}$ 表示原始多光谱图像第 i 个像元的多光谱向量。将上述重构过程对多光谱图像像元进行遍历计算,即可得到一景近似的重构高光谱图像。该过程可以表达为

$$H' = GM \tag{4.38}$$

其中,H' 为重构的高光谱图像。

重构的高光谱影像 H' 可以看作对 H 的近似,但是它是由多光谱影像通过线性变换得到的,H' 没有比 M 包含更多的光谱信息,因此需要进一步综合原高光谱图像 H 的光谱信息,比较常用的有小波滤波及巴特沃斯滤波。CRISP 算法一般采用的是巴特沃斯滤波的方法。

4.3.1.2　SISU 高光谱数据融合算法

前文介绍的 CRISP 模型算法的融合结果在提高空间分辨率方面有良好的表现,然而该算法也有着明显的缺陷。首先,CRISP 算法的最优化转换模型建立方法是全局优化,受地物类型复杂性的影响很大,地物类型越复杂,算法的稳定性越差,光谱畸变也越大。其次,CRISP 算法中图像滤波的截止频率较难确定。考虑这样一种情形,假如在低空间分辨率的高光谱影像和高空间分辨率的多光谱影像范围内只有一种地物类型,那么用于推导公式(4.35)中的转换矩阵 $\boldsymbol{G}$ 的每条像元光谱就近似一致。假设理想条件下每条像元光谱完全一致,那么转换矩阵 $\boldsymbol{G}$ 就是唯一的、重构出的高光谱影像,也将与原始高光谱影像完全相同。这意味着推导转换矩阵 $\boldsymbol{G}$ 所用的地物类型光谱越单一,得到的 $\boldsymbol{G}$ 就越稳定,也就能得到质量更好的重构高光谱影像。SISU 融合算法的基本思想就是是首先根据高光谱图像利用 VCA(Nascimento and Dias,2005)等方法进行端元提取,然后从原始高光谱影像提取一定数量的不同地物端元的像元光谱,并根据多光谱图像的光谱响应函数对这些像元光谱进行重采样,得到对应的多光谱图像端元光谱数据。或者根据提取的端元高光谱像元位置,从配准的多光谱图像上直接提取端元光谱。这些光谱向量根据地物端元类型被分为 N 组,并且每条光谱用一个列向量来表示。根据公式(4.34)的表达形式,每种地物类型的多/高光谱数据的关系可以被表示为

$$G'(q)M(q) = H(q) + r(q) \tag{4.39}$$

其中,$\boldsymbol{M}(q)=[m\,(q)_{L(1)}^{\mathrm{T}},m\,(q)_{L(2)}^{\mathrm{T}},\cdots,m\,(q)_{L(w)}^{\mathrm{T}}]$ 表示多光谱向量组 $m\,(q)_{L(j)}^{\mathrm{T}}$ 的一个 $L\times W$ 维矩阵;$\boldsymbol{H}(q)=[h\,(q)_{K(1)}^{\mathrm{T}},h\,(q)_{K(2)}^{\mathrm{T}},\cdots,h\,(q)_{K(w)}^{\mathrm{T}}]$ 表示高光谱向量组 $h\,(q)_{K(j)}^{\mathrm{T}}$ 的一个 $K\times W$ 维矩阵;W 是提取的地物端元类型 q 的光谱的数量(q 取值为 $1\sim N$)。只要 W 的值大于或等于 L,则对应地物类型 q 的一个特定转换矩阵 $\boldsymbol{G}'(q)$ 就可以被计算出来:

$$G'(q) = H(q)M\,(q)^{\mathrm{T}}\,(M(q)M\,(q)^{\mathrm{T}})^{-1} \tag{4.40}$$

在图像中选取 N 种地物端元类型就可以得到 N 个转换矩阵。然后,根据公式(4.37),用 $\boldsymbol{G}'(q)$ 乘以多光谱影像中拥有 L 个波段的一条像元光谱向量 $\boldsymbol{m}_{L(i)}^{\mathrm{T}}$,就可以重构出一条拥有 K 个波段的光谱向量 $\boldsymbol{h}'(q)_{K(i)}^{\mathrm{T}}$。

然而,根据不同的端元类型可以计算出 N 个转换矩阵 $\boldsymbol{G}'(q)$,然后利用 NMF 算法对空间重采样后的高光谱数据进行光谱解混,得到每个像元的端元丰度;然后在每个像元中选择 P 个丰度值较高的端元类型,作为对应的多光谱数据像元的光谱混合端元,再次利用 NMF 算法对多光谱数据进行逐像元解混,最后把多光谱数据像元丰度值最高的端元类型,作为该像元的地物类型,以此选择对应的转换矩阵 $\boldsymbol{G}'(q)$。

利用 NMF 光谱解混算法进行转换矩阵选择的具体过程如下。

步骤 1:高光谱图像 H 的端元矩阵和丰度矩阵初始化。

设高光谱图像 $H(K\times R)$ 的端元数量为 D,端元矩阵为 $\boldsymbol{E}_{\mathrm{H}}(K\times D)$,丰度矩阵为 $\boldsymbol{A}_{\mathrm{H}}(D\times R)$,则高光谱像元的光谱线性混合关系可以表示为

$$H = E_{\mathrm{H}}A_{\mathrm{H}} \tag{4.41}$$

VCA 是目前纯像元假定下最好的基于凸面几何的端元提取方法(Nascimento and Dias,2005)。利用 VCA 算法设置端元数量 D 和初始端元矩阵 $\boldsymbol{E}_{\mathrm{H}}$,然后利用最小二乘法设置

初始丰度矩阵 $\boldsymbol{A}_\mathrm{H}$。

步骤 2:对高光谱图像 H 进行 NMF 光谱解混。

高光谱图像 H 进行 NMF 光谱解混的目标函数为

$$\begin{cases} \min f(\boldsymbol{A}_\mathrm{H},\boldsymbol{E}_\mathrm{H}) \\ \boldsymbol{A}_H \geqslant 0, \boldsymbol{A}_H \geqslant 0 \end{cases} \tag{4.42}$$

函数 $f(\boldsymbol{A}_\mathrm{H},\boldsymbol{E}_\mathrm{H})$ 为基于欧氏距离的损失函数:

$$f(\boldsymbol{A}_\mathrm{H},\boldsymbol{E}_\mathrm{H}) = \frac{1}{2} \sum \sum (H - \boldsymbol{A}_\mathrm{H}\boldsymbol{E}_\mathrm{H})^2 \tag{4.43}$$

其求解的迭代规则为

$$\boldsymbol{A}_\mathrm{H} \leftarrow \boldsymbol{A}_\mathrm{H} \frac{H\boldsymbol{E}_\mathrm{H}^\mathrm{T}}{\boldsymbol{A}_H\boldsymbol{E}_H\boldsymbol{E}_H^\mathrm{T}} \tag{4.44}$$

$$\boldsymbol{E}_\mathrm{H} \leftarrow \boldsymbol{E}_\mathrm{H} \frac{\boldsymbol{A}_\mathrm{H}^\mathrm{T}H}{\boldsymbol{A}_\mathrm{H}^\mathrm{T}\boldsymbol{A}_\mathrm{H}\boldsymbol{E}_\mathrm{H}} \tag{4.45}$$

初始化的端元矩阵 $\boldsymbol{E}_\mathrm{H}$ 和丰度矩阵 $\boldsymbol{A}_\mathrm{H}$,通过公式(4.44)和(4.45)不断更新,直到收敛。

步骤 3:多光谱图像 M 的端元矩阵和丰度矩阵初始化。

根据高光谱图像的丰度矩阵 $\boldsymbol{A}_\mathrm{H}$,选择第 i 个像元中丰度最高的 P 个端元,然后根据公式(4.54)对这 P 个端元进行光谱重采样:

$$S_\mathrm{M} = RS_\mathrm{H} \tag{4.46}$$

其中,S_H 表示高光谱端元光谱;S_M 表示多光谱端元光谱;R 表示光谱响应函数。由于融合的原始高光谱和多光谱图像是经过精配准的,因此多光谱端元光谱 S_M 也可以根据 S_H 的像元位置直接从多光谱图像中提取。但由于多/高光谱图像间存在一定的空间分辨率差异,因此需要设定一定的搜索条件进行对应多光谱端元光谱的精准提取。

然后由这 P 个 S_M 组成多光谱图像第 i 个像元的解混的初始端元矩阵 $\boldsymbol{E}_{\mathrm{M}(i)}$。丰度矩阵 $\boldsymbol{A}_{\mathrm{M}(i)}$ 同样利用最小二乘法进行初始化。在原始多/高光谱图像配准精度十分理想的情况下,也可以用 P 个高光谱端元提取位置所对应的多光谱像元光谱,对端元矩阵 $\boldsymbol{E}_{\mathrm{M}(i)}$ 进行初始化。

步骤 4,对多光谱图像 M 进行逐像元 NMF 解混。

多光谱图像第 i 个像元进行 NMF 解混的目标函数为

$$\begin{cases} \min f(\boldsymbol{A}_{\mathrm{M}(i)},\boldsymbol{E}_{\mathrm{M}(i)}) \\ \boldsymbol{A}_{\mathrm{M}(i)} \geqslant 0, \boldsymbol{E}_{\mathrm{M}(i)} \geqslant 0 \end{cases} \tag{4.47}$$

函数 $f(\boldsymbol{A}_{\mathrm{M}(i)},\boldsymbol{E}_{\mathrm{M}(i)})$ 为基于欧氏距离的损失函数:

$$f(\boldsymbol{A}_{\mathrm{M}(i)},\boldsymbol{E}_{\mathrm{M}(i)}) = \frac{1}{2} \sum \sum (\boldsymbol{m}_{L(i)}^\mathrm{T} - \boldsymbol{A}_{\mathrm{M}(i)}\boldsymbol{E}_{\mathrm{M}(i)})^2 \tag{4.48}$$

其求解的迭代规则为

$$\boldsymbol{A}_{\mathrm{M}(i)} \leftarrow \boldsymbol{A}_{\mathrm{M}(i)} \frac{\boldsymbol{m}_{L(i)}^\mathrm{T}\boldsymbol{E}_{\mathrm{M}(i)}^\mathrm{T}}{\boldsymbol{A}_{\mathrm{M}(i)}\boldsymbol{E}_{\mathrm{M}(i)}\boldsymbol{E}_{\mathrm{M}(i)}^\mathrm{T}} \tag{4.49}$$

$$\boldsymbol{E}_{\mathrm{M}(i)} \leftarrow \boldsymbol{E}_{\mathrm{M}(i)} \frac{\boldsymbol{A}_{\mathrm{M}(i)}^\mathrm{T}\boldsymbol{m}_{L(i)}^\mathrm{T}}{\boldsymbol{A}_{\mathrm{M}(i)}^\mathrm{T}\boldsymbol{A}_{\mathrm{M}(i)}\boldsymbol{E}_{\mathrm{M}(i)}} \tag{4.50}$$

初始化的端元矩阵 $\boldsymbol{E}_{\mathrm{M}(i)}$ 和丰度矩阵 $\boldsymbol{A}_{\mathrm{M}(i)}$,通过公式(4.49)和(4.50)不断更新,直到收敛。将公式(4.47)到(4.50)这一过程重复应用到多光谱图像的所有像元,便可得到多光谱图像每个像元的端元丰度。

步骤 5,选择多光谱图像各个像元中丰度最高的端元来判定该像元的地物类型。

在完成对多光谱图像中每个像元地物类型的判定之后,就可以选择该地物类型对应的转换矩阵 $G'(q)$,再根据公式(4.37)逐像元地完成高光谱数据的重构,得到最终的融合图像。上述对高光谱数据的重构过程,光谱特征得以很好的保持,不再需要与原始高光谱图像进行二次滤波融合,避免了滤波过程的不稳定性造成的融合质量下降。

综上所述,SISU 高光谱数据融合算法的具体流程如图 4.6 所示。

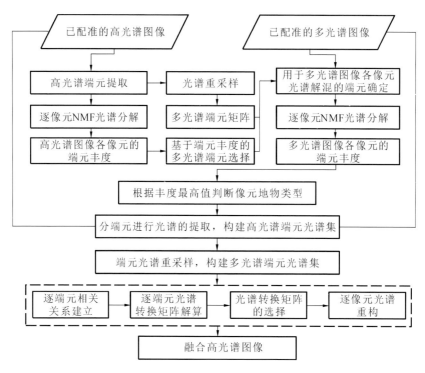

图 4.6　SISU 高光谱融合算法流程

4.3.1.3　SISU 融合算法实验验证

1. 实验数据

数据采用的是 1995 年美国华盛顿国家广场区域的航空高光谱图像数据,由航空高光谱成像仪 HYDICE(hyperspectral digital imagery collection experiment)(Basedow et al.,1995)获得,图像共包含 191 个有效波段,波谱范围为 400~2 400 nm,地面像元分辨率为 3.5 m 左右。为便于对算法性能进行细部分析,实验所选用的是该图像中 100×100 像素大小的一个子区域,如图 4.7 所示。

实验中,通过对原始 HYDICE 高光谱数据的空间和光谱重采样,模拟出低空间分辨率的高光谱图像和低光谱分辨率

图 4.7　HYDICE 航空高光谱
数据(假彩色合成)

的多光谱图像,作为融合源数据。同时,原始数据还被用作真实图像对融合结果进行评价。

2.数据处理

首先需要对数据进行预处理。由于本实验数据结果不用于信息提取,对反射率反演精度要求不高,因此直接利用 ENVI 软件中的 Quick Atmospheric Correction 大气校正模块对 HYDICE 数据进行了大气校正,得到了地表反射率数据。利用 ENVI 中的 Resize Data 空间重采样模块,选择 Pixel Aggregate 算法 HYDICE 数据进行 4 倍空间降采样,重采样后图像大小分别为 25 像素×25 像素(如图 4.18(a))。然后根据 TM-5 数据的光谱响应函数对原始 HYDICE 数据进行光谱重采样,得到 6 个波段的多光谱图像(如图 4.8(b)),各波段中心波长分别为 487 nm、571 nm、661 nm、837 nm、1 677 nm 和 2 216 nm。

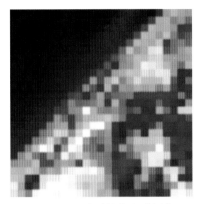 

(a)4倍空间降采样高光谱图像　　　　(b)光谱降采样多光谱图像 (6波段)

图 4.8　HYDICE 空间和光谱重采样数据(假彩色合成)

由于原始 HYDICE 高光谱图像中均存在一些低信噪比、强水汽吸收或严重条带噪声的波段,因此在本实验中,只保留的 169 个 HYDICE 波段。

根据 SISU 算法,需要首先进行端元光谱的提取,根据对 HYDICE 图像的人工判别和 VCA 算法的辅助,从 HYDICE 低空间分辨率高光谱图像中提取了 9 种端元的光谱,如图 4.9所示。

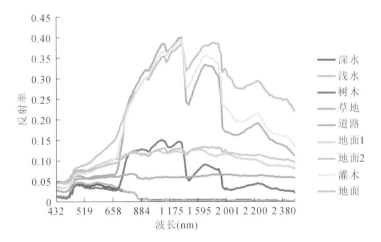

图 4.9　HYDICE 高光谱数据端元光谱

　　然后采用 K-means 光谱聚类方法从 HYDICE 高光谱图像中,分别针对每种端元提取了 $10\sim20$ 条与该端元相似的像元光谱,K-means 中光谱聚类的判别标准为最小平方欧氏距离 (minimum squared euclidean distance,MSED)。提取的光谱如图 4.10 所示。

　　然后将低空间分辨率高光谱图像、高空间分辨率多光谱图像、高光谱端元光谱及数据集和多光谱图像的光谱响应函数输入 SISU 算法模型进行数据的融合处理,得到高空间分辨率的高光谱融合图像。

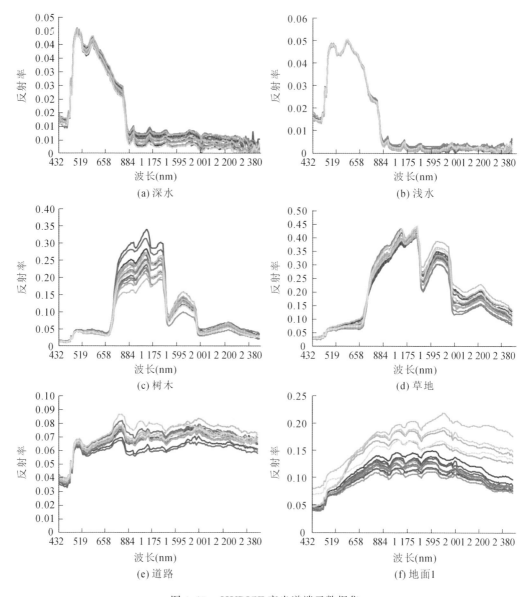

图 4.10　HYDICE 高光谱端元数据集

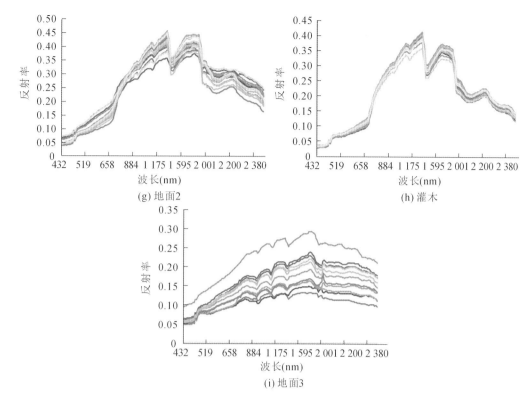

(g) 地面2　　　　　　　　　　　　(h) 灌木

(i) 地面3

续图 4.10　HYDICE 高光谱数据端元数据集

3. 结果评价与分析

为了比较分析,将 SISU 的融合结果与 CRISP 算法和 Gram-Schmidt(以下简称 GS)的融合结果进行了对比。需要注意的是,实验中用于对比的 CRISP 融合,并不包括最后的图像滤波过程,因为无论是小波滤波还是巴特沃斯滤波,都是完全独立的过程,对于所有光谱重构结果都可以利用该方法进行信息增强,其结果的优劣取决于滤波参数的选择和输入的高空间分辨率高光谱模拟图像的质量。对于不同的图像数据来说,最优滤波参数往往难以确定。因此本实验只需将 CRISP 算法对高光谱图像的线性重构结果用于比较分析,为便于区分,该算法以 CRISP-R 指代。选择 GS 算法的原因是该算法相对成熟,应用较为广泛,且可选参数少,在 ENVI 软件中有相应模块,可以避免算法实现过程中可能出现的错误。由于输入 GS 算法的高分辨率图像只能是全色灰度图像,因此本实验首先利用高斯函数模拟全色图像光谱响应,将多光谱图像光谱重采样为全色波段,作为 GS 算法高分辨率输入数据。图 4.11 给出了三种方法对 HYDICE 数据融合结果的假彩色合成。

由图 4.11 可以看出,SISU 融合图像的空间纹理和色彩还原与真实图像最为接近,从一定程度上表明其重构光谱的波段反射强度与实际情况较为一致。而 CRISP-R 融合结果尽管空间信息的保持上也较为理想,但色彩与真实图像有所偏差。GS 融合的结果无论在空间纹理上还是在色彩还原上都是最差的。

SISU 算法相对于 CRISP 算法的最大优势就是在图像场景中存在反射率反差较大的地物,或某种地物在图像占比较小时,能够对不同地物光谱进行高精度的重构。因此,图 4.12

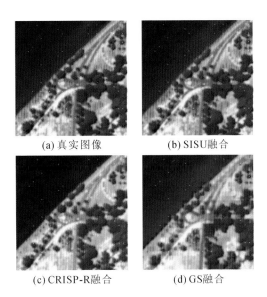

(a) 真实图像　　　　　　　(b) SISU融合

(c) CRISP-R融合　　　　　　(d) GS融合

图 4.11　HYDICE 数据真实图像和融合图像的 RGB 假彩色合成

分别给出了 HYDICE 数据中植被和水体两种典型地物的融合与真实光谱对比。从图中可以看到,三种融合算法对反射率相对较高的植被光谱重构精度都比较高,各个光谱特征基本得以保留,其中 SISU 算法的融合植被光谱与真实植被光谱几乎完全重合。而 CRISP-R 和 GS 算法对反射率较低的水体光谱重构产生了较为严重的畸变。相反,SISU 算法对两组数据中水体光谱的融合结果都有很高的精度,与真实光谱相比,无论是光谱形状还是反射率值的大小,都十分一致。这直接说明了 SISU 算法中分端元光谱重构的有效性。

　　为了对融合数据的光谱保持情况进行定量评价,计算了 PSNR、SAM 和 UIQI 三个评价指标,分别从空间信息增强、光谱特征保持和图像间相关性及对比度等方面对融合结果进行分析。表 4.3 为三种融合结果的 PSNR 和 UIQI 在各个波段的平均值,以及 SAM 在各个像元的平均值。从表中可以看出,除了 CRISP-R 结果的 UIQI 指标值与 SISU 算法结果较为接近以外,其余指标均显示 SISU 融合质量明显优于其他算法。CRISP-R 算法对图像光谱的重构是用同一个转换矩阵完成的,融合图像完全继承了多光谱图像的空间信息,从空间上看无任何噪声点的出现,这可能就是该算法结果 UIQI 指标较高的原因。而 SISU 算法融合结果的平均光谱角最小,与其他算法差异明显,这反映了 SUSI 算法在地物光谱保持上的优势。SISU 算法对 HYDICE 数据融合结果的各波段 PSNR 平均值达到了 44.166,相对于另两种算法,优势十分显著,显示出 SISU 算法在对高分辨率空间信息的保持上也有较好的表现。

表 4.3　融合评价指标比较(PSNR 和 SAM 单位分别为 dB 和度)

GS	SISU			CRISP-R					
	PSNR	SAM	UIQI	PSNR	SAM	UIQI	PSNR	SAM	UIQI
HYDICE	44.166	3.329	0.985	36.245	8.042	0.963	36.680	11.752	0.952

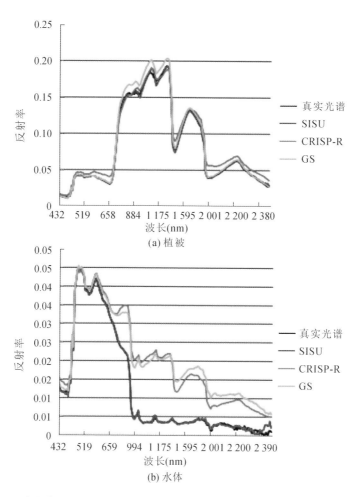

(a) 植被

(b) 水体

图 4.12　HYDICE 真实高光谱图像、SISU 融合、CRISP-R 融合和 GS 融合图像中典型地物的光谱对比

4.3.1.4　SREM 多光谱图像光谱分辨率增强算法

近年来,卫星高光谱遥感的发展存在几个主要问题,包括可用高光谱卫星相对较少、空间分辨率相对较低、图像覆盖范围较小、回访周期长等,严重制约着卫星高光谱数据的进一步推广应用。其中,卫星高光谱图像的幅宽较窄普遍存在,也是比较难解决的一个制约因素,窄幅宽卫星高光谱数据的应用限制越来越凸显。通过在多/高光谱图像重合区域建立融合模型,并设法将光谱重构方法推广到非重合区域,以多光谱图像光谱分辨率增强的方式解决高光谱数据扫描幅宽窄这一问题,将是一个很好的技术途径。

要实现多/高光谱图像非重叠区域光谱数据的构建,必须基于这样的物理基础和基本假设:①由于物理成像机理相同,无论是高光谱传感器还是多光谱传感器,对同一类地物成像的特定波长光谱响应趋势一致;②地面目标的光谱信息具有空间尺度不变性,即同种地物在不同空间位置的光谱特征基本相似。对性能稳定的卫星遥感器来说,该条件是成立的。因此,可以利用多/高光谱数据重合区域的不同地物光谱信息进行建模,来预测并重构整个多光谱图像覆盖区域的高光谱信息,实现多光谱图像的光谱分辨率增强,得到宽覆盖的高光谱图像。

上述假设与 SISU 算法中的基本假设是总体一致的,因此可以利用 SISU 算法在多/高光谱重合区域进行建模,求取由多光谱数据向高光谱数据转换的矩阵参数,将多光谱图像所有像元的光谱数据进行光谱分辨率的增强,获取与多光谱图像空间范围一致的高光谱分辨率遥感数据。光谱分辨率增强算法(spectral resolution enhancement method,SREM)就是根据这一思想实现对整个多光谱覆盖范围(重合与非重合)内高光谱数据的重构的。

在 SREM 算法中,对端元光谱集的构建是通过端元光谱聚类或者直接人工提取的方式获得的,而针对光谱转换矩阵的选择问题,SREM 算法对 SISU 算法的最优转换矩阵选择方法做出了改变,首先将每个多光谱图像的像元光谱向量与解算出的所有转换矩阵进行乘积运算:

$$\boldsymbol{h}'(q)_{K(i)}^{\mathrm{T}} = \boldsymbol{G}'(q)\boldsymbol{m}_{L(i)}^{\mathrm{T}} \tag{4.51}$$

这样就可以得到与每个地物端元转换矩阵相对应的 N 条高光谱向量 $\boldsymbol{h}'(q)_{K(i)}^{\mathrm{T}}$。为选出最佳转换参数,提出了一种基于光谱角加权的最小距离(spectral angle weighted minimum distance,SAWMD)光谱匹配度量方法,利用该算法将得到的所有高光谱向量 $\boldsymbol{h}'(q)_{K(i)}^{\mathrm{T}}$ 分别与提取的每个高光谱端元光谱集的平均光谱 $\overline{H(q)}$ 进行光谱匹配,$\overline{H(q)}$ 的计算公式为

$$\overline{H(q)} = \Big[\sum_{j=1}^{W} \boldsymbol{h}(q)_{K(j)}^{\mathrm{T}} \Big]/W \tag{4.52}$$

SAWMD 光谱匹配度量的定义如下:

$$\mathrm{SAWMD}(q)_{(i)} = \mathrm{EMD}(q)_{(i)} \cdot [1 - \cos(\mathrm{SAM}(q)_{(i)})]^{n} \tag{4.53}$$

其中,

$$\mathrm{EMD}(q)_{(i)} = \boldsymbol{h}'(q)_{K(i)}^{\mathrm{T}} - \overline{H(q)}_{2} \tag{4.54}$$

$$\mathrm{SAM}(q)_{(i)} = \cos^{-1} \Big[\frac{\boldsymbol{h}'(q)_{K(i)}^{\mathrm{T}} \cdot \overline{H(q)}}{\boldsymbol{h}'(q)_{K(i)2}^{\mathrm{T}} \cdot \overline{H(q)}_{2}} \Big] \tag{4.55}$$

式中,$\mathrm{EMD}(q)_{(i)}$ 是重构高光谱向量 $\boldsymbol{h}'(q)_{K(i)}^{\mathrm{T}}$ 与端元平均光谱 $\overline{H(q)}$ 之间的欧氏距离,$\mathrm{SAM}(q)_{(i)}$ 是两个光谱向量之间的光谱角。SAWMD 的值越小,两条光谱越接近。变量 n 是用来调节光谱角度量对 $\mathrm{SAWMD}(q)_{(i)}$ 的影响程度(权重),一般默认值为 1。SAWMD 光谱匹配方法同时考虑了光谱的形状和距离在光谱匹配中的作用,能够很好地满足 SREM 光谱重构算法的需要。

利用 SAWMD 方法进行重构高光谱向量与端元平均光谱向量之间的自适应匹配,最佳光谱尺度转换矩阵就可以通过下式判定:

$$\mathrm{SAWMD}(c)_{(i)} = \min[\mathrm{SAWMD}(1)_{(i)}, \mathrm{SAWMD}(2)_{(i)}, \cdots, \mathrm{SAWMD}(N)_{(i)}] \tag{4.56}$$

其中,类别索引 c 所对应的端元类别的转换矩阵被判定为第 i 个多光谱像元的最佳光谱转换矩阵,该像元的重构高光谱向量可以通过下式获得:

$$\boldsymbol{h}'^{\mathrm{T}}_{K(i)} = \boldsymbol{G}'(c)\boldsymbol{m}_{L(i)}^{\mathrm{T}} \tag{4.57}$$

将这一过程逐像元地应用到多光谱图像的整个覆盖范围(包括与高光谱图像的重叠及非重叠区域),便可以得到最终空间拓展的宽幅高光谱图像数据 $\boldsymbol{H}''$。该高光谱图像数据具有

与原始多光谱图像相同的空间分辨率和幅宽,并与原始高光谱图像的光谱分辨率保持一致。

SREM 算法的基本流程如图 4.13 所示。

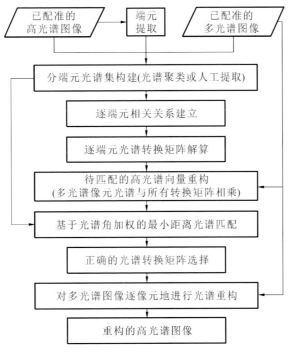

图 4.13　SREM 算法流程

4.3.1.5　SREM 融合算法实验验证

1.数据介绍

采用的验证数据是 EO-1 卫星上的 Hyperion 高光谱数据和 ALI 多光谱数据(图 4.14)。Hyperion 数据影像幅宽 7.5 km,空间分辨率为 30 m,共有 242 个细分波段,波谱范围为 400~2 500 nm,光谱分辨率在 10nm 左右。ALI 数据影像幅宽 37 km,空间分辨率同样为 30 m。该数据共有 9 个多光谱波段,波谱范围覆盖可见光到短波红外。利用 Hyperion 与 ALI 重合区域的光谱数据进行端元提取与转换关系建立,然后利用光谱转换关系矩阵和原始 ALI 影像,获取重构的高光谱图像。同时重合区域的原始 Hyperion 数据也被作为真实数据,用来进行精度验证。

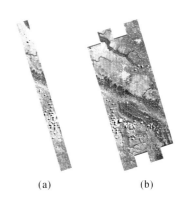

(a)　　　　(b)

图 4.14　Hyperion (a) 和 ALI (b) 的假彩色合成图像

2.数据处理

首先需要对数据进行预处理。利用 ENVI 软件中的 FLAASH 大气校正模块分别对 Hyperion 和 ALI 数据进行了大气校正,得到了地表反射率数据。然后,利用一阶多项式差值和最邻近重采样方法将重合区域的 Hyperion 和 ALI 图像进行了精配准(利用 ENVI 中的

Image to Image 配准模块),精配准的 RMSE 最大误差在 1 个像元以内。

由于 Hyperion 高光谱图像中存在一些未定标、低信噪比、强水汽吸收或严重条带噪声的波段,因此只保留了 133 个 Hyperion 波段。

根据 SREM 算法,需要同时从配准的高光谱和多光谱图像中,提取相等数量的地物端元及端元光谱。通过利用 Google Earth 高分辨率图像对地物类型进行甄别以及 VCA 端元提取结果的辅助,共提取了 8 种地物端元,每种端元采集了 25 条像元光谱(Hyperion 和 ALI 光谱各 25 条)。事实上,每种端元的光谱数据集所包含的像元光谱数量不要求完全一致,可根据端元所占像元数量的不同适当选择。

根据 SREM 算法解算得到了 8 个转换矩阵,然后利用各个地物端元的平均光谱(图 4.16)进行转换矩阵的选择,逐像元地对原始多光谱图像进行光谱分辨率增强,得到重构高光谱图像。

3. 实验结果与分析

在实验中,用 9 个波段的 ALI 数据,重构出了具有 133 个波段的 Hyperion 数据,重构出的数据在空间范围上超出了原始高光谱图像的范围,与原始多光谱图像的空间范围一致。

为了评价数据的重构效果,通过视觉解译和统计评价指标两个方面对结果进行了比较评估。对于重构出的高光谱数据,在原始多/高光谱的重合区域和非重合区域的重构质量是基本一致的。因此,针对 Hyperion 和 ALI 数据重构结果的评价,可以利用对重合区域数据质量的评估,代表整个区域高光谱数据的重构效果。

为了显示提出方法的优势和特点,将 SREM 算法与 CRISP 算法(Winter et al.,2007)进行了对比分析。

1. 光谱增强数据与真实数据的视觉解译对比

为了从整体上对光谱增强图像和真实图像进行空间信息视觉解译对比,选择了特定波段作为红、绿、蓝(RGB)值进行假彩色显示(图 4.17(a)、(b)、(c))。

同时,分别从真实高光谱图像、SREM 光谱分辨率增强图像和 CRISP 增强图像的同一像元位置提取了某种典型地物的光谱,用来比较光谱保持上的差异(图 4.17(d))。

从图中可以看出,无论是 SREM 还是 CRISP 算法的光谱增强图像,其假彩色合成图像与真实高光谱图像在整体和细节上都是十分一致的。这主要是由于两个算法的基本原理都是逐像元地线性拟合,能够很好地继承原始多光谱图像的空间信息,体现出较好的空间一致性。

然而,在光谱保持上,SREM 和 CRISP 算法表现出了较大的差异。SREM 算法得到的地物光谱与真实地物光谱非常接近,而 CRISP 算法得到的地物光谱出现了比较明显的畸变。究其原因,CRISP 的光谱模拟方法是一种全局优化算法,并未考虑到地表的局部复杂性对最优解估计的残差所产生的不利影响。因此,CRISP 算法模拟出的地物光谱丢失了大量的低频信息,地物的许多光谱特征被改变。尤其是对于在整个原始多/高光谱数据重合区域占比很小的地物类型(如河流),光谱模拟结果的信息丢失尤为明显,如图 4.17(d)所示。与 CRISP 算法不同,SREM 算法得到的地物光谱很好地保持了主要细节特征,与真实光谱特征十分接近,这对于融合光谱数据的进一步应用是十分有利的。

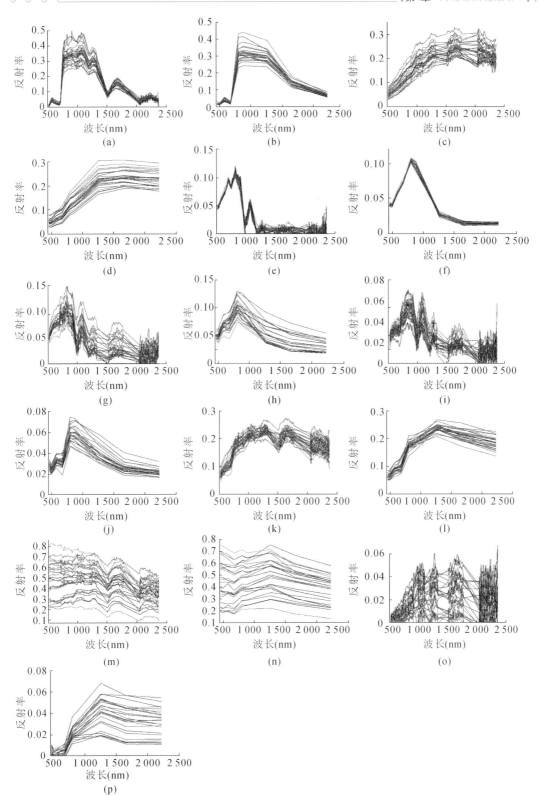

图 4.15　从 Hyperion 和 ALI 数据重合区域提取的端元反射率光谱

（a）～（p）依次表示植被、裸土、河流、池塘、农田、人工地物、云和云影的端元光谱

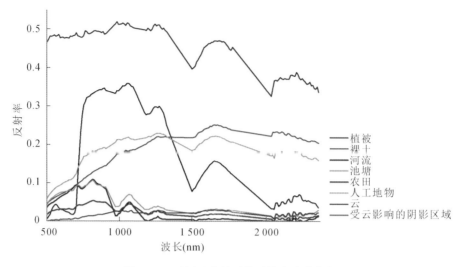

图 4.16　不同地物端元的平均高光谱曲线

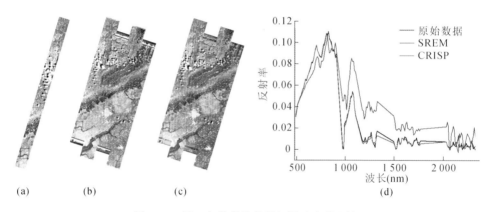

(a)　　　　(b)　　　　(c)　　　　　　(d)

图 4.17　第二组数据的视觉解译及光谱比较

(a)真实 Hyperion 数据;(b)SREM 光谱增强数据;(c)CRISP 光谱增强数据的假彩色合成图像;(d)典型地物目标光谱

　　2.光谱增强数据与真实数据的统计分析比较

　　统计分析是评价光谱增强结果的一种重要方法。首先,针对实验数据原始多/高光谱图像的重合区域,计算了光谱增强数据与真实数据各个波段间的相关系数(图 4.18)。相关系数越高,表示模拟效果越好。

　　在图 4.18 中,SREM 算法得到几乎所有波段的相关系数都高于 0.95,并且大多数波段的相关系数值都要高于 CRISP 算法。少数几个波段与真实值的相关系数相对偏低,主要是由低反射比和条带噪声引起的,如图 4.17(c)所示。

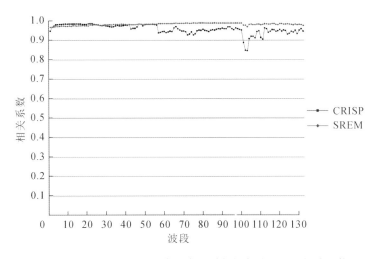

图 4.18　光谱增强数据和真实高光谱数据各波段间的相关系数

4.3.2　时空遥感数据融合

4.3.2.1　时空自适应反射率融合模型(STARFM)

时空自适应反射率融合模型(STARFM)(Gao et al.,2006)的基本原理是利用若干对在同一时间或者相近时间获取的 Landsat 和 MODIS 影像,以及一幅待预测时间的低分辨的 MODIS 影像,来预测与待预测 MODIS 影像相对应的 Landsat 影像,其融合基本流程如图4.19 所示。

对于每一个低空间分辨率的 MODIS 像元,都可以将对应的高空间分辨率的 Landsat 影像像元表示为

$$L(x_i,y_j,t_k) = M(x_i,y_j,t_k) + \varepsilon_k \tag{4.58}$$

其中,(x_i,y_j)是指像元影像(MODIS 影像与 Landsat 影像)中的位置;t_k表示影像获取的时间;ε_k则表示 MODIS 和 Landsat 影像像元之间反射率所存在的差异。

首先假设有 n 对 MODIS($M(x_i,y_j,t_k)$)和 Landsat($L(x_i,y_j,t_k)$)影像($k \in [1,n]$),在这里需要保证每一对 MODIS 和 Landsat 影像所获取的时间相同或相近。那么在这种假设下,t_0时刻的 MODIS 影像和 Landsat 影像之间存在如下关系:

$$L(x_i,y_j,t_0) = M(x_i,y_j,t_0) + \varepsilon_0 \tag{4.59}$$

再假设在t_0和t_k时间内,不管是地表的覆盖类型还是系统误差都没有发生变化,即$\varepsilon_0 = \varepsilon_k$,那么就有

$$L(x_i,y_j,t_0) = M(x_i,y_j,t_0) + (L(x_i,y_j,t_k) - M(x_i,y_j,t_k)) \tag{4.60}$$

但该表达式只有在一定条件下才会成立,在通常情况下由于 MODIS 像元不可避免地存在混合像元的情况、地表覆盖类型往往会随着时间发生变化、BRDF 等原因,上述表达式有时是不成立的。解决的办法通常是通过增加领域像元的信息来尽可能减轻这些因素对实验结果的影响:

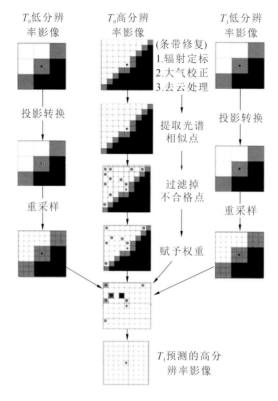

图 4.19　时空融合模型 STARFM 流程图

$$L\left(x_{w/2},y_{w/2},t_0\right)=\sum_{i=1}^{w}\sum_{j=1}^{w}\sum_{k=1}^{n}W_{ijk}\left(M\left(x_i,y_j,t_0\right)+L\left(x_i,y_j,t_k\right)-M\left(x_i,y_j,t_k\right)\right)$$

$$(4.61)$$

其中，w 是搜索窗口的大小；$(x_{w/2},y_{w/2})$ 是搜索窗口中心像元的位置，窗口内通常只包含在光谱上与中心像元相似的像元。表达式中的权重 W_{ijk} 通常与下面 3 个指标有关：

（1）在给定位置 MODIS 影像与 Landsat TM/ETM＋影像之间的光谱差异。

$$S_{ijk}=\left|L\left(x_i,y_j,t_k\right)-M\left(x_i,y_j,t_k\right)\right|$$

$$(4.62)$$

（2）预测时间起点与预测时间之间 MODIS 数据的差异。

$$T_{ijk}=\left|M\left(x_i,y_j,t_k\right)-M\left(x_i,y_j,t_0\right)\right|$$

$$(4.63)$$

（3）相似像元 (x_i,y_j) 与中心像元的空间距离的长短。

$$d_{ijk}=\sqrt{\left(x_{w/2}-x_i\right)^2+\left(y_{w/2}-y_j\right)^2}$$

$$(4.64)$$

在确定了 3 个指标后，我们可以利用这 3 个指标来计算权重 W_{ijk}。首先需要将实际距离 d_{ijk} 转换为 D_{ijk}：

$$D_{ijk}=1+d_{ijk}/A$$

$$(4.65)$$

这里 A 是一个常量，其定义为空间距离相对于光谱和时间的重要性。

然后，需要综合时间、空间和光谱的距离：

$$C_{ijk}=S_{ijk}*T_{ijk}*D_{ijk}$$

$$(4.66)$$

最后将综合后的距离进行归一化:

$$W_{ijk} = (1/C_{ijk}) / \sum_{i=1}^{w} \sum_{j=1}^{w} \sum_{k=1}^{n} (1/C_{ijk})) \tag{4.67}$$

4.3.2.2 ESTARFM 融合算法

STARFM 算法在以下 3 个方面存在较大缺陷:①一定情况下 STARFM 不能够预测扰动事件;②STARFM 没有明确地考虑反射率对方向的依赖问题;③STARFM 预测影像的质量依赖于研究区的地物(植被、裸土、城市等),如果预测地区地物比较复杂,那么预测结果的精度将会有所下降。

ESTARFM 算法(Zhu et al.,2010)针对 STARFM 的第三个缺陷进行了改进,能够用于非均一地物覆盖情况下的预测。

纯净像元的情况下,粗分辨率像元的反射率与高分辨率之间的关系可以用一个线性模型来表示:

$$F(x,y,t_k,B) = a \times C(x,y,t_k,B) + b \tag{4.68}$$

其中,F、C 表示高分辨率反射率和粗分辨率反射率;(x,y) 是图像中像元的位置,t_k 是获取时间,a、b 是这个线性模型中的系数。那么在 t_0 和 t_p 时则对应以下两个表达式:

$$F(x,y,t_0,B) = a \times C(x,y,t_0,B) + b \tag{4.69}$$

$$F(x,y,t_p,B) = a \times C(x,y,t_p,B) + b \tag{4.70}$$

联立以上两个表达式可以得到

$$F(x,y,t_p,B) = F(x,y,t_0,B) + a \times (C(x,y,t_p,B) - C(x,y,t_0,B)) \tag{4.71}$$

在混合像元的情况下,上述关系不一定成立。此时假定混合像元采用线性加和模型,两个时间混合像元的反射率变化可以由混合像元内部各组分的变换线性加权来表示,同时假设在 t_m 至 t_n 这段时间内混合像元内部各组分类型所占面积比例不发生变化,那么:

$$C_m = \sum_{i=1}^{M} f_i (\frac{1}{a} F_{im} - \frac{b}{a}) + \varepsilon \tag{4.72}$$

$$C_n = \sum_{i=1}^{M} f_i (\frac{1}{a} F_{in} - \frac{b}{a}) + \varepsilon \tag{4.73}$$

因此可以得到

$$C_n - C_m = \sum_{i=1}^{M} \frac{f_i}{a_i} (F_{in} - F_{im}) \tag{4.74}$$

如果做进一步的假设,在 t_m 和 t_n 这段时间内每个端元的反射率是按照线性规律变化的,如公式(4.75)所示:

$$F_{in} = h_i \times \Delta t + F_{im} \tag{4.75}$$

其中,$\Delta t = t_n - t_m$,h_i 表示端元反射率的变化速率,假定在短时间内端元反射率变化速率是稳定的,那么就有

$$C_n - C_m = \Delta t \sum_{i=1}^{M} \frac{f_i \cdot h_i}{a} \tag{4.76}$$

在第 k 端元 t_m 和 t_n 这两个时间的反射率已知的情况下,Δt 也可以用公式(4.77)进行表达:

$$\Delta t = \frac{F_{kn} - F_{km}}{h_k} \tag{4.77}$$

$$\frac{F_{kn} - F_{km}}{C_n - C_m} = \frac{h_k}{\sum_{i=1}^{M} \frac{f_i \cdot h_i}{a}} = v_k \tag{4.78}$$

由于之前的假设,所以公式(4.78)的右边是一个常量,v_k 表示第 k 个端元反射率的变化值与混合像元反射率变化值的比值,所以该表达式表明端元与混合像元的反射率变化值是一个线性关系。当低分辨率像元中的端元被当作高分辨率像元时,此时可以通过线性回归来得到 $v(x,y)$。

如果已知 t_0 时刻一对高分辨率和低分辨率影像,以及 t_p 时刻的低分辨率影像,那么 t_p 时刻的高分辨率影像可以表达为

$$F(x,y,t_p,B) = F(x,y,t_0,B) + v(x,y) \times (C(x,y,t_p,B) - F(x,y,t_0,B)) \tag{4.79}$$

考虑到本算法需要利用领域内的相似像元来预测高分辨率的影像,因此有

$$F(x_{w/2},y_{w/2},t_p,B) = F(x_{w/2},y_{w/2},t_0,B) + \sum_{i=1}^{N} w_i \cdot v(x,y) \cdot (C(x,y,t_p,B) - F(x,y,t_0,B)) \tag{4.80}$$

其中,N 是相似像元的个数,(x_i,y_i) 是第 i 个相似像元的位置,w_i 是第 i 个相似像元的权重。$F(x_i,y_i,t_k,B)$ 被选为第 i 个相似像元的条件是

$$\left| F(x_i,y_i,t_k,B) - F(x_{w/2},y_{w/2},t_k,B) \right| \leqslant \sigma(B) \times 2/m \tag{4.81}$$

4.4 时空谱遥感数据多维组织与一体化融合框架

目前,多源光学遥感数据融合研究主要集中在空间维(二维)与光谱维(一维)或空间维与时间维(一维)的三维信息融合。空-谱融合是将多光谱或高光谱数据与高空间分辨率数据相结合,弥补多/高光谱数据空间分辨率的不足;时-空融合是将高空间分辨率数据与高时间分辨率数据相结合,弥补高空间数据时间分辨率的不足。在以往的应用中,空谱融合通常用于单个时间的高空间尺度下高光谱信息解译,时空融合用于多个时间空间和光谱特征的变化分析。然而,随着遥感应用的不断深入,高光谱信息的时空变化分析也产生了迫切需求。例如,由于植被的物候特征明显,利用能够准确指示植被物候变化特性的光谱特征参量(如 NDVI、NDWI 等)进行时间序列与空间变化分析,将大大有助于提高遥感图像的解译精度(Pena and Brenning,2015)。而一些光谱特征参量的提取,需要很高的光谱分辨率的数据。例如光化学反射植被指数(PRI)的精确计算需要分辨率达到几纳米的细分反射率光谱数据(Lhermitte et al.,2011),这是低光谱分辨率数据所无法满足的,而目前的高光谱卫星数据的时间和空间分辨率通常达不到时空分析的应用水平。这就需要同时借助高时间和高空间分辨率数据,提升高光谱数据的时间和空间分辨率,以满足这一应用需求。如果按照目前的空谱融合方式实现高光谱特征的时序分析,必须首先分别进行多个时间点的高光谱与高分辨率数据融合,再进行时间

序列的构建。这一过程不但工作量大,而且在融合过程中由于光谱畸变,有很大可能造成高光谱特征的丢失,对后续的时间序列光谱特征分析造成影响。

与利用空谱融合构建高光谱特征时间序列类似,利用时空融合进行时空序列分析也存在工作量冗余和信息丢失的问题。因为当前典型的时空融合算法(如 STARFM)不但需要合理选择大量参考图像,而且只能融合与高空间分辨率图像波谱范围对应的少数几个波段(如 MODIS 与 Landsat-8 OLI 数据的时空融合,只能得到与 OLI 对应的 6 个波段)(牛忠恩等,2016),在实际应用中受到了很大限制。

因此,多源数据融合的一个重要的发展方向是时-空-谱遥感数据的多维融合,目的将多源遥感图像的时间维、空间维和光谱维中所包含的互补信息融合到一起,构建能够直接用于地物空间或光谱特征时间变化分析的数据集,减少中间过程,避免误差传递。本节将介绍一种基于多维遥感数据组织结构的时空谱数据融合框架,通过对融合前图像数据的多维组织与表达,提取包含光谱特征的时间序列立方体——"时谱"图像数据,形成一种新的多维数据融合框架,并研究基于空谱融合理论的时谱数据融合算法,增强时谱图像的空间分辨率,实现时空谱四维数据的快速融合,提高空间和光谱特征的时序分析效率,提升多源遥感数据的综合应用能力。

4.4.1 MDD 数据格式与数据集构建

4.4.1.1 MDD 数据格式

随着遥感影像空间分辨率、光谱分辨率和时间分辨率逐渐升高,时间维的信息可以像光谱一样形成时间谱,进行时谱分析,遥感数据不再只包含空间维和光谱维三个维度,时间维逐渐成为遥感数据的第四个维度,因此许多研究者开展了大量的时间序列分析研究。在进行时谱分析、光谱分析、空间分析中,现有的遥感数据组织方式,例如 HDF(hierarchical data format)、Geo-TIFF(tagged image file format)拓展格式,即在其中嵌入了地理信息(Ritter et al. ,2000),以及遥感商用软件自带数据格式(包括 ENVI 的 IMG 格式、ERDAS 的 image 格式等)以及 MDD 多维数据组织格式。

本书中所指的多维数据是指时间维、空间维、光谱维共四个维度的数据组织,目前对于这种高维数据的组织研究不多。中国科学院遥感与数字地球研究所提出了一种多维遥感数据组织结构—MDD 数据结构(张立福 等,2017),这种数据结构主要由两部分组成,分别是头文件和数据文件。用来存储影像数据的文件是数据文件,影像数据的存储格式共有五种,分别是 TIB、TIP、TSP 、TSB 和 TIS;用来记录遥感影像数据本身的空间、时间和光谱维度等属性信息,以及所采用的数据存储格式以及数据类型,则是通过头文件来进行记录,同时头文件也会记录关于影像数据的描述信息,这些信息包括遥感影像所采用的坐标投影、光谱维以及时间维的名称、文件的名称以及文件所采用的五种组织类型中的一种、数据的偏移等描述数据本身的属性的信息。此数据结构的头文件后缀名为". mdr",数据文件后缀名为". mdd"。MDD 数据格式具有灵活性、多维性、可扩展性以及完整性的特点。

在 MDD 数据格式中,实际存储影像数据的文件也称为 mdd 文件,图像是以二进制的形式选择五种存储结构中的一种来对已经栅格化的遥感影像数据进行存储。值得注意的一点是,这五种存储结构之间是可以进行相互转换的。

1. Temporal Interleaved by Band（TIB)

图 4.20 为 MDD 数据结构 TIB 存储格式示意图,假设这组多时相的遥感影像数据集共包含 T_1、T_2 和 T_3 三个时刻,而每一单个时刻的遥感影像又只包含 B_1、B_2、B_3 三个波段,每个波段的影像共包含 4 个像元(在图中我们用一个小方块来表示一个像元。),图中每一个小方块的排列顺序就代表了在每种存储格式中像元的存储顺序。由此可以看出,基于 MDD 数据格式的数据集共包含时间维、空间维以及光谱维总共四个维度。

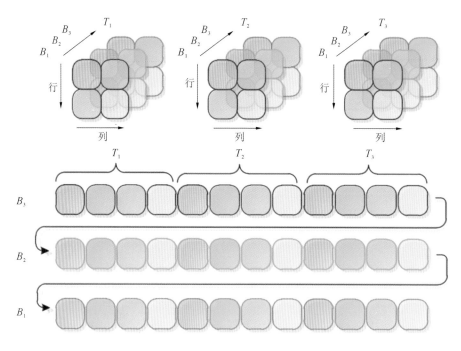

图 4.20　TIB 存储结构

优先存储波段是 TIB 存储格式的原则,所有影像第一个波段在 T_1 时间的所有像元会按照"先存行后存列"的顺序一一进行存储,然后依次存储 T_1、T_2,等所有时间每一个波段的所有像元,在这里像元是按照"先存行后存列"的顺序来进行存储,这种存储结构可表示为

$$P_{\text{TIB}} = F_{\text{TIB}}(s) = F_{\text{TIB}}(1) + F_{\text{TIB}}(2) + \cdots + F_{\text{TIB}}(S), s \in [1, S] \tag{4.82}$$

公式(4.82)中,$F_{\text{TIB}}(s)$ 表示一个由同一波段但是不同时间的像元所组成的立方体。$F_{\text{TIB}}(s)$ 可表示为

$$F_{\text{TIB}}(s) = B_{\text{TIB}}(t, s) = B_{\text{TIB}}(1, s) + B_{\text{TIB}}(2, s) + \cdots + B_{\text{TIB}}(T, S) \tag{4.83}$$

公式(4.83)中,每个波段的存储顺序为

$$B_{\text{TIB}}(t, s) = A(t, s, c, r) = A(t, s, [1:C], 1) + A(t, s, [1:C], 2) + \cdots + A(t, s, [1:C], R) \tag{4.84}$$

上述公式中各字母所表示的意义见表 4.4。

由于 TIB 数据是将遥感影像数据的一个波段的所有时间的数据组织存储在一起,因此非常适用于提取单个波段的时间序列立方体数据。当我们在应用过程中需要提取某一个波段的时间序列立方体数据时,采用 TIB 数据格式对数据进行组织是十分有效并且便利的一种方法。

表 4.4　各个表达式或变量的含义

表达式或变量	含义描述
t	时间,取值范围为 $[1,T]$
s	光谱波段,取值范围为 $[1,S]$
c	列,取值范围为 $[1,C]$
r	行,取值范围为 $[1,R]$
$A(t,s,c,r)$	t 时间的光谱立方体 A 中波段 s、列 c、行 r 的像元
$B_{\times\times\times}$	一个波段的数据
$F_{\times\times\times}$	多个波段组成的立方体数据
$P_{\times\times\times}$	时空谱四维数据集,其中 $\times\times\times$ 为五种格式中的一种

2. Temporal Sequential in Pixel（TSP）

光谱维优先进行存储是 TSP 存储格式所采取的基本原则,这种方式是先存储完一个时间的影像,再存储下一个时间的影像,直到将所有时间的影像全部存储完成。在仅仅存储一个时间的影像时,首先将一个像元所有波段的数据依次进行存储,然后在存储下一个像元所有波段的数据,直到将同一时间所有的像元存储完成。其存储示意图如图 4.21 所示,同时这种存储结构也可以用公式(4.85)进行表示:

$$P_{\text{TSP}} = F_{\text{TSP}}(t) = F_{\text{TSP}}(1) + F_{\text{TSP}}(2) + \cdots + F_{\text{TSP}}(T)\ ,t \in [1,T] \tag{4.85}$$

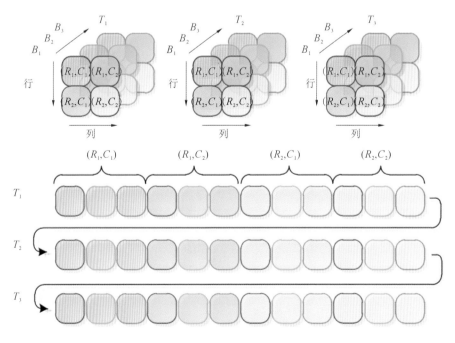

图 4.21　TSP 存储结构

公式(4.85)中,每个立方体 $F_{\text{TSP}}(t)$ 的存储也可以用下式进行表示:

$$F_{TSP}(t) = A(t,[1:S],c,r) = \begin{matrix} A(t,[1:S],1,1) + A(t,[1:S],2,1) + \cdots + A(t,[1:S],C,1) + \\ A(t,[1:S],1,2) + A(t,[1:S],2,2) + \cdots + A(t,[1:S],C,2) + \\ \vdots \\ + A(t,[1:S],1,R) + A(t,[1:S],2,R) + \cdots + A(t,[1:S],C,R) \end{matrix}$$

$$(4.86)$$

公式(4.86)中涉及的所有变量的含义见表 4.4。

TSP 数据存储格式的主要特点是按照时间顺序进行存储,是在完成了对一个时间的存储之后,再进行对其他时间的存储,基于这一特点,该存储结构十分有利于对同一个时间的遥感影像数据进行分析与处理。由于 TSP 数据存储格式在同一时间进行存储时,会优先存储同一像元所有波段的数据,也就是每个像元的光谱曲线,因此非常有利于提取一个像元或者一片区域的光谱曲线。

3. Temporal Sequential in Band（TSB）

如图 4.22 所示,TSB 存储格式是首先完成一个时间一个波段的空间维的存储,在这个存储过程中时按照"先存行后存列"的顺序进行,在存储完第一个时间第一个波段的数据后,再依次存储第二个时间第一个波段的数据,直到所有时间第一波段的存储完成后,再从第一个时间开始,存储第二个波段顺序,以此类推,直至完成所有时间所有波段数据的存储。这种存储结构可表示为

$$P_{TSB} = F_{TSB}(t) = F_{TSB}(1) + F_{TSB}(2) + \cdots + F_{TSB}(T), t \in [1, T] \qquad (4.87)$$

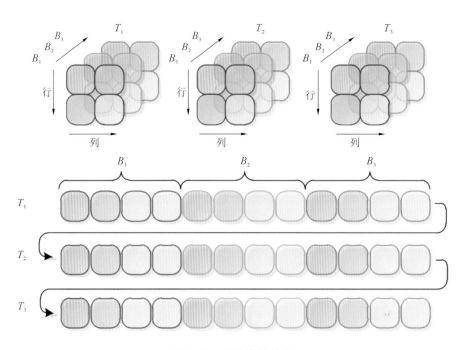

图 4.22　TSB 存储结构

公式(4.87)中,$F_{TSB}(t)$ 代表单个时间的立方体影像数据集。这种存储结构中数据存储是按照时间 T 的顺序,依次完成不同时间影像立方体的存储,在每个立方体影像数据中,又

是按照波段的顺序进行存储,通常用公式可以表示为

$$F_{\text{TSB}}(t) = B_{\text{TSB}}(t,s) = B_{\text{TSB}}(t,1) + B_{\text{TSB}}(t,2) + \cdots + B_{\text{TSB}}(t,S) , s \in [1,S]$$

(4.88)

而在每个波段的存储中,又是按照逐行的顺序存储,同样可以用公式表示为

$$B_{\text{TSB}}(t,s) = A(t,s,c,r) = A(t,s,[1:C],1) + A(t,s,[1:C],2) + \cdots + A(t,s,[1:C],R) ,$$
$$r \in [1,R]$$

(4.89)

公式(4.89)中所有字母表示的意义见表 4.4。

TSB 格式是将每一个时间所有波段的数据组织在一起,对一个时间若干个波段的数据进行操作以及波段在空间维的处理非常方便。采取 TSB 数据格式对数据进行组织可用于提取多个时间所有波段组成的光谱立方体数据、进行光谱运算与空间域滤波等应用。

4. Temporal Interleaved by Pixel (TIP)

TIP 存储格式的基本原理仍然是按照时间先后顺序进行存储,但是在这种存储方法中,首先进行循环存储的是所有时间所有波段的第一个像元,也就是说,先存储第一个时间第一波段的第一像元,然后存储第二个时间第二个波段的第一个像元,基本顺序是先时间,再空间,再波段,直到将所有的时间所有波段的数据一一存储完毕,如图 4.23 所示,这种存储结构可以用公式表示为

$$P_{\text{TIP}} = F_{\text{TIP}}(s) = F_{\text{TIP}}(1) + F_{\text{TIP}}(2) + \cdots + F_{\text{TIP}}(S) , s \in [1,S]$$ (4.90)

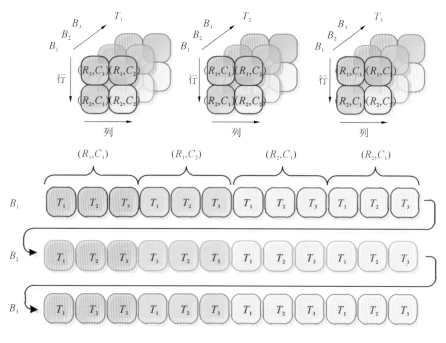

图 4.23 TIP 存储结构

公式(4.90)中,$F_{\text{TIP}}(s)$ 所表示的立方体是由不同时间影像的同一个像元的光谱所组成的,具体也可以用公式表示为

$$F_{TIP}(s) = A([1:T],s,c,r) = \begin{aligned} &A([1:T],s,1,1) + A([1:T],s,2,1) + \cdots + A([1:T],s,C,1) + \\ &A([1:T],s,1,2) + A([1:T],s,2,2) + \cdots + A([1:T],s,C,2) + \\ &\qquad\qquad\qquad\qquad\vdots \\ &+ A([1:T],s,1,R) + A([1:T],s,2,R) + \cdots + A([1:T],s,C,R) \end{aligned}$$

$$(4.91)$$

上述式子中变量的含义见表 4.4。

TIP 存储格式实际上是将同一个像元不同时间的光谱数据按顺序进行了存储,也可以说在使用这种方式进行存储时,就获得了所有像元的时谱曲线,这种存储方式对于需要进行时间序列分析的应用来说具有得天独厚的优势,非常适合进行时间谱的处理与分析,可以轻松实现对一个像元或者一片区域在某个波段的时谱曲线的提取,同时可以完成在时间维的平滑和滤波处理,以及进行预测分析等操作。

5. Temporal Interleaved by Spectrum(TIS)

如图 4.24 所示,波段优先存储是 TIS 存储格式的原则,按照这种方法进行存储,就是首先按照波段顺序将第一个时间的第一个像元数据进行存储,然后再按照同样的原则将第二个时间的第一个像元所有波段的数据进行存储,直到完成所有时间所有波段第一个像元的的光谱值的存储;在完成第一阶段的存储之后,第二个像元的存储同样按照先波段后时间的顺序一一进行存储,直到所有时间所有像元所有波段的数据存储完成。这种存储结构可以用公式表示为

$$P_{TIS} = B_{TIS}(c,r) = \begin{aligned} &B_{TIS}(1,1) + B_{TIS}(2,1) + \cdots + B_{TIS}(C,1) + \\ &B_{TIS}(1,2) + B_{TIS}(2,2) + \cdots + B_{TIS}(C,2) + \\ &\qquad\qquad\qquad\qquad\vdots \\ &+ B_{TIS}(1,R) + B_{TIS}(2,R) + \cdots + B_{TIS}(C,R) \end{aligned}$$

$$(4.92)$$

公式(4.92)中,

$$B_{TIS}(c,r) = A(t,[1:S],c,r) = A(1,[1:S],c,r) + A(2,[1:S],c,r) + \cdots + A(T,[1:S],c,r),$$
$$t \in [1,T]$$

$$(4.93)$$

上述式子中变量的含义见表 4.4。

TIS 存储格式的主要特点是在按照波段顺序存储了整个时间序列上每一个像元的光谱数据,利用这种方法,可以看出不同时期内同一点像元的光谱值随着时间进行变化的情况,如果一种地物在长时间的监测当中,始终保持着周期性的光谱曲线变化,那么有理由认为这种地物没有发生变化;如果其光谱曲线并没有呈现周期性变化,那么就有理由认为这种地物发生了变化。

4.4.1.2 MDD 数据集构建

利用支持 MDD 数据格式的 MARS 软件可以实现对光谱指数长时间序列的构建。目前,MARS 软件下的 MDA(multi-dimensional analysis)模块已经集成多种不同遥感传感器的遥感影像数据集的 MDD 数据格式构建,包括原始 MODIS、原始 Landsat 和经处理为 ENVI 标准数据格式的遥感数据。利用 MARS 将原始的 MODIS 数据为数据源构建 MDD 数据的总体流程如图 4.25 所示。

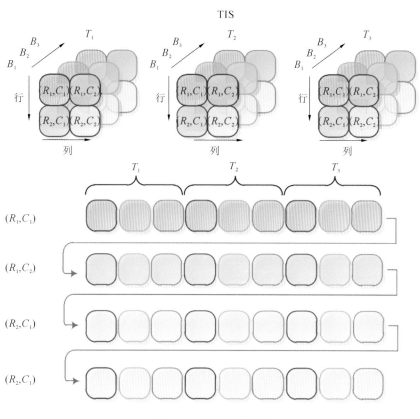

图 4.24 TIS 存储结构

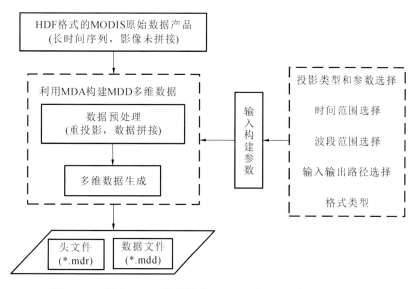

图 4.25 利用 MARS 软件构建 MODIS 的 MDD 数据集流程图

每一次生成 MDD 数据文件后,都会自动生成一个关于该数据的头文件,在头文件中,会详细介绍数据的具体属性信息,包括含有多少个波段、多少时间等,内容的具体解释如表 4.5 所示。

表 4.5　MDD 数据结果头文件每一行信息描述

字段	含义
MDD description Samples	表示的是 MDD 数据集,该数据每个波段含有 5002 行
lines	该数据每个波段含有 2225 列
bands	该数据包含 7 个波段
times	该数据包含 16 个时间点
header offset	该数据嵌入式头信息为 0 字节
file type	该数据类型为 MDD 标准类型数据
data type	用 16 位有符号整数来表示本数据
interleave	该数据组织方式为 TSB 格式
sensor type	传感器类型,该数据为新定义生成的所以为未知
byte order	该数据是最低有效优先数据
map info	图像信息,该图像采用 UTM 投影、起始像素坐标为(1,1)等相关描述信息
coordinate system string	该数据采用的坐标系相关描述,如 WGS-84 坐标等
band names	该数据文件中的波段名称,如 Band 1 等 7 个波段
time names	该数据中各个文件的获取时间、时间名称以文件名称表示这里有如 MOD09A1、A2011001、h08v05、005、201101817533 等 46 个时间点

4.4.2　基于 MDD 数据集的时空谱融合方法设计与应用

4.4.2.1　基于 MDD 数据集的时空谱融合方法设计

基于多维数据组织方式,结合 SREM 等空谱融合模型理论,提出了一种基于 MDD 数据结构的时空谱数据融合算法。将空谱融合的理论与方法应用到光谱指数长时间数据立方体的构建上,先建立低时间分辨率高空间分辨率的光谱参量时间立方体和高时间分辨率低空间分辨率的光谱参量的时间立方体,再对其进行"时谱"融合,最终得到高时间高空间分辨率的光谱参量时间立方体。具体的融合实现过程如图 4.26 所示(以 NDVI 为例)。

4.4.2.2　基于时空谱数据融合的 GPP 估算

首先利用传统的时空融合模型 ESTARFM 方法融合 Landsat 数据与 MODIS 数据,得到 30 m 空间分辨率时间间隔为 8 天的长时间序列融合数据,并基于 GPP-VI 模型,选取 6 种植被指数(CI_{green}、EVI、NDVI、SAVI、UNVI 和 WDRVI)对 2 种不同下垫面类型的区域(混交林和落叶阔叶林)进行站点尺度的 GPP 估算,并与通量塔站点的 GPP 观测值进行检验;然后利用提出的时空谱融合方法,基于 4 种空谱融合算法(CNMF、CRISP、GS 和小波变换融合)对长时间序的植被指数数据进行融合,得到 30 m 空间分辨率 8 天的长时序数据进行 GPP 估算并与真实观测数据进行验证。最后比较两种融合方式在 GPP 估算中的应用效果。

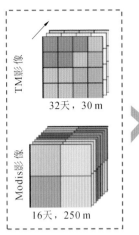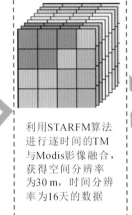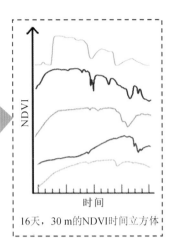

图 4.26　时谱立方体融合原理

4.4.2.3　实验数据与处理

1. 原始数据处理

利用 Landsat 8 数据及 MODIS 数据作为 GPP 估算的原始数据,选取 2013 年 5 月至 2014 年 4 月将近一年的数据对 GPP 进行站点尺度的估算。Landsat 8 数据产品为地表反射率产品(surface reflectance(SR)products),空间分辨率为 30 m,选取对应时间及地点经过处理的 MODIS 反射率产品 MOD09A1,空间分辨率为 500 m。研究中用到的 Landsat 8 数据列表如下表 4.6 所示。

表 4.6　研究所用的 Landsat 8 数据列表

数据名	WRS Path	WRS Row	获取时间	云量(%)
LC080250282013051301	25	28	2013/5/13	20.24
LC080250282013061401	25	28	2013/6/14	16.55
LC080250282013063001	25	28	2013/6/30	4.45
LC080250282013081701	25	28	2013/8/17	7.59
LC080250282013120701	25	28	2013/12/7	3.86
LC080250282014010801	25	28	2014/1/8	5.61
LC080250282014022501	25	28	2014/2/25	16.16
LC080250282014032901	25	28	2014/3/29	7.68

所用到的 MOD09A1 数据为 2013 年第 137 天至 2014 年第 89 天的所有 8 天合成数据产品,其行列号为 h11v04。选取了位于美国伊利诺伊州境内的不同下垫面类型的 2 个通量塔站点观测的涡度相关数据作为验证数据,其经纬度及所对应的 Landsat 8 影像和 MODIS 影像如表 4.7 所示。

表 4.7　通量塔站点类型位置及所处影像中位置列表

站点名	IGBP	经度	纬度	Landsat 8	MODIS
US-PFa	MF	90°16′20″28W	45°56′45″24N	P25R28	h11v04
US-WCr	DBF	90°47′56″4W	45°48′21″24N	P25R28	h11v04

通量塔站点的地物分类类型采用的是 IGBP 分类体系,其中有两类地表覆盖类型。US-PFa 站点的地物类型为混交林(mixed forest,MF),US-WCr 站点的地物类型为落叶阔叶林(deciduous broadleaf forest,DBF)。

2. MDD 数据集生成与估算模型输入的融合数据

根据 MDD 生成方式,对 Landsat 8 数据与 MODIS 数据进行 MDD 多维数据集构建,其中用到的 Landsat 数据如表 4.6 所示,生成得到 8 个时序的 MDD 数据,MODIS 数据从 2013 年第 137 天开始至 2014 年第 89 天结束,共有 41 个时序。然后,对生成的两种 MDD 数据进行 6 种植被指数特征立方体计算,并分别用 ESTARFM 融合方法和 4 种传统空谱融合算法进行融合,得到融合后的植被指数立方体数据。表 4.8 为通过传统时空模型 ESATRFM 补全各植被指数下缺失的时相,及基于 MDD 多维数据集直接利用空谱融合方法产生各植被指数数据立方体所用时间的记录。ESTARFM 方法生成 6 种长时间序列植被指数立方体数据总共用时为 1 996 min(约为 1.386 天),基于 MDD 数据集的 4 种空谱融合方法耗时分别为 208 min、191 min、206 min 及 195 分钟,加起来也仅为 700 min(约为 0.556天)。因此经过对比,提出的融合思路比传统的方法在时间效率上具有明显的优势,大大节省了时间成本。

表 4.8　传统时空融合方法与本文融合方法耗时表　　　　单位:min

	ESTARFM	CNMF	CRISP	GS	小波变换
CI_{green}	264	33	28	29	40
EVI	307	35	26	33	41
NDVI	269	30	30	32	35
SAVI	497	33	28	35	36
VIUPD	388	37	29	37	36
WDRVI	271	40	50	40	37

选取基于光能利用率植被指数的 GPP 估算模型 GPP-VI 模型,分别采用传统时空融合模型 ESTARFM 得到融合后的长时间序列植被指数数据,输入估算模型中去,ESTARFM 模型的需要输出两对相近时间的 Landsat-Modis 影像对,因此需要逐景融合得到缺少的 Landsat-Like 影像;此外,将 4 种空谱融合算法直接融合 Landsat 8 长时间序列植被指数数据与 MODIS 长时间序列植被数据得到长时间序列的 Landsat-Like 植被指数数据,并将该数据输入 GPP-VI 估算模型中去,得到 GPP 估算值。

为了研究融合数据在站点尺度上的 GPP 估算效果,根据相关研究,在各方法得到的 GPP 结果影像上,定位到研究选取的 2 个站点位置上。采用 3×3 窗口范围内的平均 GPP

值作为该站点的 GPP 估算值,再与相对应的通量塔站点观测真实值进行 GPP 估算结果
验证。

4.4.2.4 结果与分析

1.GPP 与 PAR 观测结果

通过选取位于北美地区的辐射通量塔站点的涡度相关观测数据作为验证数据,对估算
结果 GPP 进行验证。涡度通量观测值代表了一个站点尺度内的平均碳通量,但是因为尺度
问题,该观测值只能代表一个站点尺度的平均值,一般涡度相关通量观测的足迹面积在 $1\sim$
$3~\mathrm{km}^2$,因此实现在更大尺度上的观测仍然是一个难题。获取的 GPP 与 PAR 观测值均是代
表该站点的日平均值,两个辐射通量塔站点的 GPP 观测值如图 4.27 所示。

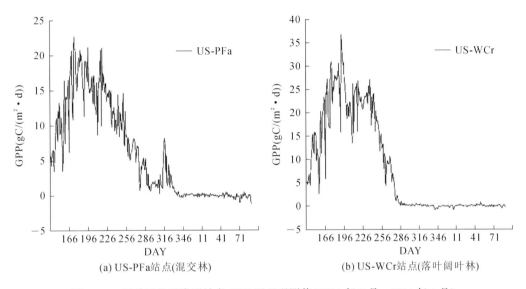

图 4.27 两种下垫面类型站点 GPP 逐日观测值(2013 年 5 月—2014 年 4 月)

图 4.27 表明了两种森林类型站点——混交林站点和落叶阔叶林站点的观测 GPP 值走势还
是比较接近的,说明站点的观测值是可信。在 2013 年的 5 月至 8 月(DAY:130~230),GPP 值
上升最大,这段时间绿色植物生长迅速,固碳能力强;在 2013 年的 8 月至 2014 年 4 月(DAY:280~
89) 下降至最低点,这段时期处于绿色植物凋零衰落时期,生命力下降,固碳能力下降。

光合有效辐射 PAR 是 GPP 估算模型 GPP-VI 的一个重要输入参数,同样也是通过辐射通
量塔站点观测得到,其中无效的数据用−6999 或者−9999 代替,最后对原始数据进行日积分,
剔除质量不好的数据,得到逐日的观测值,保证数据的完整有效性。地形因素、太阳高度角、云
量、气溶胶和水汽含量等是影响 PAR 的主要因素。图 4.28 为两种站点的 PAR 观测值逐日变
化图。

图 4.28 中两种站点日变化较为明显,主要是气溶胶、云量、水汽含量都具有较强烈的日
变化。因为两个站点所处地理位置比较接近,因此太阳高度角、天气条件相似,环境带来的
PAR 差异影响可以忽略。同时,两种站点的 PAR 均表现出夏高冬低的特点,这是因为冬季
是太阳高度角最小的时段,由于太阳辐射的光学路径长,太阳辐射在传输过程中被衰减,因

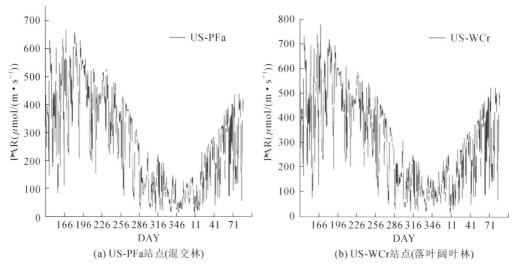

(a) US-PFa站点(混交林)　　　　　　　(b) US-WCr站点(落叶阔叶林)

图 4.28　两种下垫面类型站点 PAR 逐日观测值(2013 年 5 月—2014 年 4 月)

此到达地面的辐射量也最小。在夏季时期,太阳高度角达到一年中的最大,辐射量随之增大。夏季的 PAR 日变化比冬季 PAR 日变化要剧烈,可能是由于夏季水汽含量比较大,对太阳短波下行辐射产生了衰减作用。

2.GPP 估算结果验证与对比分析

表 4.9 为在 US-PFa 站点各方法的 GPP 估算结果与真实观测值线性拟合后的决定系数 R^2 的一个三色阶表。

表 4.9　US-PFa 辐射通量站点不同方法 GPP 估算结果与真实值决定系数三色阶(红、黄、绿)

	CNMF	CRISP	Waveletfusion	GS	ESTARFM
CI_{green}	-0.00751	0.80915	0.85426	0.84015	0.09300
EVI	0.90841	0.87571	0.86474	0.86149	0.81915
NDVI	0.21705	0.88191	0.87990	0.89490	0.75605
SAVI	0.91786	0.91458	0.89769	0.90076	0.87189
UNVI	0.89760	0.84953	0.83820	0.86116	0.73955
WDRVI	0.89610	0.25264	0.26676	0.29992	0.08826

表 4.9 中有部分结果的 R^2 小于 0.3,这些结果均为不显著相关,应舍弃。在 US-PFa 辐射通量塔站点的 GPP 估算结果最好的为 CNMF 方法与 SAVI 结合($R^2 = 0.91786$),最差为 ESTARFM 方法与 UNVI 结合的估算结果($R^2 = 0.73955$)。在剔除不符合假设检验的结果基础上,CNMF 方法在该站点 GPP 的估算表现最好,决定系数 R^2 大部分在 0.89 以上,而其他三种空谱融合方法估算结果也表现良好,R^2 也大多数在 0.8 以上,传统的 ESTARFM 时空融合方法最好的结果 R^2 为0.87189,并且有两个决定系数为 0.7 左右的结果,说明本文提出的方法得到了良好的表现,也同时证明了本文的方法相较于利用传统时空融合方法得到

时空数据进行站点尺度的 GPP 估算有更好的应用性。通过分析上表,可以看出各融合方法在 6 种植被指数中的 SAVI 中均出现了最好的 GPP 估算结果(R^2 分别为 0.91786、0.91458、0.89769、0.90076、0.87189),说明在 SAVI 植被指数更适合在下垫面类型为混交林的地点的 GPP 具有较高的相关性,而 WDRVI 与 GPP 的相关性则更弱。

3.US-WCr 站点估算结果

US-WCr 站点下垫面类型为落叶阔叶林,在该站点处,同样通过各融合方法融合出 6 种植被指数的时空数据输出到 GPP-VI 模型中去,表 4.10 为在 US-PFa 站点各方法的拟合结果与真实观测结果的决定系数 R^2 的一个三色阶表。

表 4.10　US-WCr 辐射通量站点不同方法 GPP 估算值与真实值决定系数三色阶(红-黄-绿)

	CNMF	CRISP	Waveletfusion	GS	ESTARFM
CI_{green}	0.86705	0.8297	0.80876	0.8145	0.61924
EVI	0.85326	0.85904	0.84812	0.858345	0.91317
NDVI	0.27937	0.81289	0.81086	0.81929	0.58191
SAVI	0.83945	0.83886	0.82889	0.83473	0.82382
VIUPD	0.86362	0.83688	0.83184	0.84502	0.23208
WDRVI	0.8864	0.07728	0.07034	0.23599	0.01276

上表中显示了在 US-WCr 站点各方法各植被指数估算结果与真实 GPP 值的线性拟合决定系数大小分布,其中 CNMF 方法与 NDVI 相结合的结果($R^2=0.27937$),CRISP 方法、小波变换方法、GS 方法与 WDRVI 结合的估算结果(R^2 分别为 0.07728、0.07034、0.23599),ESTARFM 方法与 VIUPD 及 WDRVI 的估算结果(R^2 分别为 0.23208、0.01276),均为不显著相关,应予以剔除。在这些方法中 ESTARFM 方法与 EVI 结合的估算结果表现最好,决定系数达到了 0.91317,同时 ESTARFM 方法与 NDVI 结合的估算结果表现最差,决定系数为 0.58191。在剔除异常结果之后利用本文提出的方法思路,无论在哪种植被指数下得出的结果的决定系数均在 0.8 以上,普遍比利用传统时空融合方法估算的结果要好,因此在这里也佐证了上述在 US-PFa 站点得出的一个结论,即提出的方法相较于利用传统时空融合方法得到时空数据进行站点尺度的 GPP 估算有更好的应用性。同时通过分析上表中各方法的结果的决定系数的大小分布,可以看出在下垫面类型为落叶阔叶林的站点处,EVI 与 GPP 的相关性最高(CRISP、小波变换、GS 与 ESTARFM 方法在该植被指数下的 R^2 分别达到了最高的 0.85904、0.84812、0.858345、0.91317),也可以看出在剔除异常值之后,CNMF 方法在 6 种植被指数下的综合表现最好,决定系数 R^2 平均在 0.86以上。

参 考 文 献

ADAMS J B,SMITH M O,1987. Spectral mixture modeling:Further analysis of rock and soil types at the Viking Lander sites[J]. Journal of Geophysical Research Solid Earth,91:8098-8112.

AIAZZI B，BARONTI S，SELVA M，2007. Improving Component Substitution Pansharpening Through Multivariate Regression of MS＋Pan Data[J]. IEEE Transactions on Geoscience & Remote Sensing，45 (10)：3230-3239.

ALPARONE L，AIAZZI B，BARONTI S，et al.，2008. Multispectral and panchromatic data fusion assessment without reference[J]. Photogrammetric Engineering & Remote Sensing，74(2)：193-200.

ALPARONE L，WALD L，CHANUSSOT J，et al.，2007. Comparison of Pansharpening Algorithms：Outcome of the 2006 GRS-S Data-Fusion Contest[J]. IEEE Transactions on Geoscience and Remote Sensing，45(10)：3012-3021.

AMORóS-LóPEZ，L GóMEZ-CHOVA，ALONSO L，et al.，2013. Multitemporal fusion of Landsat/TM and ENVISAT/MERIS for crop monitoring[J]. International Journal of Applied Earth Observations & Geoinformation，23(Complete)：132-141.

AZARANG A，GHASSEMIAN H，2017. A new pansharpening method using multi resolution analysis framework and deep neural networks[C]// International Conference on Pattern Recognition & Image Analysis. IEEE.

BASEDOW R W，CARMER D C，ANDERSON M E，et al.，1995. HYDICE system，implementation and performance[J]. Imaging Spectrometry，2480：258-267.

BENDOUMI M A，HE M，MEI S，2014. Hyperspectral image resolution enhancement using high-resolution multispectral image based on spectral unmixing[J]. IEEE Transactions on Geoscience & Remote Sensing，52：6574-6583.

CHANG C I，1999. Spectral information divergence for hyperspectral image analysis[C]// Geoscience and Remote Sensing Symposium，1999. IGARSS '99 Proceedings. IEEE 1999 International. IEEE.

YUNHAO C，LEI D，JING L，et al.，2006. A new wavelet-based image fusion method for remotely sensed data[J]. International Journal of Remote Sensing，27：1465-1476.

ZHAO C，PU H，WANG B，et al.，2014. Fusion of Hyperspectral and Multispectral Images：A Novel Framework Based on Generalization of Pan-Sharpening Methods[J]. IEEE Geoscience and Remote Sensing Letters，11(8)：1418-1422.

CHOI M，2006. A new intensity-hue-saturation fusion approach to image fusion with a tradeoff parameter [J]. IEEE Transactions on Geoscience & Remote Sensing，44(6)：1672-1682.

CLAYTON D G，1971. Gram-Schmidt Orthogonalization[J]. Journal of the Royal Statistical Society Series C-Applied Statistics，20.

MNDM VETTERLI，2008. IEEE TRANSACTIONS ON IMAGE PROCESSING 1 The Contourlet Transform：An Efficient Directional Multiresolution Image Representation.

EISMANN M T，HARDIE R C，2003. Resolution enhancement of hyperspectral imagery using coincident panchromatic imagery and a stochastic mixing model[C]// IEEE Workshop on Advances in Techniques for Analysis of Remotely Sensed Data. IEEE.

EISMANN M T，HARDIE R C，2005. Hyperspectral resolution enhancement using high-resolution multispectral imagery with arbitrary response functions[J]. IEEE Transactions on Geoscience & Remote Sensing, 43(3):455-465.

ELAD M, MA FIGUEIREDO, MA Y, 2010. On the Role of Sparse and Redundant Representations in Image Processing[J]. PROCEEDINGS- IEEE, 98(6):972-982.

FENG G, MASEK J G, SCHWALLER M R, et al., 2006. On the Blending of the Landsat and MODIS Surface Reflectance: Predicting Daily Landsat Surface Reflectance[J]. IEEE Transactions on Geoscience and Remote Sensing, 44(8):2207-2218.

FU D, CHEN B, WANG J, et al.,2013. An Improved Image Fusion Approach Based on Enhanced Spatial and Temporal the Adaptive Reflectance Fusion Model[J]. Remote Sensing, 5(12):6346-6360.

FENG G, MASEK J G, SCHWALLER M R, et al.,2006. On the Blending of the Landsat and MODIS Surface Reflectance: Predicting Daily Landsat Surface Reflectance[J]. IEEE Transactions on Geoscience and Remote Sensing, 44(8):2207-2218.

GHASSEMIAN H,2016. A review of remote sensing image fusion methods[J]. Information Fusion, 32, 75-89.

GHASSEMIAN, HASSAN, 2016. A review of remote sensing image fusion methods[J]. Information Fusion:75-89.

GROSS H N, SCHOTT J R, 1998. Application of Spectral Mixture Analysis and Image Fusion Techniques for Image Sharpening[J]. Remote Sensing of Environment, 63(2).

HAN C, ZHANG H, GAO C, et al., 2016. A Remote Sensing Image Fusion Method Based on the Analysis Sparse Model[J]. IEEE Journal of Selected Topics in Applied Earth Observations & Remote Sensing, 9(1):439-453.

HARDIE R C, EISMANN M T, WILSON G L,2004. MAP estimation for hyperspectral image resolution enhancement using an auxiliary sensor[J]. Image Processing IEEE Transactions on, 13, 1174-1184.

HILKER T, WULDER M A, COOPS N C, et al.,2009. A new data fusion model for high spatial- and temporal-resolution mapping of forest disturbance based on Landsat and MODIS[J]. Remote Sensing of Environment, 113(8):1613-1627.

HUANG B, SONG H, 2012. Spatiotemporal Reflectance Fusion via Sparse Representation[J]. IEEE Transactions on Geoscience & Remote Sensing, 50(10):3707-3716.

HUANG B, SONG H, CUI H, et al., 2013. Spatial and Spectral Image Fusion Using Sparse Matrix Factorization[J]. IEEE Transactions on Geoscience & Remote Sensing, 52(3):1693-1704.

HUANG B, WANG J, SONG H, et al.,2013. Generating High Spatiotemporal Resolution Land Surface Temperature for Urban Heat Island Monitoring[J]. IEEE Geoscience & Remote Sensing Letters, 10(5):1011-1015.

HUANG W, XIAO L, WEI Z, et al., 2017. A New Pan-Sharpening Method With Deep Neural Networks [J]. IEEE Geoscience & Remote Sensing Letters, 12(5):1037-1041.

HUYNH-THU Q, GHANBARI M, 2008. Scope of validity of PSNR in image/video quality assessment[J].

Electronics Letters，44(13)：800-801.

Laben C A，Brower B V，2000. Process for enhancing the spatial resolution of multispectral imagery using pan-sharpening：US，US6011875 A[P].

LHERMITTE S，VERBESSELT J，VERSTRAETEN W W，et al.，2011. A comparison of time series similarity measures for classification and change detection of ecosystem dynamics[J]. Remote Sensing of Environment，115(12)：3129-3152.

DAN L，HAO M，ZHANG J Q，et al.，2012. A universal hypercomplex color image quality index[J]. Conference Record IEEE Instrumentation & Measurement Technology Conference.

MITRA H，1995. Multisensor Image Fusion Using the Wavelet Transform[J]. Graphical Models and Image Processing，57：235-245.

SHUTAO，YANG，BIN，2011. A New Pan-Sharpening Method Using a Compressed Sensing Technique.[J]. IEEE Transactions on Geoscience & Remote Sensing，49(2)：738-746.

LI S，YANG B，2008. Multifocus image fusion by combining curvelet and wavelet transform[J]. PATTERN RECOGNITION LETTERS，29：1295-1301.

TAO L I，JIAN L，WANG Z，et al.，2006. A novel image fusion approach based on wavelet transform and fuzzy logic[J]. International Journal of Wavelets Multiresolution & Information Processing，4(04)：617-626.

LIAO C，WANG J，IAN P，et al.，2017. A Spatio-Temporal Data Fusion Model for Generating NDVI Time Series in Heterogeneous Regions [J]. Remote Sensing.

LIAO L，SONG J，WANG J，et al.，2016. Bayesian Method for Building Frequent Landsat-Like NDVI Datasets by Integrating MODIS and Landsat NDVI[J]. Remote Sensing，8(6)：452.

LIU B，ZHANG L，ZHANG X，et al.，2009. Simulation of EO-1 Hyperion Data from ALI Multispectral Data Based on the Spectral Reconstruction Approach[J]. Sensors，9(4)：3090-3108.

LIU，J. G.，2000. Smoothing Filter-based Intensity Modulation：A spectral preserve image fusion technique for improving spatial details[J]. International Journal of Remote Sensing，21(18)：3461-3472.

WEI L，JIE H，ZHAO Y，2006. Image Fusion Based on PCA and Undecimated Discrete Wavelet Transform [C]// Neural Information Processing，13th International Conference，ICONIP 2006，Hong Kong，China，October 3-6，Proceedings，Part II. Springer Berlin Heidelberg.

XUN L，DENG C，WANG S，et al.，2017. Fast and Accurate Spatiotemporal Fusion Based Upon Extreme Learning Machine[J]. IEEE Geoscience & Remote Sensing Letters，13(99)：2039-2043.

LU M，CHEN J，TANG H，et al.，2016. Land cover change detection by integrating object-based data blending model of Landsat and MODIS[J]. Remote Sensing of Environment，184：374-386.

MASI G，COZZOLINO D，VERDOLIVA L，et al.，2016. Pansharpening by Convolutional Neural Networks[J]. Remote Sensing，8，594.

GIUSEPPE M，DAVIDE C，LUISA V，et al.，2016. Pansharpening by Convolutional Neural Networks [J]. Remote Sensing，8(7)：594.

MOOSAVI V，TALEBI A，MOKHTARI M H，et al.，2015. A wavelet-artificial intelligence fusion approach（WAIFA）for blending Landsat and MODIS surface temperature[J]. Remote Sensing of Environment.

NASCIMENTO J，DIAS J，2005. Vertex component analysis：a fast algorithm to unmix hyperspectral data [J]. IEEE Transactions on Geoscience & Remote Sensing，43(2):898-910.

NENCINI F，GARZELLI A，BARONTI S，et al.，2007. Remote sensing image fusion using the curvelet transform[J]. Information Fusion，8(2):143-156.

NUNEZ J，OTAZU X，FORS O，et al.，1999. Multiresolution-based image fusion with additive wavelet decomposition[J]. IEEE Transactions on Geoscience and Remote Sensing，37(3):1204-1211.

NUNEZ J，OTAZU X，FORS O，et al.，1999. Multiresolution-based image fusion with additive wavelet decomposition[J]. IEEE Transactions on Geoscience and Remote Sensing，37(3):1204-1211.

FROSTI，PALSSON，JOHANNES，et al.，2017. Multispectral and Hyperspectral Image Fusion Using a 3-D-Convolutional Neural Network[J]. IEEE Geoscience and Remote Sensing Letters，14(5):639-643.

PEA M A，BRENNING A，2015. Assessing fruit-tree crop classification from Landsat-8 time series for the Maipo Valley，Chile[J]. Remote Sensing of Environment，171:234-244.

CHAVEZ P S，SIDES S C，ANDERSON J A，1991. Comparison of three different methods to merge multi-resolution and multispectral data：Landsat TM and SPOT panchromatic[J]. Photogrammetric Engineering & Remote Sensing，57(3):265-303.

PU，TIAN，2000. Contrast-based image fusion using the discrete wavelet transform[J]. Optical Engineering，39(8):2075-2082.

MICHAEL，SCHMITT，XIAO，et al.，2016. Data Fusion and Remote Sensing：An ever-growing relationship[J]. IEEE Geoscience and Remote Sensing Magazine，4(4):6-23.

SHETTIGARA V K，1992. A generalized component substitution technique for spatial enhancement of multispectral images using a higher resolution data set[J]. Photogram. enggineer. remote Sen，58(5):561-567.

SONG H，LIU Q，WANG G，et al.，2018. Spatiotemporal Satellite Image Fusion Using Deep Convolutional Neural Networks[J]. IEEE Journal of Selected Topics in Applied Earth Observations and Remote Sensing，11:821-829.

SUN X，ZHANG L，HANG Y，et al.，2015. Enhancement of Spectral Resolution for Remotely Sensed Multispectral Image[J]. IEEE Journal of Selected Topics in Applied Earth Observations & Remote Sensing，8:2198-2211.

TAN Z Y，YUE P，DI L P，et al.，2018. Deriving High Spatiotemporal Remote Sensing Images Using Deep Convolutional Network[J]. Remote Sensing，10.

THOMAS C，WALD L，2006. Analysis of Changes in Quality Assessment with Scale[C]// Information Fusion，2006 9th International Conference on. IEEE.

TU，TE-MING，2005. Adjustable intensity-hue-saturation and Brovey transform fusion technique for IKONOS/QuickBird imagery[J]. Optical Engineering，44(11):116201-116201-10.

TU T M,SU S C,SHYU H C, et al. ,2001. A new look at IHS-like image fusion methods[J]. Information Fusion, 2(3):177-186.

WALD L,RANCHIN T, MANGOLINI M,1997. Fusion of satellite images of different spatial resolutions: Assessing the quality of resulting images[J]. Photogrammetric Engineering and Remote Sensing, 1997, 63:691-699.

WANG J,HUANG B,2017. A Rigorously-Weighted Spatiotemporal Fusion Model with Uncertainty Analysis[J]. Remote Sensing,9:990.

WEI J, WANG L,PENG L, et al. ,2017. Spatiotemporal Fusion of MODIS and Landsat-7 Reflectance Images via Compressed Sensing[J]. IEEE Transactions on Geoence and Remote Sensing, PP(12):1-14.

WEI J, WANG L, LIU P, et al. ,2017. Spatiotemporal Fusion of Remote Sensing Images with Structural Sparsity and Semi-Coupled Dictionary Learning[J]. Remote Sensing,, 9(1):21.

\WEI Q, BIOUCAS-DIAS J, DOBIGEON N, et al. ,2015. Hyperspectral and Multispectral Image Fusion based on a Sparse Representation[J]. IEEE Transactions on Geoscience & Remote Sensing, 53(7): 3658-3668.

WEI Q,DOBIGEON N,TOURNERET J Y,2014. Bayesian fusion of hyperspectral and multispectral images [C]// 2014 IEEE International Conference on Acoustics, Speech and Signal Processing(ICASSP). IEEE.

WEI Q, DOBIGEON N, TOURNERET J Y, 2015. Bayesian fusion of multispectral and hyperspectral images with unknown sensor spectral response[C]// IEEE International Conference on Image Processing(pp. 698-702).

WEI Y,YUAN Q, SHEN H, et al. ,2017. Boosting the Accuracy of Multispectral Image Pansharpening by Learning a Deep Residual Network[J]. IEEE Geoscience and Remote Sensing Letters,14:1795-1799.

WENG Q,FU P, GAO F,2014. Generating daily land surface temperature at Landsat resolution by fusing Landsat and MODIS data[J]. Remote Sensing of Environment, 145:55-67.

WINTER M E, WINTER E M, BEAVEN S G, et al. ,2007. Hyperspectral Image Sharpening Using Multispectral Data[C]// 2007 IEEE Aerospace Conference. IEEE.

WU B, HUANG B, ZHANG L, 2015. An Error-Bound-Regularized Sparse Coding for Spatiotemporal Reflectance Fusion[J]. IEEE Transactions on Geoscience and Remote Sensing, 53(12):6791-6803.

NIU,ZHENG, 2012. Use of MODIS and Landsat time series data to generate high-resolution temporal synthetic Landsat data using a spatial and temporal reflectance fusion model[J]. Journal of Applied Remote Sensing, 6(1):063507.

WU M, HUANG W, NIU Z, et al. ,2015. Generating Daily Synthetic Landsat Imagery by Combining Landsat and MODIS Data[J]. Sensors,15(9):24002-24025.

WU P, SHEN H, ZHANG L, et al. , 2015. Integrated fusion of multi-scale polar-orbiting and geostationary satellite observations for the mapping of high spatial and temporal resolution land surface temperature[J]. Remote Sensing of Environment,156:169-181.

JIE X, LEUNG Y, FUNG T, 2017. A Bayesian Data Fusion Approach to Spatio-Temporal Fusion of Remotely Sensed Images[J]. Remote Sensing，9(12):1310.

ZHANG，YIFAN，2012. Wavelet-based Bayesian fusion of multispectral and hyperspectral images using Gaussian scale mixture model[J]. International Journal of Image and Data Fusion，3(1):23-37.

YOCKEY D A，1995. Image merging and data fusion by means of the discrete two-dimensional wavelet transform[J]. Journal of the Optical Society of America A，12(9):1834-1841.

YOKOYA N，MEMBER S，IEEE，et al.，2012. Coupled Nonnegative Matrix Factorization Unmixing for Hyperspectral and Multispectral Data Fusion[J]. IEEE Transactions on Geoscience & Remote Sensing，50(2):528-537.

YOKOYA N，MEMBER S，IEEE，et al.，2012. Coupled Nonnegative Matrix Factorization Unmixing for Hyperspectral and Multispectral Data Fusion[J]. IEEE Transactions on Geoscience & Remote Sensing，50(2):528-537.

YU X C，FENG N，LONG S L，et al.，2012. Remote Sensing Image Fusion Based on Integer Wavelet Transformation and Ordered Nonnegative Independent Component Analysis[J]. Mapping Sciences & Remote Sensing，2012，49(3):364-377.

YUAN Q，WEI Y，MENG X，et al.，2018. A Multiscale and Multidepth Convolutional Neural Network for Remote Sensing Imagery Pan-Sharpening[J]. IEEE Journal of Selected Topics in Applied Earth Observations and Remote Sensing，PP，1-12.

YUHENDRA YUSUF，SUMANTYO J T，HIROAKI KUZE，2013. Spectral information analysis of image fusion data for remote sensing applications[J]. Geocarto International，28，291-310.

ZHANG W，LI A，JIN H，et al.，2013. An Enhanced Spatial and Temporal Data Fusion Model for Fusing Landsat and MODIS Surface Reflectance to Generate High Temporal Landsat-Like Data[J]. Remote Sensing，5(10):5346-5368.

ZHANG Y，BACKER S D，SCHEUNDERS P，2009. Noise-Resistant Wavelet-Based Bayesian Fusion of Multispectral and Hyperspectral Images[J]. IEEE Transactions on Geoscience & Remote Sensing，47(11):3834-3843.

ZHAO L Y，MA Q L，LI X R，2012. Multi-spectral and panchromatic image fusion based on HIS-wavelet transform and MOPSO algorithms[J]. Acta Physica Sinica，61.

ZHI H，YU X，WANG G，et al.，2008. Application of Several Non-negative Matrix Factorization-Based Methods in Remote Sensing Image Fusion[C]// Fifth International Conference on Fuzzy Systems and Knowledge Discovery，FSKD 2008，18-20 October 2008，Jinan，Shandong，China，Proceedings，Volume 4. IEEE.

ZHIRONG G E，WANG B，ZHANG L M，2007. Remote sensing image fusion based on Bayesian linear estimation[J]. Science in China，50(002):227-240.

ZHOU W，BOVIK A C，SHEIKH H R，et al.，2004Image quality assessment：from error visibility to structural similarity[J]. IEEE Trans Image Process，13(4):600-612.

ZHU X，CAI F，TIAN J，et al.，2018. Spatiotemporal Fusion of Multisource Remote Sensing Data：Literature Survey，Taxonomy，Principles，Applications，and Future Directions[J]. Remote Sensing，10：527.

A X Z，A J C，B F G，et al. ，2010. An enhanced spatial and temporal adaptive reflectance fusion model for complex heterogeneous regions[J]. Remote Sensing of Environment，2010，114(11)：2610-2623.

ZHUKOV B，OERTEL D，LANZL F，et al. ，1999. Unmixing-based multisensor multiresolution image fusion[J]. IEEE Transactions on Geoscience & Remote Sensing，37(3)：1212-1226.

ZURITA-MILLA R，CLEVERS J，SCHAEPMAN M E，2008. Unmixing-Based Landsat TM and MERIS FR Data Fusion[J]. IEEE Geoscience & Remote Sensing Letters，5(3)：453-457.

马艳华，2003. 高空间分辨率和高光谱分辨率遥感图像的融合[J]. 红外，(10)：11-16.

牛忠恩，闫慧敏，黄玫，等，2016. 基于 MODIS-OLI 遥感数据融合技术的农田生产力估算[J]. 自然资源学报，031(005)：875-885.

薛庆生，黄煜，林冠宇，2011. 大视场高分辨力星载成像光谱仪光学系统设计[J]. 光学学报，(08)：240-245.

张立，2002. 机载推帚式高光谱成像仪实现宽视场的技术途径[J]. 红外，(9)：20-26.

第 5 章　高光谱遥感特征提取

　　影像特征反映了图像中基本的重要信息,把获取图像特征信息的过程称为特征提取。从多光谱到高光谱,波段数大量增加,波段宽度极大地降低,因而对地面目标的光谱特性的测度更细致,对物质特性的描述也更精确(童庆禧 等,2006b)。相对于多光谱数据来说,高光谱数据的特征提取具有特殊的意义,这主要表现在 3 个方面。

　　1. 数据量急剧增加

　　即使不考虑量化因素,由于波段的增加,在相同地面分辨率和覆盖区域的情况下,高光谱数据量也将比传统多光谱数据量多出 1～2 个数量级,这给数据的存储与管理带来了压力;同时超多波段的图像序列使图像显示相当繁琐。因此研究数据压缩技术对成像光谱信息存储与管理尤为重要,而既能减少特征数量又能保存主要信息的特征提取方法对数据显示也具有很重要的意义。

　　2. 计算量增大

　　数据的膨胀导致计算机处理载荷大幅度增加。虽然硬件与软件技术的发展能缓解这一问题,但是追求更快速有效的实时数据处理是人们的愿望。由于计算量随波段数的增加是呈四次方增大的,寻找有效的降维空间是必要的。

　　3. 统计参数的估计偏差增大

　　随着波段数增多,样本的统计参数也会增多。为达到比较精确的参数估计,训练样本数应当是所用波段的 10 倍以上,达到 100 倍时方能得到满意的效果。然而训练样本数在遥感图像的监督分类中往往是有限的,样本的选择既费时又昂贵,难以获得足够的训练样本以保证对参数的精确估计,采用统计分类方法的可靠性大为下降。同样的原因,采用最大似然分类时,在样本数不变的情况下,分类精度随所使用波段数的变化呈现出 Hughes 现象(Hughes,1968),即在样本数一定的情况下,分类精度随波段数增加上升到一定程度后开始下降。由于平均分类错误率与许多因素如特定样本的选择、分类器的选择以及假定的概率结构有关,因此分析一般情况下分类错误率与特征数之间的关系比较困难。在高光谱遥感数据中,更多的波段意味着能够分离出更多的类别,然而受训练样本数的限制,分类器的性能也受到限制。

　　本节介绍高光谱影像的光谱维特征提取、空间维特征提取方法。此外,将“高光谱”这一概念进行拓展,将遥感时间序列影像的每个像元时序数据看作一条“光谱”,则遥感时间序列影像也可看作“高光谱影像”,针对遥感时间序列数据,本章介绍时序特征提取方法和时空谱多维特征提取方法。

5.1 光谱维特征提取

5.1.1 波段选择

特征选择的任务是从一组数量为 M 的特征中选择出数量为 $m\ (m < M)$ 的一组特征 X，使准则函数 $J(X)$ 达到最大。高光谱图像数据位于一个高维空间中，它的每一个波段都可以看成一个特征。因此在高光谱图像中进行特征选择就是进行波段选择，也就是从所有光谱波段中选择起主要作用的子集，该子集既能明显地降低数据维数，又能比较完整地保留感兴趣的信息。特征选择可以有效地提取特征波段，减少冗余信息，提高探测精度和效率。主要分为基于信息量准则和基于类别可分性准则两种。

基于信息量准则的原理是利用各波段的信息量和相关系数，运用统计的方法进行波段选择。最常用的方法是最佳指数方法（optimum index factor，OIF），它的原理是选择熵最大的波段组合，公式如下：

$$\text{OIF} = \frac{\sum_{i=1}^{n} S_i}{\sum_{i=1}^{n} \sum_{j=i+1}^{n} [R_{ij}]} \tag{5.1}$$

其中，S_i 为第 i 个波段的标准差，该值越大则代表对应波段的信息量越大；R_{ij} 为第 i 波段和第 j 波段的相关系数，该值越大则代表波段冗余性越高。

基于类别可分性准则的原理是根据各待分类别在不同波段组合上的统计距离判断的，距离越大，可分性越强。距离的统计方法主要以 Bhattacharyya 距离（Bhattachryya distance，BD）和 J-M 距离（Jeffries-Matusita distance，JMD）为代表。

Bhattachryya 距离定义为：

$$\text{BD}_{ij} = \frac{1}{8} (\boldsymbol{u}_i - \boldsymbol{u}_j)^\mathrm{T} \left(\frac{\boldsymbol{C}_i + \boldsymbol{C}_j}{2} \right)^{-1} (\boldsymbol{u}_i - \boldsymbol{u}_j) + \frac{1}{2} \ln \left[\frac{\left| \frac{\boldsymbol{C}_i + \boldsymbol{C}_j}{2} \right|}{|\boldsymbol{C}_i|^{\frac{1}{2}} |\boldsymbol{C}_j|^{\frac{1}{2}}} \right] \tag{5.2}$$

其中，$\boldsymbol{u}_i$ 和 $\boldsymbol{u}_j$ 分别代表类别 i 与类别 j 的均值矢量，$\boldsymbol{C}_i$ 和 $\boldsymbol{C}_j$ 分别代表类别 i 与类别 j 在波段子集上的协方差矩阵。

J-M 距离基于条件概率理论的方法，距离定义为

$$\text{JMD}_{ij} = \left\{ \int_x \left[\sqrt{p(x/W_i)} - \sqrt{p(x/W_j)} \right]^2 \mathrm{d}x \right\}^{\frac{1}{2}} \tag{5.3}$$

其中，$p(x/W_i)$ 为条件概率密度，也就是第 i 个像元属于第 W_i 个类别的概率。J-M 距离对样本代表性具有较高的要求。

5.1.1.1 光谱特征位置搜索

（1）光谱导数（spectral derivative）：即光谱微（差）分技术，其原理是通过计算光谱微分

值来得到地物光谱局部极大、极小值以及拐点的位置,一般使用一、二阶光谱即可。它的优点在于可以有效地去除传感器和大气的影响,以便能更好地识别地物的吸收峰特征,将其结合光谱吸收指数的方法可以更好地描述目标。

一、二阶光谱导数的公式如下所示:

$$\rho'(\lambda_i) = [\rho(\lambda_{i+1}) - \rho(\lambda_{i-1})]/2\Delta\lambda \tag{5.4}$$

$$\rho''(\lambda_i) = [\rho'(\lambda_{i+1}) - \rho'(\lambda_{i-1})]/2\Delta\lambda = [\rho(\lambda_{i+2}) - 2\rho(\lambda_i) + \rho(\lambda_{i-2})]/4\Delta\lambda^2 \tag{5.5}$$

光谱导数在提取地物光谱特征参数上取得很好的效果,应用十分广泛。

(2) 光谱包络线去除(spectral continuum removal):对地物光谱进行归一化处理,进一步突出地物光谱的吸收和反射特征。它的原理是在地物光谱曲线上选取一些点将曲线完全包括进去,然后将上方的曲线除以被包括的原地物曲线,达到归一化和突出吸收峰的目的。

包络线是指覆盖于光谱曲线上方的背景轮廓线,它由反射率光谱拐点处局部最大值的连接线所组成。包络线去除光谱可以由以下公式获取:

$$R_{cr} = \frac{R}{R_c} \tag{5.6}$$

其中,R_{cr} 是包络线去除后的光谱;R 是原始反射率光谱;R_c 是包络线光谱。

它的优点是地物曲线经过包络线去除后特征明显,可以用来进行光谱特征谱段选择和参量分析,可以去除不必要的噪声影响,该方法在矿物提取中广泛应用。

(3) 光谱吸收特征参数(spectral absorption feature parameter,SAFP):用来定量化描述地物光谱吸收谷和反射峰的特征,包括吸收波谷位置(P)、吸收谷深度(H)、吸收谷宽度(W)、斜率(K)、面积(A)以及吸收对称度(S)等。如图 5.1 所示。

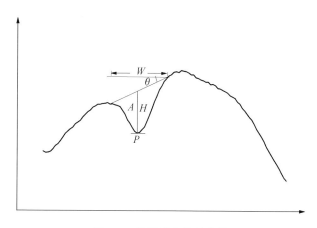

图 5.1 光谱吸收特征参数

其中,吸收波谷位置(P_{min})是指反射率最小值处所对应的波长,若为波峰时也可称为吸收波峰位置(P_{max})。它的大小可以反映物质本身的性质,是鉴别地物的重要特征。反射值(R)代表对应波长处的光谱反射率值。吸收谷深度(H)代表吸收谷两个相邻波峰之间的连线与该吸收谷垂线的交点到 P 之间的长度。吸收谷宽度(W)代表吸收谷两个相邻峰之间对应的波长的宽度。它的大小和高光谱传感器光谱分辨率的最小值相关,当光谱分辨率小于吸收宽度的时候,地物才可以被识别出来。斜率(K)是指把一段波长范围内的光谱曲线使用最小距离等方法近似模拟成一条直线,则该直线的斜率即光谱斜率。吸收面积(A)是指该吸收谷的两个相邻的吸收峰之间的连线与该段光谱曲线围成的面积。它是光谱曲线的吸收谷宽度和吸收谷深度的综合体现。吸收对称度(S)定义为以吸收谷的垂线为边界,吸收峰左边的区域和右边区域的比值。根据不同地物光谱曲线的特点使用不同的参量综合描述就可以进行地物识别。

(4) 光谱吸收指数(spectral absorption index,SAI):将光谱吸收参量综合起来的一个指标。它的原理如图 5.2 所示,光谱的吸收谷可以用谷点 M 和两侧的吸收边缘 S_1、S_2 组成。

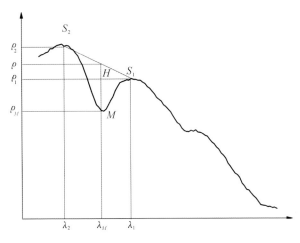

图 5.2　光谱吸收指数

令 H 为光谱吸收深度,ρ_1、λ_1 为吸收左吸收边缘 S_1 的反射率和波长值;ρ_m、λ_m 为吸收点 M 的反射率和波长位置;ρ_2、λ_2 为吸收右吸收边缘 S_2 的反射率和波长值。吸收波段宽度 W 可表达为

$$W = \lambda_2 - \lambda_1 \tag{5.7}$$

吸收的对称性参数 d 为

$$d = (\lambda_2 - \lambda_m)/W \tag{5.8}$$

光谱吸收指数可表示为

$$\text{SAI} = \frac{d\rho_1 + (1-d)\rho_2}{\rho_m} \tag{5.9}$$

光谱吸收指数的值即为吸收位置的光谱值与到吸收谷点的距离比值的导数。它的作用是量化光谱吸收量并加强其差异。

5.1.1.2　遗传算法

遗传算法(genetic algorithm,GA)最早是由美国密歇根大学的 Holland(1975)教授提出的,它是一种模拟生物在自然环境中遗传和进化过程的自适应全局优化概率搜索算法,具有搜索过程简单、通用性强和鲁棒性强的特点。遗传算法起源于 20 世纪 60 年代对自然和人工自适应系统的研究。20 世纪 70 年代,基于遗传算法的思想,De Jong(1975) 进行了大量的纯数值函数优化的计算实验。在前人研究基础上,20 世纪 80 年代由 Goldberg 和 Holland(1988)进行归纳总结,形成遗传算法的基本框架。遗传算法通过模拟群体的遗传和进化过程,按照优胜劣汰的原则,在每次迭代中都保留一组候选解,利用选择、交叉和变异算子作用于群体,产生新一代的候选解群,重复此过程,最终获得优良的个体,即待求解问题的最优解。

遗传算法具体步骤如下:

第一步:初始化。设置进化代数计数器 s;设置最大进化代数 S;随机生成 M 个个体作为初始群体 $C(0)$。

第二步:个体评价。计算群体 $C(s)$ 中各个个体的适应度。

第三步:选择运算。将选择算子作用于群体。

第四步:交叉运算。将交叉算子作用于群体。

第五步:变异运算。将变异算子作用于群体,群体 $C(s)$ 经过选择、交叉、变异运算之后得到下一代群体 $C(s+1)$。

第六步:终止条件判断。若 $s<S$,则转到步骤二;若 $t>T$,则以进行过程中所得到的具有最大适应度的个体作为最优解输出,终止计算。

5.1.2 特征选择

5.1.2.1 K-L 变换

对高维数据进行主成分分析运算,可以将大量信息集中在少数几个主成分上,然后选择信息量最大的几个主成分组成特征子空间,从而得到高维数据投影到低维空间的结果。经过 PCA 变换后的数据不但可以保留原始高维数据的主要信息,而且使得投影后波段间的相关性较小,降低了数据的冗余程度(Rodarmel and Shan,2002)。PCA 算法示例如图 5.3 所示。

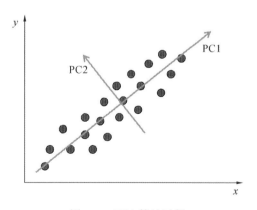

图 5.3 PCA 算法示例

根据方差最大化原理,PCA 算法就是用一组相互正交且线性无关的向量来表征原数据矩阵。所形成的新向量(即主成分)是原始数据向量的线性组合。对某一矩阵 X(由 n 个向量组成)进行线性变换,就是对该矩阵乘以一个变换矩阵 $\boldsymbol{A}$,由此产生一个新的矩阵 $\boldsymbol{Y}$,即新的 n 维变量矩阵,如下所示:

$$\boldsymbol{Y} = \boldsymbol{AX} \tag{5.10}$$

其中,$\boldsymbol{X}$ 为原始数据矩阵,$\boldsymbol{A}$ 为一个 $n \times n$ 的线性变换矩阵,$\boldsymbol{Y}$ 为变换后的矩阵。

根据主成分分析的原理,矩阵 $\boldsymbol{A}$ 实际是矩阵 $\boldsymbol{X}$ 的协方差矩阵 $\sum_x$ 的特征向量的转置矩阵,即

$$\boldsymbol{A} = \boldsymbol{\Phi}^{\mathrm{T}} = \begin{bmatrix} \varphi_{11} & \varphi_{12} & \cdots & \varphi_{1n} \\ \varphi_{21} & \varphi_{22} & \cdots & \varphi_{2n} \\ \vdots & \vdots & \ddots & \vdots \\ \varphi_{n1} & \varphi_{n2} & \cdots & \varphi_{nn} \end{bmatrix} \tag{5.11}$$

公式(5.11)可以写成

$$\begin{bmatrix} y_1 \\ y_2 \\ \vdots \\ y_i \\ \vdots \\ y_n \end{bmatrix} = \begin{bmatrix} \varphi_{11} & \varphi_{12} & \cdots & \varphi_{1n} \\ \varphi_{21} & \varphi_{22} & \cdots & \varphi_{2n} \\ \vdots & \vdots & \ddots & \vdots \\ \varphi_{n1} & \varphi_{n2} & \cdots & \varphi_{nn} \end{bmatrix} \begin{bmatrix} x_1 \\ x_2 \\ \vdots \\ x_i \\ \vdots \\ x_n \end{bmatrix} \tag{5.12}$$

或者

$$\begin{aligned} y_1 &= \varphi_{11} x_1 + \varphi_{12} x_2 + \cdots + \varphi_{1n} x_n \\ y_2 &= \varphi_{21} x_1 + \varphi_{22} x_2 + \cdots + \varphi_{2n} x_n \\ &\vdots \\ y_n &= \varphi_{n1} x_1 + \varphi_{n2} x_2 + \cdots + \varphi_{nn} x_n \end{aligned} \tag{5.13}$$

从公式(5.13)可以看出,矩阵 $\boldsymbol{A}$ 的作用是对各个分量赋予一个权重系数,以实现线性变换。所得矩阵 $\boldsymbol{Y}$ 的各分量均是矩阵 $\boldsymbol{X}$ 各分量的线性组合,它不是简单的取舍而是综合了矩阵 $\boldsymbol{X}$ 各分量的信息,这使得所得矩阵 $\boldsymbol{Y}$ 可以较好地反映矩阵 $\boldsymbol{X}$ 的本质特征。从几何意义上来看,PCA 实质是进行了一个坐标轴旋转变换,由原始 $\boldsymbol{X}$ 空间变换为 $\boldsymbol{Y}$ 空间。

矩阵 $\boldsymbol{Y}$ 的协方差矩阵 $\sum_y$ 是对角矩阵,表明了新分量彼此间是不相关的,即 y_i 之间是独立的。$\boldsymbol{Y}$ 的各分量 y_i 的方差的对角元素就是 $\sum_x$ 的特征值,即

$$\sum_y = \begin{bmatrix} \lambda_1 & 0 & \cdots & 0 \\ 0 & \lambda_2 & \cdots & 0 \\ \vdots & \vdots & \ddots & \vdots \\ 0 & 0 & \cdots & \lambda_n \end{bmatrix} \tag{5.14}$$

5.1.2.2 线性判别分析

线性判别分析(linear discriminant analysis,LDA)是一种监督分类方法,它寻找使得类间方差最大同时类内方差最小的投影方向,如图 5.4 所示。考虑到样本的标记信息,LDA 算法满足线性变换 $z_i = f(x_i, y_i) = \boldsymbol{W}^{\mathrm{T}} x_i$,其中 y_i 是样本点 x_i 的标记信息。投影矩阵 $\boldsymbol{W}_{\mathrm{LDA}} =$

$(w_1, w_2, \cdots, w_r)$如下计算：

$$W_{\mathrm{LDA}} = \arg \max_{w} \frac{w^{\mathrm{T}} S_b w}{w^{\mathrm{T}} S_w w} \tag{5.15}$$

其中，

$$S_b = \sum_{k=1}^{C} n_k (u^{(k)} - u)(u^{(k)} - u)^{\mathrm{T}} \tag{5.16}$$

并且，

$$S_w = \sum_{k=1}^{C} \left(\sum_{i=1}^{n_k} (x_i^{(k)} - u^{(k)})(x_i^{(k)} - u^{(k)})^{\mathrm{T}} \right) \tag{5.17}$$

其中，n_k表示第 k 个类别的样本数量；u 表示整个训练集的平均值；$u^{(k)}$是第 k 个类别的均值；$x_i^{(k)}$表示第 k 个类别的第 i 个样本；C 表示样本类别数。S_b就是所谓的类间散度矩阵；S_w是类内散度矩阵。公式(5.15)等价于

$$W_{\mathrm{LDA}} = \arg \max_{w} \frac{w^{\mathrm{T}} S_b w}{w^{\mathrm{T}} S_t w} \tag{5.18}$$

其中，

$$S_t = \sum_{i=1}^{N} (x_i - u)(x_i - u)^{\mathrm{T}} \tag{5.19}$$

根据公式(5.16)、(5.17)、(5.19)，可以得到$S_t = S_b + S_w$。

基于S_b和S_w(或S_t)，我们可以计算得到投影矩阵W_{LDA}。LDA 算法是寻找确保同一类别的样本点离得更近，不同类别的样本点距离更远的投影方向。但是，由于类间散度矩阵S_b的阶数为$(C-1)$，因此 LDA 算法最多只能提取$(C-1)$个特征，可能不足以表达原始数据的全部基本信息。

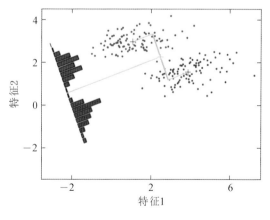

图 5.4　LDA 算法示例

5.1.2.3　无参权重特征提取

与 LDA 算法原理类似，无参权重特征提取（nonparametric weighted extraction，NW-FE）也是寻找满足类间散度矩阵最大同时类内散度矩阵最小的特征空间。NWFE 算法的主要思想是给每个样本赋予不同的权重来计算"权重均值"，然后用样本点与权重均值之间的

距离来确定边界的位置。此外,NWFE 算法采用了一个正则化的类内散度矩阵来避免奇异性。因此,NWFE 算法既解决了 LDA 的缺点也获得了满意的结果。NWFE 算法的类间散度矩阵$\boldsymbol{S}_b{}^{\text{NWFE}}$与类内散度矩阵$\boldsymbol{S}_w{}^{\text{NWFE}}$定义如下:

$$\boldsymbol{S}_b^{\text{NWFE}} = \sum_{i=1}^{L} P_i \sum_{j=1}^{L} \sum_{k=1}^{n_k} \frac{\eta_k^{i,j}}{n_k} \left(x_k^i - \boldsymbol{M}_j\left(x_k^i\right)\right)\left(x_k^i - \boldsymbol{M}_j\left(x_k^i\right)\right)^{\text{T}} \tag{5.20}$$

$$\boldsymbol{S}_w^{\text{NWFE}} = \sum_{i=1}^{L} P_i \sum_{k=1}^{n_k} \frac{\eta_k^{i,j}}{n_k} \left(x_k^i - \boldsymbol{M}_j\left(x_k^i\right)\right)\left(x_k^i - \boldsymbol{M}_j\left(x_k^i\right)\right)^{\text{T}} \tag{5.21}$$

其中,散度矩阵权重$\eta_k^{i,j}$定义如下:

$$\eta_k^{i,j} = \frac{d\left(x_k^i, \boldsymbol{M}_j\left(x_k^i\right)\right)^{-1}}{\sum_{t=1}^{n_k} d\left(x_t^i, \boldsymbol{M}_j\left(x_t^i\right)\right)^{-1}} \tag{5.22}$$

权重均值为

$$\boldsymbol{M}_j\left(x_k^i\right) = \sum_{t=1}^{n_j} \gamma_{kt}^{i,j} x_t^j \tag{5.23}$$

同时,

$$\gamma_{kt}^{i,j} = \frac{d\left(x_k^i, x_t^j\right)^{-1}}{\sum_{t=1}^{n_k} d\left(x_k^i \cdot x_t^j\right)^{-1}} \tag{5.24}$$

NWFE 算法的投影矩阵$\boldsymbol{W}_{\text{NWFE}} = (w_1, w_2, \cdots, w_r)$按下式优化计算:

$$\boldsymbol{W}_{\text{NWFE}} = \arg\max_w \frac{w^{\text{T}} \boldsymbol{S}_b^{\text{NWFE}} w}{w^{\text{T}} \boldsymbol{S}_w^{\text{NWFE}} w} \tag{5.25}$$

为了减少类内距离的外积计算影响,避免矩阵奇异,类内散度矩阵通过下式正则化:

$$\boldsymbol{S}_w^{\text{NWFE}} = 0.5\boldsymbol{S}_w^{\text{NWFE}} + 0.5\text{diag}\left(\boldsymbol{S}_w^{\text{NWFE}}\right) \tag{5.26}$$

其中,$\text{diag}(\boldsymbol{M})$表示矩阵 $\boldsymbol{M}$ 的对角线部分。

NWFE 的算法步骤如下:

第一步:计算每对训练样本间的距离,形成距离矩阵;

第二步:依据距离矩阵计算$\gamma_{kt}^{i,j}$;

第三步:用上一步骤计算得到的$\gamma_{kt}^{i,j}$计算权重均值$\boldsymbol{M}_j\left(x_k^i\right)$;

第四步:计算散度矩阵权重$\eta_k^{i,j}$;

第五步:计算$\boldsymbol{S}_b{}^{\text{NWFE}}$和正则化的$\boldsymbol{S}_w{}^{\text{NWFE}}$;

第六步:根据公式$z_i = \boldsymbol{W}_{\text{NWFE}}^{\text{T}} x_i$提取特征。

NWFE 算法解决了 LDA 提取特征的数量最多为类别数-1的局限性。但是,与 LDA 算法的效率相比,NWFE 算法随着训练样本的增加,其处理时间迅速增长。这是因为 NWFE 算法使用全部的训练样本来计算$\gamma_{kt}^{i,j}$、$\eta_k^{i,j}$和$\boldsymbol{M}_j\left(x_k^i\right)$,这会导致当样本数量多而耗时较长的问题。

5.1.2.4 流形学习

1. MDS 算法

多维尺度变换(MDS)是一种保持数据之间差异性(或相似性)的非线性降维方法,它可以使得数据集合中相近的点在低维空间中仍然保持相近,远离的点仍然远离(Kruskal,1964)。MDS 的输入通常是代表原数据相似性或者差异性度量的矩阵 $\boldsymbol{\psi}$,输出是降维数据

Y,其仍保持原数据的相似性(或差异性)。MDS 可以分为尺度 MDS(metric MDS)和非尺度 MDS(non-metric MDS),尺度 MDS 是指降维数据的距离可以保持原数据的差异性,非尺度 MDS 只要求保持数据差异性的顺序。设原数据 X 和降维数据 Y 分别排列为 $N \times D$ 和 $N \times d$ 的矩阵,差异性矩阵表示为 $\psi\psi = \{\varphi_{ij} = \varphi(x_i, x_j), i, j = 1, \cdots, N\}$,尺度 MDS 的目标是寻找降维数据 Y,使得数据在低维空间的距离 $dis(y_i, y_j)$ 与高维空间中原数据之间差异性度量的函数 $F(\varphi(x_i, x_j))$ 尽量接近:

$$\min J = \sum_{i,j} |dis(y_i, y_j) - F(\varphi(x_i, x_j))|^2 \qquad (5.27)$$

其中 ,F 是连续单调函数,作用是使差异性度量变换为距离度量。若 $F(x) = x$,并且差异性度量函数 φ 用欧氏距离表示,那么就得到古典 MDS(classical MDS)算法,这是尺度 MDS 的一种特殊情况,可视为线性降维。古典 MDS 的差异性度量表示为

$$\varphi^2(x_i, x_j) = (x_i - x_j)^{\mathrm{T}}(x_i - x_j) \qquad (5.28)$$

构造矩阵算子 $\tau(\psi) = -H\psi^2 H/2$,其中 $H = I - ee^{\mathrm{T}}/N$ 为 $N \times N$ 中心化矩阵,可以得到 $\tau(\psi)_{ij} = (x_i - \overline{x})^{\mathrm{T}}(x_j - \overline{x})$,其中 $\overline{x} = X^{\mathrm{T}}e/N$,所以 $\tau(\psi)$ 可以表示为 $\tau(\psi) = \overline{X}\overline{X}^{\mathrm{T}}$,其中 $\overline{X} = HX$ 为中心化数据,可以看到 $\tau(\psi)$ 是中心化数据的内积矩阵。对 $\tau(\psi)$ 进行特征值分解 $\tau(\psi) = V\Lambda V^{\mathrm{T}}$,其中 Λ 和 V 分别为特征值和特征向量阵,若 $D < N$,那么有 $(N-D)$ 个零特征值,并且 $\tau(\psi) = V_D \Lambda_D V_D^{\mathrm{T}}$。对于降维,只选择最大的 d 个特征值和其相应的特征向量,$\tau(\psi)$ 进一步表示为:$\tau(\psi) \approx V_d \Lambda_d V_d^{\mathrm{T}} = V_d \Lambda_d^{\frac{1}{2}}(V_d \Lambda_d^{\frac{1}{2}})^{\mathrm{T}} = YY^{\mathrm{T}}$,所以降维数据 $Y = V_d \Lambda_d^{\frac{1}{2}}$。因此降维数据的内积 YY^{T} 逼近原数据的内积 $\overline{X}\overline{X}^{\mathrm{T}}$,保持了原数据由内积表示的差异性,也可以说保持了由欧氏距离表示的数据差异性。

在图嵌入框架下,MDS 对应的图 G 的连接权值 $W_{ij} = \tau(\psi)_{ij}$,相似性矩阵 $W = \tau(\psi)$,程度矩阵 $D = 0$,拉普拉斯矩阵 $L = D - W = -\tau(\psi)$,约束矩阵 $B = I, M = \Lambda_d$,有:

$$Y^* = \arg\max_{Y^{\mathrm{T}}Y = \Lambda_d} Y^{\mathrm{T}}\tau(\psi)Y = \arg\min_{Y^{\mathrm{T}}Y = \Lambda_d} Y^{\mathrm{T}}LY \qquad (5.29)$$

古典 MDS 降维和 PCA 算法之间存在等价关系,相应性质:设原数据 $X \in R^{N \times D}$,数据点之间的差异性度量表示为 $\varphi^2(x_i, x_j) = (x_i - x_j)^{\mathrm{T}}(x_i - x_j)$。设 $P \in R^{D \times d}$ 表示投影矩阵,得线性降维数据 $Y = XP$,其距离度量为 $dis^2(y_i, y_j) = (y_i - y_j)^{\mathrm{T}}(y_i - y_j)$。使得目标函数 $J = \sum_{i,j}(\varphi_{ij}^2 - dis_{ij}^2)$ 最小的投影方向为数据的主轴方向,且 $J_{\min} = 2N(\lambda_{d+1} + \cdots + \lambda_D)$,对所有的 i、j,有 $dis_{ij} \leqslant \varphi_{ij}$。

PCA 算法和 MDS 算法的一个不同是:PCA 得到数据的主轴方向,新数据的降维结果可以通过数据向主轴方向投影得到,而 MDS 无法对新数据进行泛化。

2. ISOMAP 算法

ISOMAP 是一种全局流形学习算法,基本思想是假设数据集的分布具有低维嵌入流形结构,通过保持数据间的测地线距离获得数据集在低维空间的表示(Tenenbaum et al.,2000)。算法基于古典 MDS 算法,区别是古典 MDS 保持数据间欧氏距离,ISOMAP 保持数据间的测地线距离。对于具有非线性结构的数据,测地线距离能更好地描述数据的几何结构。ISOMAP 计算测地线距离的方法是:对数据建立邻域图,对于图中的近邻点,测地线距离用欧氏距离表示,对于非近邻点,测地线距离用邻域图中两点之间的最短路径表示,最短

路径为路径上相关的邻域内点集的欧氏距离的累加。算法步骤是：

第一步：构造数据邻域图 G，数据 (x_i,x_j) 之间的距离用欧氏距离 $d_E(x_i,x_j)$，设 x_i 点的 k 个近邻点为 $X_i=[x_{i1},\cdots,x_{ik}]$。

第二步：计算测地线距离 $\boldsymbol{D}_G=\{d_G(x_i,x_j),i,i=1,2,\cdots,N\}$

首先初始化测地线距离 $\boldsymbol{D}_G$：图 G 中，如 $x_j X_i$，$d_G(x_i,x_j)=d_E(x_i,x_j)$，否则 $d_G(x_i,x_j)=\infty$。然后对于不相邻接的点，测地线距离用最短路径表示，最短路径采用 Dijkstra 方法计算（严蔚敏 等，1996）。

第三步：构造低维嵌入 Y。

在距离矩阵 $\boldsymbol{D}_G$ 上，采用古典 MDS 算法求解降维数据 Y，其目标函数是

$$\min J = \parallel \boldsymbol{\tau}(\boldsymbol{D}_G)-\boldsymbol{\tau}(\boldsymbol{D}_{E,Y})\parallel_{L^2} \tag{5.30}$$

其中，$\boldsymbol{D}_{E,Y}$ 是降维数据的欧氏距离，矩阵算子 $\boldsymbol{\tau}(\boldsymbol{D}_G)=-\dfrac{H\boldsymbol{D}_G^2 H}{2}$。对 $\boldsymbol{\tau}(\boldsymbol{D}_G)$ 进行特征值分解，取最大的 d 个特征值对角阵 $\boldsymbol{\Lambda}_d$ 和其对应的特征向量 $\boldsymbol{V}_d$，则降维数据为 $Y=\boldsymbol{\Lambda}_d^{1/2}\boldsymbol{V}_d$。

在图嵌入框架下，ISOMAP 对应的图 G 的连接权值 $W_{ij}=\boldsymbol{\tau}(\boldsymbol{D}_G)_{ij}$，则 $W=\boldsymbol{\tau}(\boldsymbol{D}_G)=-H\boldsymbol{D}_G^2 H/2$，程度矩阵 $\boldsymbol{D}=0$，拉普拉斯矩阵 $L=D-W=-\boldsymbol{\tau}(\boldsymbol{D}_G)=-H\boldsymbol{D}_G^2 H/2$，约束矩阵 $\boldsymbol{B}=I,\boldsymbol{M}=\boldsymbol{\Lambda}_d$。

ISOMAP 可以保持数据的全局几何结构，不存在局部极小问题，而且对于单一流形，ISOMAP 会产生"elbow"现象，由此可以判断流形的维数。但是 ISOMAP 无法得到原数据空间到降维空间的映射，所以无法得到一个新数据点的降维坐标；并且，ISOMAP 受到"短路"情况的影响，近邻图中一个错误的连接可能严重影响测地线距离的准确度，使得测地线无法正确反映数据真正的几何结构。

3.LLE 算法

LLE 算法的基本思想是通过保持原数据局部邻域内各点的关系，将高维数据映射到低维流形（Roweis and Saul，2000）。与 ISOMAP 保持全局测地线距离的思想不同，LLE 保持每个局部几何结构，其中，在每个局部结构中，假设数据位于或接近位于流形的一个线性平面上，每个点被邻域点线性重构的系数可以刻画其局部几何结构，通过在降维数据中保持这个系数以使得降维数据仍然保持原数据的几何结构。LLE 算法步骤为：

第一步：搜索邻域点。

对每个样本点 x_i，搜索其 k 个近邻点 $\boldsymbol{X}_i=[x_{i1},\cdots,x_{ik}]$，$i=1,2,\cdots N$。

第二步：计算每个点被邻域点重构的系数。

对每个样本点 x_i，计算其被邻域 $\boldsymbol{X}_i$ 线性重构的系数，通过最小化以下重构误差得到

$$e(f_i) = \parallel x_i-\sum_j f_{ij}x_{ij}\parallel^2 \quad \text{st.}\sum_j f_{ij}=1 \tag{5.31}$$

其中，$\sum_j f_{ij}x_{ij}$ 表示对 x_i 点的线性重构，$f_{ij}=f(x_i,x_{ij})$ 表示 x_i 被 x_{ij} 重构的系数，解为

$$f_{ij}=\frac{\sum_h \boldsymbol{G}_{jh}^{-1}}{\sum_{l,m}\boldsymbol{G}_{lm}^{-1}} \tag{5.32}$$

其中，$\boldsymbol{G}$ 是局部 Gram 矩阵：$\boldsymbol{G}_{jh}=(x_i-x_{ij})^T(x_i-x_{ih})$。重构系数 f_i 对于 x_i 和其邻域点 $\boldsymbol{X}_i$ 具有旋转、伸缩和平移不变性，故可以描述邻域的几何结构。

第三步:构造低维嵌入 $\mathbf{Y}$。

通过在降维数据中保持各邻域的内在几何结构(重构权值)求得低维嵌入,目标函数为

$$J(\mathbf{Y}) = \sum_i \| y_i - \sum_j f_{ij} y_j \|^2 \quad \text{s. t. } \frac{1}{N} \sum_i y_i y_i^{\mathrm{T}} = I \ \& \ \sum_i y_i = 0 \tag{5.33}$$

其中,第二步求得的 f_{ij} 降维数据 Y 中仍然被保持。可见,嵌入结果完全由表征内在几何特性的重构权值决定。通过特征值分解来求解这个目标函数: $Ly = \lambda \mathbf{B} y$,其中拉普拉斯矩阵 $\mathbf{L} = (I - \mathbf{F}^{\mathrm{T}})(I - \mathbf{F})$,约束矩阵 $\mathbf{B} = I, \mathbf{M} = I$,在图嵌入框架下,图 G 的连接权值矩阵为 $\mathbf{W} = \mathbf{F} + \mathbf{F}^{\mathrm{T}} - \mathbf{F}^{\mathrm{T}}\mathbf{F}$。

LLE 算法计算简单,不存在局部极小问题,但是 LLE 算法对噪声敏感,对局部闭合数据无法得到有效嵌入,且无法求得新数据的嵌入坐标。

4. LE 算法

LE 算法是一种基于图谱理论的方法,基本思想是在高维空间中距离很近的点映射到低维空间后也应该距离很近。算法步骤为:

第一步:构造邻域图 G。

对每个样本点 x_i,搜索其 k 个近邻点 $\mathbf{X}_i = [x_{i1}, \cdots, x_{ik}], i = 1, 2, \cdots N$。

第二步:对图 G 中相连的边计算权值。

权值可以设置为 1 或者采用热核函数:

$$\mathbf{W}_{ij} = \exp\left(-\frac{\| x_i - x_j \|^2}{2\sigma^2}\right) \tag{5.34}$$

第三步:构造低维嵌入 $\mathbf{Y}$。

通过使得图 G 中的近邻点在低维空间中仍然接近来求得降维数据:

$$\min \Phi(\mathbf{Y}) = \sum_{i,j} \| x_i - x_j \|^2 \mathbf{W}_{ij} \quad \text{st.} \mathbf{YDY}^{\mathrm{T}} = I \tag{5.35}$$

同公式(5.29),可以通过 $\mathbf{LY} = \lambda \mathbf{BY}$ 求解,其中 $\mathbf{L} = \mathbf{D} - \mathbf{W}, \mathbf{B} = \mathbf{D}, D_{ij} = \sum_j \mathbf{W}_{ij}, \mathbf{M} = I$。它等价于对归一化拉普拉斯矩阵 $\hat{\mathbf{L}} \mathbf{Y} = \lambda \mathbf{Y}, \hat{\mathbf{L}} = \mathbf{D}^{-\frac{1}{2}}(\mathbf{D} - \mathbf{W})\mathbf{D}^{-\frac{1}{2}}$。

LE 算法计算简单,不存在局部极小问题,而且对噪声鲁棒性较好,但是对流形上距离较远的点之间的关系不明确,降维效果不是最好,并且无法对新数据进行泛化。

5.2 空间维特征提取

5.2.1 纹理特征提取

纹理特征是一种全局特征,描述了图像或图像区域所对应景物的表面性质。纹理特征不是基于像素点的特征,它需要在包含多个像素点的区域中进行统计计算。在模式匹配中,

这种区域性的特征具有较大的优越性,不会由于局部的偏差而无法匹配成功。作为一种统计特征,纹理特征常具有旋转不变性,并且对于噪声有较强的抵抗能力。但是,纹理特征也有其缺点,一个很明显的缺点是当图像的分辨率变化的时候,所计算出来的纹理特征可能会有较大偏差。提取纹理特征最常用的方法就是计算灰度共生矩阵。

灰度共生矩阵定义为图像中相距为 $\sigma=(x,y)$ 的两个灰度像素同时出现的联合概率分布。不同的 σ 决定了两个像素间的距离 $d(d>0)$ 和方向 θ。用 $p(i,j,d,\theta)$ 表示灰度共生矩阵 $\boldsymbol{G}$。从灰度共生矩阵中提取出 5 个常用的特征参数进行图像复杂度的模型计算。

(1)能量:能量用来描述图像灰度均匀性的分布情况。当灰度共生矩阵中元素分布较集中于主对角线附近时,J 值相应较大,说明图像的灰度分布比较均匀,从图像整体看,纹理较粗;反之,纹理较细。

$$J = \sum_{i=1}^{K} \sum_{j=1}^{K} p^2(i,j,d,\theta) \tag{5.36}$$

其中,K 为方阵 $\boldsymbol{G}$ 的行列数。

(2)熵:熵值用来描述图像所包含的信息量,若图像中没有纹理,则灰度共生矩阵几乎为零阵,熵值接近于零;若图像中细纹理较多,则图像的熵值较大;若图像中细纹理较少,则图像的熵值较小。

$$\boldsymbol{H} = -\sum_{i=1}^{K} \sum_{j=1}^{K} p(i,j,d,\theta) \log_2 {}^{p(i,j,d,\theta)} \tag{5.37}$$

(3)对比度:对比度可以用来描述图像的清晰程度,即纹理的清晰程度。在图像中,纹理越清晰,相邻像素对的灰度差别就越大,其对比度 S 越大。

$$S = \sum_{i=1}^{K} \sum_{j=1}^{K} (i-j)^2 p(i,j,d,\theta) \tag{5.38}$$

(4)同质性:同质性可以用来描述图像纹理局部变化的多少。若图像纹理的不同区域间变化少,局部非常均匀,则 Q 值大;反之则小。

$$Q = \sum_{i=1}^{K} \sum_{j=1}^{K} \frac{1}{1+(i-j)^2} p(i,j,d,\theta) \tag{5.39}$$

(5)相关性:相关性可以用于衡量灰度共生矩阵的元素在行或列方向的相似程度,因此相关性值大小反映了图像中局部灰度的相关性。当行(列)相似程度高时,则相关性值较大,对应图像复杂度较小,反之复杂度较大。

$$\text{COV} = \sum_{i=1}^{K} \sum_{j=1}^{K} (i-\mu_1)(j-\mu_2) / \sigma_1 \sigma_2 \tag{5.40}$$

其中,μ_1 和 μ_2 分别代表元素沿归一化后的 $\boldsymbol{G}$ 的行、列方向上的均值,σ_1 和 σ_2 分别代表其均方差。

5.2.2　图像分割

所谓图像分割指的是根据灰度、颜色、纹理和形状等特征把图像划分成若干互不交迭的区域,并使这些特征在同一区域内呈现出相似性,而在不同区域间呈现出明显的差异性。根据算法原理不同,可将图像分割方法分为下面几种。

1. 基于阈值的分割方法

阈值法的基本思想是基于图像的灰度特征来计算一个或多个灰度阈值,并将图像中每个像素的灰度值与阈值相比较,最后将像素根据比较结果分到合适的类别中。因此,该类方法最为关键的一步就是按照某个准则函数来求解最佳灰度阈值。

2. 基于边缘的分割方法

所谓边缘是指图像中两个不同区域的边界线上连续的像素点的集合,是图像局部特征不连续性的反映,体现了灰度、颜色、纹理等图像特性的突变。通常情况下,基于边缘的分割方法指的是基于灰度值的边缘检测,它是建立在边缘灰度值会呈现出阶跃型或屋顶型变化这一观测基础上的方法。

阶跃型边缘两边像素点的灰度值存在着明显的差异,而屋顶型边缘的则位于灰度值上升或下降的转折处。正是基于这一特性,可以使用微分算子进行边缘检测,即使用一阶导数的极值与二阶导数的过零点来确定边缘,具体实现时可以使用图像与模板进行卷积来完成。

3. 基于区域的分割方法

此类方法是将图像按照相似性准则分成不同的区域,主要包括种子区域生长法、区域分裂合并法和分水岭法等类型。

种子区域生长法是从一组代表不同生长区域的种子像素开始,接下来将种子像素邻域里符合条件的像素合并到种子像素所代表的生长区域中,并将新添加的像素作为新的种子像素继续合并的过程,直到找不到符合条件的新像素为止。该方法的关键是选择合适的初始种子像素以及合理的生长准则。

区域分裂合并法的基本思想是首先将图像任意分成若干互不相交的区域,然后按照相关准则对这些区域进行分裂或者合并从而完成分割任务。该方法既适用于灰度图像分割,也适用于纹理图像分割。

分水岭法(Meyer and Beucher,1990)是一种基于拓扑理论的数学形态学的分割方法,其基本思想是把图像看作测地学上的拓扑地貌,图像中每一点像素的灰度值表示该点的海拔高度,每一个局部极小值及其影响区域称为集水盆,而集水盆的边界则形成分水岭。该算法的实现可以模拟成洪水淹没的过程,图像的最低点首先被淹没,然后水逐渐淹没整个山谷。当水位到达一定高度的时候水会溢出,这时在水溢出的地方修建堤坝,重复这个过程直到整个图像上的点全部被淹没,这时所建立的一系列堤坝就成为分开各个盆地的分水岭。分水岭算法对微弱的边缘有着良好的响应,但图像中的噪声会使分水岭算法产生过分割的现象。

4. 基于图论的分割方法

此类方法把图像分割问题与图论的最小分割问题相关联。首先将图像映射为带权无向图,图中每个节点对应于图像中的每个像素,每条边连接着一对相邻的像素,边的权值表示了相邻像素之间在灰度、颜色或纹理方面的非负相似度。对图像的一个分割就是对图的一个剪切,被分割的每个区域对应着图中的一个子图。分割的最优原则就是使划分后的子图在内部保持相似度最大,而子图之间的相似度保持最小。基于图论的分割方法的本质就是移除特定的边,将图划分为若干子图从而实现分割。

5.基于能量泛函的分割方法

该类方法主要指的是活动轮廓模型以及在其基础上发展出来的算法,其基本思想是使用连续曲线来表达目标边缘,并定义一个能量泛函使得其自变量包括边缘曲线,因此分割过程就转变为求解能量泛函最小值的过程,一般可通过求解函数对应的欧拉方程来实现,能量达到最小时的曲线位置就是目标的轮廓所在。按照模型中曲线表达形式的不同,活动轮廓模型可以分为两大类:参数活动轮廓模型和几何活动轮廓模型。

参数活动轮廓模型是基于拉格朗日框架,直接以曲线的参数化形式来表达曲线。最具代表性的是由 Kass 等(Kass et al.,1988)提出的 Snake 模型。该举模型在早期的生物图像分割领域得到了成功的应用,但其存在着分割结果受初始轮廓的设置影响较大以及难以处理曲线拓扑结构变化等缺点,此外,其能量泛函只依赖于曲线参数的选择,与物体的几何形状无关,这也限制了其进一步的应用。

几何活动轮廓模型的曲线运动过程是基于曲线的几何度量参数而非曲线的表达参数,因此可以较好地处理拓扑结构的变化,并可以解决参数活动轮廓模型难以解决的问题。而水平集(level set)方法(Osher and Sethian,1988)的引入,极大地推动了几何活动轮廓模型的发展,因此几何活动轮廓模型一般也可被称为水平集方法。

5.2.3　形态学特征提取

数学形态学方法利用一个称作结构元素的"探针"收集图像信息,当"探针"在图像中不断移动时,便可考察图像各个部分之间的相关关系,从而了解图像的结构特征。

1.结构元素的概念

结构元素是一个特殊的元素集合,不同的应用分析需要不同的结构元素。依据集合的维数可将结构元素分为二值结构元素和灰度结构元素,依据集合的形状又可分为线状、方形等多类。常见的结构元素如图 5.5 所示。

(a)线状结构元素　　　　(b)菱形结构元素　　　　(c)方形结构元素

图 5.5　结构元素

2.形态学基本运算

(1)腐蚀(图 5.6)。将结构元素 B 平移 a 后,得到 Ba,若 Ba 包含于 X,则记下 a 点,所有满足上述条件的 a 点组成的集合称为 X 被 B 的腐蚀结果。用公式表示为

$$E(X) = \{a \mid Ba \subset X\} = X\theta B$$

（2）膨胀（图 5.7）。膨胀可以看作腐蚀的对偶运算，即把结构元素 B 平移 a 后得到 Ba，若 Ba 击中 X，记下这个 a 点，所有满足上述条件的 a 点组成的集合称为 X 被 B 膨胀的结果。用公式表示为

$$D(X) = \{a \mid Ba \uparrow X\} = X @ B$$

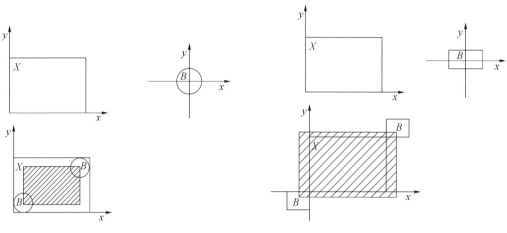

图 5.6　腐蚀示意图　　　　　　　　图 5.7　膨胀示意图

（3）开运算（图 5.8）。先腐蚀后膨胀称为开运算，如图 5.8 所示，左上是被处理的图像 X，右上是结构元素 B，左下为腐蚀后的结果，右下为再膨胀的结果，即开运算。

（4）闭运算（图 5.9）。先膨胀后腐蚀称为闭运算，在图 5.9 中，左上为被处理的图像 X，右上为结构元素 B，左下为膨胀后的结果，右下为再腐蚀的结果，即闭运算。

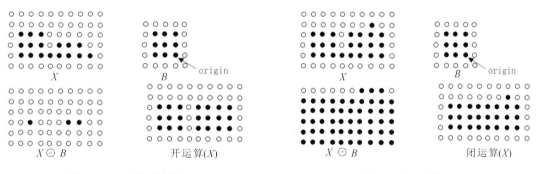

图 5.8　开运算示意图　　　　　　　图 5.9　闭运算示意图

利用数学形态学对高光谱影像进行空间特征提取，主要是对高光谱影像进行 PCA 等特征变换后，选取某一波段，对其进行不同结构元素的形态学基本运算，即能获取一系列形态学运算结果，称为高光谱形态学特征。

5.3　时序特征提取

对于时间序列遥感影像数据而言,光谱特征随时间变化的规律可以较好地反映不同地面目标的物候变化情况,尤其对于植被而言,其不同生长季的光谱特征有着明显差异,因此,充分地利用光谱-时相特征,可以获取地面目标更多的有价值信息。光谱-时相特征可以由原始光谱波段的时间序列数据集提取,也可以从构建的光谱指数时间序列数据集中提取。光谱-时相特征提取方法主要包括以下三类。

5.3.1　统计度量

常用的统计度量包括均值、中位数、最大值和最小值等。

(1)均值。将某一光谱波段或光谱指数时间序列数据中所有时相的光谱值求和再除以时相个数。

(2)中位数。设 $x_1,x_2,\cdots,x_n$ 是某一光谱波段或光谱指数按时间先后排序的数据,则中位数定义为:

当 n 为奇数时, $m=x_{((n+1)/2)}$;

当 n 为偶数时, $m=\dfrac{x_{(n/2)}+x_{(n/2+1)}}{2}$ 。

(3)最大值。即某一光谱波段或光谱指数时间序列数据中最大的光谱值。研究中往往是将最大值对应位置作为特征时相之一。

(4)最小值。即某一光谱波段或光谱指数时间序列数据中最小的光谱值。研究中往往是将最小值对应位置作为特征时相之一。

5.3.2　变化度量

(1)光谱-时相斜率。在某一个时相区间内,如果光谱曲线可以非常近似地模拟出一条直线段,这条直线的斜率被称为光谱-时相斜率。

(2)坡向。如果光谱-时相斜率为正,则该段光谱-时相曲线被定义为正向坡;如果光谱-时相斜率为负,则该段光谱-时相曲线被定义为负向坡;如果光谱-时相斜率为零,则该段光谱-时相曲线被定义为平向坡。

(3)光谱-时相积分。光谱-时相积分就是求光谱-时相曲线在某一时相范围内的下覆面积,计算公式为

$$\varphi=\int_{t_1}^{t_2} f(t)\,\mathrm{d}t \tag{5.41}$$

式中, $f(t)$ 为光谱-时相曲线; t_1 、 t_2 为积分的起止时相。

5.3.3 趋势度量

将季节变化(seasonal)、趋势(tread)以及突变信息(break elements)三种变化规律分别为线性变化和余弦波变化,地物时谱的某一参量可以表达为以时间为自变量的线性函数和余弦函数。模型的数学表达式为

$$\hat{y}(i,x) = a_{0,i} + a_{1,i}\cos(\frac{2\pi}{T}) + b_{1,i}\sin(\frac{2\pi}{T}) + c_{1,i}x \tag{5.42}$$

其中,x 为时间,i 为时谱参量的序号;T 为一个周期的时间长度($T=365$);$a_{0,i}$ 为表达总体特征的参数;$a_{1,i}$、$b_{1,i}$ 为表达季节性变化规律的参数;$c_{1,i}$ 为表达年际变化规律的参数;t 为检测到的断点时间,k 为断点序号;$\hat{y}$ 为模型拟合的时谱某一参量值。

选取时间序列中最早期的数据(至少 4 组)初始化模型,参数由最小二乘法计算得到。为了实时检测时间序列中发生的变化,植被参量拟合过程是实时的,即参数和模型的表达式随新数据的加入而发生动态变化,以得到最佳拟合优度。

5.4 时空谱多维特征提取

受限于传感器硬件技术瓶颈,高光谱数据传感器幅宽一般较窄,难以覆盖全球地表。多光谱卫星数据具有覆盖范围广、重访周期短的优势,将时间序列信息与空间光谱信息结合起来,能够有效区分地表土地覆盖类型,实现遥感大面积监测,拓展遥感技术的应用领域。本节将介绍一种基于时空谱特征提取方法,利用图论中的最小生成树算法融合时间、空间和光谱信息特征,得到基于时空谱特征的影像分割图。具体方法如下。

5.4.1 构建光谱-时间相似性度量

提取每个时相影像的若干光谱指数(或直接利用反射率),将其按照时间进行排序,则每个像元信息将形成一个向量 v:

$$v = [VI_1^1, VI_1^2, \cdots, VI_1^T, \cdots, VI_n^1, VI_n^2, \cdots, VI_n^T] \tag{5.43}$$

其中,$VI_1^1, VI_1^2, \cdots, VI_1^T$ 是光谱指数1从第1时相到第 T 时相的排列;$VI_n^1, VI_n^2, \cdots, VI_n^T$ 是光谱指数 n 从第1时相到第 T 时相的排列。光谱-时间相似度度量即为两个像元向量之间的相似度度量。

一般而言,欧氏距离、光谱角度距离、马氏距离等均可用于光谱-时间相似性的度量。这些度量方法要求两个像元向量的维度相同,然而,对于遥感时间序列数据,受到天气气候等因素影响,一些时相的像元会被云覆盖,将云覆盖的区域排除后,两个像元向量将具有不同维度,利用动态时间规整算法(dynamic time warping,DTW)能够度量两个不同维度向量之间的相似度。

DTW 通过把时间序列进行延伸和缩短,来计算两个时间序列性之间的相似性。假设有两个时间序列向量 T 和 S,其维度分别为 n 和 m:

$$T = [t_1, t_2, \cdots t_n] \tag{5.44}$$

$$S = [s_1, s_2, \cdots, s_m] \tag{5.45}$$

DTW 的计算方式如下:

$$r(i,j) = d(i,j) + \min[r(i-1,j-1), r(i-1,j), r(i,j-1)] \tag{5.46}$$

其中,$r(i,j)$ 表示序列 T 的第 i 个时相和序列 S 的第 j 个时相之间的累计距离,$1 \leqslant i \leqslant n, 1 \leqslant j \leqslant m$,$r(n,m)$ 即为最终的 DTW 距离;$d(i,j)$ 为序列 T 的第 i 个时相和序列 S 的第 j 个时相之间的当前距离,其计算方式为

$$d(i,j) = |t_i - t_j| \quad \text{或} \quad d(i,j) = (t_i - t_j)^2 \tag{5.47}$$

5.4.2 基于最小生成树遥感时间序列数据时空谱特征提取

基于图论的最小生成树图像分割方法是一个像素聚类的过程,性质相似的像素通过贪婪算法,逐步成长为一个区域,这个区域就是希望分割的结果。最小生成树分割方法能够获取图像的全局特征,不但分割效果好,算法简单,而且计算速度快。将遥感图像映射到图论中,图 $G = (V, E)$ 中的顶点集合 V 表示影像中的所有像元,用图的边表示像元之间的相邻关系,边上的权重集合 E 表示像元之间的相似程度。本节基于上节中的 DTW 相似性度量对遥感时间序列数据进行最小生成树空间分割。

最小生成树定义:如果图 $G = (V, E)$ 是一个连通的无向图,则把它的全部顶点 V 和一部分边 E' 构成一个子图 G',即 $G' = (V, E')$,且边集 E' 能将图中所有顶点连通又不形成回路,则称子图 G' 是图 G 的一棵生成树。同一个图可以有不同的生成树,但是 n 个顶点的连通图的生成树必定含有 $n-1$ 条边。对于加权连通图,生成树的权即为生成树中所有边上的权重总和,如公式 (5.48) 所示,权重最小的生成树称为图的最小生成树。

$$w(T) = \sum_{t \subset T} w(t) \tag{5.48}$$

其中,T 为一颗生成树包含的所有边的集合;$w(T)$ 表示一棵生成树的权重;t 是 T 中的一条边;$w(t)$ 是 t 上的权重;最小生成树即 $w(T)$ 值最小的生成树。

求解加权无向图最小生成树问题的方法有避圈法、破圈法、Sollin 算法、Dijkstra 算法等。常用的是 1957 年 Kruskal 提出的 Kruskal 算法、1957 年 Prim 提出的 Prim 算法和 1959 年 Dijkstra 提出的 Dijkstra 算法。

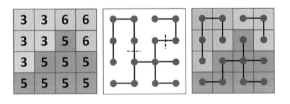

图 5.10　最小生成树空间分割示意图

本节中假定每一个像元只与其 8 个邻域的像元具有连接关系,对影像中的所有像元按照上述方式建立最小生成树生成之后,将具有较高权重值的边进行分裂,从而形成一系列子生成树,即空间分割图,如图 5.10 所示。

5.4.3　时空谱多维特征的有效性评价

本节将对时空谱多维特征的有效性进行评价,通过随机森林(random forest,RF)对提取的特征进行分类,以分类精度为标准分析时空谱多维特征与其他特征提取方法的优劣。选择从南到北贯穿美国的三个以农业为主的州,包括伊利诺伊州、南达科他州和得克萨斯州。由于不同研究区的气候条件不同,所以这三个研究区的土地覆盖类别也不相同。位于美国北部的南达科他州研究区的主要作物类型有大豆、玉米、苜蓿等,但是位于美国南部的得克萨斯州的主要作物类型为玉米、棉花、牧草、冬小麦等。

研究区影像数据:

利用 2014 年每个研究区的全部 23 个时相的 Landsat 8 OLI L1T 数据产品作为输入。Landsat 8 OLI 反射率波段的空间分辨率是 30 m,共 7 个波段,另有两个云掩膜文件在数据预处理中被使用。三个研究区分别从 Path 23/Row 32、Path 29/Row 30 和 Path 30/Row 36 场景上截取,由 100 000~160 000 个 30 m 分辨率像元组成的区域。

参考数据:

2014 年的 CDL(the cropland data layer)数据从美国农业部国家农业统计服务网站上下载。CDL 数据产品是带有地理参考、作物类型及土地覆盖图的栅格数据常被用作监督土地覆盖分类的训练和测试数据。CDL 数据产品每年通过监督无参决策树分类方法采用中空间分辨率卫星影像、美国农业部收集的地面实测数据和其他辅助数据(例如美国土地覆盖数据集等)生成,制作 CDL 数据产品的主要目的之一就是提供农作物的面积估计。该产品为美国政府制定政策、私营组织管理、科学家、教育家和学生使用土地覆盖信息提供了非常有价值的资源。在 30 m 空间分辨率上,CDL 共定义了 110 个土地覆盖类别。

1.定量分类实验

为了验证本研究提出方法的效果,我们在每个研究区上都执行了一系列的定量分类实验。四种被用来对比的分类方法如表 5.1 所示。STS 方法为时空谱多维特征提取方法,LE-DTW 为不包含空间信息的 STS 方法,这两种方法的对比是为了研究空间信息对于提升时间序列土地覆盖分类的精度是否有帮助。主成分分析(PCA)是一种经典的线性降维方法(Deng et al. ,2008),它与 LE-DTW 对比是为了表明遥感多光谱时间序列影像数据的内在结构特征。LE-SAM-R 是一种使用光谱角度量(spectral angle mapper,SAM)重新定义的 LE 降维算法,并且这种方法要求先对时间序列数据进行前后时相插值(Yan and Roy,2015),它与 LE-DTW 的对比是为了表明哪种度量对于时间序列数据挖掘更有效。

为了简便,本研究所有降维方法都保留 10 个波段,即降维后保留了与 10 个最小非零特征值对应的 10 个降维波段来执行分类。事实上,降维后保留的波段数大于影像上不同类别的数量就可以保证有足够的信息输入分类器。而本实验中,各研究区的土地覆盖类别均不足 10 个。

表 5.1　参与实验对比的四种方法

简称	分类方法
PCA	时相插值＋PCA＋RF
LE-SAM-R	时相插值＋LE-SAM＋RF
LE-DTW	LE-DTW＋RF
STS	LE-DTW＋RF＋MST-DTW

由于 PCA 和 LE-SAM-R 方法都要求时间序列数据是无云的,因此我们使用前后时相差值来对原始数据进行处理。具体如下:如果某一波段值被云覆盖,那么用前后两时相的平均值来代替;如果只有前或后一个时相数据有效,则直接使用该时相数据代替云覆盖波段值。

表 5.2　四种方法的整体分类精度及 Kappa 系数

简称	伊利诺伊州		南达科他州		得克萨斯州	
	Kappa	OA	Kappa	OA	Kappa	OA
PCA	73.50%	0.5683	80.39%	0.7608	65.99%	0.5610
LE-SAM-R	80.74%	0.6629	86.64%	0.7982	73.33%	0.6379
LE-DTW	80.75%	0.6655	87.17%	0.8074	76.59%	0.6829
STS	82.41%	0.6913	91.18%	0.8668	77.72%	0.6965

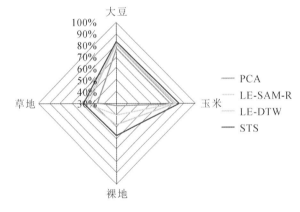

图 5.11　四种算法在伊利诺伊州研究区各类别的生产者精度

本实验中,采用当前流行的监督分类器——随机森林(random forest,RF)(Breiman,2001)来生成基于像元的分类图。随机森林分类器是多棵树分类器的组合,是一种由若干弱分类器集合而成的强分类器。每棵树分类器都从输入向量中随机选择子集向量来执行分类,输入向量的最终类别由多棵树分类器投票决定,占比最大的类别就是该向量的分类结果。本研究中随机森林分类器由 500 棵树分类器组成(Gislason et al.,2006;Pal,2005),三个研究区均采用相同的参数设置。用来分类的训练数据和测试数据从 2014 年 CDL 数据中提取。每个研究区只有覆盖超过 2% 的 CDL 类别被考虑。此外,随机选取 1% 的 CDL 像素作为训练数据,其余 99% 作为测试数据。伊利诺伊州、南达科他州和得克萨斯州分别选择了 1 600个、1 000 个和 1 250 个像元用来训练分类器。分类算法的效果采用通用的分类精度统计(整体分类精度、各个类别分类精度和 Kappa 系数)指标来评价(Congalton,1991;Foody,2002)。由于参考数据也是基于像元的分类结果,所以其精度也不甚完美,故每个实验执行

10 次取平均值作为结果。

2. 卫星影像时间序列非线性特征

PCA 和 LE-DTW 方法的整体分类精度和 Kappa 系数如表 5.2 所示。LE-DTW 方法的整体分类精度在三个研究区均比 PCA 高出 6% 以上，Kappa 系数也高出 0.04 以上。PCA方法的分类结果如图 5.12(a)、图 5.15(a) 和图 5.16(a) 所示，LE-DTW 方法的分类结果图如图 5.12(c)、图 5.15(c) 和图 5.16(c) 所示。两种方法在主要作物类别上的生产者精度和用户精度分别如表 5.3 和表 5.4 所示，在不同研究区的各类别生产者精度如图 5.11、图 5.13和图 5.14 所示。对于 PCA 降维方法而言，生产者精度和用户精度对于覆盖超过 10% 的类别在三个研究区分别达到了 76%、86% 和 50% 以上。但是，伊利诺伊州研究区的裸地类别（占比5.29%）、南达科他州的草地类别（占比 2.10%）和得克萨斯州的裸地类别（占比4.92%）的生产者精度和用户精度只有 11.26%～47.24%，显著低于占比较多的类别。

对于 LE-DTW 方法而言，三个研究区所有类别的生产者精度和用户精度均显著高于PCA 方法。这和我们预期的结果一样，因为遥感多光谱时间序列影像数据存在着内在的非线性属性。因此，LE-DTW 作为一种非线性降维方法比线性降维方法更适合于解决遥感影像时间序列的数据冗余问题，而 PCA 这类线性方法就难以发掘数据的非线性特征。此外，遥感多光谱时间序列影像数据在用 PCA 方法降维前需要进行去云处理，并将云覆盖区域的数据用其他时相的数据补齐，因为 PCA 无法处理不等长的时间序列数据，由该预处理过程所带来的新的误差可能是另一个导致 PCA 精度较低的原因。

表 5.3　PCA 方法的生产者精度和用户精度

		大豆	玉米	裸地	草地	
伊利诺伊州	生产者精度	76.43%	77.62%	32.00%	46.85%	
	用户精度	82.03%	82.75%	11.87%	18.59%	
		大豆	玉米	裸地	草地	苜蓿
南达科他州	生产者精度	86.02%	87.16%	47.24%	44.13%	86.44%
	用户精度	89.79%	90.06%	26.65%	20.52%	88.75%
		冬小麦	玉米	裸地	草地	高粱	棉花
得克萨斯州	生产者精度	69.30%	80.96%	24.53%	58.97%	41.56%	54.77%
	用户精度	68.16%	84.34%	11.26%	64.01%	32.25%	50.65%

表 5.4　LE-DTW 方法的生产者精度和用户精度

		大豆	玉米	裸地	草地	
伊利诺伊州	生产者精度	81.79%	84.12%	48.15%	54.29%	
	用户精度	87.53%	85.58%	15.31%	38.72%	
		大豆	玉米	裸地	草地	苜蓿
南达科他州	生产者精度	91.88%	88.42%	46.61%	40.22%	91.52%
	用户精度	90.73%	92.23%	37.03%	35.95%	92.61%
		冬小麦	玉米	裸地	草地	高粱	棉花
得克萨斯州	生产者精度	75.81%	85.07%	44.20%	70.80%	62.48%	73.76%
	用户精度	76.35%	90.49%	27.68%	73.13%	52.42%	70.14%

表 5.5 LE-SAM-R 方法的生产者精度和用户精度

		大豆		玉米		裸地	草地
伊利诺伊州	生产者精度	82.53%		81.53%		40.25%	57.58%
	用户精度	85.65%		87.41%		17.89%	42.57%
		大豆	玉米		裸地	草地	苜蓿
南达科他州	生产者精度	88.01%	88.87%		56.30%	47.83%	91.11%
	用户精度	90.65%	92.90%		43.06%	36.29%	84.24%
		冬小麦	玉米	裸地	旱地	高粱	棉花
得克萨斯州	生产者精度	72.20%	84.44%	31.10%	64.62%	52.11%	67.15%
	用户精度	76.32%	90.42%	9.42%	65.31%	44.76%	69.58%

表 5.6 STS 方法的生产者精度和用户精度

		大豆		玉米		裸地	草地
伊利诺伊州	生产者精度	82.61%		84.99%		56.88%	59.03%
	用户精度	89.65%		87.92%		21.19%	38.23%
		大豆	玉米		裸地	草地	苜蓿
南达科他州	生产者精度	92.72%	92.36%		65.70%	56.15%	94.95%
	用户精度	95.46%	96.03%		46.86%	36.76%	93.25%
		冬小麦	玉米	裸地	草地	高粱	棉花
得克萨斯州	生产者精度	75.82%	84.06%	46.31%	74.06%	64.88%	75.97%
	用户精度	78.84%	93.84%	25.86%	71.13%	52.87%	69.63%

3.卫星影像时间序列相似性度量

LE-SAM-R 方法的整体分类精度和 Kappa 系数如表 5.2 所示。LE-SAM-R 方法的整体分类精度和 Kappa 系数在三个研究区均低于 LE-DTW 方法。LE-DTW 方法最大的提升是在得克萨斯州研究区,其整体分类精度提升 3.26%,Kappa 系数提高 0.045。LE-SAM-R 方法在三个研究区的分类图如图 5.12(b)、图 5.15(b) 和图 5.16(b)所示。LE-SAM-R 方法对主要作物类型的生产者精度和用户精度如表 5.5 所示,在不同研究区的各类别生产者精度如图 5.11、图 5.13 和图 5.14 所示。对于 LE-SAM-R 方法而言,生产者精度和用户精度对于覆盖超过 10% 的类别在三个研究区分别达到了 81%、88% 和 70%。但是,大部分类别的生产者精度和用户精度均低于 LE-DTW 方法。

以上结果表明 DTW 距离比 SAM 距离更适合于多光谱时间序列的相似性度量。DTW 度量确保了每个时相影像上无云区域的数据被使用。这对于那些重访周期比较长的卫星传感器而言是非常有意义的。值得注意的是,LE-DTW 不需要重建有云覆盖区域的值,只需要把有云覆盖区域的值从时间序列数据中去掉即可,这样做的好处是一方面 LE-DTW 直接使用了全部可用数据,另一方面没有因为替换云覆盖区域的像元值而带来新的误差。而 LE-SAM-R 方法要求对有云覆盖区域的像元值进行重建这一过程,因为 LE-SAM-R 方法无法处理不等长的时间序列数据,而重建这一过程显然会带来新的误差。因此,LE-DTW 可以提供包含所期望的光谱-时相属性的特征波段,更适合于遥感多光谱时间序列影像数据。

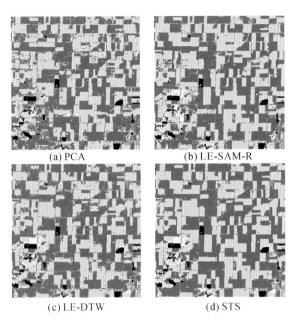

(a) PCA (b) LE-SAM-R

(c) LE-DTW (d) STS

图 5.12　伊利诺伊州分类结果图

4. 卫星影像时间序列空间特征

STS 方法的整体分类精度和 Kappa 系数如表 5.2 所示。显而易见,STS 方法与 LE-DTW 方法相比,完成了更稳定也更高的整体分类精度。值得注意的是,与 LE-DTW 方法相比,伊利诺伊州、南达科他州和得克萨斯州的整体分类精度分别提高了 1.66%、4.01% 和 1.13%,同时,相应的 Kappa 系数也分别提高了0.0258、0.0594 和 0.0136。STS 方法在三个研究区的分类图如图 5.12(d)、图 5.15(d)和图 5.16(d)所示。STS 方法对主要作物类型的生产者精度和用户精度如表 5.6 所示,在不同研究区的各类别生产者精度如图 5.11、图 5.13和图 5.14 所示。与 LE-DTW 方法的生产者精度和用户精度相比,在大多数类别上,STS 都完成了更高的精度。再者,对于每个研究区覆盖超过 10% 的类别,STS 方法的生产者精度和用户精度有更显著的提升。例如,伊利诺伊州裸地类型(占比 5.29%)、南达科他州裸地类型(占比5.67%)及得克萨斯州高粱类型(占比 5.36%)的生产者精度,STS 方法与 LE-DTW 方法相比,分别提高了 8.73%、19.06%和 2.4%。

以上结果表明,MST-DTW 方法能够有效提取卫星影像时间序列的空间特征。结合 MST-DTW 方法所提取空间特征的 STS 方法显著提高了多光谱时间序列数据的土地覆盖分类精度。STS 方法从有限的数据中挖掘了多种特征执行分类,因此对于较低时相分辨率的遥感影像时间序列特别有效。

在遥感中,获取精确及时的作物分布图是很难的。这要求从有限的数据中尽可能多地挖掘有用信息来提升作物精细分类的精度。本节提出了一种综合使用时空谱特征的作物精细分类方法(假设年内作物分布类型没有发生改变)。这种方法基于DTW 相似性度量使用

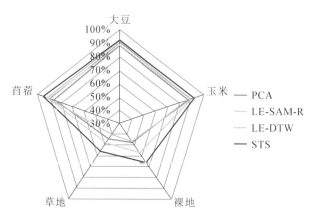

图 5.13　四种算法在南达科他研究区各类别的生产者精度

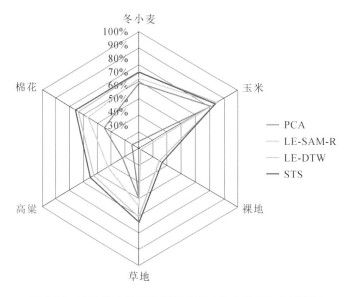

图 5.14　四种算法在德克萨斯研究区各类别的生产者精度

全部可用多光谱时间序列数据来构建一个"图",然后用基于图理论的降维和分割方法提取光谱-时相特征和空间特征用来识别和优化作物分布类别。此外,所提出的方法是一种自动分类方法,只需要很少的训练样本就可以完成较高的精度。因此,该方法对于提升作物精细分类精度并且缩短制图周期很有帮助。提出的方法被应用到重访周期为 16 天的 Landsat 多光谱反射率时间序列中。在三个含有不同量无效数据和作物分布复杂度的美国农业区完成了一系列监督分类实验,实验采用美国农业部 CDL 数据作为参考。

　　虽然 STS 分类方法提供了较高的分类精度,但是其中 LE-DTW 方法随着影像空间维度的提升,其计算量显著增加。事实上,这个问题存在于大部分的流形学习降维算法中(Belkin et al.,2006;Maaten,2008;Saul and Roweis,2003;Van Der Maaten et al.,2009;Zhang and Zha,2004a;Zhang and Zha,2004b)。由于 MST-DTW 算法的复杂度主要取决于

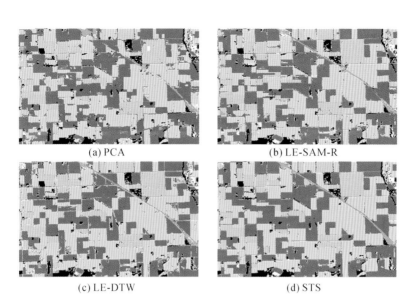

(a) PCA   (b) LE-SAM-R

(c) LE-DTW   (d) STS

图 5.15   南达科他州分类结果图

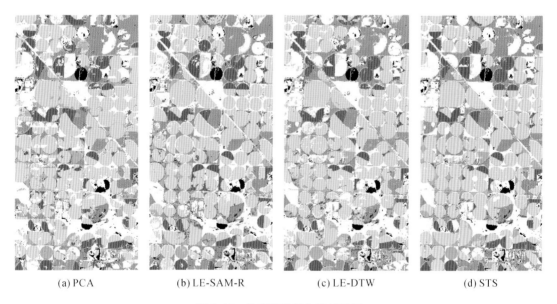

(a) PCA   (b) LE-SAM-R   (c) LE-DTW   (d) STS

图 5.16   得克萨斯州分类结果图

构建的 DTW 相似性度量矩阵,而该矩阵又和 LE-DTW 构建的相同,因此 MST-DTW 没有显著增加 STS 方法的计算复杂度。如何减少算法的计算量是未来的一个研究方向。例如,采用像 ISOMAP(isometric mapping)全局非线性降维算法可以选择标记点的策略(Chen et al.,2006;Silva et al.,2005;Silva and Tenenbaum,2002)、GPU(graphics processing unit)增强运算(Bachmann et al.,2010)以及使用 STS 方法来分类子图再合并等,应该被进一步研究。

参 考 文 献

BACHMANN C M，AINSWORTH T L，FUSINA R A，et al.，2010. Manifold coordinate representations of hyperspectral imagery：Improvements in algorithm performance and computational efficiency［C］// IEEE. IEEE.

BELKIN M，NIYOGI P，SINDHWANI V，2006. Manifold Regularization：A Geometric Framework for Learning from Labeled and Unlabeled Examples［J］. Journal of Machine Learning Research，7（1）：2399-2434.

BREIMAN L，2001. Random Forests［J］. Machine Learning，45，5-32.

CHEN Y，CRAWFORD M M，GHOSH J，2011. Improved Nonlinear Manifold Learning for Land Cover Classification via Intelligent Landmark Selection［C］// IEEE International Conference on Geoscience & Remote Sensing Symposium. IEEE.

CONGALTON R G，1991. A review of assessing the accuracy of classifications of remotely sensed data［J］. Remote Sensing of Environment.

DE JONG D A，1975. An Analysis of the Behavior of a Class of Genetic Adaptive Systems［J］. Doctoral dissertation.

DENG J S，WANG K，DENG Y H，et al.，2008. PCA-based land-use change detection and analysis using multitemporal and multisensor satellite data［J］. International Journal of Remote Sensing，29（15-16）：4823-4838.

FOODY G M，2002. Status of land cover classification accuracy assessment［J］. Remote Sensing of Environment，80（1）：185-201.

GISLASON P O，BENEDIKTSSON，et al.，2006. Random Forests for land cover classification［J］. PATTERN RECOGNITION LETT.

GREFENSTETTE J J，1988. Genetic Algorithms and Machine Learning［J］. Machine Learning，3（2）：95-99.

GONZALEZ R C，WOODS R E，1977. Digital Image Processing［J］. Addison Wesley Pub. Co. Advanced Book Program.

HANSEN M C，LOVELAND T R，2012. A review of large area monitoring of land cover change using Landsat data［J］. Remote Sensing of Environment，122（Complete）：66-74.

HOLLAND J H，1975. Adaptation in natural and artificial systems［C］//An introductory analysis with application to biology，control，and artificial intelligence. Ann Arbor，MI：University of Michigan Press.

HUGHES G F，HUGHES G，1968. On the mean accuracy of statistical pattern recognizers. IEEE Trans. Inf. Theory 14（1），55-63［J］. IEEE Transactions on Information Theory，14（1）：55-63.

IRONS J R,DWYER J L,BARSI J A,2012. The next Landsat satellite:The Landsat Data Continuity Mission[J]. Remote Sensing of Environment,122(Complete):11-21.

KASS M,WITKIN A,TERZOPOULOS D,1988. Snakes:Active contour models[J]. IJCV,1(4):321-331.

KNIGHT E J,KVARAN G,2014. Landsat-8 Operational Land Imager Design,Characterization and Performance[J]. Remote Sensing,6(11):10286-10305.

KRUSKAL J,1964. Multidimensional scaling by optimizing goodness of fit to a nonmetric hypothesis[J]. Psychometrika,29(1):1-27.

LOVELAND T R,DWYER J L,2012. Landsat:Building a strong future[J]. Remote Sensing of Environment,122(1):22-29.

LAURENS V D M,HINTON G,2008. Visualizing Data using t-SNE[J]. Journal of Machine Learning Research,9(2605):2579-2605.

MEYER F,BEUCHER S,1990. Morphological segmentation[J]. Journal of Visual Communication & Image Representation,1(1):21-46.

RON M,JULIA B,RAVIV L,et al.,2015. Landsat-8 Operational Land Imager (OLI) Radiometric Performance On-Orbit[J]. Remote Sensing,7(2):2208-2237.

OSHER S,SETHIAN J A,1988. Fronts propagating with curvature-dependent speed:Algorithms based on Hamilton-Jacobi formulations[J]. Journal of Computational Physics,79(1):12-49.

PAL M,2005. Random forest classifier for remote sensing classification[J]. International Journal of Remote Sensing,26(1):217-222.

RODARMEL C,JIE S,2002. Principal Component Analysis for Hyperspectral Image Classification[J]. Surveying and Land Information Systems,62.

ROWEIS,SAM,T,et al.,2000. Nonlinear Dimensionality Reduction by Locally Linear Embedding.[J]. Science.

ROY D P,WULDER M A,LOVELAND T R,et al.,2014. Landsat-8:Science and product vision for terrestrial global change research[J]. Remote Sensing of Environment,145(145):154-172.

SAUL L K,2003. Think Globally,Fit Locally:Unsupervised Learning of Low Dimensional Manifolds[J]. J Machine Learning Research,4(2):119-155.

SILVA J,MARQUES J S,LEMOS J M,2005. Selecting Landmark Points for Sparse Manifold Learning [C]// Advances in Neural Information Processing Systems 18 [Neural Information Processing Systems,NIPS 2005,December 5-8,Vancouver,British Columbia,Canada]. DBLP.

SILVA V D,TENENBAUM J B,2003. Global Versus Local Methods in Nonlinear Dimensionality Reduction[J]. Advances in Neural Information Processing Systems,15.

TENENBAUM J B,SILVA V D,LANGFORD J C,2000. A Global Geometric Framework for Nonlinear Dimensionality Reduction[J]. Science,290(5500):2319-2323.

MAATEN L,POSTMA E,HERIK J,2009. Dimensionality reduction:A comparative review[J]. Review

Literature & Arts of the Americas，10(1).

YAN L，ROY D P，2015. Improved time series land cover classification by missing-observation-adaptive nonlinear dimensionality reduction[J]. Remote Sensing of Environment，2015，158：478-491.

ZHANG Z Y，ZHA H Y，2004a. Principal manifolds and nonlinear dimensionality reduction via tangent space alignment[J]. Journal of Shanghai University (English Edition)，8(4)：406-424.

ZHANG Z Y，ZHA H Y，2004b. Principal manifolds and nonlinear dimensionality reduction via tangent space alignment[J]. SIAM Journal on Scientific Computing，26，313-338.

童庆禧，张兵，郑兰芬，2006，高光谱遥感.原理、技术与应用[M].北京：高等教育出版社.

第6章 高光谱遥感影像精细分类

6.1 概　　述

分类是高光谱遥感影像处理与应用的重要内容,是有效区分不同地物类型的关键技术之一。与常规遥感影像分类的原理相同,高光谱遥感影像分类是通过对地物的空间信息和光谱信息进行分析,选取可分性大的特征,然后采用适当的分类体系,对不同地物进行类别的划分和属性的判定,从而为每个像元赋予唯一的类别标识。在理想条件下,同种地物应具有相似的光谱特征和空间特征,不同地物的光谱特征和空间特征应具有较大差异。与多光谱遥感影像相比,高光谱遥感影像中不同地物类型具有更加丰富的光谱信息,这是高光谱遥感影像分类的重要依据。

然而,高光谱遥感数据在带来大量有效信息的同时,也存在诸多问题。例如,高光谱遥感影像的高维特性、波段间高度相关性、光谱混合以及时间、空间和光谱分辨率三者相互制约等使得高光谱遥感影像分类面临巨大挑战(童庆禧 等,2006;张良培,2011)。相对于一般遥感影像分类,高光谱遥感影像分类的特点在于:①特征空间维数高,数据相关性强,冗余度高,运算时间长;②要求的训练样本多;③可用于分类的特征多,不仅包括影像中单个像素的原始光谱向量,还包括计算的植被指数、光谱吸收指数、导数光谱、纹理特征、形状指数等派生特征;④影像的二阶统计特征在识别中的重要性上升。

目前,高光谱遥感影像分类常用的方法是以是否有已知类别的训练样本参与分类为依据进行划分的监督分类方法与非监督分类方法。监督分类和非监督分类方法在遥感影像土地覆盖分类和地物信息提取等方面得到广泛应用,但非监督分类方法精度相对较低,监督分类方法则于其对分类样本需求较大的约束。而半监督分类方法只利用少量已标记样本和大量未标记样本的分布信息就能够得到比较好的分类结果,一定程度上降低影像分类过程中对训练样本数目的需求,因此,半监督分类方法也逐渐被应用到高光谱遥感影像的分类中。此外,考虑到在高光谱遥感图像分类中,由丰度均衡的多种组分或相差不大的两种组分构成的混合像元最难区分。因此,有必要将混合像元分解技术融入高光谱影像的分类中去,充分利用混合像元分解技术给出每个像元的各组分含量信息,以期改善图像分类效果,提高遥感影像的分类精度。

本章对上述三种分类算法进行系统介绍,分析了经典监督算法在植被精细分类中的适用性,实现了基于 HJ-1A 高光谱融合图像的空间特征和光谱特征的随机森林分类,重点介绍了结合丰度信息的三种分类方法,即应用高光谱图像的形态学特征和丰度信息的稀疏多元逻辑回归监督分类方法(孙艳丽,2017);利用丰度信息提取最难区分的两种类型混合像元,再利用 SVM 分划函数对其进行筛选的结合混合像元分解进行主动学习的支持向量机半监督分类算法(SUAL-SVM)(尚坤,2014);从类别隶属度和混合像元的角度选取信息量最丰富的未标记样本,通过权重将后验概率与丰度信息结合的稀疏多元逻辑回归半监督分类算法(BT$_{SSA}$-SMLR)(孙艳丽,2017)。此外,深度学习算法已成为当前遥感大数据智能化分类的研究热点,本章从遥感影像的光谱信息、空间信息以及空-谱信息利用三个方面,对深度学习算法的基本原理及其在高光谱遥感分类中的应用进行归纳总结。

6.2　非监督分类算法

非监督分类(又称聚类)是在没有先验知识的情况下,利用图像本身的统计特征以及自然点群的分布情况,来划分地物类别的分类方法。非监督分类根据地物光谱的相似性或相异性,将特征相似的地物类别进行聚类。非监督分类的过程快速简单,无需人工选取训练样本。目前,典型的非监督分类算法包括 K-means 算法、ISODATA 算法以及模糊 C 均值聚类算法等。

6.2.1　K-means 算法

K-means 算法,是常用的非监督分类算法之一。K-means 算法的基本思想是通过算法的迭代,逐步移动各类的中心,直至得到最好的分类结果。针对一个给定的包含 n 个对象的遥感数据,基于一个已知的聚类个数 K,K-means 算法运用一定的划分准则(比如欧氏距离),把其余的点分到各个类别中,每调整一个点,就重新计算此点所归属的聚类的均值,并且以此均值作为此类的新的代表点,最终将数据划分成 K 类($K<n$),使得同一类中的个体具有较高的相似性,不同类之间的差异性较大(耿修瑞,2005)。

这个算法的基础是误差平方和准则。假设待分类的数据集 Φ 可以分为 c 个互不相交的子集 Γ_i,N_i 是第 i 聚类 Γ_i 中的样本数目,m_i 是这些样本的均值,即

$$m_i = \frac{1}{N_i} \sum_{y \in \Gamma_i} y \tag{6.1}$$

把 Γ_i 中的各样本 y 与均值 m_i 间的误差平方和对所有类相加后为

$$J_e = \sum_{i=1}^{c} \sum_{y \in \Gamma_i} \| y - m_i \|^2 \tag{6.2}$$

J_e 是误差平方和聚类准则,它是样本集 Φ 和类别集 Ω 的函数。J_e 度量了用 c 个聚类中心 $m_1, m_1, m_2, \cdots, m_c$ 代表 c 个样本子集 $\Gamma_1, \Gamma_2, \cdots, \Gamma_c$ 时所产生的总的误差平方。对于不同

的聚类,J_e 的值是不同的,使 J_e 极小的聚类是误差平方和准则下的最优结果。这种类型的聚类通常称为最小方差划分。为得到最优结果,首先需要将样本集进行初始划分(分类),一般的做法是先选择一些具有代表性的点作为聚类的核心,然后把其余的点按某种方法分到各类中去。下面给出 K-means 算法的具体步骤(边肇祺 等,2000)。

(1) 选择把 N 个样本分成 C 个聚类的初始划分,计算每个聚类的均值 $m_1,m_2,\cdots,m_c$ 和 J_e。

(2) 选择一个备选样本 y,设 y 属于 Γ_i。

(3) 若 $N_i=1$,则转(2),否则继续。

(4) 计算 $\rho_i = \begin{cases} \dfrac{N_j}{N_j+1}\parallel y-m_j \parallel^2 , j\neq i \\ \dfrac{N_i}{N_i-1}\parallel y-m_i \parallel^2 , j=i \end{cases}$

(5) 对于所有的 j,若 $\rho_k \leqslant \rho_j$,则把 y 从 Γ_i 中移到 Γ_k 中去。

(6) 重新计算 m_i 和 m_k 的值,并修改 J_e。

(7) 若连续迭代 N 次 J_e 不改变,则停止,否则转到(2)。

从上面的处理步骤可以看出,K-means 算法需要先给定类别数,而往往这在很多情况下只能凭主观臆测获得,初始点的选取很有可能会影响到分类结果。另外,K-means 算法只采用均值作为一个类的代表点,这只有当类的自然分布为球状或者接近于球状时,即每类中各分量的方差接近相等时才可能有较好的效果。

6.2.2 ISODATA 算法

ISODATA(iterative self-organizing data analysis techniques algorithm)算法是一种利用合并和分裂的聚类划分算法,也称迭代自组织数据分析或动态聚类。ISODATA 算法的基本思想是利用样本平均迭代来确定聚类的中心,在迭代的过程中,能够在不改变类别数目的前提下改变分类。然后将样本平均矢量之差小于某一指定阈值的每一类别对进行合并,或根据样本协方差矩阵来决定其分裂与否。

与 K-means 算法相比,ISODATA 算法是每次把全部样本都调整完毕之后,再重新计算一次样本的均值。此外,ISODATA 算法不但能通过调整样本所属类别完成聚类分析,而且还能自动地进行类别的"合并"和"分裂",从而得到类数较为合理的各个聚类。ISODATA 算法的具体步骤如下:

(1) 设置初始控制参数:所有的像元样本个数为 N,其波段的维数为 p,期望得到的聚类数的最大值为 N_k,一个聚类中最少样本数为 θ_N,一个聚类域中样本距离分布最大标准差(分裂阈值)为 θ_i,两聚类中心之间的最小距离(合并阈值)为 θ_{min},一次迭代运算中可以合并的聚类中心的最多对数为 L;允许迭代的次数为 I。

(2) 选取 N_k 个类的初始中心 $|Z_i,i=1,2,\cdots,N_k|$。

(3) 将所有的样本 X 按照如下方法分到 N_k 个类别中:对于所有的 $i\neq j,i=1,2,\cdots,N_k$,如果 $\parallel X-Z_j \parallel < \parallel X-Z_i \parallel$,则 $X\in S_j$,其中 S_j 是以 Z_j 为中心的类。

（4）如果 S_j 类中的样本数 N_j 小于一个聚类中最少的样本数 θ_N，则去掉 S_j 类，$N_k = N_{k-1}$，返回（3）。

（5）按照下式重新计算各类的中心：

$$Z_j = \frac{1}{N_j} \sum_{X \in S_j} \| X \| , j = 1, 2, \cdots, N_k \tag{6.3}$$

（6）计算 S 类的平均距离：

$$\overline{D}_j = \frac{1}{N_j} \sum_{X \in S_j} \| X - Z_j \| , j = 1, 2, \cdots, N_k \tag{6.4}$$

（7）计算所有样本离开其相应的聚类中心的平均距离：

$$\overline{D} = \frac{1}{N_k} \sum_{j=1}^{N} N_j \cdot \overline{D}_j \tag{6.5}$$

（8）如果迭代次数大于 I，转向（12），检查类别间最小距离，判断是否进行合并；如果 $N_k \leqslant \frac{K}{2}$，转向（9），检查每类中各分量的标准差（分裂）；如果迭代次数为偶数，或 $N_k \geqslant 2K$，则转向（12），检查类别间最小距离，判断是否进行合并，否则转向（9）。

（9）计算每类中各分量的标准差 $\delta_{ij} = \sqrt{\frac{1}{N} \sum (x_{ic} - z_{ij})^2}$，其中 $i = 1, 2, \cdots, n$，n 为样本 X 的维数；$j = 1, 2, \cdots, N_k$，N_k 为类别数；$c = 1, 2, \cdots, N_j$，N_j 为 S_j 类中的样本数；x_{ic} 为第 c 个样本的第 i 个分量；z_{ij} 为第 j 个聚类中心 Z_j 的第 i 个分量。

（10）对于每一个聚类 S_j，找出标准差最大的分量 $\delta_{j\max}$：

$$\delta_{j\max} = \max(\delta_{1j}, \delta_{2j}, \cdots, \delta_{nj}), j = 1, 2, \cdots, N_k \tag{6.6}$$

条件 $1: \delta_{j\max} > \theta_i$，且 $\overline{D}_j > D$ 且 $N_j > 2(\theta + 1)$；条件 $2: \delta_{j\max} > \theta_i$，且 $N_k \leqslant \frac{K}{2}$；

如果条件 1 和条件 2 有一个成立，则把 S_j 分裂成两个聚类，两个新类的中心分别为 Z_j^+ 和 Z_j^-，原来的 Z_j 取消，使 $N_k = N_{k+1}$，然后转向（3），重新分配样本。其中，$Z_j^+ = Z_j + \gamma_j$，$Z_j^- = Z_j - \gamma_j$，$\gamma_j = t\delta_{j\max}$，$t$ 是给定的常数，$0 < t \leqslant 1$。

（11）计算所有聚类中心之间的两两距离：$D_{ij} = \| Z_i - Z_j \|$，$i = 1, 2, \cdots, N_{k-1}, j = 1, 2, \cdots, N_k$；比较 D_{ij} 和 $\theta_{\min}$，把小于 $\theta_{\min}$ 的 D_{ij} 按从小到大的顺序进行排列：$D_{i_1 j_1} < D_{i_2 j_2} < \cdots < D_{i_l j_l}$，其中 l 为每次迭代合并的类的对数。按照 $l = 1, 2, \cdots, L$ 的顺序，把 $D_{i_l j_l}$ 对应的两个聚类中心 Z_{il} 和 Z_{jl} 合并成一个新的聚类中心 Z_l^*，并使 $N_k = N_k - 1$，$Z_l^* = \frac{1}{N_{il} + N_{jl}}(N_{il} Z_{il} + N_{jl} Z_{jl})$。在对 $D_{i_l j_l}$ 进行所对应的两个聚类中心 Z_{il} 和 Z_{jl} 进行合并，当出现其中至少有一个聚类中心已经被合并过时，越过该项，继续进行后面的合并。

（12）如果迭代次数大于 I，或者迭代中参数的变化在差限以内，则迭代结束，否则转向（3）继续进行迭代处理。

6.2.3 模糊 C 均值聚类算法

模糊 C 均值（fuzzy C-means，FCM）聚类算法又称模糊 K 均值聚类，是一种对普通 K 均值改进的算法。普通 K 均值算法对数据的划分是硬性的,而模糊 K 均值是一种柔性的划分方法,该算法使用隶属度来表示每一个样本点属于某一类别的程度。

设 $X=\{x_1,x_2,\cdots,x_N\}$ 为待分类的数据集,N 为数据集中的样本数量,$x_1,x_2,\cdots,x_N$ 为 N 个样本,每个样本是 n 维向量,可一般化表示为 $x_j=\{x_{j1},x_{j2},\cdots,x_{jn}\}$,其中,$x_{jk}$ 代表样本 x_j 的第 k 个特性值。求解样本数据集 X 的隶属度矩阵 $U=[u_{ij}]$,U 是一个 $C\times N$ 的矩阵,C 代表样本数据集被分成 C 类,u_{ij} 代表数据集 X 的第 j 个样本 x_j 隶属于第 i 个分类的隶属度或概率。对于隶属度 u_{ij} 应满足如下公式:

$$\sum_{i=1}^{c} u_{ij} = 1, \forall j = 1,\cdots,N \tag{6.7}$$

$$0 \leqslant u_{ij} \leqslant 1, 1 \leqslant i \leqslant C, 1 \leqslant j \leqslant N \tag{6.8}$$

u_{ij} 的求解公式为

$$u_{ij} = \frac{1}{\sum_{k=1}^{c}\left(\frac{d_{ij}}{d_{kj}}\right)^{2/(m-1)}} \quad (i=1,2\cdots,c;j=1,2\cdots,n) \tag{6.9}$$

其中,$m\in[1,\infty)$ 是模糊指数或加权指数,$d_{ij}=\|x_j-v_i\|$ 表示数据对象 x_j 与聚类中心 v_i 的欧氏距离。聚类中心集合 $V=\{v_1,v_2,\cdots,v_n\}(v_i\in V,i=1,2,\cdots,c)$,其中 v_i 表示第 i 个聚类中心,对于 v_i 的计算可按如下公式:

$$v_i = \frac{\sum_{j=1}^{n}u_{ij}^m x_j}{\sum_{j=1}^{n}u_{ij}^m} \quad (i=1,2,\cdots,c) \tag{6.10}$$

FCM 算法的迭代过程就是希望找到使目标函数达到最小的隶属度矩阵和聚类中心,对于目标函数值的求解,可按如下计算公式:

$$J(u,v) = \sum_{j=1}^{n}\sum_{i=1}^{c}u_{ij}^m d^2(x_j,v_i) \tag{6.11}$$

FCM 模糊聚类算法求取聚类中心和隶属度的过程是一个迭代的过程,具体计算步骤:①给各项参数赋予合适的初始值;②随机选取一组初始聚类中心;③根据上述公式求取隶属度矩阵 U;④然后计算聚类中心 V;⑤进一步求解目标函数值 $J(u,v)$,然后判断目标函数值是否小于给定的某个阈值,如果小于就停止算法的迭代,输出聚类中心和隶属度矩阵,否则回到计算步骤③继续迭代计算。

6.3 监督分类算法

6.3.1 经典监督分类算法

监督分类是指通过统计理论基础对样本进行训练分类,所以监督分类又称为训练场地法(张良培,2011)。监督分类方法常用于高光谱遥感数据的定量分析,它需要一定数量的训练样本,并根据训练样本对分类器进行训练,获取图像上各个类别像元的分类特征,再根据选择合适的分类判据、训练得到的分类准则对整景影像进行分类。传统的遥感监督分类算法主要有最大似然分类、最小距离分类、马氏距离分类等。这些算法在应用到高光谱数据时,可以通过特征提取或特征选择降低高光谱数据维度,然后在低维空间直接利用这些传统的分类方法进行分类。

目前,应用于高光谱遥感数据中的分类算法大致可以分以下几类(尚坤,2014):一种是基于光谱相似性度量的分类方法,主要是利用反映地物反射、辐射光学性质的光谱曲线进行分类与识别,如光谱角度填图方法、光谱特征参量化方法等;一种是基于像元统计特征的分类方法,该类算法主要是建立在随机变量统计分析或机器学习的基础上,如最大似然分类、支持向量机、人工神经网络等;另一种则是基于规则的分类方法,如决策树,该类方法的核心是如何制定合适的分类规则。此外,深度学习的兴起也使遥感大数据的智能化应用成为可能,相比于传统分类算法,各种深度神经网络分类模型的泛化能力得到了进一步的提升。目前,高光谱遥感数据的分类算法数目繁多、种类多样。如何选择合适的分类器一直是高光谱分类中的重要问题之一。不同的分类器有不同的适应性,没有普适的、最优的分类器,针对不同的应用条件有不同的分类策略。因此,本节首先介绍经典监督分类算法的基本理论,在此基础上,采用示例高光谱数据在已标记样本充足或缺乏的情况下,进行不同分类器的分类实验,并采用分类评价指标[总体精度(OA)、平均精度(AA)和 Kappa 系数(KC)等]对各种监督分类器的适应性进行评价和分析。

6.3.1.1 光谱角填图算法

光谱角度填图是对多种地物光谱波形相似性的一种度量,它将每个像元 N 个波段的光谱响应作为 N 维空间的矢量,通过计算像元与端元光谱之间的广义夹角来表示两者之间的匹配程度。一般而言,夹角越小,说明两条光谱相似度越高。设有两个 n 波段的光谱向量 $\boldsymbol{T}=(t_1,t_2,\cdots,t_n)$,$\boldsymbol{R}=(r_1,r_2,\cdots,r_n)$,$\boldsymbol{T}$ 和 $\boldsymbol{R}$ 不是零向量。它们之间的广义夹角 θ 定义为

$$\theta = \cos^{-1} \frac{\boldsymbol{T} \cdot \boldsymbol{R}}{\|\boldsymbol{T}\| \cdot \|\boldsymbol{R}\|} \tag{6.12}$$

即

$$\theta = \cos^{-1} \frac{\sum_{i=1}^{n} t_i \cdot r_i}{\sqrt{\sum_{i=1}^{n} t_i^2} \sqrt{\sum_{i=1}^{n} r_i^2}}, \theta \in \left[0, \frac{\pi}{2}\right] \tag{6.13}$$

其中,θ 值越小,$\boldsymbol{T}$ 和 $\boldsymbol{R}$ 的相似性越大。当用实验测量光谱与影像中的像元光谱进行比较时,须将测量光谱按像元光谱的波长进行重采样,使得两个光谱具有相同的维数。从上述公式可以看出,θ 值与光谱向量的模是无关的,即与影像的增益系数无关。因此,在遥感影像分类上可以消除或减弱太阳入射角、地形、坡向和观测角等因素引起的同物异谱现象。

如果以影像中已知区域为参考光谱,则将区域中的光谱的几何平均向量视为类中心。设已知某类中有 M 个点 $\boldsymbol{R}_1,\boldsymbol{R}_2,\cdots,\boldsymbol{R}_M$,则类中心为

$$\bar{\boldsymbol{R}} = \frac{1}{M} \sum_{i=1}^{M} \boldsymbol{R}_i \qquad (6.14)$$

6.3.1.2　最大似然分类算法

最大似然分类（maximum likelihood classifier，MLC）是一种基于贝叶斯准则进行分类的方法，它利用统计的方法建立一个判别函数集，然后通过该判别函数集计算各个待分类像元对于各个类别的归属概率，将像元划分到归属概率最大的一类中。最大似然分类方法假设遥感图像中各类别地物的概率密度服从多维正态分布。遥感图像中待分类像元属于第 i 类的概率可以表示为

$$p(x \mid w_i) = (2\pi)^{-\frac{N}{2}} |\boldsymbol{C}_i|^{-\frac{1}{2}} \exp\left[-\frac{1}{2}(x - \boldsymbol{m}_i)^{\mathrm{T}} \boldsymbol{C}_i^{-1}(x - \boldsymbol{m}_i)\right], i = 1, 2, \cdots, K$$

$$(6.15)$$

式中，x 为像元光谱，N 为波段数目，$\boldsymbol{m}_i$ 和 $\boldsymbol{C}_i$ 分别为第 i 类的均值向量和协方差矩阵，K 为类别数。该式的判别准则为：对于 $j(j = 1, 2, \cdots, K)$ 且 $j \neq i$，如果 $p(x \mid w_i) \cdot p(w_i) > p(x \mid w_j) p(w_j)$，则 $x \in w_i$。式中 w_i 为第 i 个类别，$p(w_i)$ 和 $p(w_j)$ 分别为类别 i 和类别 j 的先验概率。

6.3.1.3　支持向量机分类算法

支持向量机（support vector machines，SVM）作为新一代的统计学习分类方法，是20世纪90年代逐渐发展起来的，并在文本分类、图像分类、手写字符识别等领域得到了广泛应用。与一般监督分类（如最大似然分类方法）不同的是，SVM在分类时不需要数据一定符合高斯分布，同时SVM对休斯现象（Hughes，1968）敏感程度也较低。

SVM最初是为二分类设计的，在给定训练样本集的情况下，SVM分类器的目标就是找到最优线性超平面，来使两种类别的训练样本尽可能分开。考虑到机器学习过程不仅要求经验风险最小，同时还应该使VC维（Vapnik-Chervonenkis dimension）尽可能小，以此获得对未来样本较好的预测能力。基于这一点，Vapnik（1999）提出了结构风险最小化原则（structural risk minimization，SRM）。支持向量机就是采用结构风险最小化原则，在使样本误差最小化的同时缩小模型泛化误差的上界，进而提高模型的泛化能力（图6.1）。

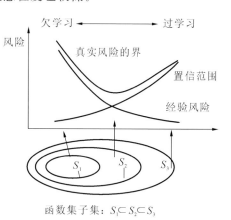

图6.1　结构风险最小化示意图（张学工，2000）

SVM的基本原理如下：

对于一组给定的标记训练样本集 $\{(x_1, y_1), \cdots, (x_n, y_n)\}$，其中 $x_i \in R^N$ 且 $y_i \in \{-1, +1\}$，以及一个非线性高维（Hilbert）空间映射 $\varphi(x): R^N \to H$。SVM为求解以下最优化问题：

$$\min_{w, \xi_i, b}\left\{\frac{1}{2}\|w\|^2 + C\sum_i \xi_i\right\} \qquad (6.16)$$

约束条件为

$$y_i\left(\langle\varphi(x_i),w\rangle+b\right)\geqslant 1-\xi_i,\forall\, i=1,\cdots,n \qquad (6.17)$$

$$\xi_i\geqslant 0,\forall\, i=1,\cdots,n \qquad (6.18)$$

这里 w 和 b 用来定义特征空间中的线性分划面,如图 6.2 所示。非线性映射需符合 Cover 定理(Cover,1965),以确保映射到高维空间后样本线性可分。C 是惩罚系数,用来控制分类器的泛化能力,而 ξ_i 则是松弛变量,用来控制允许的误差,如图 6.2 所示。

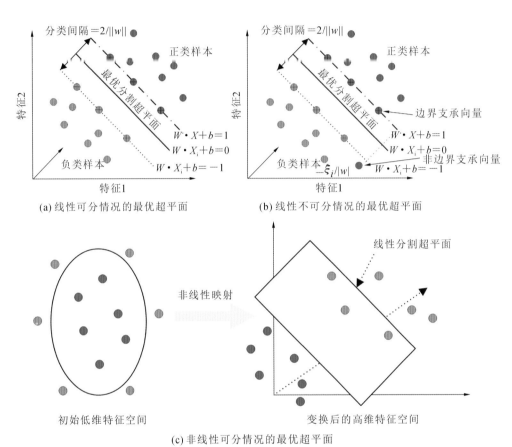

图 6.2　SVM 最优超平面示意图(边肇祺 等,2000)

最优化问题式(6.16)可以通过求解其如下拉格朗日对偶问题来解决:

$$\max_{\alpha_i}\left\{\sum_i\alpha_i-\frac{1}{2}\sum_{i,j}\alpha_i\alpha_j y_i y_j\langle\varphi(x_i),\varphi(x_j)\rangle\right\} \qquad (6.19)$$

约束条件为

$$0\leqslant\alpha_i\leqslant C \qquad (6.20)$$

$$\sum_i\alpha_i y_i=0,\forall\, i=1,\cdots,n \qquad (6.21)$$

其中,α_i 为拉格朗日乘子。这里映射 φ 在 SVM 学习中以内积的形式表现,可通过核函数实现。核函数具体可定义为

$$K(x_i,x_j)=\langle\varphi(x_i),\varphi(x_j)\rangle \qquad (6.22)$$

非线性 SVM 可以不用精确地计算具体映射而只通过核函数来实现。通过核函数的引

入,可以得到对偶问题式(6.19)的解:

$$w = \sum_{i=1}^{n} y_i \alpha_i \varphi(x_i) \tag{6.23}$$

以及决策函数:

$$f(x) = \text{sgn}\left(\sum_{i=1}^{n} y_i \alpha_i K(x_i, x) + b\right) \tag{6.24}$$

其中,b 可以通过不为 0 或 C 的 α_i 进行简单计算而得到。利用该决策函数,我们可以对任何测试向量 x 进行分类。

另外,考虑到 SVM 起初是为二分类设计的,在利用 SVM 进行多类分类时,需要进行一定扩展。常用的 SVM 多类分类器主要有两种构造方法:一是对于每两个类别,构造一个用于识别这两个类别的两类 SVM 分类器,然后各两类分类器判别结果通过一定方式组合进行多类分类,即"1-V-1(one-versus-one)"方法;二是综合各分类面的参数求解得到一个最优化问题,然后再求解这个最优化问题一次地实现多类分类,即"1-V-R(one-versus-rest)"方法。与第一种方法相比,第二种方法在最优化求解问题时中变量过多,训练速度慢,分类精度也较差,因此一般研究多采用第一种方法(杜培军 等,2012)。

目前,有很多机构都开发了自己的 SVM 核心算法程序,这些核心程序只提供针对特定格式的数据进行训练和分类的基本程序。针对不同应用领域,如文本分类、遥感图像分类等,必须开发专门的应用程序,将数据转换成 SVM 程序可以处理的格式,然后将这些核心程序嵌套在具体的程序环境中去应用(程涛,2006)。对于 SVM 分类器的具体实现,目前比较流行的软件包有 SVM[light](Joachims,2002)和 LIBSVM(Chang and Lin,2007)。

6.3.1.4 决策树分类算法

决策树学习是机器学习领域应用最广的归纳推理算法之一,对于噪声数据有很好的鲁棒性。它的原理是利用一种逼近离散值目标函数的方法学习得到最终判别函数,并以决策树的形式表现出来。在决策树算法研究中,其核心内容是如何构造精度高、规模小的决策树。

决策树的构造分两步进行:第一步是生成决策树;第二步是对决策树剪枝,这是在生成决策树的基础上进一步检验和修正决策树的过程,主要是利用新的样本集作为测试数据来校验决策树生成过程中构建的初步规则,将影响分类准确性的规则剪除。

与其他机器学习算法相比,决策树方法易于理解和实现,不需要使用者有很多的背景知识,可以很清晰地显示出哪些特征对分类决策更有帮助,同时数据准备简单,虽然决策树构建过程复杂,但一旦构建好决策树,就可以在相对较短的时间内对大量数据进行分类,得到较好的分类结果。决策树方法也存在两个缺点:类别较多时错误增速可能较快;决策树分类算法是一种"贪心"搜索算法。因此,决策树算法生成的分类模型往往只能达到某种意义上的局部最优,而没有达到全局最优(杜培军 等,2012)。在遥感图像分类中,常用的决策树方法按照分裂规则的不同,可以分为基于信息论的方法和基于最小距离 GINI 指标方法,前者主要有 ID3、C4.5、C5.0 等方法(Quinlan,1992),后者主要有 CART、PUBLIC、SLIC 和 SPRINT 等方法(Temkin et al.,1995)。

6.3.1.5　典型监督分类算法植被分类适应性分析

为了更直观地比较不同情况下高光谱植被精细分类中各监督分类器的适应性,本节采用示例高光谱数据(图6.3),在已标记样本充足和缺乏的情况下分别进行不同分类器的分类实验(尚坤,2014)。该数据为截取的 PHI 影像(真实影像及详细参数见 6.4.2.2 节)具有 80 个波段,覆盖可见光与近红外波长,该数据是根据真实的地物分布、对于 8 个植被类别分别随机生成 500 个样本点,通过重新组合得到的示例数据。示例数据总共包含 4 000 个像元。

在分类器选择方面,针对基于光谱相似性度量、基于像元统计特征和基于规则的三类分类器,本节分别选择光谱角度制图(SAM)、最大似然分类(MLC)和决策树(DTC)作为代表,并同支持向量机(SVM)分类算法进行比较试验。同时,为了测试各分类器对不同训练样本数量和特征空间维度的适应性,研究分别利用实际地物分布影像随机生成 160 个(原始波段数量 2 倍)和 50 个(降维后特征波段数量 10 倍)训练样本,基于 ENVI 软件进行分类实验,所用参数均为软件默认参数。

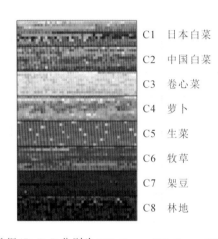

C1	日本白菜
C2	中国白菜
C3	卷心菜
C4	萝卜
C5	生菜
C6	牧草
C7	架豆
C8	林地

图 6.3　示例高光谱数据(R、G、B 分别为 832.8 nm、650.8 nm、553.7 nm)与实际地物分布

(1) 在训练样本充足的情况下,利用每类 160 个训练样本,在原始光谱空间直接进行分类,测试分类器在训练样本较充足的情况下针对高维空间的分类性能。分类结果如图 6.4 所示。

从图 6.4 可以看出,在训练样本较充足的情况下,SVM 分类器性能卓越,分类准确度明显高于其他三种方法,噪声也相对较少;其次是 DTC 分类方法,OA 和 KC 也均高于 80%;对于 MLC,虽然训练样本数量可以满足分类器运算需求,但依然未达到波段数的 10~100 倍,所以分类效果不尽如人意;SAM 的分类精度很低,远不能满足应用需求。

(2) 在训练样本不足的情况下,利用每类 50 个训练样本,分别在原始光谱空间、降维后特征空间(主成分变换后前 5 个主成分组成的特征空间)进行分类,测试分类器在训练样本不足的情况下针对高维空间与降维后特征空间的分类性能。

在原始空间中,由于 MLC 要求训练样本数目一定大于待分类数据波段数目,所以本节只比较其他三种分类算法。分类结果如图 6.5 所示。

从图 6.5 可以看出,在训练样本不足的情况下,与图 6.4 中相比,SAM 精度变化不大;

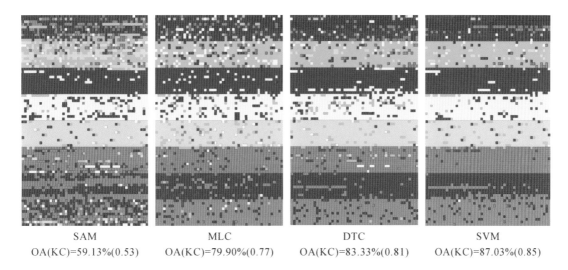

SAM OA(KC)=59.13%(0.53)　　MLC OA(KC)=79.90%(0.77)　　DTC OA(KC)=83.33%(0.81)　　SVM OA(KC)=87.03%(0.85)

图 6.4　训练样本较充足情况下各分类器在原始空间分类结果

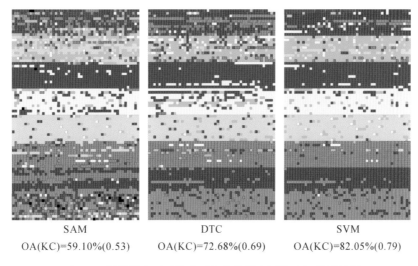

SAM OA(KC)=59.10%(0.53)　　DTC OA(KC)=72.68%(0.69)　　SVM OA(KC)=82.05%(0.79)

图 6.5　训练样本不足情况下各分类器在原始空间分类结果

DTC 精度大幅度下降,下降超过 10% ,可见 DTC 对于高维空间的适应性仅限于训练样本充足的情况下;而 SVM 分类精度虽然也有所下降,但 OA 依然达到 80% 以上,相对于其他分类算法具有很大优势。

在降维后的特征空间中,分类结果图如下所示:

结合图 6.5 与图 6.6 可以看出,在训练样本不足的情况下,通过数据降维,SAM 精度稍有所提升;MLC 分类器则得以运行并能得到较好的分类结果,分类精度高于图 6.4 中训练样本较充足但空间维过高情况下的精度;DTC 与 SVM 的分类精度变化不大。

综上所述,针对不同类型的监督分类器,我们可以得出以下结论:

(1) SAM 分类器在进行高光谱数据分类时,通过降维可以一定程度提高分类精度,但

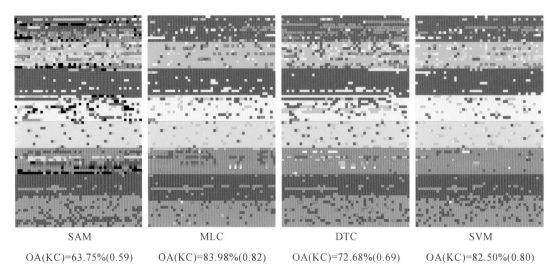

SAM	MLC	DTC	SVM
OA(KC)=63.75%(0.59)	OA(KC)=83.98%(0.82)	OA(KC)=72.68%(0.69)	OA(KC)=82.50%(0.80)

图 6.6　训练样本不足情况下各分类器在降维后特征空间分类结果

相近植被类型光谱波形较为相似,而 SAM 只利用波形而并未有效利用相对数值大小关系,导致其分类精度难以满足植被精细分类的应用需求。在实际应用中,可以考虑将其与基于统计特征的分类算法进行有机结合。

(2) 对于 MLC 分类器,其分类结果对于样本数目与波段数比要求较高,在对高光谱数据进行分类时,针对原始空间通常难以保证各类别训练样本数目要求,所以分类效果并不好;但通过特征降维,在样本数目要求得以满足的情况下,MLC 可以有效地提高分类精度,并得到较好的分类结果。

(3) DTC 在样本充足的情况下,可以进行高光谱数据分类,并得到较好的结果;在样本数目不足的情况下,分类精度大幅度下降,对于原始高维空间和降维后特征空间得到的分类结果接近,均无法满足应用需求。可见 DTC 更适合在样本充足情况下进行高维空间分类。

(4) SVM 分类器无论是在样本充足的情况下,还是在样本不足的情况下,无论是针对原始光谱空间,还是针对降维后的特征空间,总体分类精度始终在 80% 以上,Kappa 系数均在 0.79 以上,分类结果较为稳定,可以利用较少的样本直接对原始高光谱数据进行分类,对于大部分植被类别都具有较好的识别结果。

6.3.2　随机森林分类算法

在机器学习领域,常常把具有低偏差高方差预测函数的分类器称为弱分类器。弱分类器由于方差大,通常是不准确的,换言之,与真实分类只存在弱相关。与之相对应的是强分类器,与真实分类存在较强相关。那么,能否用一些弱分类器来构建一个强分类器呢? 答案是肯定的,而且方法不止一种。用多个弱分类器组合而成的分类器称为集成分类器(ensemble classifier)。常见的集成分类器主要有 Boosting 和 Bagging(Dietterich,2000)。

Boosting 是迭代地用弱分类器构造新的弱分类器,然后给其赋予权重,并联合起来形成一个强分类器。迭代是 Boosting 最大的特点。在第一轮调用弱学习算法时,从训练样本全集中抽取子集,并用此子集学习生成一个弱分类器,然后用该分类器对训练样本进行分类。接下来每轮选取样本子集时都给前一轮训练失败的样本赋予更大权值,使之在新一轮训练中出现的概率更高,这样可以让后续的弱分类器集中对难以训练的样本进行学习,并在此子集上生成弱分类器,迭代多次会得到一系列弱分类器,每个都有对应权值,权值大小反映了分类器的效果。最终的分类器由迭代生成的多分类器加权组合产生。

与基于迭代过程的 Boosting 不同,Bagging 是以独立同分布选取子集训练样本来训练弱分类器的,其各个弱分类器间的权重也是相同的(Audibert and Jean-Yves,2004)。Bagging 可以处理不稳定情况,是通过将独立同分布的弱分类器平均集成起来,可以在保持偏差不变的同时降低方差及弱分类器之间相关值的均值。如果弱分类器的相关值和偏差都较小,则总体分类误差是可以降低的。因此,Bagging 是将一个好的但并不稳定的过程向着最优化的方向推动,它降低了对稳定性的要求。

随机森林(RF)是一个以决策树为基础分类器的集成分类器(Ho,1998)。决策树是一个树状模型,它提供一个观测到目标的映射。决策树由节点和边组成,节点又包括根节点、分支节点和叶节点。其中,根节点只有一个,是整个训练数据的集合;叶节点代表分类结果;分支节点将到达该节点的样本按某种特定属性分裂到叶节点。随机森林比单棵决策树更稳定,泛化能力更强,它基于 Bagging 集成思想而来。

随机森林分类器原理如图 6.7 所示,其训练和分类过程并不复杂。首先,从训练样本中通过随机可重复采样得到多个样本子集。然后对每个样本子集构造一棵决策树,在每个叶节点处通过迭代统计训练估计此节点上的类分布。这一训练过程一直迭代到用户设定的最大树深度或不能通过分割获取更大信息增益为止。在分类预测时,对一个输入样本迭代根据训练所得随机森林中的各棵决策树进行左或右的决策,直到到达叶节点,各个叶节点上的分布就是这棵树的分类结果。根据公式(6.25),平均每棵树叶节点上的分类结果就得到了整个随机森林对该样本的分类结果。

$$p(c \mid v) = \sum_{t=i}^{T} P_t(c \mid v) \tag{6.25}$$

其中,T 是随机森林中树的数量,c 是某一个特定类别,P 是概率函数。

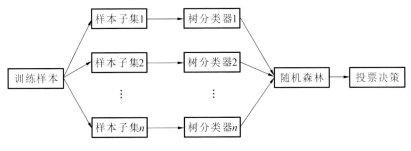

图 6.7 随机森林分类器原理

　　随机森林除了稳定的特点外,还有很多优良的特性,使之成为当今最受关注的分类器:首先,随机森林分类效果出色。它可以在不进行特征提取的情况下,对高维数据进行分类,并且对于类别尺寸不均衡的分布保持分类误差平衡,防止过拟合。其次,随机森林不需要人工干预,简化了应用过程。再次,随机森林不仅可以分类,还能够估计分类中所用特征的重要性,可以估计缺失数据。最后,随机森林计算速度快,其计算量是与树的数目成正比的,而各棵树之间是并列的,所以随机森林容易做并行处理(Liaw and Wiener,2002)。

　　基于上述分析,本节利用随机森林分类算法,利用高光谱遥感数据,分析随机森林分类算法在植被精细分类中的性能。采用 2013 年东莞市 HJ-1A 高光谱遥感图像,通过与 HJ-1A 多光谱遥感图像融合,得到 30 m 空间分辨率、5 nm 光谱分辨率的高光谱融合图像,共 95 个波段。

　　东莞市地物类型丰富,主要包含桉树、荷木、松树、杉树、荔枝、龙眼等 17 种地物类型,其中优势树种 13 类。基于融合影像,采用随机森林算法进行分类。为综合利用影像的空间特征和光谱特征,首先,对高光谱影像进行 PCA 降维,取前 3 个主成分特征波段(保留原始图像 98％以上的信息);其次,分别计算前 3 个主成分对应的空间纹理特征,共包含均值、方差、信息熵等 33 个空间纹理特征;最后,通过波段运算得到对植被生化参量(叶绿素、叶黄素、胡萝卜素等)敏感的 40 个光谱指数特征(NDVI、MCARI、TCARI 等)。此外,以 DEM 为基础提取坡度等地形因子,以表征地表固有的空间分异特征。为解决高光谱遥感图像分类过程中,因分类特征过多造成的维度灾难及算法运行效率低的问题,采用极端随机森林特征选择算法对上述计算的 77 个特征进行特征优选,并按照特征波段的重要性排序,由高到低逐波段加入到随机森林分类器中。当用于分类的特征波段数目为 31 时,图像的总体分类精度以及 Kappa 系数均达到最大值,分别是 91.40％和 0.9033。分类相关的精度统计以及分类结果如表 6.1 和图 6.8 所示。

表 6.1　东莞市影像分类精度统计

类别名	针叶混交林	针阔混交林	杂竹	速相思	绿地	杉木	其他灌木
精度	0.78	0.85	0.71	0.89	0.88	0.79	0.93
类别名	农田	水体	马尾松	阔叶混交林	人工建筑	荔枝	湿地松
精度	0.93	0.95	0.91	0.86	0.98	0.90	0.74
类别名	荷木	龙眼	桉树	AA	OA	Kappa	
精度	0.96	0.88	0.99	87.90％	91.40％	0.9033	

　　如表 6.1 和图 6.8 所示,大部分植被类型的分类精度接近或优于 90％,不同地物类型的划分边界明显。通过对空间信息和光谱信息的筛选和利用,可以有效地提升地物的识别精度。基于上述分析,随机森林分类算法能够获得精度较高的分类结果,分类性能较佳。

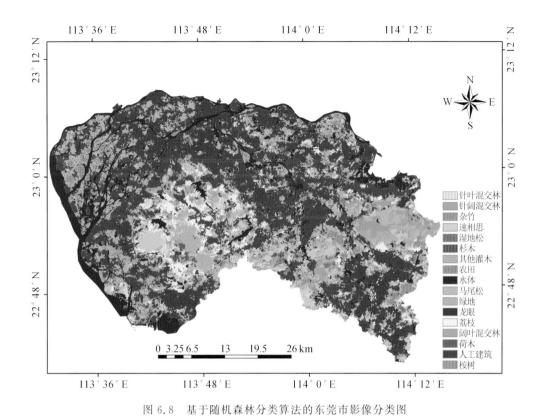

图 6.8　基于随机森林分类算法的东莞市影像分类图

6.3.3　稀疏多元逻辑回归分类算法

近年来发展起来的稀疏算法因其性能的优越性使其很快位于先进监督学习技术的前列。稀疏算法包括关联向量机算法(relevance vector machine,RVM)、稀疏概率回归算法(sparse probit regression,SPR)、信息向量机算法(informative vector machine,IVM)和联合分类器和特征优化算法(joint classifier and feature optimization,JCFO)等。这些算法通过对基函数的线性加权组合构造分类器,这些权值是通过对训练数据的估计得到的。在大多数这些算法中,用于基函数的数据集是不受限制的,它们可以是本身原始的特征,也可以是这些特征的非线性转换,甚至可以是对训练样本的核变换后的数据集。在后一种情况,这种学习分类器就有些类似于 SVM,但是,相比于 SVM,用于稀疏算法的核不需要满足 Mercer 条件。由于稀疏分类算法的目标是学习一个尽可能稀疏的分类器,对基于训练数据的权重的似然估计会被基于一些先验信任度进行正则化进而促进其稀疏性。这种先验方式可以是隐含的,也可以是明确的。对于明确的先验方式,拉普拉斯是一种常用的选择,它通过惩罚来实现,类似于将 LASSO 惩罚用于回归。这种基于拉普拉斯先验的促使稀疏的本质已经在理论上得到充分证实且在一些研究中被证实具有实用性。拉普拉斯另一个有趣的性能是,它是几乎重尾分布密度却依然是对数凹性的,因此,当结合一个凹对数似然时,将得到一个只有一个唯一最大值的凹对数后验。而针对基于最大后验概率准则的分类器学习,这种唯一最大值的存在是非常有利的。

针对上述多元逻辑回归问题,Krishnapuram 等(2005)发展了一种稀疏多元逻辑回归算法(sparse multinomial logistic regression,SMLR),这是第一次提出基于稀疏促进先验来实现精确的多元逻辑回归。稀疏促进先验通过促使少数几个权重估计值显著大而其他权重为零,来最小化用于构造决定层面的基函数的数目,进而控制学习分类器的能力。通过加入一个对 ω 的稀疏促进先验来实现对 ω 的稀疏估计,并依据最大后验概率(maximum a posteriori,MAP)准则来对参数进行估计。于是后验概率可以写为

$$p(y \mid x) = \frac{1}{p(x)} p(x \mid y) p(y) \tag{6.26}$$

其中,$p(x \mid y)$ 指似然估计,$p(y)$ 表示赋予 y 的稀疏先验。根据最大后验概率准则,将 $p(y \mid x)$ 求解最大值对应的回归参数可表示为

$$\omega_{\mathrm{MAP}} = \arg\max_{\omega}[l(\omega) + p(\omega)] = \arg\max_{\omega}[l(\omega) + \log p(\omega)] \tag{6.27}$$

其中,$l(\omega)$ 是对数似然函数。

$$l(\omega) = \sum_{i=1}^{l} \log p(y_i \mid x_i, \omega) \tag{6.28}$$

$$p(\omega) \propto \exp(-\lambda \parallel \omega \parallel_1) \tag{6.29}$$

其中,$p(\omega)$ 是对 ω 的稀疏促进项拉普拉斯先验,$\parallel \omega \parallel_1 = \sum_l |\omega_l|$ 表示 1-范数。此时该优化问题已不能用 IRLS 算法求解,因为它在原点处是不可微的,于是一种约束优化算法被提出来求解该加入了拉普拉斯先验的回归参数的估算。

SMLR 的计算复杂性为 $O((nK)^3)$,其中 n 为样本的大小,K 为类别数。

针对具有大量特征的数据集,SMLR 的计算成本依然是过高的,有时甚至无法执行。Borges 等(2006)基于一种分块的 Gauss-Seidel 迭代过程来估算稀疏系数,提出一种快速稀疏多元逻辑回归算法(fast sparse multinomial logistic regression,FSMLR)并应用于高光谱遥感数据分类中,其计算复杂性为 $O(n^3 K)$,相比于 SMLR 提高了 $O(K^2)$。虽然 FSMLR 算法大大扩展了 SMLR 处理数据集的能力,尤其是对那些具有大量类别的数据集,然而 FSMLR 的运算量在很多情况下依然是不可承受的,尤其是对具有高维特征的高光谱数据集而言。Bioucasdias 和 Figueiredo(2009)提出一种基于变量分裂的增广拉格朗日逻辑回归算法(logistic regression via variable splitting and augmented Lagrangian,LORSAL)来学习 SMLR 回归参数。LORSAL 将难以解决的非光滑凸问题转化为一系列二次加斜的 $l_2 - l_1$ 问题来解决,大大提高了运算效率。其计算复杂性为 $O(n^2 K)$,相比于 SMLR 和 FSMLR 分别提高了 $O(nK^2)$ 和 $O(n)$。LORSAL 算法的提出为解决大量高维数据问题的多元逻辑回归问题开启了新的篇章,并多次被成功应用于高光谱遥感分类中。

本节在影像特征提取的基础上,基于稀疏多元逻辑回归(SMLR)分类器,分别利用 Indiana Pines 数据和方麓茶场数据进行分类实验,主要比较了单纯利用原始光谱波段的分类结果、利用基于形态学提取的空-谱特征分类结果、结合光谱信息和丰度信息的分类结果。本节用到的形态学空-谱特征是扩展的多属性轮廓特征(EMAP)(Mauro Dalla Mura et al.,2011),首先通过对原始图像主成分变换前 C 个主成分进行形态学轮廓提取,得到扩展的属

性轮廓(EAP),然后将多个不同的属性轮廓 EAPs 合并为一个数据结构,进而得到 EMAP。它同时包含了光谱信息和空间信息,与其他空间特征提取方法相比,在分类效果方面具有显著的优势,已被广泛应用于高光谱遥感分类中。丰度信息是利用一种基于类别的端元提取与稀疏解混算法得到的,分别针对每一类进行端元提取,不是直接地对数据集提取端元,旨在解决端元与类别不一致的问题。另外,所有实验结果中的总体精度(OA)、平均精度(AA)和 Kappa 系数统计值皆是通过 10 次独立实验求平均值得到的结果。

6.3.3.1　Indian Pines 航空高光谱图像数据实验

Indian Pines 航空高光谱遥感图像是国际上公开的高光谱分类数据集,于 1992 年由机载可见光成像光谱仪(airborne visible infra-red imaging spectrometer,AVIRIS)通过位于印第安纳州西北部的 Indian Pines 实验基地时所采集。该高光谱遥感影像大小为 145×145 像素,具有 20 m 的空间分辨率,220 个波段,波长范围为 $0.4\sim2.5~\mu\mathrm{m}$。

将 16 个类别的地面参考数据(10 249 个样本点)随机分成不同比例的两部分样本集,训练样本和测试样本分别占参考样本集的 5% 和 95%。另外,用于分类的原始光谱特征有 200 个,基于形态学提取的空-谱特征有 132 个(其中包括 4 个主成分特征和 128 个空间特征),基于类别的丰度信息特征有 16 个。表 6.2 显示了利用不同特征的分类精度。图 6.9 显示了不同特征分类结果以及相应的整体分类精度。

表 6.2　Indian Pines 影像不同特征分类精度统计

类别	$SMLR_{ori}$	$SMLR_{SS}$	$SMLR_{SA}$
苜蓿	89.29%	94.96%	94.96%
玉米未耕地	61.29%	86.30%	71.74%
玉米疏耕地	55.21%	94.67%	74.15%
玉米	72.10%	96.98%	80.32%
牧草地	84.84%	93.35%	88.97%
草树混合地	91.53%	99.40%	98.10%
修剪的牧草	88.46%	95.00%	94.29%
干牧草	93.72%	100%	99.60%
燕麦	86.00%	100%	95.00%
大豆未耕地	65.31%	89.69%	75.26%
大豆疏耕地	57.18%	90.51%	71.83%
大豆已耕地	68.90%	90.11%	83.66%
小麦	98.27%	99.42%	98.73%
林地	84.90%	98.54%	89.21%
林间小道	64.26%	96.13%	85.68%
钢铁塔	87.86%	98.55%	92.82%
OA	69.58%	92.13%	80.53%
AA	78.07%	95.23%	87.14%
Kappa	0.6 578%	0.9 193%	0.7 805%

注:$SMLR_{ori}$、$SMLR_{SS}$、$SMLR_{SA}$ 分别表示利用原始光谱特征 200 个、形态学空谱特征 132 个、融合了光谱特征和丰度信息特征 216 个的分类结果。

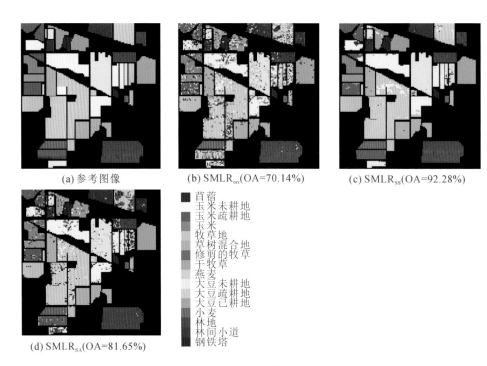

(a) 参考图像　　(b) SMLR$_{ori}$(OA=70.14%)　　(c) SMLR$_{ss}$(OA=92.28%)

(d) SMLR$_{SA}$(OA=81.65%)

苜蓿
玉米未耕地
玉米疏耕地
玉米
牧草地
草树混合地
修剪的牧草
干牧草
燕麦
大豆未耕地
大豆疏耕地
大豆已耕地
小麦
林地
林间小道
钢铁塔

图 6.9　Indian Pines 影像不同特征组合分类结果

如图 6.9 所示,通过结合影像的空间结构特征,利用扩展的形态学属性特征在基于稀疏多元逻辑回归分类器进行分类时能够获得最高的分类精度(OA=92.28%),与利用原始光谱特征的分类结果(OA=70.14%)相比,向原始光谱特征中加入丰度信息进行分类时,能够大幅度提高分类的精度(OA=81.65%)。此外,表 6.2 还给出了不同特征分类对场景中各个类别的分类精度、平均分类精度(AA)以及 Kappa 系数。可以看出,SMLR 在训练样本占地面参考数据 5% 的情况下,基于原始光谱特征的分类能够有效地区分草地、干草、小麦、钢铁塔等光谱区分度较大的地物(部分地物的识别精度在 90% 以上),然而对于一些光谱相似的地物,其识别精度不高。如不同耕作期的玉米地(玉米未耕地、玉米疏耕地、玉米)和不同耕作期的大豆地(大豆未耕地、大豆疏耕地、大豆已耕地)的分类精度均不高,部分地物分类精度甚至低于 60%。通过对空间信息和丰度信息的利用,不仅可以大大提高在光谱特征空间难以区分的地物的识别精度,还可以进一步提高那些光谱区分度较大的地物的识别精度,对有些地物甚至可以达到 100% 的识别精度。在 Indian Pines 场景上的实验说明基于空间特征或丰度信息的稀疏多元逻辑回归分类能够获得较好的分类性能。

6.3.3.2　方麓茶场航空高光谱图像数据实验

方麓茶场航空高光谱遥感图像于 1999 年 9 月采用中国科学院上海技术物理所研制的 80 通道推扫式高光谱成像仪(pushroom hyperspectral imager,PHI)获取。影像获取区域位于江苏省常州市方麓村的茶树种植基地。该数据包含 80 个波段,波长范围为 0.4～0.85 μm,影像大小为 512×348 像素,地面分辨率为 2.25 m。

对 10 个类别分别从地面参考数据中随机选取每类 30 个作为训练样本,剩余地面参考数据作为测试样本。另外,用于分类的原始光谱特征有 80 个,基于形态学提取的空-谱特征有 132 个(其中包括 4 个主成分特征和 128 个空间特征),基于类别的丰度信息特征有 10 个。

图 6.10 显示了不同特征分类结果以及相应的整体分类精度。同样地,与利用原始光谱特征的分类结果(OA=85.71%)相比,向原始光谱特征中加入丰度信息进行分类时,能够提高分类的精度(OA=87.68%)。通过利用影像中的空间结构特征,扩展的形态学属性特征在分类时也能够获得更高的分类精度(OA=93.88%)。此外,表 6.3 显示了利用不同特征的分类精度,其中除了总体精度(OA),还包括不同特征分类对场景中各个类别的分类精度、平均分类精度(AA)以及 Kappa 系数。可以看出,SMLR 在每类仅有 30 个训练样本的情况下,基于原始光谱特征的分类能够有效地区分芦苇、水稻、红薯、香菜、池塘和建筑物/道路光谱区分度较大的地物(识别精度均在 90% 以上),然而对于一些光谱相似的地物,其识别精度不高。如竹林的分类精度仅为 59.70%,荒草的分类精度仅为 68.74%。通过对空间信息和丰度信息的利用,不仅可以大幅提高在光谱特征空间难以区分的地物的识别精度,还可以进一步提高那些光谱区分度较大的地物的识别精度,如对芦苇的识别精度甚至达到 100%。在方麓茶场场景上的实验同样表明,基于空间特征或丰度信息的稀疏多元逻辑回归分类能够获得较好的分类性能。

表 6.3 方麓茶场高光谱影像不同特征分类精度统计

类别	$SMLR_{ori}$	$SMLR_{ss}$	$SMLR_{SA}$
马尾松	79.37%	97.57%	89.85%
竹林	59.70%	92.08%	73.12%
茶树	84.93%	92.05%	87.29%
芦苇	95.49%	100%	99.62%
水稻	97.75%	98.71%	98.69%
红薯	95.49%	98.87%	97.45%
香菜	95.14%	99.17%	98.57%
荒草	68.74%	91.47%	76.46%
池塘	98.87%	98.74%	99.17%
建筑物/道路	94.54%	97.75%	95.19%
OA	86.34%	94.51%	89.80%
AA	87.00%	96.64%	91.54%
Kappa	0.8079	0.9210	0.8555

注:$SMLR_{ori}$、$SMLR_{ss}$、$SMLR_{SA}$ 分别表示利用原始光谱特征 80 个、形态学空-谱特征 132 个、融合了光谱特征和丰度信息特征 90 个的分类结果。

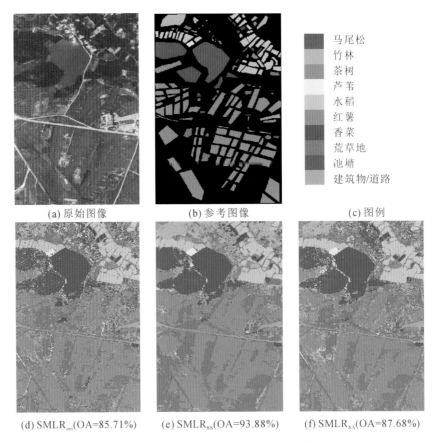

(a) 原始图像 　　　　　 (b) 参考图像 　　　　　 (c) 图例

马尾松
竹林
茶树
芦苇
水稻
红薯
香菜
荒草地
池塘
建筑物/道路

(d) SMLR$_{\text{ori}}$(OA=85.71%) 　　 (e) SMLR$_{\text{ss}}$(OA=93.88%) 　　 (f) SMLR$_{\text{SA}}$(OA=87.68%)

图 6.10 　方麓茶场影像不同特征组合分类结果

6.3.4 深度学习分类算法

近年来,作为一种大数据智能分析的方法,深度学习已成为计算机视觉领域最成功的技术之一,并被引入高光谱遥感的分类领域,取得了优于传统机器学习算法的分类效果。与传统特征提取方法相比,深度学习凭借其强大的特征提取能力,可以从复杂的高光谱数据中自动提取图像浅层特征和高层次抽象特征,智能化地完成图像"端到端"的分类。根据深度学习算法提取特征类型的不同,基于深度学习的高光谱遥感影像分类主要分为三大类:基于光谱特征分类、基于空间特征分类以及融合空间和光谱特征分类。

基于光谱特征分类的方法,假设每一个像素是一种地物类型,将原始影像的像元光谱直接作为一维神经网络的输入(Chen et al.,2016;Zhang et al.,2016),原理简单,容易实现。经典的一维神经网络模型有堆叠自编码器(SAE)、受限玻尔兹曼机(RBM)和深度置信网络(DBN)等。此外,一维卷积网络(1-D CNN)、循环神经网络(RNN)及其变体(LSTM/GRU)等也被用于高光谱影像光谱信息的提取与分类。如 Tong 等(2014)利用受限玻尔兹曼机(RBM)和深度置信网络(DBN)对高光谱影像进行特征提取和分类,并获得比 SVM 更优的分类效果。但是仅利用高光谱图像的光谱信息进行分类，忽略了影像的空间信息，分类精度有待提升。

基于空间信息的分类，充分考虑高光谱遥感影像中心像素空间邻近像元的影响，提取中心像素周围 $M \times N$ 大小的图像块(Vetrivel et al.，2018；Wei et al.，2015)，将 RGB 三波段影像或降维(如 PCA 等)后的高光谱影像作为 2-D CNN 的输入。如 Yang 等(2018)将二维卷积神经网络应用到高光谱遥感影像的分类中，分别提取多尺度遥感图像的卷积特征进行分类。结果表明，多尺度二维卷积神经网络的分类结果优于传统的机器学习算法如支持向量机 SVM 的分类精度。

融合空间和光谱特征的高光谱遥感影像分类，深度学习方法主要包括以下三种：①通过传统机器学习算法提取图像浅层的空间特征和光谱特征，进行融合后输入深度神经网络进行分类；②利用三维卷积神经网络(3-D CNN)、全卷积神经网络(FCN)等直接提取高光谱影像的空间特征和光谱特征进行分类；③分别利用二维卷积神经网络和一维卷积神经网络提取图像深层的二维空间特征和一维光谱特征，再经特征融合后输入传统分类器进行高光谱影像分类。如基于 3-D CNN(Li et al.，2017；Zhong et al.，2017)，输入 $P \times P \times B$ 图像块，利用三维卷积核同时学习高光谱图像的光谱维和空间维特征，充分挖掘三维数据的结构特征进行分类，而不需要依赖影像预处理或后处理技术。

卷积神经网络(convolutional neural network，CNN)一般包括多个特征提取层和非线性特征映射层。特征提取层本质上是一些滤波操作，通过对图像做不同卷积核的滤波得到图像的特征。非线性特征映射层用于帮助网络解决线性不可分问题，通常使用 ReLU、Tanh、Sigmoid 等函数，对卷积得到的特征做非线性映射。卷积神经网络的结构通常包括输入层、卷积层、池化层、全连接层以及输出层。最经典的卷积神经网络是由 Bottou 在 1997 年提出的 LeNet-5(Bottou L et al.，1997)，其模型结构如图 6.11 所示。

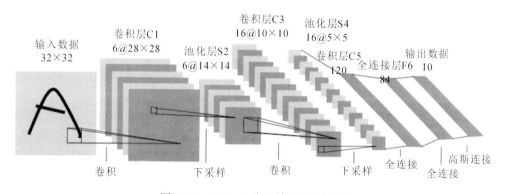

图 6.11 LeNet-5 卷积神经网络结构

1. 输入层

深度学习模型需要对大量带有标签的训练样本进行迭代训练，才能获得较好的应用效果。而在遥感影像应用领域，获取大量已标记的训练样本十分困难。卷积网络的输入层大多基于少量带标签的遥感影像，或通过数据增强方式获得大量的训练样本，然后输入卷积神经网络中。目前，数据增强的方式主要包括随机裁剪、水平和垂直翻转、噪声添加以及彩色变换等。

2.卷积层

卷积层是卷积神经网络的重要组成之一,它是遥感影像特征提取最关键的环节。卷积层采用一系列可训练的卷积核对上一层输出数据(原始遥感影像图像块或池化层输出的特征)进行卷积运算,并用一个非线性函数将卷积结果变换到某一个限定范围内,从而使模型具有非线性特性。卷积层的计算的公式如下:

$$X_j^l = f\Big(\sum_{j\in M_j}(X_j^{l-1} * k_{j,i}^l) + b_j^l\Big) \qquad (6.30)$$

式中,X_j^l 表示第 l 层卷积层的第 j 个特征图;$f(x)$ 表示激活函数;M_j 表示上一层的输出集合;$k_{j,i}^l$ 表示卷积核;b_j^l 表示卷积特征图 X_j^l 的加性偏置;$*$ 表示卷积运算。

卷积运算实际上是一个卷积核(权重模板)与其所覆盖的遥感影像像素值进行加权运算,得到卷积核在该点的响应值。不同权值的卷积核与遥感影像进行卷积运算所起的作用不同。卷积神经网络中卷积层所使用的卷积核是通过反向传播算法学习得到的,而非人工设计的卷积核。每个卷积层包含多个权值不同的卷积核,每个卷积核分别和输入的遥感影像进行卷积操作,从而提取出遥感影像的不同特征。通常,低层的卷积层提取遥感影像的边缘、线条和角点特征,而随着网络层数越来越高,提取到的遥感影像特征也越来越复杂和抽象。通过调整或优化网络结构(如采用 Dropout 技巧等),可以减少卷积神经网络的参数,提高模型运算的效率。

3.池化层

卷积运算得到的特征维数一般非常大。以输入遥感影像图像块的大小为 256×256 为例,假设使用了 10×10 的卷积核,步长为 6,则卷积层的输出大小为 42×42,如果该卷积层有 96 个卷积核,则输出向量的维数为 169 344。特征维数太高,既增加了算法运行的时间,也容易出现过拟合。因此,卷积层后通常紧跟一个池化层,对图像进行降采样操作,以减少输入层和输出层之间的中间层所包含的神经单元个数,从而降低了模型计算的复杂度。

针对遥感影像特征提取,利用池化层对卷积层的输出进行降采样操作。降采样操作使得卷积神经网络模型拥有了记忆功能,使提取的遥感影像特征具有一定的扭曲和形变不变性,增强了特征的泛化能力。目前,池化层主要是对输入特征图像的相邻像素之间进行取平均或求最大值,得到新的特征映射图,以降低特征图的分辨率。此外,池化层也需要引入激活函数,目的是在不影响感受野的情况下提高网络以及决策函数的非线性特性。池化层的计算公式如下:

$$X_j^l = f(\beta_j^l \mathrm{down}(X_j^{l-1}) + b_j^l) \qquad (6.31)$$

式中,X_j^l 表示第 l 层卷积层的第 j 个特征图;$f(x)$ 表示激活函数;β_j^l 表示卷积特征图 X_j^l 的乘性偏置;b_j^l 表示卷积特征图 X_j^l 的加性偏置;$\mathrm{down}(x)$ 表示采样函数;$*$ 表示卷积运算。

4.激活函数

激活函数是一个非线性变换函数,它主要作用于卷积层之后的非线性函数变换,将输出限定到一定的范围之内。激活函数增强了卷积神经网络非线性表达能力,使得数据能够在非线性可分的情况下可分。此外,激活函数也增强了数据稀疏表达能力,使得数据的处理更加高效。目前,主要的激活函数有 Sigmoid 函数、Tanh 函数以及 ReLU 激活函数。

Sigmoid 函数和 Tanh 函数是传统卷积神经网络中常用的激活函数,计算公式分别如公式(6.32)和式(6.33)。Sigmoid 函数是值域在[0,1]上的单调递增的光滑函数。但 Sigmoid 函数在卷积神经网络误差反向传播过程或导致梯度消失的问题,造成底层值不能随迭代而进行及时更新,参数得不到优化。Tanh 函数是 Sigmoid 函数的一种,取值范围是[−1,1],是一种包含的激活函数,其作用效果要优于 Sigmoid 函数。

$$f(x) = \frac{1}{1 + e^{-x}} \tag{6.32}$$

$$f(x) = \frac{e^x - e^{-x}}{e^x + e^{-x}} \tag{6.33}$$

线性修正单元(rectified linear units,ReLU)激活函数是被广泛使用的激活函数之一,其更加符合神经元信号激励原理。与 Tanh 函数和 Sigmoid 函数相比,ReLU 激活函数能够有效缓解梯度弥散问题,从而直接以监督的方式训练深度神经网络,无须依赖无监督的逐层预训练。线性修正单元 ReLU 激活函数能够加速算法的收敛,减少可训练的参数,提高算法运行的效率。ReLU 激活函数的具体公式如下所示:

$$f(x) = \begin{cases} x & (x \geqslant 0) \\ 0 & (x < 0) \end{cases} \tag{6.34}$$

卷积神经网络运用局部感受野技巧以及权值共享来降低参数数量。卷积神经网络中,上层节点只与一部分邻近的下层节点相连,这样提取的特征对于局部信息的把握也更精准。当从遥感影像中随机选取一个 $N * N$ 的图像块,并使用某种滤波器从这个图像块中学习到一些有用的特征,则使用此滤波器也可以处理其他从图像中提取的 $N * N$ 的图形块,并得到有用的特征。基于这种原理,当想提取遥感影像某种特征的时候,可以使用一个固定权值的滤波器去遍历整景遥感影像。因此,使用同一个滤波器的神经元权值是相同的,在梯度计算时只需要计算一个神经元的梯度,便可得到其他也使用此滤波器的神经元的梯度。很多神经元共享权值和梯度计算方法,使得网络的计算复杂度大大降低。

6.4　半监督分类算法

在传统高光谱影像监督分类中,分类器对于标记训练样本有较高的需求,而相对于标记样本,遥感图像中存在大量易获取的未标记样本。因此,有必要研究同时利用少量已标记样本和大量未标记样本的半监督分类算法。半监督分类方法(胡俊,2015;黄鸿 等,2014;李二珠,2014;尚坤,2014)是利用已知的少量的训练样本和大量未标量的未标记样本的分类信息来获得新的训练样本,然后基于新的训练样本进行遥感影像的分类方法。在高光谱遥感数据的实际应用中,大量未标记的训练样本和少量有标记数据并存的情况比比皆是。然而,由于能用于监督分类的有标记样本较少,通常难以得到泛化能力强的模型。针对高光谱遥感影像不具备大量标记样本的问题,半监督分类方法显得尤为重要。

若想在分类器学习的过程中充分利用未标记样本具有的丰富信息,就需要建立未标记样本分布和预测模型之间的联系。这种联系在生成式模型中,体现在数据生成的过程中,即模型决定未标记样本该如何分布。对于一般的学习器,往往需要通过一些假设条件将未标记样本和预测模型进行关联。在半监督学习中,聚类假设(cluster assumption)(兰霞,2011)、流形假设(manifold assumption)、局部与全局一致性假设(local and global consistency assumption)(Zhou et al.,2004)是三种最常用来建立未标记样本和预测模型之间关系的假设。聚类假设要求预测模型对相同聚类中的数据应该给出相同的类别标记,通常适用于分类问题;流形假设要求预测模型对相似输入数据应该给出相似的输出,除分类问题外还适用于回归、排序等任务,在某些情况下可以看成聚类假设的一种自然推广。局部与全局一致性假设是指邻近的点可能具有相同的标签,在相同结构上(例如同一类或子流形)的点可能具有相同的标签。从本质上说,这三类假设是一致的,只是各自关注的侧重点不同。其中流形假设强调的是相似样本应该具有相似的输出而不是具有完全相同的标签,因而更具有普遍性。现有多数的半监督学习方法几乎都包含了上述假设。

半监督学习算法最初于 1994 年被 Shahshahani 等应用到高光谱遥感图像的分类中,充分利用未标记样本的信息,以提高分类的精度。随后,半监督学习算法得到了足够的重视,许多半监督学习方法被相继提出。这些方法大致可分为以下几类:基于生成式模型(generative-model-based)的半监督分类学习方法、自训练(self-training)方法、基于图(graph-based)的半监督分类方法、协同训练(co-training)方法、基于直推学习方式的半监督分类方法和基于主动学习(active learning)策略的半监督分类算法。

6.4.1 经典半监督分类算法

6.4.1.1 生成模型半监督分类算法

生成模型是一种比较古老的半监督方法,在遥感影像分类中有着广泛而深厚的基础,目前在该领域应用最多的最大似然法就是基于生成模型理论的(任广波,2010)。这类算法的基本思想是基于给定的已标记数据集的特征,进行数据的联合概率分布密度 $p(x|y)$ 建模,得到一个数学模型。以该数学模型为分类器,然后把每个未标记样本属于每个类别的概率看作缺失参数,再利用最大似然函数 EM 对模型进行未标记样本的类别估计以及模型参数进行极大似然估计。这种半监督学习思路直接关注于半监督学习和决策中的条件概率问题,从而避免了对于边缘概率或者联合概率进行建模和求解。此类算法可以看成在少量已标签样例周围进行聚类(梁吉业 等,2009)。半监督学习的思想在该方法中的体现就是如何利用标记和未标记样本信息来估算模型的未知参数。在标记数据较少的情况下,估算出来的参数往往不能很好地代表模型参数的真实值,生成模型半监督分类算法就是通过未标记样本信息修正初始标记样本估算得到的模拟参数。

不同生成式半监督方法的区别主要在于选择了不同的生成式模型作为基分类器,例如混合高斯(mixture of Gaussians)、混合专家(mixture of experts)(Miller and Uyar,1996)、朴素贝叶斯(naive Bayes)(Dopido et al.,2012)。虽然基于生成式模型的半监督学习方法原理简单、直观,并能够在标记样本极少时取得比判别式模型更好的分类效果,但当模型假设与数据的真实分布不相符时,使用大量的未标记数据来估计模型参数反而会降低分类器的泛化能力(Cozman and Cohen,2002)。由于寻找合适的生成式模型来为数据建模需要大量先验知识,这使得基于生成式模型的半监督学习在高光谱遥感的实际应用中受到限制。

6.4.1.2　基于图的半监督分类算法

基于图的半监督分类方法直接或间接地利用了流形假设或局部与全局一致性假设。它们通常先根据训练样例及某种相似度度量建立一个图,图中结点分别对应于已标记样本和未标记样本,边反映了样本之间的相似度,然后定义所需优化的目标函数,并使用决策函数在图上的光滑性作为正则化项来求取最优模型参数(Zhu,2008)。基于图的半监督分类方法实质是基于图上的邻接关系将标记从已标记的训练样本向未标记的样本传播。数据图构建方法对分类器的学习性能影响较大。如果数据图的性质与数据本身的内在规律相背离,无论采用何种标记传播方法,都难以获得满意的学习结果。但是,要构建反映数据内在关系的数据图,往往需要依赖该领域大量的专业知识。所幸,在某些情况下,仍可根据数据性质进行处理,以获得鲁棒性更高的数据图,例如当数据图不满足度量性时,可以根据图谱将非度量图分解成多个度量图,分别进行标记传播,从而可克服非度量图对标记传播造成的负面影响。虽然基于图的半监督学习方法具有较完备的数学基础,但是算法的时间复杂度大、效率低,针对大范围研究区内的未标记样本,在分类器的训练过程中,难以获得较好的分类效果。

基于图正则化框架的半监督学习得到了国内外学者的广泛关注,取得了不少有价值的成果。Camps-Valls 等(2007)提出了基于图论的高光谱影像半监督分类方法,综合利用了合成核函数和上下文信息,首先构造一个由标记数据和未标记数据作为顶点、以数据间相似性作为边的图,依据权值大的相连数据具有较高的相似性而分类,在高光谱影像分类问题中得到了有效运用。Yang 等(2013)基于高光谱数据的空间近邻关系,提取训练样本周边的邻近点,利用双图结构来表达高光谱影像的空间近邻关系和光谱近邻信息,充分结合高光谱数据的空间近邻信息与光谱信息,对支持向量机分类器进行改进,分类结果表明该算法利用较少的样本不仅能够获得更高的分类精度,而且还提高了分类的效率;Zhang 等(2012)为实现物理意义上的多特征低维表示,考虑每个特征的特定统计特性,运用拉普拉斯矩阵通过迭代将高光谱影像多种空间信息相结合,构造一种结合光谱特征和空间特征的多图结构,实验结果表明该算法具有更好的分类性能。Hou 等(2011)基于近邻点具有相似的类别信息,改变传统的以已知样本的标记进行模型的训练方式,通过确定样本不属于某类别的负标签信息,基于数据之间的不相似性采用负标签传递算法进行半监督分类,获得了较好的分类效果。

6.4.1.3　自训练半监督分类算法

自训练(self-training)是半监督学习中比较常用的一种方法,有时也称为 self-teaching或者 bootstrapping,目的是通过将大量未标记样本加入学习训练样本中以提高分类器的分类精度。自训练的主要思想是:首先训练初始标注样本得到一个初始分类器,然后利用得到的初始分类器去标记未标记样本,每一个未标记样本都有一个标记置信度,即分类预测概率,设置一个阈值将标记置信度高的未标记样本,连同其标记置信度,作为已标记样本加入分类器的训练样本集中,得到新的标记样本,训练新的标记样本得到新的分类器,再利用新的分类器去标记未标记样本,如此反复,直到算法达到一个定点或者满足其他停止条件为止。值得注意的是,自训练中只利用自身的标记样本信息以及对未标记样本的预测来训练获得分类器。

该方法的主要优点是简单易行,可以与任意的分类器结合来使用。但是自训练是一种增量式算法,当分类器训练数据集中加入一个错误的分类信息时,这个信息会不断加强,进而扩大分类器的错误分类。许多分类算法都会设置一个阈值,当未标注样本分类预期值小于该阈值时,认为该样本为无效样本值,不将其加入标注样本训练集中,以控制错误信息的输入。自训练通过更新未标注样本加入标注样本集中,不断调整更新分类器参数,是一个分类器参数不断修整的过程(赵芳 等,2014)。

研究者们结合已有监督分类算法和高光谱影像的特点提出了不同的自训练半监督分类方法。Dópido 等(2013)使用自训练的半监督分类方法,主动选择信息量最丰富的样本进行标记,与多元逻辑回归分类器以及支持向量机分类器相比,不需要太多的人工干预就能得到很好的分类精度。Lu 等(2016)提出一种新的半监督学习的多源协同分类技术框架,基于高光谱遥感数据较高的光谱分辨率以及全色图像(HS)较高的空间分辨率,该技术框架将图像分割和主动学习算法相结合,采用自主学习策略,根据空间和光谱特征自动选择信息量丰富的未标记的样本,从而提高了小样本情况下的分类精度。Liu 等(2013)提出一种自训练的半监督分类算法,将 Gustafson-Kessel 模糊聚类算法用于对未标记样本的选择来减少无效标签的影响,并提出利用自适应变异粒子群优化算法来提高 SVM 分类器的泛化能力,进而应用于遥感土地覆盖分类。Triguero 等(2014)为减少样本中的噪声对样本标记的影响,在分类的过程中采用一种噪声滤波器剔除含有噪声的标记样本,充分考虑不同噪声滤波器的特点,选取质量较高的标记样本用于半监督分类。实验结果表明,该方法能够在保证半监督分类算法中标记训练样本的数量和质量的同时,有效提升分类的精度。Tanha 等(2017)在决策树分类算法的基础上,采用拉普拉斯对基于贝叶斯算法进行修正,以提高决策树分类区对未标记样本的预测能力,获得了较好的分类效果。

6.4.1.4　协同训练半监督分类算法

协同训练最早由 Blum 和 MItchell(1998)提出,称为协同训练算法。协同训练算法隐含利用聚类假设和流形假设,使用两个或多个分类器,挑选标注置信度高的未标注样本进行相互标注学习,不断更新训练样本集和学习模型。之后又有很多研究者对协同训练进行研究和分析,取得了很大的进展,使得 co-training 不只是一种算法,更成为半监督学习中非常重要的方面和成果。

在运用协同训练进行半监督分类时,首先,两个分类器利用标注样本分别在两个不同的特征子集上进行独立的训练学习,得到两个初始分类器;然后,用这两个分类器去分类标注未标注样本,并且将自己认为标注置信度高的样本加入另一分类器的标注训练样本集中,每一个分类器都利用另一分类器提供的高标注置信度样本更新标注训练样本集,再进行学习训练,更新分类器,从而进行相互学习。这个过程就称为协同训练过程,不断迭代,直到达到某个算法停止条件为止。与基于自训练的半监督学习不同的是,用于改进分类器的高置信度样本不是由其自身训练器提供的高置信度样本,而是由别的分类器提供的高置信度样本,从而避免了自身引入错误信息时错误信息影响增大的可能。

协同学习假设要求特征子集间相互独立性要好,且在各自的视图上能够训练出足够好的训练器,这样从对方分类器中获得的高标注置信度未标注样本对自身的训练学习才具有协同学习的意义。但在大多数的分类问题中,该条件一般难以满足。为此,研究者在半监督分类中利用单视图下多个有差异性的分类器代替多个视图下的单一分类器,典型方法包括基于特殊学习器的协同训练方法、协同三分类器的半监督学习方法(tri-training)(Zhou and Li,2005)、协同多分类器集成的半监督学习方法(co-forest)(Li and Zhou,2007)等。Wang 和 Zhou (2007)从理论上揭示了协同训练奏效的关键是不同分类器之间需要存在足够的不一致性,从而为上述采用多个有差异性分类器代替充分冗余视图的方式提供了理论依据。

协同训练近几年在机器学习领域受到极大的关注,因其思路简单,但分类效果较好,而将协同训练应用于高光谱影像分类的研究还比较少。Wang 和 Zhou (2013)针对传统协同训练中每个视图必须精确预测目标这一假设条件,在训练样本质量低或者含有噪声的情况下通常难以满足的问题,对协同训练中视图不充分的理论进行分析,定义不同视图在预测可信度方面的多样性,提出一种假设条件不充足条件下进行半监督协同训练的分类方法,研究结果表明该方法能够在视图不充分的情况下对样本进行标记,并提高学习的性能。Du 等 (2013)采用多视图协同训练的半监督分类方法,在每一个视图上进行数据点的模拟和预测,通过更新局部最优模型而不用进行全局更新进行增强学习以提高分类的精度。该方法运用具有不同标签信息的不同图结构之间的双标签传播,对未标记样本进行标记,以提高分类精度。Hady 等(2010)为充分利用未标记样本信息,将协同训练的方法和基于树结构的方法进行结合,对复杂的多分类问题进行转换,变成若干二分类的问题。研究结果表明,该方法能够有效解决多类别以及少量样本的分类问题,有效地提升了地物类别信息划分的准确性。

6.4.2 直推学习半监督分类算法

直推学习是机器学习领域处理未标记样本的一种有效手段,它通过对未标记样本的挖掘,将其与已标记样本综合,来构造一个更优的分类器。直推支持向量机(transductive support vector machine,TSVM)是基于直推学习的一种半监督支持向量机,最早由 Joachims 于 1999 年提出并引入文本分类中,能够有效改善分类性能。传统的支持向量机只是单纯利用标记样本进行分类,其分类结果主要取决于标记样本的数量和质量。通常情况下,标记样本的获取较为困难,而未标记样本的获取则相对简单。考虑到遥感图像具有覆盖区域广、标记样本获取困难,同时未标记样本丰富、相同植被类别具有一定相关性等特点,直推学习无论是理论上还是实践中,对于高光谱遥感植被精细分类都具有重要价值(Shang,2011;尚坤等,2011)。

直推支持向量机主要通过综合已标记样本与未标记样本在核空间内寻求一个经过核空间低密度区域中的决策边界(Bruzzone et al.,2005;Chen et al.,2003)。直推学习主要就是通过对未标记样本的进行标注,并结合原有标记样本,利用最大间隔法找到一个高维空间的最优分划面。利用直推学习,可以有效提高支持向量机的分类性能,尤其是在训练样本很少或不足的情况下。Chapelle 和 Zien（2005）利用梯度下降法来寻找核空间低密度区域中的决策边界，进而优化直推支持向量机目标函数。Sindhwani 和 Keerthi（2006）提出了一种适合大规模文本分类的快速线性直推支持向量机。Adankon 和 Cheriet（2007）在标准直推支持向量机目标函数的基础上额外添加了规则，并利用遗传算法来优化目标函数。

Chen 等（2003）提出了渐进直推支持向量机（progressive transductive support vector machine，PTSVM）。该算法每次选择未标记样本集中最靠近决策边界的正负两个样本作为直推样本添加标签，与其他添加过标签的直推样本和初始已标记样本一起构建最优分划面。该算法通过动态调整样本标签来降低前期误标记对分类精度的影响。Bruzzone 等（2005）修改了该算法，实现批量添加正负类未标记样本。Singla 等（2014）提出了一种利用 KNN 与非监督来辅助未标记样本标注的渐进直推支持向量机分类算法。已有研究结果表明，与传统SVM 相比，PTSVM 只需要利用较少的标记样本，便可以获取相对较高的分类精度。基于此，提出一种基于光谱角距离-欧氏距离双重判定的渐进直推支持向量机（SAD/ED-PTS-VM）分类算法（尚坤，2014）；该算法在传统渐进直推支持向量机基础上，通过计算光谱角距离与欧氏距离分别对未标记样本标签进行判定，并结合其到分划边界距离，实现对未标记样本的"自动"标注。该算法有效利用了高光谱数据的光谱维信息，降低了未标记样本的误标记概率，进而降低了后期标签重置带来的时间成本，并有效简化了传统直推支持向量机的参数设置，减少了参数优化所需时间，提高了分类效率。

本节重点介绍 SAD/ED-PTSVM 半监督分类算法及应用实践。

6.4.2.1　SAD/ED-PTSVM 半监督分类算法

虽然 PTSVM 可以在一定程度上解决传统 TSVM 分类中的问题，并具有一定推广能力，但是也不可避免地存在一定的局限性，如根据未标记样本决策函数进行标记的方法性能不稳定、训练速度慢等。PTSVM 每次只是选择决策函数值最高的两个未标记样本分别记为正、负类，添加到训练样本集中优化当前分划面。这在样本空间维度较高时，很容易导致未标记样本的误标记。虽然后续通过标签重置，有可能使之前误标记的样本得以纠正，但是在初始标记样本代表性较差、初始分划面很不准确的情况下，分划面很容易向错误的方向发展而无法得到较好的分类结果。

为了解决 PTSVM 在样本标记方面的问题，同时考虑到高光谱遥感影像中同类地物具有相似的光谱曲线、不同地物的光谱曲线通常存在一定差异的特点，基于光谱角距离-欧式距离双重判定的渐进直推支持向量机（SAD/ED-PTSVM）分类算法在 PTSVM 样本标注中，利用 SAD 与 ED 分别对未标记样本标签进行判定，同时结合其到分划边界的距离对未标记样本进行标注，增加未标记样本标注的准确度，进而加速分划面的优化进程。

SAD/ED-PTSVM 原理如下，与传统 TSVM 相似，首先给定一组标记训练样本点：

$$(x_1,y_1),\cdots,(x_n,y_n)，其中 x_i \in R^m，y_i \in \{-1,+1\} \tag{6.35}$$

和一组未标记样本点：

$$x_1^*,x_2^*,x_3^*,\cdots,x_k^* \tag{6.36}$$

在传统 TSVM 中，未标记样本的惩罚系数 C^* 是逐渐增加的，而在 PTSVM 中，由于对于未标记样本的标注是渐进完成的，希望先前的被标注样本有足够的能力向好的方向调整当前的分划面,所以一开始就给 C^* 赋予了一个较大的值。

考虑到所选的未标记样本已经过初始筛选和 SAD 与 ED 的双重判定,样本类别标注的确定度较高,另一方面,SVM 参数设置复杂,减少参数可以有效减少参数优化过程所耗时间。因此,在最优化问题中,将未标记样本和已标记样本的惩罚系数 C^* 与 C 进行合并,用同样的惩罚系数处理初始标记样本和新添加标注的未标记样本。

在未标记样本选择中,只有当未标记样本满足以下条件时,才会添加标注并加入训练样本集中:

(1) 在当前分划面的边界区域内。对于未标记样本,应满足:

$$\text{Max} \| f(x_i^*) \|, \text{s.t.} \| f(x_i^*) \| < 1 \tag{6.37}$$

(2) 到正负决策边界距离最近。本算法保留了 PTSVM "成对标注"渐进优化分划面这一特点,每次选择最靠近决策边界的一对未标记样本,即:

$$\text{Max}(f(x_i^*)), \text{s.t.} 0 < f(x_i^*) < 1 \tag{6.38}$$

$$\text{Min}(f(x_j^*)), \text{s.t.} -1 < f(x_j^*) < 0 \tag{6.39}$$

(3) SAD 与 ED 类别判定结果相同。与先前算法不同的是,本算法在对未标记样本标注过程中,考虑到同类地物光谱相似、不同地物光谱差异较大这一特点,引入 SAD 进行光谱相似性度量,同时为解决光谱角距离只考虑波形不考虑数值差异这一问题,加入了 ED 进行双重判定。对于前两步筛选出的正、负未标记样本,分别找到与其 SAD 与 ED 最近的已标记样本,如果这两个已标记样本为相同类别,则标注该未标记样本为此类别;否则,放弃此点,搜索下一个满足条件的点。需要注意的是,为了从不同角度对样本进行判定,计算 SAD 与 ED 均是在原始空间进行,而不是在变换后的核空间。

(4) 正负类未标记样本同时添加。为了保证正、负训练样本比例,防止分划面朝某一方向过分偏移,需对上一步得到的两个未标记样本进行类别检验:如果两者标注为不同类别,则添加到训练样本集中进行后续训练;如果二者标注为相同类别,则保留决策函数值绝对值较大的样本,继续搜索第二步中下一个满足条件的未标记样本。

SAD/ED-PTSVM 分类算法具体实现步骤如下:

第一步:构建初始标记样本集 LS 和未标记样本集 ULS,以及未标记训练样本集 ULTS(初始时为空),设置参数。

第二步:利用 LS 建立初始决策函数、构建分划面和分划边界。

第三步:计算 ULS 与 ULTS 中各样本点的决策值,将 ULS 中位于当前分划面边界区域内的样本点添加到待标注样本集 TempUL 中,同时对 ULTS 中判别结果与之前类别标注不同的点,从 ULTS 中删除并加入 ULS 中。

第四步:选择 TempUL 中到正负决策边界距离最近的两个点,记为 x_i^* 和 x_j^*。

第五步:对于 x_i^*/x_j^*,分别计算 LS 与其 SAD 与 ED 最近的点,如果两个点(或同一个点)类别相同,则为 x_i^*/x_j^* 添加该标注;否则,放弃此点,返回第四步,继续搜索下一点,直到找到满足条件的两个点 x_p^* 和 x_n^*。

第六步:判断 x_p^* 和 x_n^* 的类别,如果不同,则将这两个点添加到 ULTS 中,并从 ULS 中删除;如果相同,保留二者更靠近分划边界(决策值的绝对值较大)的点,删除另一点,返回第四步,搜索下一点,直到找到满足条件的点为止,将其添加到 ULTS 中并从 ULS 中删除。

第七步:将 ULTS 与 LTS 结合得到新的决策函数,返回第三步;直到 ULS 中找不到满足条件的点为止,用当前的决策函数为影像中所有像元分类。

6.4.2.2 SAD/ED-PTSVM 算法应用实例

实验所用的数据为 2000 年 8 月在日本长野南牧村(Minamimaki)获取的 80 波段 PHI 航空高光谱图像数据。南牧村研究区属平原地形,飞行相对航高约 1 700 m,对应的地面分辨率约 1.7 m。在进行航空实验的前后短时间内,对研究区内的地物分布进行了详细调查。研究区共包含 8 种植被类型,分别是日本白菜、中国白菜、卷心菜、生菜、萝卜、牧草、架豆和林地。研究区的 PHI 影像以及实际植被分布如图 6.12 所示。PHI 仪器具体参数见表 6.4。

表 6.4　PHI 成像光谱系统主要参数

指标	参数	指标	参数
工作方式	面阵 CCD 推扫式	信噪比	300 dB
总视场角	0.36 rad(21°)	瞬时视场角	1.0 mrad
光谱采样	1.86 nm	光谱范围	400~850 nm
光谱分辨率	<5 nm	像元数	367 pixels/line
帧频	60 fps	数据速率	7.2 Mbps

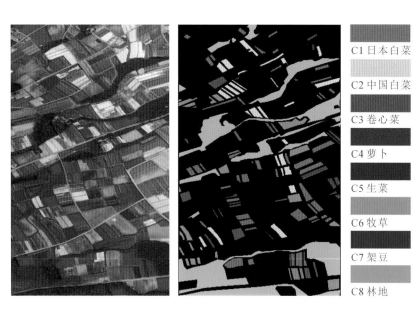

图 6.12　研究区的 PHI 影像(标准假彩色合成)及实际植被分布图

在应用南牧村高光谱图像进行 SAD/ED-PTSVM 分类时,通过特征库构建与优化(尚坤 等,2015),最终使用 19 个特征(原始波段 5 个、纹理特征 8 个、光谱指数特征 6 个)进行分类。初始标记样本为基于实际植被分布图(图 6.12)各类别随机生成的 25 个训练样本,未标记样本则在各类对分类时,从剩余像元中随机生成的 20 个与初始标记样本不重叠的像元。为验证该算法优势,实验中将分类结果与单纯基于决策值实现类别标记的直推支持向量机(DV-PTSVM)和传统支持向量机(SVM)的分类结果进行了对比分析。DV-PTSVM 的样本获取方法与 SAD/ED-PTSVM 相同,而 SVM 则是直接利用前面随机生成的 25 个训练样本进行分类。

具体分类结果与精度如图 6.13 与表 6.5 所示。

| SVM | DV-PTSVM | SAD/ED-PTSVM | 地表真实影像 |

图 6.13　各方法对应分类结果图

表 6.5　各方法对应分类结果精度表

	SUAL-SVM		RS-SVM	
	PA	UA	PA	UA
C1	84.91%	86.89%	86.79%	75.67%
C2	79.15%	92.40%	90.03%	73.85%
C3	95.96%	75.11%	92.22%	80.78%
C4	89.61%	79.61%	76.66%	88.15%
C5	78.26%	83.13%	0.00%	0.00%
C6	90.21%	95.77%	61.35%	98.09%
C7	87.49%	88.96%	0.48%	100.00%
C8	99.03%	97.58%	99.26%	92.01%
OA(KC)	93.27%(0.90)		87.20%(0.80)	

与传统 SVM 分类结果相比,SAD/ED-PTSVM 分类算法对于各作物类别间仅添加 20 个未标记样本,便可有效提高总体精度和 Kappa 系数;而 DV-PTSVM 分类结果与传统 SVM 相比,各作物类别精度变化不大,总体精度和 Kappa 系数稍有下降。可见,SAD/ED-PTSVM 分类算法可以有效提高未标记样本的标注准确度,进而提高作物识别分类的精度。

6.4.3　主动学习半监督分类算法

近年来,机器学习领域发展起来的主动学习(AL),通过一定的策略选择出信息量最大、对分类精度提高最有帮助的训练样本交由用户进行标注,通过人机交互改善分类结果,这对于降低标注工作量、提高分类效率具有重要作用。在主动学习中,学习器计算出那些对于当前分类器模型最有价值的样本,然后通过用户对其进行类别标记,把这些标记的样本加入训练样本集中,对分类器进行重新训练,通过迭代的方式对分类器进行更新。理论上,利用主动学习策略可以显著减少所需要的样本数而获得与随机选择方式相似的分类精度。

目前常用的主动学习策略主要有基于委员会的策略(query by committee)、基于最大归一化熵值装袋查询间隔的策略(margin sampling)和基于后验概率的策略(posterior probability-based)(Tuia and Camps-Valls,2011)。在基于委员会的主动学习策略中,归一化熵值装袋查询(normalized entropy query-by-bagging,nEQB)方法是一种应用最广泛的委员会策略。该方法首先将原始光谱特征训练集划分为 k 个不同的自训练集,然后每个训练集用于训练各自的学习模型,最终得到 w 个学习模型,并且每次迭代结束后学习模型需要预测未标记样本,由此可得,对于每个样本 $x_i \in U$ 都有 w 个标签值。该方法使用熵值度量样本的信息量,选择具有最大熵值的样本用于分类。在基于最大边缘的主动学习策略中,最具代表性的是基于边缘采样(margin sampling,MS)的主动学习方法,该方法主要用于基于支持向量机的分类算法中。在支持向量机中,样本距分类超平面的距离能够直观地反映未标记样本的置信程度。距分类超平面越近的样本,分类模型对其置信度越低。对分类超平面而言,该样本对学习模型具有最大的信息量。Breaking Ties(BT)是经典的基于后验概率的主动学习方法。该方法首先估计出候选样本池中每个样本点的属于各类别的后验概率,目前能够估计后验概率值的学习模型有最大似然估计分类模型、多元逻辑回归分类模型等;然后对每个样本求两个最大概率的差值,并根据该差值对候选样本进行排序,选取两个最大概率的差值最小的样本用于分类。对于二分类问题而言,BT 算法专注于后验概率最小差异的样本;在多类别的问题中,当两个最大概率的差值较小时,分类模型的确定度达到最小(Tong et al.,2005)。在高光谱遥感图像分类中,应用较多的是基于后验概率的 AL 策略(Li et al.,2010、2011)。

在高光谱遥感数据处理中,混合像元分解(SU)与图像分类一直是重要的研究内容,SU技术可以给出各个像元的各组分含量,这对于改善图像分类效果具有重要意义。而目前的研究中,结合 SU 进行高光谱图像分类还不多见。考虑到高光谱遥感图像分类中最难区分的通常是多种组分丰度比较平均,或主要由两种组分构成且两者丰度差别较小的混合像元,因此,有必要将混合像元分解技术融入高光谱影像的分类中去,以期提高遥感影像的分类精度。基于此,尚坤(2014)提出一种结合混合像元分解进行主动学习的支持向量机分类算法,基于混合像元分解得到的像元丰度信息,结合支持向量机分划函数扩充样本,提升分类精度。孙艳丽(2017)提出一种结合丰度信息与后验概率的稀疏多元逻辑回归分类算法(BT_{SSA}-SMLR),通过分别对丰度信息和后验概率配置合适的权重,来改善分类效果(Sun et al.,2016)。

6.4.3.1 结合混合像元分解进行主动学习的支持向量机分类

SUAL-SVM 算法首先根据初始标记样本对整幅图像进行解混,得到各组分丰度信息,然后利用丰度信息,根据预先设置的权重,提取最难区分的两种类型混合像元,同时利用 SVM 分划函数对提取的像元进行筛选,得到对分类最有帮助的样本,进行人机交互标注,以此提高分类精度和分类效率。

SUAL-SVM 分类原理如下:

首先给定一组初始标记训练样本点:

$$(x_1,y_1),\cdots,(x_n,y_n),\text{其中 } x_i \in R^m, y_i \in \{c1,c2,\cdots,cN\} \tag{6.40}$$

和待标记样本集:

$$x_1^*,x_2^*,x_3^*,\cdots,x_k^*,\text{其中 } x_i^* \in \mathbf{R}^m \tag{6.41}$$

以及待标记样本数量 nAL 和权重系数 λ。根据初始的标记训练样本,分别计算各类平均光谱曲线 $\bar{x}_{c1},\bar{x}_{c2},\cdots,\bar{x}_{cN}$,并利用这些平均光谱曲线作为端元光谱,对所有待标记样本点进行全约束最小二乘线性解混,得到各点丰度信息:

$$x_{i,y_i}^* = \text{abundance}(x_i^*,y_i),\text{其中 } x_i^* \in \mathbf{R}^m, y_i \in \{c1,c2,\cdots,cN\} \tag{6.42}$$

根据丰度信息进行两方面计算。

计算各点最大最小丰度之差:$\max(\text{abundance}(x_i^*)) - \min(\text{abundance}(x_i^*))$。

按照二者之差将各待标记样本由小到大排序,取前 nAL$\times\lambda$ 个样本(丰度最平均的样本)加入主动学习样本集中。

另一方面,取各点丰度值最高的两个类别,按照这两个类别进行分组,如 $c1\_c2,c1\_c3,\cdots,c(N-1)\_cN$,类别数为 N 时,可分为 $CP = \dfrac{N\times(N-1)}{2}$ 组,对各组分别计算丰度最大的两个类别之间的丰度值之差,按差值从小到大进行排序,各组分别选择前 nAL$\times(1-\lambda)$ 个样本(最易误分样本),进行以下筛选:

根据当前已标记样本 $(x_1,y_1),\cdots,(x_n,y_n)$,利用 1-V-1 SVM 计算各类对决策函数,对于"最易误分样本",保留其位于分划边界区域内的样本,舍弃其他样本。依据各组保留下来的样本数量 NCP_i,按比例选择前 NCP_i^* 个加入主动学习样本集中:

$$\text{NCP}_i^* = n\text{AL}\times(1-\lambda)\times\text{NCP}_i / \sum_{i=1}^{CP}\text{NCP}_i \tag{6.43}$$

将 AL 样本集加入已标记样本集中,更新已标记样本集。对于待标记的 nAL 个样本,可以一次性加入,也可以分批加入。在分批加入的情况下,设置迭代次数,然后每次都利用更新后的标记样本集重新进行丰度反演,得到"丰度最平均样本"和"最易误分样本",并进行后续的计算,最终加入所有需要的待标记样本,得到满意的精度。

SUAL-SVM 算法的流程如图 6.14 所示。

基于 SUAL-SVM 算法,本节采用 2000 年 8 月在日本长野南牧村(Minamimaki)获取的航空高光谱图像进行分类实验(数据介绍见 6.4.2.2 节)。在结合混合像元分解进行主动学习的支持向量机(SUAL-SVM)分类实验中,初始标记样本为基于实际植被分布图(图 6.12)各类别随机生成的 5 个训练样本,后再利用 AL 通过人机交互补充 20 个训练样本,然后采用传统 SVM 进行分类;用来进行对比的随机选择样本分类算法中,则是直接利用实际植被分布图(图 6.12),随机生成 25×8=200 个训练样本,然后采用传统 SVM 进行分类。

具体的分类结果与精度如图 6.15 与表 6.6 所示。

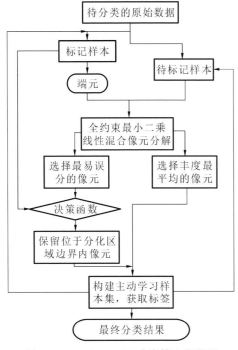

图 6.14　SUAL-SVM 分类算法流程图

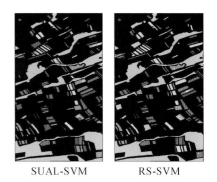

SUAL-SVM　　RS-SVM

图 6.15　各方法对应分类结果图

表 6.6　各方法对应分类结果精度表

植被类型	SUAL-SVM		RS-SVM	
	PA	UA	PA	UA
C1	84.91%	86.89%	86.79%	75.67%
C2	79.15%	92.40%	90.03%	73.85%
C3	95.96%	75.11%	92.22%	80.78%
C4	89.61%	79.61%	76.66%	88.15%
C5	78.26%	83.13%	0.00%	0.00%
C6	90.21%	95.77%	61.35%	98.09%
C7	87.49%	88.96%	0.48%	100.00%
C8	99.03%	97.58%	99.26%	92.01%
OA(KC)	93.27%(0.90)		87.20%(0.80)	

从图 6.15 与表 6.6 可以看出,与 RS-SVM 分类结果相比,SUAL-SVM 分类结果,在总体精度与 Kappa 系数方面都有大幅度的提高,同时,各植被类别的生产者精度与用户精度也更加均匀,而利用 RS-SVM 分类,容易导致某些植被类别由于训练样本太少而无法识别,如 C5(生菜)与 C7(架豆),影响植被的识别和分类效果。

从分类结果可以看出,SUAL-SVM 算法选择出的训练样本更具有针对性,可用于指导地面调查实验,同时有效地提高各植被间的识别精度,在样本数目相同的情况下,可以得到更高的分类精度;而满足某一精度,则需要较少的训练样本,可以有效减少样本标注的工作量,这对于大尺度的植被识别与监测具有重要意义。

6.4.3.2 结合丰度信息与后验概率的稀疏多元逻辑回归分类

BT$_{SSA}$-SMLR 算法(Sun et al.,2016)是对基于后验概率主动学习策略的一种改进,通过权重将后验概率与丰度信息结合起来,从类别隶属度和混合像元的角度选取信息量最丰富的未标记样本,用于后续的半监督分类。由于用于主动学习的后验概率是基于训练样本的估计,当训练样本数量很少时,其后验概率估计的准确度也将随之降低,进而导致基于后验概率的主动学习效果大打折扣。因此,结合丰度信息能够调节因后验概率的不准确估计对主动学习效果产生的影响,进而提高半监督分类的精度。

$$\hat{p} = \upsilon \cdot \bar{\boldsymbol{\alpha}} + (1 - \upsilon) \cdot p \tag{6.44}$$

通过公式(6.44)将后验概率与丰度信息结合起来共同用于主动学习中对信息量最丰富的未标记样本的选择。其中,$0 \leqslant \upsilon \leqslant 1$,用来调节后验概率与丰度信息在主动学习中所占的比重,当 $\upsilon = 0$ 时,表示只有后验概率被用于主动学习中;当 $\upsilon = 0.1$ 时,表示有0.1的丰度信息和0.9的后验概率被用于主动学习中;当 $\upsilon = 1$ 时,则表示只有丰度信息被用于主动学习中。结合丰度信息和后验概率的半监督分类算法流程如图6.16 所示。

基于 BT$_{SSA}$-SMLR 算法,本节实验所用的数据为Indian Pines 航空高光谱数据(数据简介见 6.3.3.1节),基于 16 个类别的地面参考数据按各类别随机生成 5 个不同数量的初始训练样本分别进行半监督分类实验。主动学习方法从未标记样本中选取 80 个进行标记,分 10 次迭代,每次迭代选取 8 个样本用于半

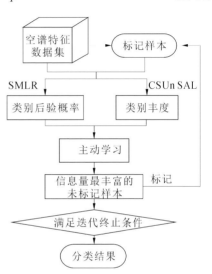

图 6.16 结合丰度信息与后验概率的
半监督分类算法流程图

监督分类。为了验证本节提出的半监督算法的优势,实验中将分类结果与基于后验概率的主动学习方法进行对比分析。另外,所有实验结果中的总体精度(OA)、平均精度(AA)和Kappa 系数统计值皆是通过 10 次独立实验求平均值得到的结果。

当权重系数为 0.6(即丰度信息与后验概率在主动学习过程中所占比例为 6:4 时),每类初始标记样本为 5 个,主动学习样本总数为 80 个,半监督分类精度最高,此时的分类结果与精度如图6.17 与表 6.7 所示。

表 6.7 Indian Pines 影像半监督分类精度统计

类别	BT$_{SS}$-SMLR	类别	BT$_{SS}$-SMLR	类别	BT$_{SSA}$-SMLR	类别	BT$_{SSA}$-SMLR
苜蓿	96.57%	燕麦	98.67%	苜蓿	96.57%	燕麦	100%
玉米未耕地	88.58%	大豆未耕地	87.74%	玉米未耕地	88.41%	大豆未耕地	87.99%
玉米疏耕地	90.65%	大豆疏耕地	94.56%	玉米疏耕地	95.03%	大豆疏耕地	94.61%
玉米	94.07%	大豆已耕地	88.19%	玉米	95.07%	大豆已耕地	89.06%

类别	BT$_{SS}$-SMLR	类别	BT$_{SS}$-SMLR	类别	BT$_{SSA}$-SMLR	类别	BT$_{SSA}$-SMLR
牧草地	86.85%	小麦	99.50%	牧草地	87.42%	小麦	99.55%
草树混合地	99.71%	林地	95.46%	草树混合地	99.74%	林地	95.84%
修剪的牧草	97.83%	林间小道	94.10%	修剪的牧草	97.83%	林间小道	94.15%
干牧草	99.94%	钢铁塔	96.25%	干牧草	99.98%	钢铁塔	96.79%
OA	92.87%			94.97%			
AA	93.29%			94.52%			
Kappa	0.9187%			0.9199%			

注:BT$_{SS}$-SMLR 表示单纯基于后验概率进行主动学习增加标记样本的半监督分类结果;BT$_{SSA}$-SMLR 表示结合丰度信息与后验概率进行主动学习增加标记样本的半监督分类结果。

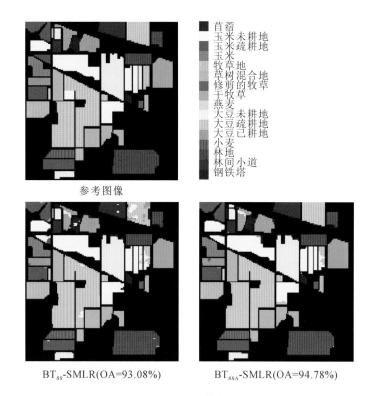

图 6.17　Indian Pines 图像半监督分类结果

　　从图 6.17 和表 6.7 可以看出,与基于后验概率的主动学习(BT$_{SS}$-SMLR)分类结果相比,结合丰度信息与后验概率的主动学习方法(BT$_{SSA}$-SMLR)可以进一步提高半监督分类的精度,证明了在基于后验概率的主动学习策略中引入丰度信息的有效性。这是因为当训练样本数量很少时,其后验概率估计的准确度也将随之降低,进而导致基于后验概率的主动学习效果降低,而通过引入丰度信息可以调节因后验概率的不准确估计对主动学习效果产生的影响。

参 考 文 献

ADANKON M M，CHERIET M，2007. Learning Semi-supervised SVM with Genetic Algorithm［C］// International Joint Conference on Neural Networks. IEEE.

AUDIBERT J Y，2004. Aggregated estimators and empirical complexity for least square regression［J］. Annales de l Institut Henri Poincaré Probabilités et Statistiques，40(6)：685-736.

BIOUCASDIAS B J，FIGUEIREDO M，2009. Logisticregressionviavaria-blesplittingandaugmentedlagrangiantools［D］. InstitutoSuperiorTécnico，TULisbon.

BLUM A，MITCHELL T，1998. Combining labeled and unlabeled data with co-training［C］// In 11th Conference on Computational Learning Theory，Madison，WI，92-100.

BORGES J S，JOSé M，2006. Bioucas-Dias，ARS Marçal. Fast Sparse Multinomial Regression Applied to Hyperspectral Data［C］// International Conference Image Analysis & Recognition. Springer，Berlin，Heidelberg.

BOTTOU L，BENGIO Y L，C Y，1997. Global training of document processing systems using graph transformer networks. In Computer Vision and Pattern Recognition，489-494.

BRUZZONE L，CHI M，MARCONCINI M，2005. A Novel Transductive SVM for Semisupervised Classification of Remote-Sensing Images［C］// IEEE. IEEE，3363-3373.

CAMPS-VALLS G，MARSHEVA T，ZHOU D，2007. Semi-Supervised Graph-Based Hyperspectral Image Classification［J］. IEEE Transactions on Geoscience and Remote Sensing，45(10)：3044-3054.

CHANG C C，LIN C J，2007. LIBSVM：A library for support vector machines［J］. ACM Transactions on Intelligent Systems and Technology，2(3，article 27).

CHAPELLE O，ZIEN A，2005. Semi-Supervised Classification by Low Density Separation［C］// Proceedings of the Tenth International Workshop on Artificial Intelligence and Statistics，57-64.

CHEN Y，JIANG H，LI C，et al. ，2016. Deep Feature Extraction and Classification of Hyperspectral Images Based on Convolutional Neural Networks［J］. IEEE Transactions on Geoscience & Remote Sensing，54(10)：6232-6251.

CHEN Y，WANG G，DONG S，2003. Learning with progressive transductive Support Vector Machine［J］. Pattern Recognition Letters，24(12)：1845-1855.

COVER T M，2006. Geometrical and Statistical Properties of Systems of Linear Inequalities with Applications in Pattern Recognition［J］. IEEE Transactions on Electronic Computers，EC-14(3)：326-334.

COZMAN F G，COHEN I，2002. Unlabeled Data Can Degrade Classification Performance of Generative Classifiers［C］// Proceedings of the Fifteenth International Florida Artificial Intelligence Research Society Conference，May 14-16，Pensacola Beach，Florida，USA.

DIETTERICH T G，2000．An Experimental Comparison of Three Methods for Constructing Ensembles of Decision Trees：Bagging，Boosting，and Randomization[J]．Machine Learning，40(2):139-157．

DOPIDO I，LI J，MARPU P R，et al.，2013．Semisupervised Self-Learning for Hyperspectral Image Classification[J]．IEEE Transactions on Geoscience & Remote Sensing，51(7):4032-4044．

DOPIDO，I，VILLA，et al.，2012．A Quantitative and Comparative Assessment of Unmixing-Based Feature Extraction Techniques for Hyperspectral Image Classification[J]．Selected Topics in Applied Earth Observations & Remote Sensing IEEE Journal of．

DU Y，LI Q，CAI Z，et al.，2013．Multi view semi supervised web image classification via co graph[J]．Neurocomputing，122(dec.25):430-440．

HADY M，F SCHWENKER，PALM G，2010．Semi-supervised learning for tree-structured ensembles of RBF networks with Co-Training[J]．Neural Networks，23(4)：497-509．

HO T K，1998．The random subspace method for constructing decision forests[J]．IEEE Transactions on Pattern Analysis & Machine Intelligence，20(8):832-844．

HOU C，F NIE，F WANG，et al.，2011．Semisupervised Learning Using Negative Labels[J]．IEEE Transactions on Neural Networks，22(3):420-432．

HUGHES G F，1968．HUGHES，G.：On the mean accuracy of statistical pattern recognizers．IEEE Trans．Inf．Theory 14(1)，55-63[J]．IEEE Transactions on Information Theory，14(1):55-63．

JOACHIMS T，1999．Transductive Inference for Text Classification using Support Vector Machines[C]//Proc of International Conference on Machine Learning．

KRISHNAPURAM B，CARIN L，FIGUEIREDO M，et al.，2005．Sparse multinomial logistic regression：fast algorithms and generalization bounds[J]．IEEE Transactions on Pattern Analysis & Machine Intelligence，27(6):957-68．

LI J，BIOUCAS-DIAS J M，PLAZA A，2010．Semisupervised Hyperspectral Image Segmentation Using Multinomial Logistic Regression With Active Learning[J]．IEEE Transactions on Geoscience & Remote Sensing，48(11):4085-4098．

LI J，BIOUCAS-DIAS J M，PLAZA A，2011．Hyperspectral Image Segmentation Using a New Bayesian Approach With Active Learning[J]．IEEE Transactions on Geoscience & Remote Sensing，49(10):3947-3960．

LI M，ZHOU Z H，2007．Improve Computer-Aided Diagnosis With Machine Learning Techniques Using Undiagnosed Samples[J]．IEEE Transactions on Systems Man and Cybernetics - Part A Systems and Humans，37(6):1088-1098．

SAKACI S A，URHAN O，2020．Spectral-Spatial Classification of Hyperspectral Imagery with Convolutional Neural Network[C]//2020 Innovations in Intelligent Systems and Applications Conference(ASYU)．

LIAW A，WIENER M，2002．Classification and Regression by randomForest[J]．R News，23(23)．

YING L，ZHANG B，WANG L M，et al.，2013．A self-trained semisupervised SVM approach to the remote sensing land cover classification[J]. Computers & Geosciences，59(SEP.)：98-107.

YING L，ZHANG B，WANG L M，et al. ，2013. A self-trained semisupervised SVM approach to the remote sensing land cover classification[J]. Computers & Geosciences，59(SEP.)：98-107.

XIAOCHEN，LU，JUNPING，et al. ，2016. A Novel Synergetic Classification Approach for Hyperspectral and Panchromatic Images Based on Self-Learning[J]. IEEE Transactions on Geoscience and Remote Sensing，54(8)：4917-4928.

MURA M，VILLA A，BENEDIKTSSON J A，et al. ，2011. Classification of hyperspectral images by using extended morphological attribute profiles and independent component analysis[J]. IEEE Geoscience & Remote Sensing Letters，8(3)：542-546.

MILLER D J，UYAR H S，1996. A mixture of experts classifier with learning based on both labelled and unlabelled data[J]. Advances in Neural Information Processing Systems，9，571-577.

QUINLAN J，1995. C4. 5：Programms for Machine Learning[M]. Morgan Kaufmann Publishers Inc.

SHAHSHAHANI B M，LANDGREBE A，1994. The effect of unlabeled samples in reducing the small sample size problem and mitigating the Hughes phenomenon[J]. IEEE Transactions on Geoscience & Remoto Sensing，32(5)：1087-1095.

SHANG K，ZHANG X，ZHANG L F，et al. ，2011. Evaluation of hyperspectral classification methods based on FISS data[J]. Proceedings of SPIE - The International Society for Optical Engineering，8002(1)：20.

SINDHWANI V，SELVARAJ S K，2006. Large scale semi-supervised linear support vector machines[C]// Proceedings of the International ACM SIGIR Conference on Research and Development in Information Retrieval，Seattle，Washington，Usa，August.

SINGLA A，PATRA S，BRUZZONE L，2014. A novel classification technique based on progressive transductive SVM learning[J]. Pattern Recognition Letters，42(jun. 1)：101-106.

TANHA J，VAN SOMEREN M，AFSARMANESH H，2017. Semi-supervised self-training for decision tree classifiers[J]. International Journal of Machine Learning & Cybernetics，8(1)：355-370.

TEMKIN N R，HOLUBKOV R，MACHAMER J E，et al. ，1995. Classification and regression trees (CART) for prediction of function at 1 year following head trauma[J]. Journal of Neurosurgery，82(5)：764-771.

TONG L，KRAMER K，GOLDGOF D B，et al. ，2005. Active Learning to Recognize Multiple Types of Plankton[J]. journal of machine learning research，6(4)：589-613.

TONG L，ZHANG J，YE Z，2014. Classification of hyperspectral image based on deep belief networks. IEEE，2015.

TRIGUERO I，JA SáEZ，LUENGO J，et al. ，2014. On the characterization of noise filters for self-training semi-supervised in nearest neighbor classification[J]. Neurocomputing，132：30-41.

TUIA，D，CAMPS-VALLS，G，2011. Urban Image Classification With Semisupervised Multiscale Cluster Kernels[J]. IEEE Journal of Selected Topics in Applied Earth Observations & Remote Sensing，4，65-74.

VETRIVEL A，GERKE M，KERLE N，et al. ，2017. Disaster damage detection through synergistic use of

deep learning and 3D point cloud features derived from very high resolution oblique aerial images，and multiple-kernel-learning[J]. Isprs Journal of Photogrammetry & Remote Sensing，140(JUN.):45-59.

WEI W，ZHOU Z H,2007. Analyzing Co-training Style Algorithms[C]// European Conference on Machine Learning. Springer-Verlag.

WANG W，ZHOU Z H,2013. Co-Training with Insufficient Views[C]//National Key Laboratory for Novel Software Technology Nanjing University.

HU，WEI，HUANG，et al.，2015. Deep Convolutional Neural Networks for Hyperspectral Image Classification[J]. Journal of Sensors，1-12.

YANG L X，YANG S Y，JIN P，et al.，2013. Semi-Supervised Hyperspectral Image Classification Using Spatio-Spectral Laplacian Support Vector Machine[J]. IEEE Geoscience & Remote Sensing Letters，11 (3):651-655.

YANG X，YE Y，LI X，et al.，2018. Hyperspectral Image Classification With Deep Learning Models[J]. IEEE Transactions on Geoscience and Remote Sensing，56(99):5408-5423.

LIANGPEI，ZHANG，BO，et al.，2016. Deep Learning for Remote Sensing Data：A Technical Tutorial on the State of the Art[J]. Geoscience and remote sensing，4(2):22-40.

ZHANG L，ZHANG L，TAO D，et al.，2012. On Combining Multiple Features for Hyperspectral Remote Sensing Image Classification[J]. IEEE Transactions on Geoscience & Remote Sensing，50(3):879-893.

ZHONG Z，LI J，LUO Z，et al.，2017. Spectral-Spatial Residual Network for Hyperspectral Image Classification：A 3-D Deep Learning Framework[J]. IEEE Transactions on Geoscience and Remote Sensing.

ZHOU D,BOUSQUET O,LAL T N，et al.，2004. Learning with Local and Global Consistency[J]. Advances in Neural Information Processing Systems，16(3).

ZHOU Z H，LI M，2005. Tri-training：exploiting unlabeled data using three classifiers[J]. IEEE Transactions on Knowledge and Data Engineering，17(11):1529-1541.

ZHU X，2008. Semi-Supervised Learning Literature Survey. [D] Madison:University of Wisconsin-Madison.

边肇祺，张学工，2000. 模式识别[M]. 2 版,北京:清华大学出版社.

程涛，2006. 基于多元地统计学的多波段纹理及其图象分类应用[D]. 北京:北京大学.

杜培军，谭琨，夏俊士，2012. 高光谱遥感影像分类与支持向量机应用研究[M].北京:科学出版社.

耿修瑞，2005. 高光谱遥感图像目标探测与分类技术研究[D].北京:中国科学院研究生院(遥感应用研究所).

胡俊，2015. 基于多元逻辑回归和邻域信息的高光谱遥感影像半监督分类[D]. 徐州:中国矿业大学.

黄鸿，曲焕鹏，2014. 基于半监督稀疏鉴别嵌入的高光谱遥感影像分类[J]. 光学精密工程，22(002): 434-442.

兰霞，2012. 半监督协同训练算法的研究[D].成都:四川师范大学.

李二珠，201. 半监督支持向量机高光谱遥感影像分类[D]. 徐州:中国矿业大学 4.

梁吉业，高嘉伟，常瑜,2009. 半监督学习研究进展[J]. 山西大学学报(自然科学版)(4):528-534.

任广波,2010. 基于半监督学习的遥感影像分类技术研究[D]. 青岛:中国海洋大学.

尚坤,2014. 高光谱遥感植被半监督精细分类算法研究[D]. 北京:中国科学院大学.

尚坤,李培军,程涛,2011. 基于合成核支持向量机的高光谱土地覆盖分类[J]. 北京大学学报(自然科学版)(01):112-117.

孙艳丽,2017. 联合丰度信息与空谱特征的高光谱影像分类研究[D]. 北京:中国科学院大学.

童庆禧,张兵,郑兰芬,2006. 高光谱遥感:原理、技术与应用[M].北京:高等教育出版社.

张良培,2011. 高光谱遥感[M].北京:测绘出版社.

张学工,2000. 关于统计学习理论与支持向量机[J]. 自动化学报,(01):36-46.

赵芳,马玉磊,2014. 自训练半监督加权球结构支持向量机多分类方法[J]. 重庆邮电大学学报:自然科学版,26:404-408.

第7章　高光谱水质信息提取

7.1　概　　述

近些年,党和国家高度重视水环境的治理与保护,坚持生态优先绿色发展,党的十八大提出了生态文明建设新理念,一些地区先行先探索,形成了可复制、可推广的河长制经验。2016 年 12 月,中共中央办公厅、国务院办公厅印发了《关于全面推行河长制的意见》,建立健全河(湖)管理保护监督考核和责任追究制度(王浩 等,2018)。全面推行河(湖)长制,是解决我国复杂水问题的重大制度创新,是保障国家水资源安全的重要对策,同时也是深化改革开放的重要举措之一。截至 2019 年 1 月 16 日,全国共设立 123 万河长,并为 1.4 万个湖泊设立 2.4 万名四级湖长,3.3 万名村级湖长,河(湖)长制全面建立,意味着我国河(湖)管理进入新阶段。河(湖)长的主要任务之一是保护水资源、防止水污染,水质监测这一频繁而重要的任务日益凸显。在此背景下,针对"河长制""湖长制"对内陆河湖水质的实时动态智能监测需求,寻找到一种实时、快捷、智能、动态的水质监测方法意义重大。

传统的水质监测需要在水域布设大量的人工监测点,然后将水质样本带回实验室内,通过添加特定的化学试剂或由其他专业仪器测定。这种方法虽然精度较高,但是操作繁琐,只能由专业人员进行测定,同时容易造成二次污染(Zhao et al.,2017)。遥感以其时效性、区域性、动态性、无接触、低成本的特点广泛应用于水质监测(Bukata,2005;齐峰 等,1999)。早期水色遥感主要应用于Ⅰ类大洋开阔水体,随着内陆水体问题的不断突出和传感器技术的提高,海洋水色遥感的理论与方法逐步应用于内陆水体并取得了较好的发展(任敬萍 等,2002;于德浩 等,2008)。但是,目前内陆水质遥感使用的地面光谱设备体积大,测量步骤繁琐、操作复杂,且需后续专业的数据处理,显然,现有的遥感设备难以满足河(湖)长日常巡河监督与快速响应等业务需求。针对"河长制""湖长制"对水体水质快速监测及在线分析的迫切需求,本章介绍我国自主研发的一种集水体光谱采集、智能手机控制与云端大数据分析于一体的便携式水质光谱在线检测系统(陈瑶,2019a)。

7.2 水质光谱在线检测系统指标设计

合理的性能指标是便携式水质光谱在线检测系统研发的重要前提与基础。本节针对便携式水质光谱在线检测系统的特点及"河(湖)长制"监测需求,介绍水体主要水质参数[叶绿素a(Chl-a)、悬浮物(SS)、化学需氧量(COD)等]遥感反演的最佳光谱范围、信噪比、光谱分辨率等关键性能指标的优化方法。

7.2.1 光谱范围指标设计

7.2.1.1 叶绿素a遥感反演敏感波段分析

1.叶绿素a遥感监测研究现状

叶绿素a属于光学活性物质,在蓝波段与红波段附近存在明显的吸收谷,在绿波段附近存在明显的反射峰特征,同时水体叶绿素a浓度的高低会引起水体在反射光谱上显著的变化,这一光谱特征支撑着内陆水体叶绿素a遥感监测与反演的理论基础。常用的叶绿素a反演模型包括以下几种。

(1)单波段法。单波段法是一种最简单的经验模型方法,一般的回归模型如下:

$$C_{\text{Chl-a}} = A \times R_\lambda + B \tag{7.1}$$

其中,$C_{\text{Chl-a}}$为反演的水体叶绿素a浓度,A、B为回归系数,R_λ为遥感数据λ波长处水体的遥感反射率。

(2)波段比值法。利用叶绿素a的两个或更多特征波段进行比值变换运算来扩大吸收谷与反射峰之间的差异,可以有效地增强并提取出水体叶绿素a浓度信息,同时相关研究表明,通过比值变换的运算能有效减少大气、镜面反射以及水表毛细波等的干扰,并在一定程度上减少黄色物质等的影响(Gitelson,2007)。波段比值法一般的回归模型如下:

$$C_{\text{Chl-a}} = A \times \frac{R_{\lambda_1}}{R_{\lambda_2}} + B \tag{7.2}$$

其中,R_{λ_1}和R_{λ_2}为遥感数据在λ_1和λ_2波长处水体的遥感反射率。目前内陆水体中使用最多的波段比值法是采用700 nm附近的叶绿素a荧光峰与675 nm处的叶绿素a吸收谷的比值(Gordon et al.,1983)或近红外波段与红波段比值(Han et al,1997;旷达 等,2010)。

(3)归一化植被指数法。归一化植被指数法(NDVI)是借鉴陆地植被叶绿素a遥感反演的一种方法(El-Alem et al.,2012),它结合了波段比值法的优势,并在此基础上通过非线性拉伸进一步扩大突出水体叶绿素a的层次分布状况。归一化叶绿素指数法的一般回归模型如下:

$$C_{\text{Chl-a}} = A \times \frac{R_{\lambda_1} - R_{\lambda_2}}{R_{\lambda_1} + R_{\lambda_2}} + B \tag{7.3}$$

(4)光谱微分法。Rundquist 等(1996)首先提出并建立了一阶微分模型,该方法能够有效去除线性噪声光谱、背景等对目标光谱的影响。光谱微分法的一般回归模型如下：

$$R(_{\lambda_i})^n = \frac{R(_{\lambda_{i+1}})^n - R(_{\lambda_{i-1}})^n}{\lambda_{i+1} - \lambda_{i-1}}$$

$$C_{Chl\text{-}a} = A \times R(_{\lambda_i})^n + B \tag{7.4}$$

其中，λ_{i+1} 和 λ_{i-1} 为 λ_i 的两个相邻波段，n 为求导次数。

（5）三波段法。Dall'Olmo 等（2003、2005）以生物光学模型为基础，利用 3 个特征波段将水体叶绿素 a 的光谱信息从无机悬浮物、黄色物质以及纯水的光谱信息中分离出来，提高了叶绿素 a 浓度在内陆二类水体反演的精度，具有明确的物理意义。三波段法的一般回归模型如下：

$$C_{Chl\text{-}a} = A \times (R^{-1}(_{\lambda_1}) - R^{-1}(_{\lambda_2})) \times R(_{\lambda_3}) + B \tag{7.5}$$

其中，$R^{-1}(\lambda_1)$ 为遥感数据在 λ_1 波长处对应水体的遥感反射率的倒数。以往研究表明，λ_1 取与叶绿素 a 吸收最敏感的 660～670 nm 波段，而 λ_2 取与叶绿素 a 吸收最不敏感的 690～720 nm 波段，λ_3 取受到其他成分（叶绿素、悬浮物等）吸收影响最低的 720～750 nm 区间波段得到的反演模型性能最优。

（6）四波段法。Le 等（2009）在三波段模型基础上，综合考虑叶绿素荧光效应与悬浮泥沙的后向散射的影响，引进了第四个波段并提出了四波段算法，有效提高了内陆复杂水体叶绿素 a 的反演精度。四波段法的一般回归模型如下：

$$C_{Chl\text{-}a} = A \times \frac{R^{-1}(_{\lambda_1}) - R^{-1}(_{\lambda_2})}{R^{-1}(_{\lambda_3}) - R^{-1}(_{\lambda_4})} + B \tag{7.6}$$

式中，λ_1、λ_2、λ_3 和 λ_4 的推荐取值范围分别是 650～680 nm、685～715 nm、720～740 nm 和 740～770 nm 波段区间。具体取值根据与实测叶绿素浓度 a 线性回归取最优可决系数进行迭代决定（孙德勇 等，2013）。

（7）APPLE 模型法。APPLE 模型是针对 MODIS 遥感数据源提出的一种半经验遥感反演模型（El-Alem et al.，2012），它充分利用近红外波段处叶绿素 a 表现出的高反射光谱特征和水体的强吸收光谱特征，并通过加入蓝波段数据去除黄色物质的影响，加入红波段去除或减弱悬浮物的影响，以提高在复杂水体反演的精度。APPLE 模型法的一般回归模型如下：

$$F(APPLE) = R_{NIR} - [(R_{BLUE} - R_{NIR}) * R_{NIR} + (R_{RED} - R_{NIR})]$$

$$C_{Chl\text{-}a} = A \times F(APPLE) + B \tag{7.7}$$

其中，$F(APPLE)$ 为 APPLE 光谱指数，R_{NIR}、R_{BLUE} 和 R_{RED} 分别为对应水体在 MODIS 遥感数据中的红外、蓝和红波段中的遥感反射率。

除了上述经验/半经验模型，Gordon 等（1975）提出了分析模型，它利用水体遥感反射率数据与水中各组分的吸收系数、后向散射系数之间的相关关系，通过代数方程的形式直接求解水体叶绿素 a 浓度，该方法具有明确的物理意义与普适性。但是与经验/半经验模型相比，分析模型需要大量的水体各组分的固有光学特性数据，实施难度较大，且各研究区不同季节水体固有光学量也在发生变化（吴煜晨，2017）。

分析模型虽然反演精度较高，但是反演难度大，对各个研究区的固有光学量数据需求高，实际生活中难以测定，因而目前应用最多的仍是经验/半经验模型，这种方法虽然模型的鲁棒性与稳定性不高,但能够以数据为驱动,快速获取研究区对应的最佳反演模型。本章的主要目的在于设计一套面向我国内陆水体的水质光谱检测系统,并初步预设各水质参数反演模型,因此从实用性和灵活性角度出发,选用 4 种或 5 种快速反演的半经验模型即可。因此本章的水体叶绿素 a 遥感反演模型采用基于数据驱动的经验/半经验模型,以快速获取最优反演模型验证本系统水质监测的有效性。

表 7.1 为整理出的监测内陆水体叶绿素 a 含量的一些经典案例及使用的波段区间。可以看出,虽然各个研究区反演水体叶绿素 a 所使用的数据源、模型及具体反演波段均有所差异,但是所使用的敏感波段范围均在可见-近红外区间 400~900 nm。因此便携式水质光谱在线检测系统光谱范围需包含波段 400~900 nm。

表 7.1 内陆水体叶绿素 a 反演实例及波段区间

传感器	研究区	波段/nm	模型	精度 R	文献
MODIS	Lake Brome, Lake William, Lake Nairne	B1(620~670),B2(841~876),B3(459~479)	APPEL 法	0.95	El-Alem et al., 2012
ASD	太湖	662,693,740,705 ISOMAP	四波段法	0.87	Le et al.,2009
MS-720	Seto Inland Sea	400~900 ISOMAP	ISE-PLS 法	0.77	Wang et al.,2018
USB2000	—	670,720,750 ISOMAP	三波段法	0.72	Dall'Olmo et al., 2003; Gitelson et al.,2003
Hyperion	太湖	620,732 ISOMAP	NDVI 法	0.91	阎福礼 等,2006
MERIS	太湖	709/681 ISOMAP	波段比值法	0.815	李云亮 等,2009
USB2000	Chesapeake Bay	675,695,730 ISOMAP	三波段法	0.81	Gitelson et al., 2007
HR1024	汤逊湖	446 ISOMAP	一阶微分法	0.93	黄耀欢 等,2012
ASD	太湖	677,708,733,756 ISOMAP	四波段法	0.83	宋挺 等,2017
Landsat 8	South Sea of Korea	B1(433~453),B2(450~515),B3(525~600),B4(630~680)	ANN 法	0.79	Kwon et al.,2018

2. 基于实测数据的水体叶绿素 a 敏感波段选择

选取常用的水质遥感反演模型,包括单波段法、一阶导数法、二阶导数法、波段比值法、对数法、三波段法、四波段法和 Tassan 算法,利用各研究区地面实测 PSR 数据 400~2 500 nm 波段范围内遥感反射率光谱数据,与不同研究区站点水体叶绿素 a 实测真实数据建模反演,按照各波段迭代的方法选取各个模型相关系数最优的结果作为最佳反演结果,如表 7.2 所示。

表 7.2　各研究区水体叶绿素 a 反演敏感波段及结果

反演模型	白洋淀		南四湖		茅洲河	
	波段(nm)	精度 R	波段(nm)	精度 R	波段(nm)	精度 R
单波段法	729.7	−0.594	408.1	−0.849	712.4	0.511
一阶导数法	619.9	0.634	589.9	0.703	675.7	−0.665
二阶导数法	585.6	−0.714	533.1	−0.503	660.6	−0.691
波段比值法	660.6/713.7	0.725	408.1/698.9	−0.858	679.9/673	0.885
对数法	731	−0.584	408.1	−0.850	712.4	0.512
Tassan 算法	592.8/720.4	−0.613	569.7/694.9	0.806	524.2/703	0.597
三波段法	754.6	−0.766	679.9/674.4/764.9	−0.543	671.6/679.9/736.3	−0.834
四波段法	660.6/715.1/750.7/780.3	0.740	677.1/684/735/759.8	−0.642	671.6/681.2/742.9/767.5	0.742

实验结果表明,对于不同研究区水体叶绿素 a 遥感反演适用的最佳反演模型与敏感波段虽不尽相同,但总体上呈现一定规律,即叶绿素 a 的敏感波段集中在 440 nm、670 nm 和 700 nm 附近,利用包含叶绿素 a 的敏感波段范围的波段组合能够有效提取复杂水体叶绿素 a 的信息。总之,对于不同内陆水体研究区,利用 400～900 nm 波段范围内光谱数据能够满足内陆水体叶绿素 a 遥感反演要求。

7.2.1.2　悬浮物遥感监测敏感波段范围

1.悬浮物遥感监测研究现状

总悬浮物浓度(total suspended particulate,TSP)包括非色素悬浮物浓度与浮游植物浓度。其中非色素悬浮物浓度包括悬浮泥沙、有机碎屑、微生物等。由于二类水体中悬浮泥沙含量很高,其占非色素悬浮物的比重远大于有机碎屑,因此在内陆水体中可以将悬浮泥沙等同于非色素悬浮物,而总悬浮物浓度也可以表示为悬浮泥沙浓度与浮游植物浓度的总和。总悬浮物一般简称为悬浮物。显然,悬浮物是由两类不同物质组成的混合物,而这种混合物的光谱表现依赖于两者所占的比重,因此想利用一种经验关系来估算这种混合物的浓度存在理论上的缺陷。目前,水色遥感对悬浮物浓度的反演根据水体类型的不同具体分为两种方式:一种是对河口等含沙量较高的水体,可以忽略浮游植物的影响而将悬浮泥沙等同于总悬浮物;另一种是对于内陆湖泊等浮游植物含量较高水体,其总悬浮物浓度的反演比河口等高混浊水体更加困难,那是由于内陆水体中悬浮物的组成相对更加复杂,不同水体甚至同一水体在不同时刻的悬浮物组成、颗粒大小等都存在差异,其遥感反演模型在形式和波段选择上都会发生变化(Binding et al.,2005;Park et al.,2014)。

作为水质指标重要参数之一,水体悬浮物光谱响应明显。随着悬浮物浓度的增大,水体在可见光-近红外波段范围内的反射逐渐增加,同时反射峰波长向长波方向移动,反射峰形态变得越来越宽。经过众多科学家和研究者的多年努力,悬浮泥沙浓度的遥感反演已经取得较大的进展,其反演精度是众多水质参数中最高的一种。随着遥感技术的不断发展,悬浮物的遥感监测已经有较为成熟的分析模型和经验/半经验模型。

目前反演悬浮泥沙浓度的常用波段有 550 nm 和 670 nm(Han et al.,1994;Novo et al.,

1991),其中 550 nm 适用于低悬浮物浓度的反演,而 670 nm 更适合高悬浮物浓度的监测。随着水体悬浮物浓度的升高,近红外光谱引起了关注。研究发现对于高悬浮物水体,利用近红外区域数据建立反演模型精度更高(Shi et al.,2018;宋庆君 等,2008),此时 700~800 nm 反射率是反演悬浮物质的最佳波段范围(Gholizadeh et al.,2016)。模型因子形式除常见的单波段、波段比值、波段差值等之外,还经常使用一种 Tassan 模式(Tassan,1994),其一般公式如下:

$$C_{SS} = A \times \frac{R_{\lambda_1} + R_{\lambda_2}}{R_{\lambda_3}/R_{\lambda_4}} + B \tag{7.8}$$

其中,C_{SS} 为反演的悬浮物浓度,A、B 为回归系数,R_{λ_1}、R_{λ_2}、R_{λ_3} 和 R_{λ_4} 为遥感数据在 λ_1 波长处对应水体的遥感反射率,一般选择 550 nm 和 670 nm。其中 $R(550)+R(670)$ 充分考虑了不同浓度泥沙反射峰的特征,而 $R(550)/R(670)$ 是为了去除叶绿素对泥沙的影响,因而提高了反演精度。

此外,也有研究发现悬浮浓度反射峰与反演的浓度值之间呈现非线性变化的关系(Lodhi et al.,1998),因此反演悬浮浓度的另一种常见做法是直接对悬浮浓度值取对数,而后进行回归分析,其模型结构多采用线性或二阶多项式(博克忖 等,1999)。

综上可知,对于低悬浮物浓度水体,水体总悬浮物浓度反演多利用 550 nm、670 nm 等可见光波段,而对于高悬浮物浓度水体,整体波峰向长波方向移动,敏感波段为 700~800 nm 近红外区间波段。因此我们在设计便携式水质光谱在线检测系统时,需包含波段 500~850 nm。

2. 基于实测数据的水体悬浮物敏感波段选择

选取常用的水质遥感反演模型,包括单波段法、一阶导数法、二阶导数法、波段比值法、对数法、三波段法、四波段法和 Tassan 算法等,利用 400~2 500 nm 全波段范围内的光谱与站点实测值按照迭代的方法分别进行不同研究区的水体总悬浮物浓度反演,并选取相关系数最优的作为反演结果如表 7.3 所示。

表 7.3 各研究区水体总悬浮物反演敏感波段及结果

反演模型	白洋淀		南四湖		茅洲河	
	波段(nm)	精度 R	波段(nm)	精度 R	波段(nm)	精度 R
单波段法	708.4	0.845	829.9	0.803	403.4	−0.371
一阶导数法	867.9	−0.884	589.9	0.774	417.3	0.675
二阶导数法	679.9	0.844	2137.4	0.418	417.3	0.579
波段比值法	696.2/690.8	0.813	688/571.1	0.897	568.2/607.1	−0.848
对数法	707	0.801	406.5	−0.821	979.9	0.300
Tassan 算法	521.3/708.4	0.863	569.7/688	0.820	537.5/674.4	0.356
三波段法	655/674.4/762.4	−0.836	671.6/679.9/759.8	0.624	681.2/675.7/736.3	0.479
四波段法	681.2/697.6/740.2/771.4	−0.842	667.5/686.7/742.9/767.5	−0.779	671.6/681.2/740.2/752	0.588

实验结果表明,对于不同研究区水体总悬浮物浓度遥感反演适用的反演模型与敏感波

段虽不尽相同,但总体上呈现一定规律,即对于白洋淀、南四湖等悬浮物光谱主导的水体,反演敏感波段集中在 700～800 nm 近红外区间,而对于茅洲河等非悬浮物主导的水体,敏感波段蓝移。总之,对于不同内陆水体研究区,利用 500～850 nm 波段范围内光谱能够满足水体总悬浮物遥感反演的要求。

7.2.1.3　COD 遥感监测敏感波段范围

1. COD 遥感监测研究现状

化学需氧量(chemical oxygen demand,COD)是评价水体有机物污染程度的一个重要指标,指以化学的方法测量水体中需要被氧化的还原性物质的量,特别是有机污染物。COD值越高,表示水体有机污染越重。然而目前大多数研究认为 COD 是非光学活性物质,其引起的水体光谱变化十分微弱,易被水体、其他浮游色素、悬浮物等的强吸收或散射光谱掩盖。

目前利用遥感的方法监测化学需氧量的研究相对较少,可归纳为以下两种思路:

(1)直接反演模型。直接建立遥感反射率与化学需氧量之间的统计相关模型反演。目前研究基于 Landsat、SPOT-5、MODIS 等卫星数据及地面实测数据建立了一些 COD 遥感反演统计模型,如最小二乘支持向量机(LS-SVM)定量反演模型(Wang et al.,2011)、波段比值回归模型(Yang et al.,2011)、半经验回归模型(王丽艳 等,2014)、基于一阶微分的统计回归模型(吴廷宽 等,2016)、ANN 回归模型(Phuong et al.,2017)等。

(2)间接反演模型。由于水体 COD 的光学特性不明显或比较微弱,通过经验模型直接反演易受到水体吸收、浮游色素吸收和悬浮物散射等影响。在现有的研究难以有效去除其他因素影响的情况下,利用水体 COD 与其他水质参数之间的相关性间接反演研究区水体 COD 浓度是一种不错的选择。例如,利用 COD 与 CDOM(Huang et al.,2014)、水体叶绿素含量(吴廷宽,2016)等之间的密切关系间接反演 COD。

以上总结可以看出,水体 COD 的组成复杂多变,光谱响应特征相对微弱,目前利用遥感的方法反演水体 COD 的敏感波段并未广泛认可,但从现有研究的直接经验法和间接反演模型来看,反演水体 COD 用到的主要波段范围仍集中在 400～1 100 nm 波段范围内。因此在设计便携式水质光谱在线检测系统时,需包含波段 400～1 100 nm。

2. 基于实测数据的水体 COD 敏感波段选择

选取常用的水质遥感反演模型,包括单波段法、一阶导数法、二阶导数法、波段比值法、对数法、三波段法、四波段法和 Tassan 算法等,利用 400～2 500 nm 全波段范围内遥感反射率数据按照迭代最优的方法分别进行不同研究区的水体 COD 遥感反演,选取各个模型最佳反演结果的敏感波段,结果如表 7.4。

表 7.4　各研究区水体 COD 反演敏感波段及结果

反演模型	白洋淀		茅洲河	
	波段(nm)	精度 R	波段(nm)	精度 R
单波段法	700.3	0.830	712.4	−0.386
一阶导数法	632.6	0.906	981.8	0.808
二阶导数法	656.4	−0.847	981.1	0.812
波段比值法	636.8/628.4	0.928	678.5/671.6	0.761

反演模型	白洋淀		茅洲河	
	波段(nm)	精度 R	波段(nm)	精度 R
对数法	698.9	0.817	712.4	−0.456
Tassan算法	530.2/694.9	0.842	587/712.4	−0.408
三波段法	659.2/674.4/752	−0.758	668.9/678.5/737.6	0.845
四波段法	681.2/694.9/737.6/773.9	−0.829	670.2/681.2/746.8/768.8	0.928

实验结果显示,对于不同研究区水体COD遥感反演适用的反演模型与敏感波段虽不尽相同,但总体上均集中在红外、近红外波段之间。总之,对于不同内陆水体研究区,利用400~1 100 nm波段范围内光谱能够满足水体COD遥感反演的要求。

7.2.2　信噪比指标设计

7.2.2.1　信噪比对叶绿素 a 反演影响分析

为探索水体叶绿素 a 遥感反演对传感器信噪比性能的具体要求,利用各个研究区 PSR 光谱仪实测的水体光谱数据,通过 MATLAB 编程模拟分别添加 10 dB、15 dB、20 dB、25 dB、30 dB、35 dB、40 dB、45 dB、50 dB、55 dB、60 dB、65 dB、70 dB、80 dB、90 dB、100 dB、110 dB信噪比,其中原始 PSR 测量数据信噪比约为 50 dB。图 7.1 为不同研究区水体在不同信噪比下的遥感反射率光谱,可以看出随着信噪比的下降,噪声信息越来越多,水体光谱变化愈发明显,水体真实光谱信息逐渐淹没在噪声信号中。

图 7.2 为不同研究区水体光谱增加不同信噪比后的水体叶绿素 a 反演结果,可以看出,不同研究区水体叶绿素 a 遥感反演随信噪比的变化趋势整体上保持一致,即随着信噪比的降低,不同叶绿素 a 反演模型结果均先保持稳定到一定范围后迅速下降。其中,单波段法、波段比值法、对数法和 Tassan 算法反演水体叶绿素 a 时对信噪比变化基本不敏感,当信噪比优于 50 dB 时均可稳定反演;而一阶导数法、二阶导数法、三波段法和四波段法反演模型对于光谱信噪比变化相对敏感,当信噪比优于 80 dB 时反演结果保持稳定。此外,不同研究区、不同反演方法的最佳信噪比性能要求存在差异。对于叶绿素光谱主导的白洋淀和南四湖水体而言,虽然最佳反演模型并不完全一致,但高精度反演模型对信噪比变化均不敏感,当信噪比优于 50 dB 即可获得稳定而优异的反演结果;而对于非叶绿素主导的茅洲河水体而言,高精度反演模型为波段比值、三波段、四波段等方法,对信噪比要求更加敏感,信噪比优于 80 dB 方可获得稳定而优异的反演结果。综合考虑,对于不同内陆水体的水体叶绿素 a 遥感反演,要求传感器信噪比优于 80 dB,才能获得稳定而相对优异的反演结果。

7.2.2.2　信噪比对悬浮物反演影响分析

图 7.3 为不同研究区水体光谱在不同信噪比下的水体总悬浮物反演结果,可以看出,不同研究区水体总悬浮物遥感反演结果随信噪比的变化趋势整体上保持一致,即随着信噪比

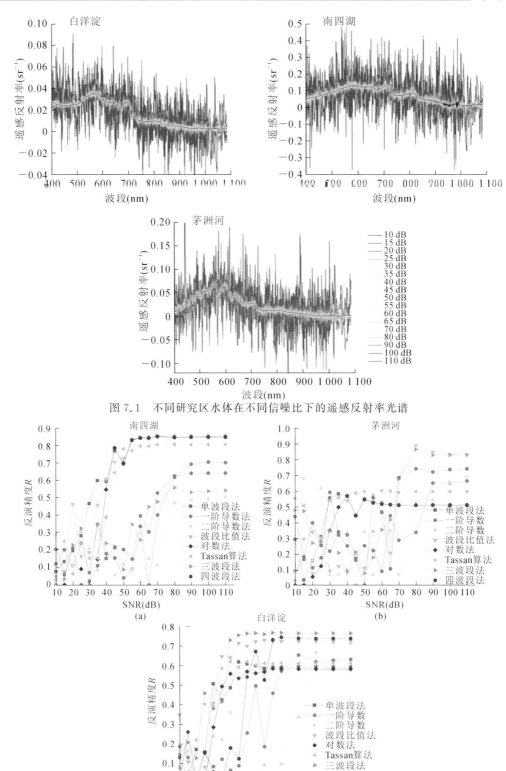

图 7.1　不同研究区水体在不同信噪比下的遥感反射率光谱

图 7.2　各研究区不同信噪比水体光谱反演水体叶绿素 a 结果

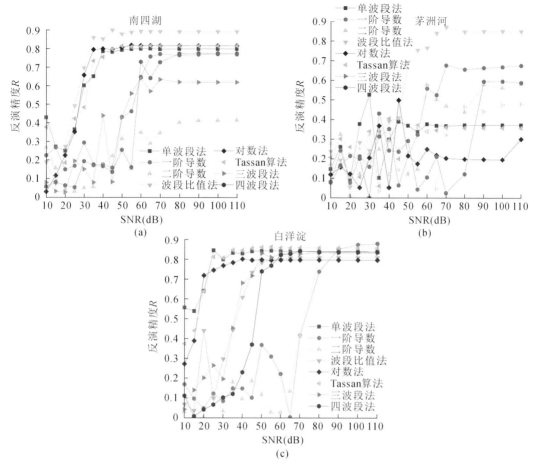

图 7.3　各研究区不同信噪比水体光谱反演水体总悬浮物结果

的降低,不同总悬浮物反演模型结果均先保持稳定达到一定阈值后迅速下降。其中,单波段法、对数法和 Tassan 算法反演水体总悬浮物浓度对信噪比变化不敏感,当信噪比降低到 30 dB 时仍可获得稳定反演结果;波段比值法、三波段法和四波段法反演模型对于信噪比变化相对较敏感,当信噪比优于 60 dB 时反演结果均能保持稳定;而一阶导数法、二阶导数法反演水体总悬浮物对信噪比比较敏感,信噪比优于 90 dB 方能获得稳定结果。不同研究区、不同反演模型的最佳信噪比性能要求存在差异。对于总悬浮物光谱主导的白洋淀和南四湖水体而言,虽然最佳反演模型并不一致,但其高精度反演模型对信噪比变化均不敏感,信噪比优于 30 dB 即可获得稳定而优异的反演结果;而对于非总悬浮物光谱主导的茅洲河水体而言,高精度反演模型为波段比值法、一阶导数法等,对信噪比的要求相对较高,信噪比需优于 70 dB 方可获得稳定而优异的反演结果。综上考虑,对于不同内陆水体研究区的水体总悬浮物反演,要求传感器信噪比优于 70 dB。

7.2.2.3　信噪比对 COD 反演影响分析

图 7.4 为不同研究区水体光谱在不同信噪比下的水体 COD 反演结果,可以看出,不同研究区水体 COD 遥感反演随信噪比的变化趋势与叶绿素 a 遥感、悬浮物等水质参数整体上

保持一致,即随着信噪比的降低,不同 COD 反演模型结果均先在一定范围内保持稳定而后迅速下降。其中,单波段法、对数法和 Tassan 算法反演水体 COD 对信噪比变化不敏感,当信噪比优于 40 dB 时均可获得稳定反演结果;而一阶导数法、波段比值法、三波段法和四波段法反演模型对于信噪比变化相对敏感,信噪比需优于 80 dB 方能获得稳定反演结果,而二阶导数法模型要求传感器信噪比优于 90 dB。不同研究区、不同反演模型的最佳信噪比性能要求同样存在差异。对于封闭水体白洋淀,水体 COD 主要来源于淀内浮游植物的腐化分解,与水体叶绿素 a 存在一定相关关系,反演精度整体偏高且对信噪比相对不敏感;而对于开放型河流茅洲河而言,水体光谱受多种成分共同影响、相互作用,光谱响应机制更加复杂,模型反演精度更易受到信噪比影响。综上考虑,对于不同内陆水体研究区的水体 COD 反演,要求传感器信噪比优于 80 dB。

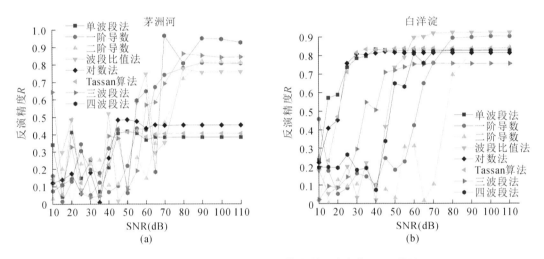

图 7.4　各研究区不同信噪比水体光谱反演水体 COD 结果

7.2.3　光谱分辨率指标设计

7.2.3.1　光谱分辨率对叶绿素 a 反演影响分析

为探索水体叶绿素 a 浓度反演对传感器光谱分辨率性能的具体要求,本章基于各个研究区 PSR 实测水体光谱数据,并假设光谱仪各个波段的光谱响应符合高斯函数分布,通过 MATLAB 编程模拟分别获得 5 nm、10 nm、15 nm、20 nm、25 nm、30 nm、40 nm、50 nm 光谱分辨率下的水体光谱数据。图 7.5 为不同研究区水体在不同光谱分辨率下的光谱反射率,可以看出随着光谱分辨率值的增大,水体光谱越显平滑,一些细小的反射峰和吸收谷等特征逐渐被拉伸填平,因此对于光谱响应细弱或集中于某一波长处的物质反演可能对光谱分辨率要求更高。

图 7.6 为不同研究区的不同光谱分辨率光谱水体叶绿素 a 遥感反演结果,可以看出,不同研究区水体叶绿素 a 遥感反演结果随光谱分辨率的变化趋势整体上保持一致,即单波段法、波段比值法、对数法和 Tassan 算法反演水体叶绿素 a 对光谱分辨率敏感性低,而一阶导

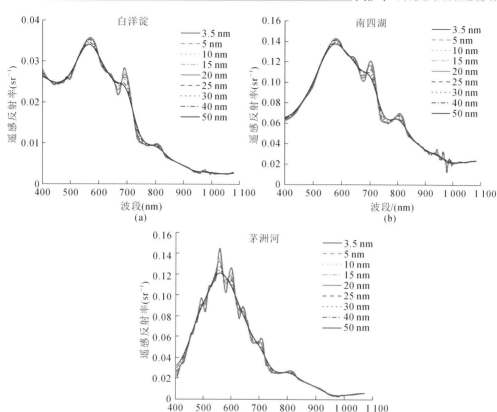

图 7.5 不同研究区水体反射率光谱降采样

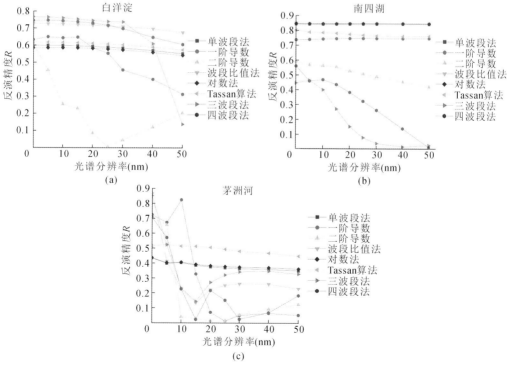

图 7.6 不同研究区的不同光谱分辨率光谱水体叶绿素 a 遥感反演

数法、二阶导数法、三波段法、四波段法等反演模型对光谱分辨率要求较高,不同研究区的具体变化强度也有所差异。这可能是由于水体叶绿素 a 的光谱吸收特征较强,因此对于单波段、对数法等反演方法影响不大;对于波段比值方法,由于引入第二方变量,一般为叶绿素反射峰,能够有效地减少大气、镜面反射以及水表面微波变化的干扰,因而表现优异。而三波段、四波段等方法除了引入对叶绿素 a 不敏感的反射峰,还考虑了非色素颗粒物和 CDOM 等的影响,对光谱分辨率变化相对更加敏感。此外,对于一阶导数和二阶导数,由于光谱分辨率变化后光谱变平滑而导致导数剧烈变化,反演结果不稳定。

综上,我们可以认为,对于水体叶绿素 a 浓度的遥感反演,不同研究区的最佳反演模型可能并不一致。对于叶绿素光谱主导的水体而言,叶绿素 a 反演模型对光谱分辨率(3.5～50 nm)基本不敏感,需要根据不同研究区特点优选最佳反演模型;对于非叶绿素 a 光谱主导的水体,叶绿素 a 遥感反演对于光谱分辨率相对敏感,较高精度反演要求光谱分辨率优于 10 nm。

7.2.3.2　光谱分辨率对悬浮物反演影响分析

同样对不同研究区模拟的不同光谱分辨率数据分别进行不同方法模型的水体总悬浮物浓度反演,结果见图 7.7。可以看出,悬浮物浓度遥感反演精度整体较高,不同研究区水体总悬浮物遥感反演随光谱分辨率的变化趋势整体上保持一致,即三波段、四波段并不适合水体悬浮物反演,且二阶导数随光谱分辨率的变化表现并不稳定,而单波段法、一阶导数法、波段比值法、对数法和 Tassan 算法等对光谱分辨率(3.5～50 nm)基本不敏感。

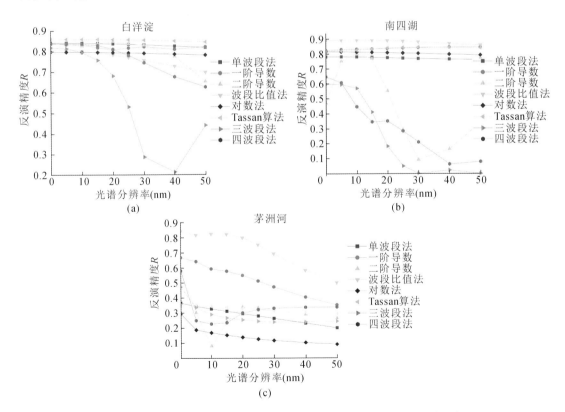

图 7.7　不同研究区的不同光谱分辨率光谱水体总悬浮物浓度遥感反演

不同研究区的水体悬浮物遥感反演最佳反演模型并不一致,对于悬浮物占主导的白洋淀、南四湖水体,三波段、四波段和二阶导数反演结果不稳定,而其他方法均表现优异,随光谱分辨率的下降而稍有下降,对光谱分辨率(3.5~50 nm)基本不敏感。而对于非悬浮物主导的茅洲河水体,最佳反演模型为波段比值,随光谱分辨率的变化先保持不变后逐渐下降,要求光谱分辨率优于 20 nm。综上,对于内陆水体的水体总悬浮物浓度遥感反演,要求光谱仪光谱分辨率优于 20 nm。

7.2.3.3 光谱分辨率对 COD 反演影响分析

同样对不同研究区模拟的不同光谱分辨率数据分别进行不同模型的水体化学需氧量浓度反演,结果见图 7.8。可以看出,不同研究区的单波段法、对数法和 Tassan 算法对光谱分辨率均基本不敏感,而一阶导数、二阶导数、波段比值、三波段、四波段等方法表现差异较大。这是由于白洋淀内水体 COD 有机污染基本大部分来自淀内藻类物质的腐化代谢,因此 COD 与叶绿素 a 等物质相关性较大,对光谱分辨率变化影响相对较低,优于 20 nm 均能保持较高反演精度;而对于开放型水体茅洲河而言,河内有机物污染严重,主要污染源来自周边居民生活用水及工厂工业用水,水体光谱非叶绿素、悬浮物主导,表现出多种物质综合影响的结果,因此对于反演精度较高的三波段、四波段和波段比值等反演模型由于引入多个波段,表现出对光谱分辨率变化极其敏感的现象。综上,对于水体 COD 遥感反演需要光谱分辨率优于 5 nm。

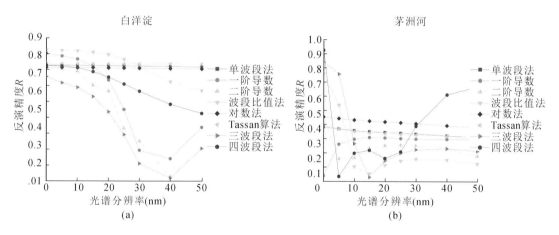

图 7.8 不同研究区的不同光谱分辨率光谱水体 COD 浓度遥感反演

7.2.4 小结

光谱范围、光谱分辨率和信噪比等指标是光谱仪的重要性能指标。本节以三个研究区为例,通过文献总结、研究区对比验证的方法初步得出了我国内陆水体水质监测对光谱仪性能的要求,得到的主要结论如下:

(1)对于不同内陆水体研究区,水体叶绿素 a 浓度遥感反演的最佳反演波段范围在 400~450 nm 和 650~750 nm;水体总悬浮物浓度遥感反演的最佳反演波段范围为 500~

850 nm;水体化学需氧量浓度遥感反演的最佳反演波段范围为 400～1 100 nm。综合来看，内陆水体水质参数反演要求传感器光谱范围包含 400～1 100 nm。

（2）不同研究区水质参数的最佳反演模型并不一致，对信噪比的要求也不完全一样。总的来说，内陆水体叶绿素 a 浓度反演，要求传感器信噪比优于 80 dB 以获得稳定而相对优异的反演结果；水体总悬浮物浓度反演，要求传感器信噪比优于 70 dB；水体化学需氧量浓度反演，要求传感器信噪比优于 80 dB。综合来看，内陆水体水质参数反演要求传感器信噪比优于 80 dB。值得注意的是，本节未考虑 PSR 光谱仪本底信噪比，传感器实际信噪比应低于 50 dB。

（3）不同研究区水质参数反演模型对于传感器光谱分辨率的要求并不完全一致。对于叶绿素光谱主导的水体而言，叶绿素 a 反演模型对光谱分辨率（3.5～50 nm）基本不敏感；而对于非叶绿素 a 光谱主导的水体，叶绿素 a 反演要求光谱分辨率优于 10 nm。同样，对于非悬浮物光谱主导的内陆水体对光谱分辨率要求更高，性能需优于 20 nm 以获得稳定而优异的反演结果；水体化学需氧量遥感反演由于其光谱响应机制复杂，对光谱分辨率要求更高，优于 5 nm 方能对所有水体保持高精度反演。综合来看，内陆水体水质参数反演要求传感器光谱分辨率优于 5 nm。

（4）为获得优异而稳定的反演精度，便携式水质光谱在线检测系统水质遥感反演的波段范围需包括 400～1 100 nm，传感器信噪比优于 80 dB，光谱分辨率需优于 5 nm。

7.3　水体光谱采集模式与在线检测方法

为满足便携式水质光谱在线检测系统操作便捷简单的应用需求，本节重点分析了经典的水面之上法采集模式和不考虑天空散射光的快速水体光谱采集模式对水体光谱及水质参数反演精度的影响，并介绍了一种在保证测量精度的情况下，可显著提高水体光谱野外采集效率、降低操作复杂性，且适用于"河（湖）长制"的内陆水体光谱快速采集模式及水质在线检测方法。

7.3.1　不同采集模式的影响

7.3.1.1　不同采集模式对水体光谱特征信息提取的影响

1.水面之上法采集模式

现场表观光谱的测量一般认为可以分作两类，即剖面测量法和水面之上测量法。自唐军武等（2004a）和汪小勇等（2004）针对内陆二类水体的特点对水面之上法进行了详细探讨与分析后，水面之上法便成为内陆二类水体的现场表观光谱测量的首选法。

图 7.9 为水面之上观测法的观测几何，为最大程度避免太阳耀斑和现场船舶的影响，一

一般选择倾斜测量的方式获取水体上行辐亮度,其中 $30° \leqslant \theta_v \leqslant 45°$,$90° \leqslant \Phi_v \leqslant 135°$。同时为了去除直接经水面反射而未携带任何水体内部信息的天空反射光影响,在水体测量后将仪器在同一平面旋转至天空光的观测天顶角等于水面的光测角 θ_v,测量得到近同一时刻的天空光辐亮度 L_{sky}。

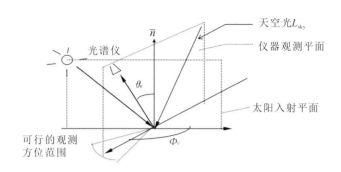

图 7.9 光谱仪水面之上观测几何图

完整的水面之上观测法流程为灰板-遮挡灰板-水体-天空光-灰板-遮挡灰板,且每个目标的观测次数不得少于 10 次,观测时间要跨越至少一个观测周期。其中,通过测量灰板与遮挡灰板的值的差,可间接得到天空漫射辐照度 $E_{dif}(\lambda)$,通过这一参数来评价天空光分布情况或近似计算气溶胶光学厚度。

水面之上的光谱辐亮度信号组成,即光谱仪测得真实值为

$$L_{sw} = L_w + rL_{sky} + L_{wc} + L_g \tag{7.9}$$

其中,L_w 为离水辐亮度,携带水体信息;rL_{sky} 为天空光经水面反射的信号,与水体信息无关,需要消除,其中 r 为气-水界面天空光反射率,取决于太阳位置、观测几何、风速风向以及水面粗糙度等,对于内陆二类水体,一般取值为 $0.026 \sim 0.12$,大部分情况取值为 $0.025 \sim 0.035$(Lee et al.,1996),本章取 0.0245;L_{wc} 为白帽信息,可通过测量者的目视观察加以避免;L_g 表示水面波浪对太阳直射光的随机反射,虽不可完全避免,但可通过选择无风天气尽量减少干扰。

因此,水体离水辐亮度计算为

$$L_w = L_{sw} - rL_{sky} \tag{7.10}$$

水体的遥感反射率 R_{rs} 计算为

$$R_{rs} = L_w / E_d(0^+) = (L_{sw} - rL_{sky}) \times \rho_p / \pi L_p \tag{7.11}$$

其中,$E_d(0^+)$ 为下行辐照度,ρ_p 为灰板反射率,L_p 为灰板测量辐亮度。

按照水面之上法的基本规则及要求计算各个研究区的水体遥感反射率数据,见图 7.10。对比发现,对于白洋淀和南四湖水体,叶绿素吸收特征明显,440 nm 和 670 nm 附近的吸收谷均是叶绿素 a 的吸收特征,此外 620 nm 附近的吸收谷为藻青蛋白吸收特征,光谱整体呈现明显的叶绿素主导特征。茅洲河水体光谱与内陆湖泊光谱差异较大,其叶绿素 a 和藻青蛋白的吸收特征明显较弱,此外,在 566 nm 还表现出了强烈的藻红蛋白吸收特征(刘广发等,2006;王璐 等,2010),在 502 nm 处的吸收特征经查验可能为番茄红素或有机染料某物

质的吸收特征(简卫 等,2004;张连富 等,2001),总之,茅洲河水体整体展现出低叶绿素、高有机物的综合光谱特征。

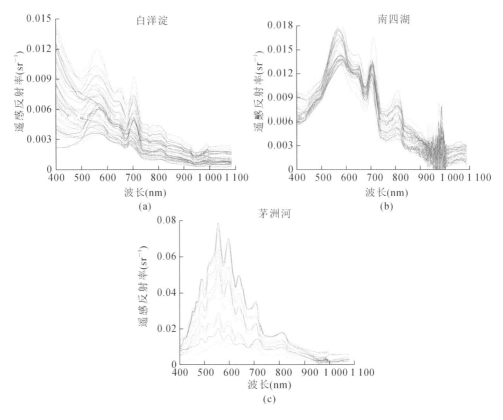

图 7.10 各个研究区水面之上法测得水体光谱

2.快速水体光谱采集模式

对于内陆二类水体而言,水体悬浮物浓度含量较高,入水光线被水体悬浮物颗粒或水分子等散射而离开水面的比例较高。此时,传感器接收到的信号中离水辐亮度的占比快速增加,并可能占据主导地位。为具体描述不同研究区传感器接收的信号中天空光反射对水体离水辐亮度的影响,以及进一步分析对各个水质参数的具体影响,本章尝试一种简便的、易于操作的快速水体光谱采集模式,并定量分析对水体遥感反射率和水质参数反演的影响。

在晴朗无云或少云的情况下,水面背景较为单一,天空光分布均匀,故而可通过目视判断周边背景的方式来保证天空光分布均一,可减少遮挡灰板这一步骤以缩短操作时间。对于较为浑浊的内陆二类水体,天空光反射的影响相对于毛细波太阳直射而言可能更加微不足道。因此,本章尝试的快速水体光谱采集模式依次观测对象为灰板-水体-灰板。其他测量步骤与水面之上法保持一致。

图 7.11 为快速水体光谱采集模式下的各个研究区水体遥感反射率,可以看出,光谱整体上与水面之上法的结果并无明显差异,重要水质光谱特征均明显保留。这是由于对于洁净水体,水中悬浮物浓度较低,水的吸收作用远大于散射作用,因此入水光线被水中悬浮物

或水分子等颗粒散射并离开水面的比例较小。此时,传感器接收到的信号中离水辐亮度并不占据主导地位。但对具体水质参数的影响还需要进一步的分析。

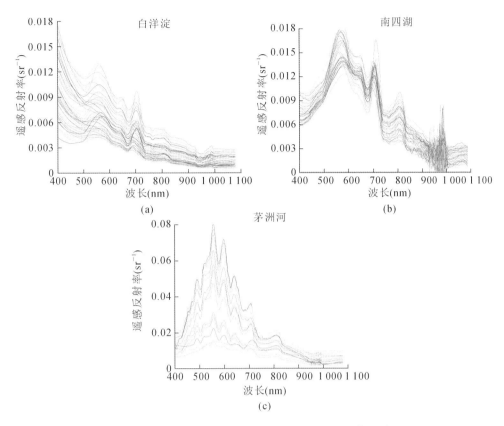

图 7.11 各个研究区快速水体采集模式测得水体光谱

3.两种模式下水体光谱特征分析

为给两种测量方式的水体遥感反射率进行定量分析,本章分别对三个研究区两种测量方式水体光谱进行了差值、差值均值及方差等的计算,结果见图 7.12。其中第一列为各个研究区典型水体两种方式测量遥感反射率及其差值,可以看出两种测量方式对光谱的影响差异主要在于蓝波段(400~500 nm),即天空光 rL_{sky} 的影响主要在于蓝波段,对于绿波段到近红波段,rL_{sky} 的影响较小,离水辐亮度 L_w 占传感器总信号的主导地位。从不同研究区来看,白洋淀天空光 rL_{sky} 的影响更大,原因在于白洋淀水体更加清澈,离水辐亮度 L_w 值较小。

两种测量方式水体遥感反射率的差值分布为图 7.12 的第三列和第二列的均值、方差。对比可以发现,清澈水体白洋淀两者的差异相对较大,且可见光特别是蓝、绿波段的影响大于红光、近红外。对于相对浑浊的南四湖水体而言,天空光对遥感反射率的影响相对较小,且从第三列的差值分布可以看出,天空光明显分作两个不同类型,对照实验数据发现,这是由不同日期测量引起的变化。天空光蓝波段较大的样点为第二日晴朗天气测量,天空光蓝波段较小的样点为第一日多云转晴天气测量,可见晴朗天气时天空光对蓝波

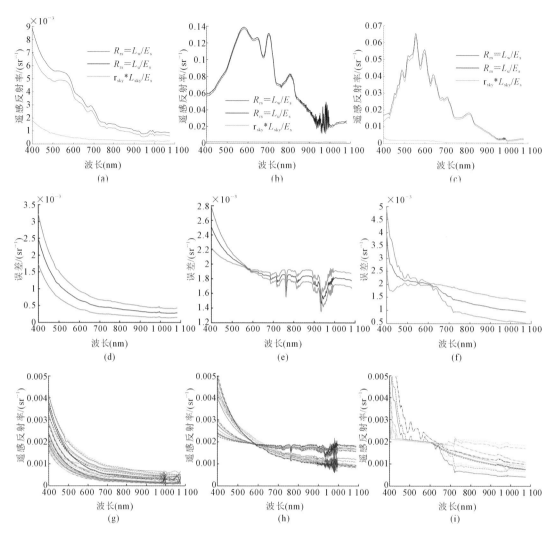

图 7.12　白洋淀(a、d、g)、南四湖(b、e、h)和茅洲河(c、f、i)研究区两种测量方式
水体遥感反射率及差值(a、b、c)、差值均值及方差(d、e、f)和所有样本差值分布(g、h、i)

段影响更大，而对非晴朗天气，天空光对各个波段反射率的影响更加均匀。对于黑臭水体茅洲河，天空光对遥感反射率的影响整体较小，其中存在三个较大的异常值，查看记录发现，这三个点的测量时间在下午 4 时以后，太阳直射光快速减弱，天空光影响增大，实验时应当避免。

　　进一步分析两种测量方式的水体遥感反射率相关性(图 7.13)，发现除白洋淀外其他研究区的相关性基本均在 0.99 以上，表明对于内陆浑浊水体可不必重点考虑天空光的影响，而对于清澈水体天空光的影响是确实存在不可避免的。对于白洋淀水体，出现异常值的是 21 号点、23 号点和 1 号点、3 号点，查照实验记录发现，21 号点和 23 号点位于较开阔的环境中，测量时风速较大可能使得在测量过程中船体发生了偏移，测量的天空光立体角发生了变化，使得入射光线有所增加。将 1 号点、3 号点两个异常点和正常 4 号点两种测量方式的水体遥感反射率放在一起比较，如图 7.14，可以看出，异常点主要是由于天空

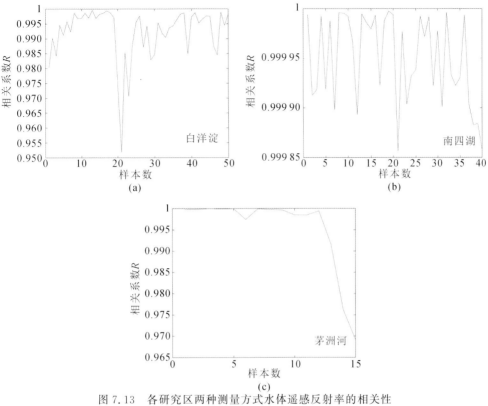

图 7.13　各研究区两种测量方式水体遥感反射率的相关性

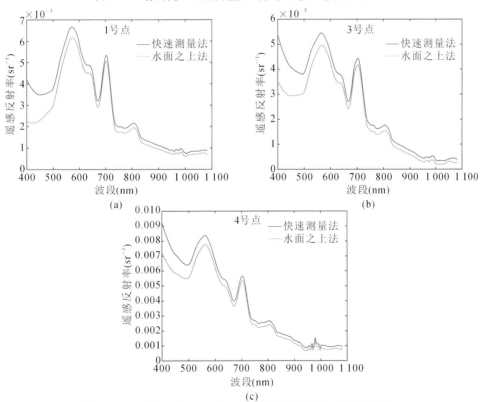

图 7.14　白洋淀 1 号点、3 号点、4 号点两种测量方式遥感反射率

光对蓝波段的影响显著增加,而结合图 7.12 可以发现,1 号点、3 号点和 4 号点两种测量方式的差值实际上十分接近,而对蓝波段影响增大主要是因为 1 号点、3 号点本身的离水辐射率更小,因此外界微弱的天空光也能在蓝波段产生较大的影响。

7.3.1.2 不同采集模式对水质参数反演精度的影响

1.水面之上法采集模式

本章分别对两种测量方式下的水体光谱同步进行了水质参数反演。反演基本模型与前文保持一致,即分别利用单波段法、一阶导数、二阶导数、波段比值法、对数法、Tassan 算法和三波段法、四波段法对水体叶绿素 a、悬浮物和化学需氧量三种水质参数进行反演,特征波段的选取采用迭代选取相关系数最优的准则。

各研究区水面之上法的水质反演结果上文已汇总,分别见表 7.2、表 7.3、表 7.4。最佳反演模型见图 7.15,其中水体叶绿素 a 在白洋淀的最佳反演模型为三波段法,特征波段选取分别为 650～680 nm 和 680～715 nm 窗口内最小值及 754.6 nm,利用的是叶绿素 a 在670 nm 附近的吸收特征;南四湖和茅洲河水体的最佳反演模型均为波段比值模型,分别利用了叶绿素 a 在红波段和蓝波段的吸收特征。总悬浮物浓度白洋淀最佳反演模型是 Tassan算法,南四湖和茅洲河为波段比值模型,利用的是 550 nm 和 670 nm 附近悬浮物的敏感波段。化学需氧量浓度在白洋淀区域反演精度均较高,可能是由于白洋淀区域水体叶绿素 a浓度和悬浮物浓度等均较低,对水体化学需氧量反演的干扰与影响相对较小;在茅洲河区域的反演精度较高为三波段、四波段或波段比值等多波段的反演方法,可能是受水体有机物成分复杂的影响。

2.快速水体光谱采集模式

利用水面之上法相同的反演方法对不考虑天空光影响的快速采集模式水体光谱进行水质参数反演,各个研究区的最佳反演模型见图 7.16。可以看出,水体叶绿素 a 遥感反演在白洋淀和南四湖分别利用的是 670 nm 和 420 nm 附近的吸收特征,与水面之上法的结果基本保持一致。总悬浮物浓度的最佳反演模型均为波段比值模型,其中南四湖和茅洲河所利用的特征波段保持了一致,印证了低悬浮物浓度的反演主要敏感波段集中在 550～670 nm。化学需氧量浓度的反演与水面之上法的反演模型,无论是在敏感波段的选择上还是反演精度上,均保持着高度一致,综合说明天空光的存在对于水体化学需氧量浓度的反演影响微弱。

3.两种模式下水质参数反演精度分析

两种测量模式下水质参数最佳反演模型及精度的对比中可以看出,同一研究区同一水质参数反演利用的敏感波段范围保持高度一致性。为了更好地表达两种观测模式对水质参数反演的具体影响,本章对参与各个研究区反演的 8 种反演模型精度绘制了箱形图,如图 7.17所示,其中研究区后缀加 fast 的表示快速采集模式,无后缀的为传统的水面之上法。箱形图直观地表达出了两种光谱采集模式对水质反演的差异,即对于各个水质参数最佳反演模型的精度几乎无明显变化,而其中变化较为明显的多为原本

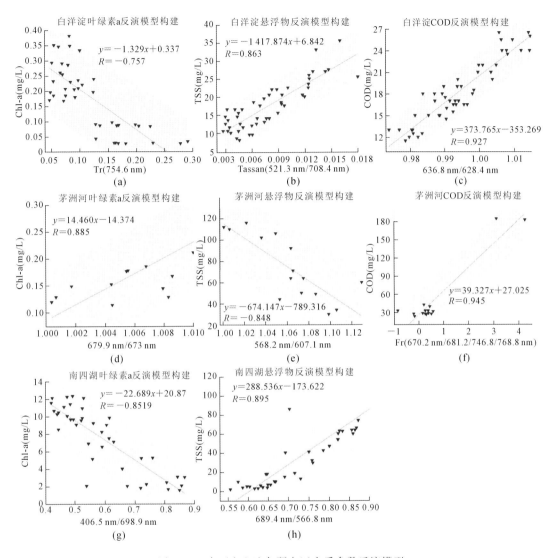

图 7.15　水面之上法各研究区水质参数反演模型

性能表现不好的反演模型。具体来看,同一研究区同一水质参数在不同测量模式下不同箱形图的上限值和中位线几乎无差异,表明两种测量模式对该水质参数的最佳或表现优异的反演模型精度几乎无影响,而箱形图的平均值和下限值表明快速采集模式下的水质反演精度更低。这可解释为这三种水质参数中仅叶绿素 a 的吸收特征包含天空光主要影响的蓝波段,本章白洋淀叶绿素 a 遥感反演模型构建避开了蓝波段而对精度几乎没有产生影响,而南四湖水体由于悬浮物含量高天空光对水体光谱影响小,从而对利用了蓝波段建模的水体叶绿素 a 反演影响低。其他两种水质参数敏感波段现有研究均不包含蓝波段,而天空光在蓝波段外的波段范围内较小或几乎均匀分布,从而对以波段比值为主的反演方法影响不大。

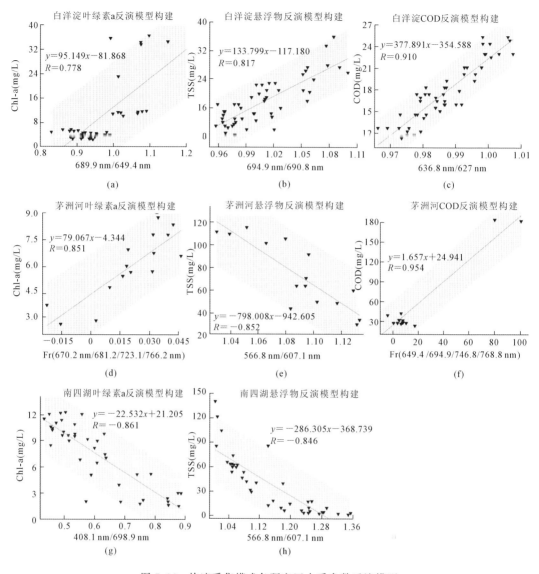

图 7.16　快速采集模式各研究区水质参数反演模型

　　但对于部分清澈水域,水体蓝波段离水辐射率低,受天空光影响大,且各个波段非线性影响,此时对利用了蓝波段进行反演的水质参数反演精度存在不可忽略的影响。因此对于第二代便携式水质光谱在线检测系统,可内置光源并在光谱仪处增加略大于视场角的圆锥状遮光筒,以彻底去除天空光对水体光谱测量的影响。

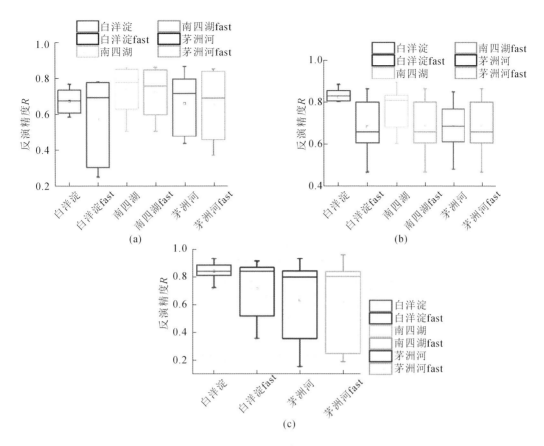

图 7.17　两种模式水质参数反演精度对比

7.3.2　便携式水质光谱在线检测系统

地面光谱仪是时空参量模型构建与精度验证不可或缺的光谱设备,近年来获得了长足的发展与广泛的关注。便携、稳定、高精度是地面光谱仪的重要评价标准。伴随着智能设备、云平台以及轻型化小型化设计的实现与迅猛发展,地面光谱仪正由传统的大型光谱仪器逐步向便携式、智能化和集成化的便携式智能光谱仪方向发展。我国第一套便携式水质光谱在线检测系统利用光谱分析技术,结合微型可见光、近红外探测器设计,是一款集成光谱采集、Android 智能手机 APP 控制、云平台大数据光谱分析于一体的光谱仪系统(陈瑶,2019b)。本节在上一小节基础上,系统介绍中国科学院遥感与数字地球研究所自主研制的便携式水质光谱在线检测系统的组成设计、功能设计、技术指标等。

7.3.2.1　系统组成设计

便携式水质光谱在线检测系统主要由三部分组成:便携式水质光谱采集模块、手机智能控制模块和云平台智能分析模块。其中便携式水质光谱采集模块是该系统的重要基础与前提,手机智能控制模块是该系统的重要组成部分,云平台智能分析模块是该系统的核心部分,具体各模块见图7.18。

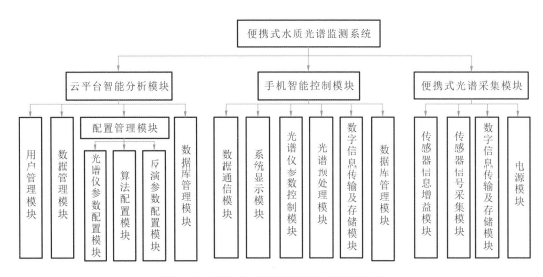

图 7.18　便携式水质光谱在线检测系统组成

1.便携式水质光谱采集模块

便携式水质光谱采集模块是该系统的数据源模块,是该系统运行的重要前提和基础。本模块主要由便携式水质光谱仪构成,该光谱仪的核心设计理念为便携轻便、操作简单,同时综合运用人体力学的原理提升使用感,具体外观设计见图 7.19,通过内置集成德国 IN-SION 光谱仪、电池、光源等部分组件,并基于内陆水体光谱采集基本要求综合设计,能够实现水体光谱快速、稳定、简便地测量与采集。

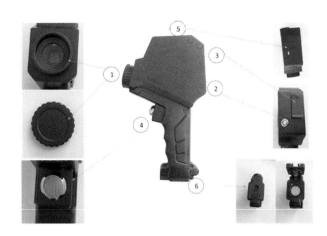

图 7.19　便携式水质光谱仪外观

①进光口及镜头盖;②光谱仪开关按钮;③USB 口;④光谱采集按钮;⑤蓝牙指示灯;⑥电池安装口

2.智能手机控制模块

智能手机控制模块即智能终端模块是本系统的重要组成模块,具体包括数据通信模块、系统显示模块、光谱仪参数控制模块、光谱预处理模块、数字信息传输及存储模块以及数据库管理模块,主要通过设计与开发基于智能手机的控制软件实现,其软件架构见图 7.20。表现层主要基于用户终端,包括 Android、Notebook 和 IOS 操作系统;功能应用层主要提供光谱数据预处理、显示、存储和光谱仪参数设置及地图定位、任务标记等基本功能;数据资源层分别通过数据库云平台和后台管理进行数据的管理与操作。

3. 云平台智能分析模块

云平台智能分析模块为本系统的核心功能模块,通过 Web 方式进行展示与操作,可以分为用户管理模块、数据管理模块、配置管理模块以及数据库管理模块四个模块,其中配置管理模块为重要核心模块,提供光谱仪参数配置、水质反演算法配置及反演参数配置等重要功能。

7.3.2.2　系统功能设计

该系统主要由便携式水质光谱采集模块、智能手机控制模块和云平台智能分析模块三部分组成,具体各模块之间的信息传输及功能见图 7.21。

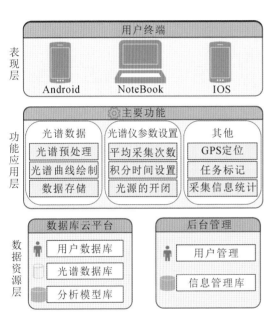

图 7.20　智能手机控制软件架构图

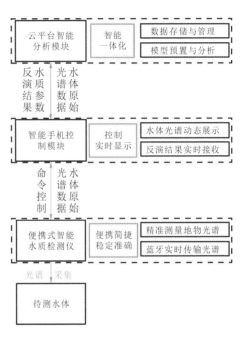

图 7.21　系统主要功能组成

1. 便携式水质光谱采集模块

该模块的核心特点是便携易带、操作简捷,主要功能包括通过 USB 或蓝牙通信连接接收并快速响应智能终端的指令,实时精准测量地物光谱,并实时传输地物光谱到智能终端以进行实时展示与分析。

2. 智能手机控制模块

该模块用户主要通过适用于 Android 或 IOS 操作系统的控制软件 APP,利用 USB 或手机蓝牙通信连接并控制便携式智能水质检测仪,进行光谱仪参数设置及指令发布,主要包括平均采集次数、积分时间及电源的开闭等功能设置,并实时接收光谱仪测量的地物光谱数据、对返回的光谱数据进行预处理并动态显示地物光谱曲线;同时将光谱仪测量的水体原始光谱数据实时存储在本地及传输到云平台智能分析模块,并接收云平台分析后返回的水质

参数反演结果,将该点的反演结果实时显示在手机屏幕上。该模块是本系统形成闭环的关键部分。

3.云平台智能分析模块

该模块的核心特点是智能、一体化集成,主要功能包括接收智能手机 APP 传输的水体原始光谱数据,数据的存储与管理,通过预设的模型实时进行水质参数反演与动态分析,同时将反演结果实时传输回智能终端。此外,用户可以通过登录该平台进行不同水环境下水质参数反演模型的选择、更新或替换,以及地物光谱数据的管理、分析与下载等。

其中用户管理模块主要针对光谱仪不同的使用方法分别给予不同的权限来操作系统的相关功能,目前主要分作系统管理员和设备管理员。数据管理模块主要包括测量数据的存储、查询、统计、分析、下载等功能,其中每一条地物光谱信息包括用户 ID、扫描时间、所在区域、任务标记、目标类型、图片、光谱仪型号、地物光谱、参数反演结果等。配置管理模块包括光谱仪参数配置、算法配置以及具体的反演参数配置模块,其中光谱仪参数配置模块进行用户光谱仪型号及设备参数的管理,算法配置模块为全部水质参数反演算法的版本、适用类型等的替换、更新及管理,反演参数配置模块为具体的各个反演参数算法管理,适用于对单独某个水质参数的快速更新替换。

7.3.2.3 系统技术指标

便携式水质光谱在线检测系统主要指标参数包括光谱范围、光谱分辨率、信噪比、尺寸、重量等,表 7.5 列举了该系统的主要技术指标及性能。

表 7.5 便携式水质光谱在线检测系统主要技术指标及性能

指标类型	性能	指标类型	性能
波段数	360 个	尺寸	<17 cm×10 cm×8 cm
光谱范围	350~1 050 nm	重量	<0.18 kg
光谱分辨率	5 nm	双通道通信	支持 USB、蓝牙
信噪比	80%的波段大于 90 dB	双供电模式	支持 USB、锂电池
光谱采样间隔	约 2 nm	双控制采集	支持智能手机端软控制、设备硬控制采集模式
视场角	25°	双存储模式	支持手机端、云端存储
智能手机	支持 Android 和 IOS 版本	GPS 定位	自动锁定位置,优于 1 m

7.3.3 水质信息在线检测方法及天空地多尺度验证

便携式水质光谱在线检测系统的测试除了光谱仪水体光谱一致性的定性与定量分析外,更重要的是对常用水质参数反演精度的对比验证。本节根据遥感监测水体水质的应用特点,分别对各个研究区站点水质反演精度和遥感影像水质反演精度两方面进行验证与分析。

7.3.3.1 水质信息在线检测方法

1.操作规范

为了更加简捷有效地测量与显示水体光谱及水质情况变化,在使用便携式水质光谱在线检测系统测量过程中需要遵循一定的测量规则,注意一些事项,具体总结如下。

1)仪器参数设置

测量时可通过智能手机控制软件 APP 实时控制光谱仪配置参数,主要包括连接方式、积分时间设置、测量次数、测量模式设置等的选择。

(1)连接方式:用户通过打开蓝牙或连接 USB 数据线选择光谱仪与智能控制软件的连接方式,并确认连接光谱仪设备型号、用户 ID 等信息。

(2)积分时间设置:积分时间的设置范围为 1～180 ms,用户根据实际水体信号的强弱进行积分时间的调整。默认积分时间为 70 ms。

(3)测量次数:测量次数为一个点水体光谱的测量次数,默认为 10 次。通过设置多次测量,可有效剔除随机耀斑、水体波浪等的影响。

(4)测量模式:本系统提供两种测量模式,分别为数据采集模式和光谱检测模式。数据采集模式仅进行水体光谱数据的采集与显示,而并没有实时进行水质参数的反演与分析,适用于网络不佳的区域或地面数据的采集。光谱检测模式为测量光谱的同时通过云端预设的模型进行水质参数的反演与分析,适用于已建立本区域适宜的反演模型进行实地验证或推广应用。

2)测量流程

完整的操作流程见图 7.22。

(1)天气条件:应选取晴朗无云或少云等稳定天气进行测量与采集。

(2)时间条件:对于无自带光源情况下,应尽量在太阳高度角变化较小的时间内进行以减少天空光的变化的影响,最佳测量时间为 10:00－15:00,若使用本系统自带光源进行测量,在稳定环境下操作即可,对光照及时间基本无限制。

(3)地点条件:根据待测目标区域特征及光照分布状况,选取适合的测量点。测量点应尽量远离河、湖边缘或水深较浅的区域以避免岸边或湖底地物对水体光谱的干扰,同时测量点应尽量选在水流平缓的区域,以减少湍急的水流或波浪等引起的太阳耀斑对水体光谱的污染。

(4)设置智能控制软件 APP 参数。

(5)暗电流采集:光谱仪预热后,盖上镜头盖,在智能控制软件 APP 中选择采集暗电流功能,等待 1～2 s 后取下镜头盖。

(6)测量参考板:尽量使参考板与待测目标的反射率相近,推荐使用 30% 的灰板作为参考板,同时尽量使参考板与待测目标的光照条件保持一致;测量时需先在 APP 中选择测量参考板,尽量保证被测目标处于光谱仪视场中心,然后垂直测量参考板,并尽量避

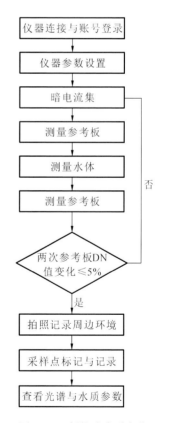

图 7.22 便携式水质在线检测系统操作流程

免光谱仪自身阴影的影响。

（7）测量水体：为了避免太阳直射光镜面反射影响和船阴影对水体光场的破坏，测量水体光谱时需背向太阳光照方向，避开镜面反射，同时伸直手臂使光谱仪握柄保持水平，此时光纤方向与湖面法线方向夹角 θ_v 刚好等于 $40°$，在 APP 中显示已完成前尽量保持稳定不变。

（8）测量参考板：为保证测量过程中太阳光照稳定不变，所有测量过程应在一定时间内快速进行，同时通过再次测量参考板量化光照变化情况，需先在 APP 中选择再次测量参考板，然后垂直测量参考板。

（9）实时观察采样点光谱曲线，查看其光谱曲线形状是否正确或光谱值是否在正常范围内，若无明显异常，可对该点数据进行点号标记或记录。

（10）对观测目标及周边环境进行拍照记录。

3）注意事项

（1）系统的检验与标定：便携式水质光谱在线检测仪需每隔一段时间进行一次检验与光谱定标、辐射定标等处理。

（2）测量条件与环境：由于水体反射光谱信号微弱，测量时周边环境至关重要，需严格满足上述天气、时间和地点等的测量要求。

（3）测量过程中的注意事项：①测量过程中，应等待船体停稳后，在甲板开阔处进行测量；②尽量避免太阳直射反射，忽略或者避开白帽情况等；③测量时注意观察海面情况，避开有漂浮物的地方；④避开风速大于 10 m/s 时测量；⑤光谱仪积分时间设置要适中，一般在 $100\sim200$ ms，积分时间若太长则会导致严重的太阳直射反射信号污染，若太短则导致信噪比不够。

（4）人员与记录：①为减少测量人员反射光对地物光谱的影响，测量人员应尽量穿着深色衣服；②测量过程中应及时对观测目标、点号及观测环境等进行标记、拍照及手动记录；③每晚需及时检查、整理测量数据，并及时给设备充电。

2. 数据预处理

1）数据剔除

由于在测量的过程中毛细波对太阳光的随机反射，或是波浪对太阳的镜面发射等，水体离水辐亮度的测量可能包含误差，需要进行剔除。剔除策略是一次测量多次（默认次数10次）水体光谱，测量时间至少跨越一个波浪周期，而后剔除掉光谱数据高于最低反射率20%的测量数据，并求剩余有效数据的平均值作为该点的水体反射率。

2）噪声去除

由于仪器固有的原因，传感器不可避免地会存在不同程度的噪声，特别是在 CCD 拼接处和起始、末尾波段处，这些随机噪声导致了光谱的不可重复性和基线漂移等现象，不同程度地影响着水质定量反演结果的准确性与稳定性，因此有必要对原始数据进行一定的滤波处理。本系统采用 Savitzky-Golay 滤波处理，以提高光谱的平滑性，降低噪声信号的干扰。

3）遥感反射率转换

地物光谱数据容易受到多种影响因素的干扰，包括光照强度、积分时间、CCD 量子效率、温度等,这些因素是不断变化的。通过遥感反射率转换的目的便在于减少或消除这些噪声因素的干扰,反映水体本身真实属性的变化。通过前面对原始数据的筛选与校正,已初步得到该测量点一组合理的水体光谱数据与标准板数据,进而应用于该点遥感反射率的计算。本系统计算方法以实际测量方式为基准,目前版本测量方式采用快速测量法,水体遥感反射率 R_{rs} 计算公式如下:

$$R_{rs} = L_w/E_s(\lambda) = L_{sw} \times \rho_p/\pi L_p \tag{7.12}$$

其中,L_w 为离水辐亮度,携带水体信息;$E_s(\lambda)$ 为水面下行辐照度;L_{sw} 为传感器接收到的真实辐亮度值,对于内陆浑浊水体,若忽略天空光影响,则直接等同于 L_w;ρ_p 为标准板反射率;L_p 为标准板测量辐亮度。

3. 水质反演模型设计

水质参数反演模型设计是本系统的关键。由于目前国内外研究中并无适用于所有内陆水体且反演精度优异的统一反演模型,为更大程度上满足大部分区域的水体水质参数遥感反演与监测,本系统采用两种反演模式进行反演,分别为基于地理坐标的地理邻近模型选择和基于水体光谱匹配的相似水体光谱类型模型选择,具体反演流程见图7.23。

系统水体水质参数反演基本流程:通过系统光谱仪测量水体光谱,水体光谱传输至智能手机APP后传输至智能分析云平台,云平台进行水体光谱预处理并按照已选择的水质反演模型进行水

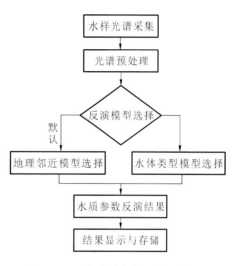

图 7.23 系统水质参数反演基本流程

质参数的反演,并将反演结果传输回智能手机,同时在云平台存储备份。其中水质反演模型包括以下两种方式。

1)地理邻近模型选择

即自动选择已有预设模型中与待测点地理坐标最邻近的水质反演模型,为本系统的默认反演模型。系统根据测量点GPS定位信息自动识别并判断出与该点地理邻近的水质反演模型,并应用此模型进行该测量点的水质反演。

2)相似水体类型模型选择

即根据待测点的水体光谱,按照水体类型分类方法自动匹配到云平台中预设的已有各类型水体,并利用该水体水质反演模型进行该点的水质参数反演。系统中目前采用的水体类型分类方法为NTD675(normalized trough depth at 675 nm)(Sun et al.,2012),计算方法如下:

$$\text{NTD675} = \frac{3}{5}nR_{rs}(655) + \frac{2}{5}nR_{rs}(705) - nR_{rs}(675) \tag{7.13}$$

其中,$nR_{rs}(655)$ 为波长655 nm处相对于675 nm处 R_{rs} 的归一化遥感反射率。该方法是基于在675 nm处的反射谷与Chl-a/TSS比率存在显著相关的一种水体光学分类方法,可以将水体分作三类,并分别构建水体水质反演模型。用户可在智能手机APP中选择与设置不同

的水质反演模型。此外,本系统的各水质反演模型在今后的研究与应用中必将不断扩展与补充,将是接下来研究的重点。

7.3.3.2　水体光谱一致性分析

水体相对其他地物而言反射率更加微弱,更容易受到外界环境变化的影响,因此对传感器性能要求更高。为直接刻画系统手持式光谱仪的性能表现,利用该光谱仪和常见的地物高光谱仪 PSR 同时在室内和室外环境中测量同一类型水体,对比并分析其光谱一致性。

本节利用容积约 2.5 L 的黑桶盛满水模拟野外水体,并通过添加不同量的泥沙粉末并充分搅拌作为不同类型的水体样本。以室外环境测量为例,利用分析天平称取 2 g 粉末状泥沙,共称取 3 份,在清水中依次加入 1 份粉末状泥沙,充分搅拌均匀作为样本水样,测量时将两个光谱仪固定在相同位置,其水体观测几何与测量步骤与便携式水质光谱在线仪的测量步骤保持一致,并同时开始测量。室内环境测量时在光学暗室中进行,利用卤素灯作为光源,同样称取 3 份粉末状泥沙,依次加入清水中,搅拌均匀作为样本水样,其他条件保持一致。

由于两个传感器波段采样间隔和光谱分辨率的差异,本章将各个水样 PSR 的测量数据重采样至手持式光谱仪波段间隔,并进行反射率归一化处理,处理公式如下:

$$R_{\lambda N} = \frac{R_\lambda}{\frac{1}{n}\sum R_\lambda} \tag{7.14}$$

其中,$R_{\lambda N}$ 为 λ 波段处反射率归一化值,R_λ 为 λ 波段处反射率值,n 为波段数。

图 7.24 为室外和室内环境下模拟水体水样的归一化反射率对比结果,其中(a)、(b)、(c)为室外环境下悬浮物浓度逐步增加的 3 个水样的归一化反射率,(d)、(e)、(f)为室内环境下悬浮物浓度逐步增加的 3 个水样的归一化反射率。我们可以看出手持式光谱仪与 PSR 高光谱仪的测量结果整体一致,特别是对于水体光谱特征的刻画均完全保持同步。但是也可以看到,对于低悬浮物浓度水体两者测量的归一化光谱值之间存在一定差别,且水体悬浮物浓度越低,两者差距越大。这是由于悬浮物浓度越低时,水体反射率越低,传感器噪声或光照等环境因素的影响越大,而对于悬浮物浓度高的水体而言,水体反射率值响应越高,因此噪声等影响作用越小。

为进一步检验两种光谱仪测量相似度,分别计算室外和室内环境下两种光谱仪测量 3 个水样点的 Pearson 相关系数,见图 7.25。可以看出室内环境和室外环境手持式光谱仪与 PSR 高光谱仪测量结果相关性相似,且均高于 0.95,存在显著相关性,这进一步证实了本系统手持式光谱仪性能的稳定性。

对于我国内陆二类水体而言,水体悬浮物浓度含量整体偏高,水体离水辐亮度相对较大,手持式光谱仪能够快速准确反映出水体光谱特征,对于利用光谱特征及其关系构建的水质反演模型而言此传感器能够达到反演目标。因此,本节通过手持式光谱仪与 PSR 高光谱仪水体测量结果的对比,可以初步得出便携式水质光谱在线检测系统能够大体上满足我国内陆水体光谱测量与水质参数反演的性能要求。

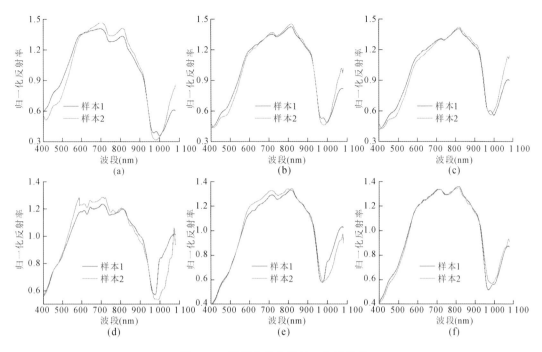

图 7.24 模拟水体水样归一化反射率

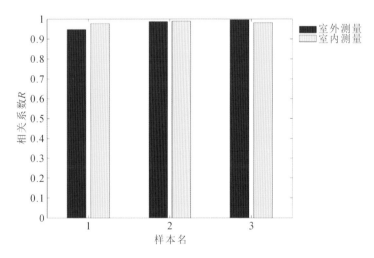

图 7.25 两种光谱仪测量水样光谱之间的相关系数

7.3.3.3 水质参数反演精度多尺度验证

1.系统水质参数反演模型验证

将各个研究区 PSR 测量水体光谱数据根据便携式水质检测光谱仪的光谱响应函数进行重采样,以得到的便携式水质检测光谱仪模拟数据作为各个站点地面测量光谱,构建各个研究区水质反演模型。为验证该光谱仪的性能满足水质反演需求,本章反演选择的基本模型与前文保持一致,即分别利用单波段法、一阶导数、二阶导数、波段比值法、对数法、Tassan算法和三波段法、四波段法对水体叶绿素 a、总悬浮物和化学需氧量三种水质参数同步进行反演,选取准则为迭代法相关系数最优。

图 7.26 为便携式水质光谱在线检测仪模拟数据在各研究区构建的最佳水质反演模型。各个研究区水体叶绿素 a 的反演模型并不相同,分别为三波段法、四波段法和波段比值法,但均具有明确的物理意义,其中白洋淀利用的是 660～670 nm 的叶绿素 a 的吸收波段、690～720 nm 的反射峰和不受其他物质影响的 752.6 nm 光谱数据,茅洲河利用的 647.5 nm 附近叶绿素 a 的吸收峰特征,与白洋淀类似,而南四湖利用的是 405 nm 附近叶绿素 a 的小吸收峰特征,这是由于南四湖的水体叶绿素 a 浓度相对较低,而 670 nm 附近的叶绿素 a 吸收特征易受到南四湖高悬浮物浓度等的干扰。水体悬浮物浓度的反演主要为 Tassan 算法和双波段比值算法,反演精度在各个研究区均保持高的反演精度。水体 COD 浓度不同研究区反演精度均较高。因此可见本系统提供的便携式水质光谱在线检测仪能够满足不同研究区的水体常用水质参数反演要求,反演精度均在合理范围。

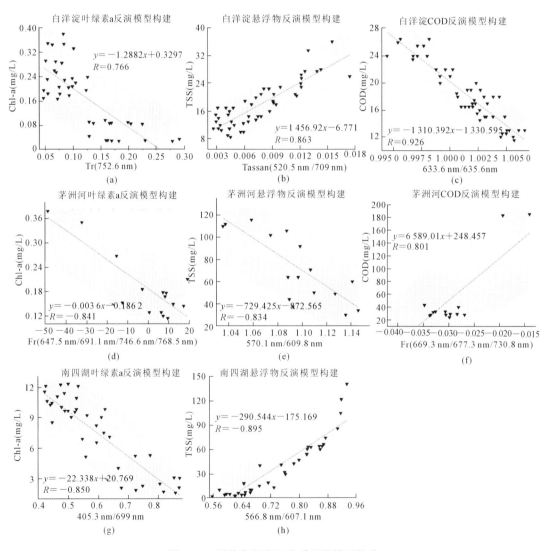

图 7.26　系统各研究区水质反演模型构建

通过与图 7.15 的 PSR 反演结果相对比,大部分反演模型及特征波段都是一致或接近的,且模型的反演精度也是几乎一致的。这是由于便携式水质光谱在线检测仪的性能指标在前文各个分析指标的理想范围之内,能够满足我国内陆典型水体的水质监测与反演精度要求。本节通过便携式水质光谱在线检测仪真实数据再次测试并验证了该结论。

遥感的一大优势便在于能够实时、动态、大面积地监测水环境的变化与影响。利用航天或航空尺度遥感影像数据大面积反演研究区水质参数是本系统未来的用途之一,也是本节检验系统性能的重要方式。利用各研究区航天或航空尺度遥感影像数据建模反演得到反演结果,与系统反演结果及站点真实值进行多尺度精度验证,是检验本系统反演结果的有效性与多尺度验证潜力的重要方式。本节各研究区选用卫星影像数据综合参考已有卫星数据参数情况以及各研究区特点与需求,最终选用数据见表 7.6。

表 7.6　各研究区数据获取情况

研究区	数据获取时间	光谱仪	波段数	数据个数/景数	同步水质检测数据
白洋淀	2018 年 9 月 22—29 日	PSR	1 024	62	Chl-a、TSS、COD、TN、TP、NH₃-N
	2018 年 9 月 30 日	Sentinel 2	10	1	
南四湖	2015 年 6 月 3—15 日	PSR	1 024	41	Chl-a、TSS、Zsd
	2015 年 6 月 5 日	Landsat 8	7	1	
茅洲河	2018 年 1 月 22—29 日	PSR	1 024	15	Chl-a、TSS、COD、TN、TP、NH₃-N
	2018 年 1 月 23—28 日	NONA	270	57	

2. 白洋淀水质反演与验证

1)白洋淀航天尺度水质参数反演

提取 Sentinel 2 卫星 L2A 产品数据中对应各站点周边 3×3 像元光谱的平均值作为该点的卫星光谱,利用各站点卫星光谱分别与站点的 3 种水质参数的真实数据进行反演模型的构建,按照 3∶2 的比例随机选取建模样本和验证样本,选用的模型与前文保持一致(即 8 种反演模型),选取相关系数 R 最高的反演算法及特征波段作为白洋淀卫星影像水质参数反演模型,3 种水质参数的反演模型分别如下:

$$\text{Chl-a} = -0.273 \times \frac{R_{660\,\text{nm}}}{R_{705\,\text{nm}}} + 0.318 \tag{7.15}$$

$$\text{TSS} = 48.319 \times \frac{R_{490\,\text{nm}} + R_{705\,\text{nm}}}{R_{490\,\text{nm}}/R_{705\,\text{nm}}} + 13.795 \tag{7.16}$$

$$\text{COD} = -7.032 \times \frac{R_{740\,\text{nm}}}{R_{705\,\text{nm}}} + 27.846 \tag{7.17}$$

叶绿素 a 反演采用波段比值模型,总悬浮物浓度采用 Tassan 算法,化学需氧量利用的是波段比值模型,相关系数分别为 0.686、0.809 和 0.635,精度略低于地面光谱模型构建的精度。综合说明本节研究区构建的半经验模型背后具有一定的物理意义,包含了对应反演水质参数的光谱特征信息,对于不同尺度、不同光谱分辨率仍保持较好的包容性与扩展性。

此构建的模型应用到 Sentinel 2 卫星影像上进行大面积反演与验证,并对少量异常值进行后处理,得到白洋淀 Sentinel 2 数据的各水质参数遥感反演专题图,结果见图 7.28,反演精度见图 7.27。可见 3 种水质参数的建模精度低于直接利用便携式水质光谱在线仪数据建模的精度,其中叶绿素 a 存在部分低值高估、高值低估的现象,但差距仍在可接受范围之内,大部分数据在 95% 置信区间内,满足反演基本要求。这可能是由大气影响、尺度效应以及传感器差异等原因造成的。

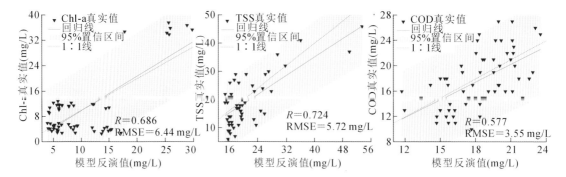

图 7.27　白洋淀 Sentinel 2 水质反演结果值与实测值对比图

从图 7.28 可以看出,白洋淀水域叶绿素 a 浓度、总悬浮物和化学需氧量三种水质参数均存在明显的时空分布特征。叶绿素 a 浓度整体正常偏低,大部分水域处在 4～14 mg/L,其中北部的藻苲淀北、中部的圈头桥东村北以及南部采蒲台、端村等区域水体叶绿素 a 浓度较低,而东部的光淀张庄村、枣林,最南部的邸庄村,西部的大张庄以及北部的白沟引河等区域水体叶绿素 a 浓度较高。整体上来看,白洋淀水体叶绿素 a 浓度处于正常水平,其中浓度较高的区域主要分布在两条路线上:一条是自西部的府河入口处、大张庄、中部郭里口到东部光淀张庄村、枣林;另一条是自北向南,从大张庄、寨南村、大淀头村,到南部的李庄村、邸庄村。这与白洋淀的主要水流路线保持一致,同时也多是城镇、村庄附近,表明水流与生活污水对白洋淀水质的影响,这与前人的研究结果相似(梁淑轩 等,2012;林飞娜,2009)。

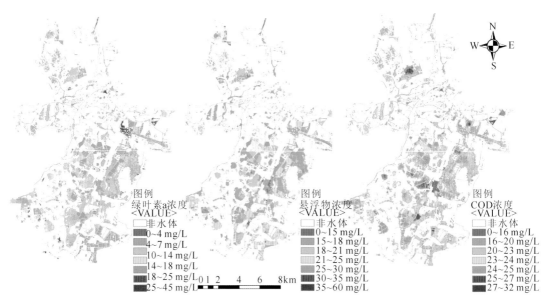

图 7.28　白洋淀 Sentinel 2 水质参数遥感反演专题图

白洋淀水体悬浮物浓度的分布与叶绿素 a 稍有不同,其浓度较高的区域主要分布在府河入口处,泥李庄村,中部的西淀头、圈头,南部的采蒲台以及北部的藻苲淀北。悬浮物浓度较高的区域主要为城乡居民生活区附近,以及一些围堤养鱼、养蟹等人工水产养殖处,人为因素对水体的扰动较大。白洋淀水体化学需氧量浓度整体差异不大,大部分区域分布在 20~25 mg/L,其中藻苲淀水质情况较好,大部分区域化学需氧量在 20 mg/L 之下,而大张庄、枣林、圈头以西以及采蒲台以西等区域水体化学需氧量浓度相对较高(张彦 等,2014),主要为圈围养殖区域。总的来看,白洋淀水质情况与往年相比差异不大,整体处在中营养化状态。其中污染较严重的区域主要为府河入口处、大张庄、枣林、圈头等人为因素干扰严重的区域,而北部的藻苲淀除了白沟引河,整体水质情况良好,这与前人研究相一致(程朝立等,2011;程伍群 等,2018;梁宝成 等,2007)。

2)白洋淀水质反演结果多尺度验证

将航天尺度 Sentinel 2 卫星影像反演结果与系统反演结果进行对比与分析,并引入各站点水质参数真值,对比结果见图 7.29。从图中可看出两种尺度下的水质反演结果均能大致反映出水体水质的相对变化趋势,与真实值变化趋势保持一致,其中本系统水质反演值较卫星反演结果更加真实可靠。这表明,本系统水质反演结果可以作为航天尺度 Sentinel 2 卫星影像反演结果的地面验证数据。

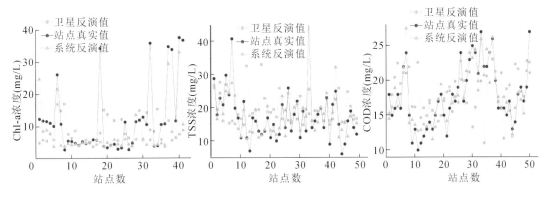

图 7.29 白洋淀水质反演结果多尺度验证

3.南四湖水质反演与验证

1)南四湖航天尺度水质参数反演

同样,提取南四湖 Landsat 8 卫星影像对应站点 3×3 像元光谱的非零均值作为该站点的 Landsat 8 卫星光谱,并根据各站点的卫星光谱数据与站点水质参数真实值建立回归反演模型,最终构建的南四湖各水质参数反演模型如下:

$$Chl\text{-}a = -22.418 \times (B_2/B_4) + 29.021 \tag{7.18}$$

$$TSS = 810.746 \times (B_3/B_4) - 42.769 \tag{7.19}$$

其中,南四湖水体叶绿素 a 和悬浮物浓度反演分别利用 B_2、B_4 波段比值以及 B_3、B_4 的比值,建模精度分别为 0.781 和 0.856,略低于便携式水质光谱在线检测仪的建模精度。

将构建的模型应用到 Landsat 8 卫星 SR 产品数据上进行大面积反演与验证,得到南四湖 Landsat 8 数据的各水质参数遥感反演专题图,见图 7.31,其反演精度见图 7.30。南四湖水质参数的反演精度整体较高,虽仍略低于本系统水质反演精度,但大部分范围仍在95％置信区间内,反演结果具有一定可靠度。

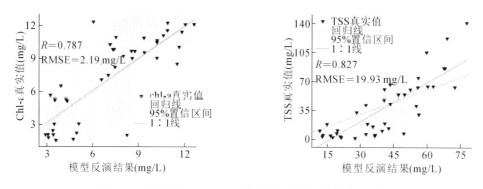

图 7.30　南四湖 Landsat 8 水质反演结果值与实测值对比图

南四湖的水质参数分布具有明显的空间差异。南四湖叶绿素a浓度整体正常偏低,大部分区域浓度值分布在5～14 mg/L,其中中部水域水质情况较好,叶绿素a浓度较低,而微山岛周边、南四湖周边城乡区域附近以及西边的顺堤河区域水体污染较重,水体叶绿素a浓度偏高。可见,南四湖叶绿素a污染的主要来源是上游河流的影响与周边居民生活污水等的影响。

水体总悬浮物浓度的分布与叶绿素a浓度的分布整体上具有一致性,即悬浮物浓度严重区域主要分布在上游河流与城乡居民区附近,其中部分区域(微山岛周边、西边顺堤河等)悬浮物浓度值已正常偏高,与前人研究结果保持基本一致(李瑶,2017;曹引,2016)。

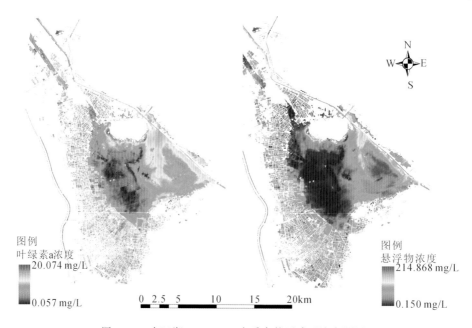

图 7.31　南四湖 Landsat 8 水质参数遥感反演专题图

2) 南四湖水质反演结果多尺度验证

将航天尺度 Landsat 8 卫星影像反演结果与系统反演结果进行对比与分析,并引入各站点水质参数真值,对比结果见图 7.32。从图中可看出两种尺度下的水质反演结果均能很好地反映出研究区水体水质的相对变化趋势,并与真实值几乎保持一致。其中本系统水质反演结果虽个别站点较真实值相差较大,但相对而言整体上较卫星反演结果与站点真实值更加接近。综合说明,本系统水质反演结果可以与航天尺度 Landsat 8 遥感数据反演结果相互交叉验证,有潜力作为遥感卫星数据地面验证数据或建模数据。

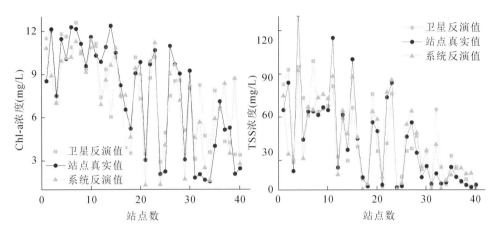

图 7.32 南四湖水质反演结果多尺度验证

4. 茅洲河水质反演与验证

1) 茅洲河航空尺度水质参数反演

同理提取茅洲河无人机高光谱影像数据地面站点对应 3×3 像元内光谱平均值作为该点的无人机高光谱数据,并分别与站点真实数据进行建模:

$$\text{Chl-a} = 0.1767 \times \frac{R_{655\,nm}^{-1} - R_{690.5\,nm}^{-1}}{R_{739.4\,nm}^{-1} - R_{7\,864\,nm}^{-1}} + 5.484 \tag{7.20}$$

$$\text{TSS} = -728.087 \times \frac{R_{570.6\,nm}}{R_{610.6\,nm}} + 877.405 \tag{7.21}$$

$$\text{COD} = -447.93 \times \frac{R_{490.6\,nm}}{R_{598.9\,nm}} + 595.58 \tag{7.22}$$

其中,茅洲河无人机高光谱水体叶绿素 a 浓度反演利用的是四波段法,水体总悬浮物浓度和化学需氧量利用的均为波段比值法,建模相关系数分别为 0.773、0.834 和 0.802,略低于便携式水质光谱在线检测仪的建模精度。

将此反演模型应用于茅洲河新桥河段无人机高光谱影像数据,并对结果进行逐景影像之间的配准与镶嵌,得到最终整个研究区的各水质参数反演专题图,叠加当地测绘局提供的茅洲河新桥河段正射影像,反演精度见图 7.33,结果见图 7.34。可见无人机高光谱影像的反演精度与本系统茅洲河水质反演精度十分接近,这是由于无人机飞行高度较低,大气对影像的影像较小;无人机高光谱影像空间分辨率高,混合像元问题相对较少;对比结果取 3×3 窗口内平均值减少或去除了噪声等异常数据的影响,使结果更加稳定有效。

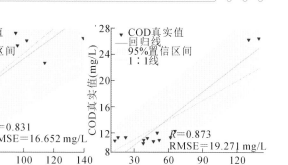

图 7.33　茅洲河无人机高光谱水质反演结果值与实测值对比图

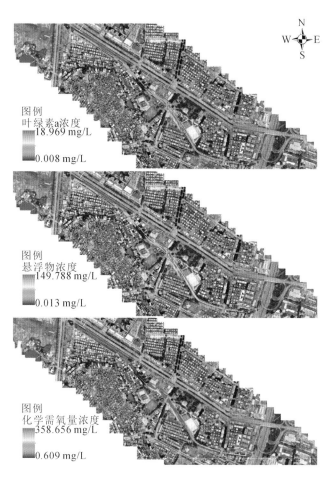

图例
叶绿素a浓度
18.969 mg/L

0.008 mg/L

图例
悬浮物浓度
149.788 mg/L

0.013 mg/L

图例
化学需氧量浓度
358.656 mg/L

0.609 mg/L

图 7.34　茅洲河无人机高光谱水质参数遥感反演专题图

　　从反演结果图 7.34 可以看出,茅洲河新桥河段的水质情况主要受到化学需氧量等有机物的影响,而河中叶绿素 a 浓度含量较低,对水质情况影响较小。具体来看,茅洲河水体叶绿素 a 浓度整体偏低,其中上游(图中下部分)浓度较低,下游水体叶绿素 a 浓度相对较高。悬浮物浓度的分布与叶绿素 a 的分布基本相似,均为上游浓度低于下游,原因可能在于茅洲河新桥河段上游水体流速高于下游,更多悬浮物、叶绿素 a 等在下游逐渐停滞下来。而水体化学需氧量浓度的分布则相反,在上游和中部河段部分浓度较高,原因与当地的实际情况有关。在实地考察与采集光谱的过程中发现,中部和上游区域存在个别排污口,大量污水经此直接排放进河内,使得局部区域水体化学需氧量浓度增加,后随着停滞、沉淀的作用,下游逐渐减少。

此外,在进行茅洲河无人机高光谱水质反演时,发现建筑物阴影、河流水深、高精度定位等因素均成为困扰城市河流无人机高光谱遥感水质监测的难点与痛点。本节仅作为示范应用,很多研究还存在不足,后续城市河流水质监测将会是本系统的重要应用对象,相关研究将进一步探索与补充。

2) 茅洲河水质反演结果多尺度验证

茅洲河航空尺度无人机高光谱数据反演结果与本系统反演结果及真实值之间的对比图见图 7.35,可以看出对于茅洲河研究区,无人机高光谱影像反演结果与本系统反演结果具有相同的变化趋势,无论从反演精度还是从各站点的结果对比图中均可发现,两者的反演精度及结果误差基本相似。这可能是由于无人机高光谱影像飞行高度较低,受到尺度效应及大气影响较小,且两者均为高光谱影像,对于内陆复杂水体水质参数反演优势更加明显。这同样论证了本系统水质反演结果可与航空尺度无人机高光谱影像数据相互联系与验证。

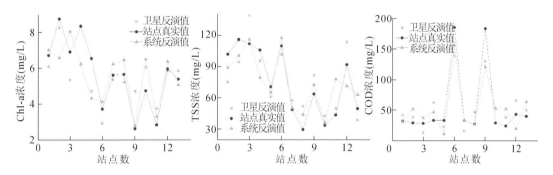

图 7.35 茅洲河水质反演结果多尺度验证

参 考 文 献

BINDING C E, BOWERS D G, MITCHELSON-JACOB E G,2009. Estimating suspended sediment concentrations from ocean colour measurements in moderately turbid waters: the impact of variable particle scattering properties[J]. Remote Sensing of Environment,94(3):373-383.

BUKATA R,2005. Satellite Monitoring of Inland and Coastal Water Quality: Retrospection, Introspection, Future Directions[M]. Boca Raton:CRC Pr I Llc.

GIORGIO, DALL'OLMO, RUNDQUIS D C, 2003. Towards a unified approach for remote estimation of

chlorophyll-a in both terrestrial vegetation and turbid productive waters[J]. Geophysical Research Letters，30(18):1938.

GIORGIO，DALL'OLMO，ANATOLY A，et al. ，2005. Effect of bio-optical parameter variability on the remote estimation of chlorophyll-a concentration in turbid productive waters: experimental results. [J]. Applied optics，44:412.

ANAS E A，KAREM C，ISABELLE L，et al. ，2012. Comparative Analysis of Four Models to Estimate Chlorophyll-a Concentration in Case-2 Waters Using MODerate Resolution Imaging Spectroradiometer (MODIS) Imagery[J]. Remote Sensing，4(8):2373-2400.

MOHAMMAD G，ASSEFA M，LAKSHMI R，2016. A Comprehensive Review on Water Quality Parameters Estimation Using Remote Sensing Techniques[J]. Sensors，16(8):1298.

GITELSON，A，1992. The peak near 700 nm on radiance spectra of algae and water : relationships of its magnitude and position with chlorophyll concentration[J]. International Journal of Remote Sensing，13(17):3367-3373.

GITELSON A A，GRITZ Y，MERZLYAK M N，2003. Relationships between leaf chlorophyll content and spectral reflectance and algorithms for non-destructive chlorophyll assessment in higher plant leaves. [J]. Journal of Plant Physiology，160(3):271-282.

GITELSON A A，SCHALLES J F，HLADIK C M，2015. Remote chlorophyll-a retrieval in turbid，productive estuaries: Chesapeake Bay case study[J]. Remote Sensing of Environment，109(4):464-472.

GORDON H R，BROWN O B，JACOBS M M，1975. Computed Relationships Between the Inherent and Apparent Optical Properties of a Flat Homogeneous Ocean[J]. Applied Optics，14(2):417-27.

GORDON，HOWARD，R，et al. ，1983. Phytoplankton pigment concentrations in the Middle Atlantic Bight: comparison of ship determinations and CZCS estimates[J]. Appl. Opt，22(1):20.

HAN L，RUNDQUIST D C，1997. Comparison of NIR/RED ratio and first derivative of reflectance in estimating algal-chlorophyll concentration: A case study in a turbid reservoir[J]. Remote Sensing of Environment，62(3):253-261.

HAN L，RUNDQUIST D C，LIU L L，et al. ，1994. The spectral responses of algal chlorophyll in water with varying levels of suspended sediment [J]. International Journal of Remote Sensing，15 (18):3707-3718.

HUANG M，XING X，ZHAO Z，et al. ，2014. Inversion of CDOM and COD in water using HJ-1/CCD data [J]. IOP Conference Series Earth and Environmental Science，17(1):012107.

KOWN Y，BAEK S，LIM Y，et al. ，2018. Monitoring Coastal Chlorophyll-a Concentrations in Coastal Areas Using Machine Learning Models[J]. Water，10(8).

LE C，LI Y，ZHA Y，et al. ，2009. A four-band semi-analytical model for estimating chlorophyll a in highly turbid lakes: The case of Taihu Lake，China[J]. Remote Sensing of Environment，113(6):1175-1182.

LEE Z，CARDER K，STEWARD，et al. ，1996. Protocols for measurement of remote-sensing reflectance from clear to turbid waters[C]// Presented at SeaWiFS Workshop，Halifax，Oct.

LODHI M A，RUNDQUIST D C，HAN L，et al.，1998. Estimation of suspended sediment concentration in water using integrated surface reflectance[J]. Geocarto International，13，11-15.

NOVO E，STEFFEN C A，ZUCCARIFERNANDESBRAGA C，1991. Results of a laboratory experiment relating spectral reflectance to total suspended solids[J]. Remote Sensing of Environment，36(1):67-72.

PARK E，LATRUBESSE E M，2014. Modeling suspended sediment distribution patterns of the Amazon River using MODIS data[J]. Remote Sensing of Environment，147(10):232-242.

PHUONG N，TRI V，DUY N B，et al.，2017. Remote Sensing for Monitoring Surface Water Quality in the Vietnamese Mekong Delta：The Application for Estimating Chemical Oxygen Demand in River Reaches in Binh Dai，Ben Tre[J]. Vietnam Journal of Earth Sciences，Vol 39，No 3.

RUNDQUIST D C，HAN L，SCHALLES J F，et al.，1996. Remote measurement of algal chlorophyll in surface waters：the case for the first derivative of reflectance near 690 nm. [J]. Photogrammetric Engineering & Remote Sensing，62(2):págs. 195-200.

WEI S，ZHANG Y，WANG M，2018. Deriving Total Suspended Matter Concentration from the Near-Infrared-Based Inherent Optical Properties over Turbid Waters：A Case Study in Lake Taihu[J]. Remote Sensing，10(2):333.

TASSAN S，1994. Local algorithms using SeaWiFS data for the retrieval of phytoplankton，pigments，suspended sediment，and yellow substance in coastal waters[J]. Applied Optics，33(12):2369-2378.

WANG X L，FU L，HE C S，2011. Applying support vector regression to water quality modelling by remote sensing data[J]. International Journal of Remote Sensing，32，8615-8627.

WANG Z，SAKUNO Y，KOIKE K，et al.，2018. Evaluation of Chlorophyll-a Estimation Approaches Using Iterative Stepwise Elimination Partial Least Squares (ISE-PLS) Regression and Several Traditional Algorithms from Field Hyperspectral Measurements in the Seto Inland Sea，Japan[J]. Sensors，18(8).

BO，YANG，YUPENG，et al.，2011. Temporal and Spatial Analysis of COD Concentration in East Dongting Lake by Using of Remotely Sensed Data[J]. Procedia Environmental Sciences，10，2703-2708.

ZHAO S，WANG Q，LI Y，et al.，2017. An overview of satellite remote sensing technology used in China's environmental protection[J]. Earth Science Informatics，10(2):137-148.

傅克付，荒川久幸，1999. 悬沙水体不同波段反射比的分布特征及悬沙量估算实验研究[J]. 海洋学报，21(3):134-140.

曹引，2016. 草型湖泊水质遥感监测技术及应用研究[D].上海：东华大学.

陈瑶，2019. 便携式水质光谱在线检测系统设计及指标优化[D]. 北京：中国科学院大学.

程朝立，赵军庆，韩晓东，2011. 白洋淀湿地近10年水质水量变化规律分析[J]. 海河水利，(03):10-11.

程伍群，薄秋宇，孙童，2018. 白洋淀环境生态变迁及其对雄安新区建设的影响[J]. 河北林果研究，033(002):113-120.

黄耀欢，江东，庄大方，等，2012. 汤逊湖水体叶绿素浓度遥感估测研究[J]. 自然灾害学报，(02):215-222.

简卫,程侣柏,陈美芬,2004. 含杂环芳胺的吡啶酮偶氮分散染料的研究[J]. 染料与染色,41(003):147-149.

旷达,韩秀珍,刘翔,等,2010. 基于环境一号卫星的太湖叶绿素 a 浓度提取[J]. 中国环境科学,(09):1268-1273.

李瑶,2017. 内陆水体水色参数遥感反演及水华监测研究[D]. 北京:中国科学院大学.

李云亮,张运林,李俊生,等,2009. 不同方法估算太湖叶绿素 a 浓度对比研究[J]. 环境科学,30(3):680-686.

梁宝成,高分,程伍朴,2007. 白洋淀污染物时空变化规律及其对生态系统影响的探讨[J]. 南水北调与水利科技,5(005):48-50.

梁淑轩,王云晓,秦哲,2012. 白洋淀叶绿素 a 及其水质因子分析[J]. 海洋湖沼通报,000(003):66-73.

林飞娜,2009. 内陆水体波谱特征分析及叶绿素 a 浓度遥感定量模型研究[D]. 北京:首都师范大学.

刘广发,林均民,林枫,2006. 小珊瑚藻藻红蛋白提取及其稳定性研究[J]. 海洋科学,30(11):23-27.

齐峰,王学军,1999. 内陆水体水质监测与评价中的遥感应用[J]. 环境工程学报,007(003):90-99.

赵永平,2018. 百万河长上岗 守护河流健康[N]. 人民日报,7,18(14).

任敬萍,赵进平,2002. 二类水体水色遥感的主要进展与发展前景[J]. 地球科学进展,(03):60-68.

宋庆君,马荣华,唐军武,等,2008. 秋季太湖悬浮物高光谱估算模型[J]. 湖泊科学,(02):196-202.

宋挺,周文鳞,刘军志,等,2017. 利用高光谱反演模型评估太湖水体叶绿素 a 浓度分布[J]. 环境科学学报,37(003):888-899.

孙德勇,周晓宇,李云梅,等,2013. 基于光学分类的太湖水体叶绿素 a 浓度高光谱遥感[J]. 环境科学,034(008):3002-3009.

唐军武,田国良,汪小勇,等,2004. 水体光谱测量与分析Ⅰ:水面以上测量法[J]. 遥感学报,8(1):37-44.

汪小勇,李铜基,唐军武,等,2004. 二类水体表观光学特性的测量与分析——水面之上法方法研究[J]. 海洋技术,23(2):1-6,23.

王浩,陈龙,2018. 从"河长制"到"河长治"的对策建议[J]. 水利发展研究,18(11):10-13.

王丽艳,史小红,孙标,等,2014. 基于 MODIS 数据遥感反演呼伦湖水体 COD 浓度的研究[J]. 环境工程,(12):108-113.

王璐,付学军,赵明日,等,2010. 多管藻 R-藻红蛋白和 R-藻蓝蛋白的制备及其相对分子质量的测定[J]. 烟台大学学报(自然科学与工程版),23(4):283-288.

吴廷宽,2016. 基于高光谱技术的湖泊富营养化监测评价研究[D]. 贵阳:贵州师范大学.

吴廷宽,贺中华,梁虹,等,2016. 基于高光谱技术的湖泊富营养化综合评价研究——以贵阳市百花湖为例[J]. 水文,036(002):28-34.

吴煜晨,2017. 基于 MODIS 遥感数据源的内陆水体叶绿素 a 浓度反演算法综述[J]. 江西水利科技,43(1):14-18.

阎福礼,王世新,周艺,等,2006. 利用 Hyperion 星载高光谱传感器监测太湖水质的研究[J]. 红外与毫米波学报,25(6):460-464.

于德浩，王艳红，邓正栋，等，2008. 内陆水体水质遥感监测技术研究进展[J]. 中国给水排水，(22)：12-16.

张连富，丁霄霖，2001. 番茄红素简便测定方法的建立[J]. 食品与发酵工业，27(3)：51-55.

张彦，寇利卿，2014. 白洋淀污染现状空间分布规律可视化分析[J]. 中国环境管理干部学院学报，000 (003)：8-11.

人民网，2019. 河长制湖长制全面建立[EO/OL]. (2019-0-16)[2021-4-22]http://env. people. com. cn/n1/ 2019/0116/c1010-30544742. html.

第8章 高光谱农业信息提取

8.1 概　　述

农业是遥感技术应用最重要和广泛的领域之一。当前用于农业遥感监测的数据源呈多样化发展,根据数据获取的平台可以将其划分为三类:卫星遥感数据、航空遥感数据和地面遥感数据。其中卫星遥感数据居多,常用的包括 MODIS、Landsat、Spot/HRV、NOAA/AVHRR、环境系列卫星数据、资源系列卫星数据等。这些数据在对农作物种植面积、种类、长势、旱情、病虫害监测、预警与预测等农情进行长时间大范围监测中起到了重要作用。近些年,虽然遥感对地观测能力得到了极大提高,但是仍不能满足农业信息精准监测的需求。例如,高空间分辨率数据(如 GF-1、GF-2、ZY-3 卫星等)能够提供丰富的纹理、色调、几何等特征,能满足田块尺度的作物种植模式和空间格局监测需求,但受到卫星重访周期、幅宽等因素制约,全国尺度的大区域作物精准识别仍然面临数据缺漏、辐射不一致、模型算法不适用等问题(唐华俊 等,2010);中低分辨率遥感数据(如 MODIS、NPP 系列等)重访周期较短,能够反映作物的物候变化,有利于作物种植类型和模式的识别,但其空间分辨率难以刻画作物的空间分布细节(陈仲新 等,2016);高光谱分辨率数据能够反映作物精细的光谱差异信息,在作物类型识别、胁迫预警方面有着巨大的优势(Tong et al.,2014),但目前高光谱数据源、数据质量、时空分辨率等方面都有一定局限性(Tong et al.,2016)。虽然各种分辨率遥感数据在作物种植面积监测等应用中发挥了重要作用,但现代精准农业对农作物的遥感监测提出了更高的要求,单一遥感载荷或传统反射信息已无法满足农作物精细分类、面积精确估算、病虫害及农业干旱早期预警等典型农业应用的新需求,如农业遥感技术的突破亟须高时间、高空间与高光谱分辨率的遥感数据,甚至新的更直接反应农作物实际光合作用的叶绿素荧光信号。本章分别介绍近几年面向精准农业监测发展的遥感新技术、新方法及新解决思路,包括基于时空谱多维特征的大宗农作物精准识别技术、基于全谱段信息的新型植被指数构建原理与方法、太阳诱导叶绿素荧光遥感反演技术等。

8.2 基于时空谱特征的大宗农作物精准识别

传统的农作物遥感识别,往往只利用遥感的空间和光谱信息进行分类识别。近年来,时间维数据也被应用到农作物精准识别,综合时空谱特征进行作物分类和识别能够提高识别精度。

8.2.1 基于时空谱特征的多类作物识别方法

以 5.4 节中的时空谱特征提取模型为基础,构建多类作物识别方法流程,如图 8.1 所示。首先,对覆盖研究区的影像数据进行预处理;其次,用 MARS 软件构建用于精细分类识别的耕地多光谱时间序列数据,存储为 TIP 格式,并将被云覆盖区域的无效值剔除,保留全部可用数据;再次,根据实地采集样本,构建作物多光谱时相特征标准谱线库,自动为每一景影像学习出相应的新的训练样本以用于后续分类;最后,用综合时空谱多维遥感特征的分类方法(STS 方法)逐一对不同条带号和行编号区域的时间序列影像数据进行分类,并对分类结果进行拼接及精度验证。

本节以东北三省(黑龙江省、吉林省和辽宁省)为例,开展基于时空谱特征的多类作物识别方法应用。东北三省是我国重要的粮食种植基地,主要作物包括大豆、玉米和水稻等,均为一年一熟,生长季为 4−9 月,种植结构地域差异很大,作物品种类型随纬度和地形变化而变化,本节对三种主要农作物(玉米、水稻和大豆)在 2015 年的空间分布情况进行实验。数据为覆盖东北三省的 2015 年全年 Landsat 8 OLI 时间序列影像数据,挖掘光谱、时相和空间的多维遥感特征,完成三种作物的精细分类。

采用图 8.1 中提出的方法对东北三省的 Landsat 8 OLI 影像进行三种主要作物(玉米、水稻和大豆)的精细分类识别。2015 年东北三省主要作物分布如图 8.2 所示。

从图 8.2 中可以看出,东北三省种植面积最广的作物为玉米,主要分布在黑龙江省西南部、吉林省西部和辽宁省中北部,三个省份的玉米分布总体呈现出区域带状特征,即所谓的"黄金玉米带"。其次为水稻,水稻大面积的集中种植区域比玉米少,零散分布于黑龙江省东部地区、吉林省中西部地区和辽宁省中部地区。大豆在三种作物中占比最少,主要分布在黑龙江省,吉林省和辽宁省只有零星区域种植。具体作物种植面积见表 8.1。在表中,各类型的面积=各类型斑块数×空间分辨率的平方,所占比例是指各作物类型分类面积占耕地分类总面积的百分比。

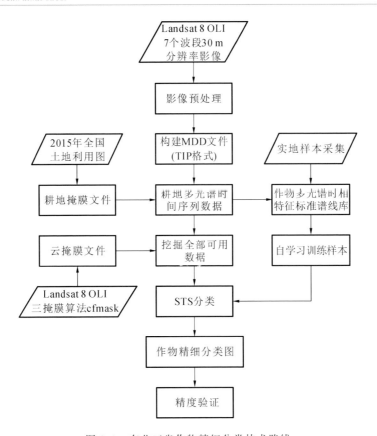

图 8.1　东北三省作物精细分类技术路线

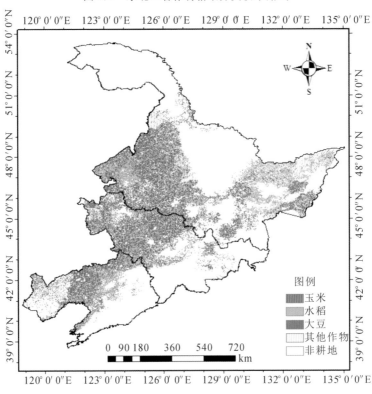

图 8.2　东北三省作物精细分类图

表 8.1 STS 作物精细分类统计结果

| 省份 | 玉米 | | 水稻 | | 大豆 | | 总耕地 |
	面积 （$\times 10^3 \mathrm{hm}^2$）	比例（%）	面积 （$\times 10^3 \mathrm{hm}^2$）	比例（%）	面积 （$\times 10^3 \mathrm{hm}^2$）	比例（%）	面积 （$\times 10^3 \mathrm{hm}^2$）
黑龙江	5 903.4	45.5	3 265.9	25.2	2 397.2	18.5	13 146.3
吉林	3 658.6	62.0	845.3	14.3	336.8	5.7	5 904.2
辽宁	2 301.3	51.0	725.5	16.1	176.1	3.9	4 511.8
总量	11 863.3		4 836.7		2 910.1		23 562.3

本研究分类结果与 2015 年统计年鉴数据结果的差值如表 8.2 所示。表中面积误差＝各类型分类面积－统计年鉴中对应类型面积,而误差比例＝|面积误差|/统计年鉴对应类型面积。从面积误差数据我们可以看出,水稻作物的分类面积在三个省份中均比统计年鉴数据高,尤其是辽宁省相差达到 $1.806 \times 10^5 \mathrm{hm}^2$,这也使得水稻作物在东北三省的总分类面积与统计年鉴相差最大。玉米在黑龙江省的分类面积比统计年鉴数据高,而在吉林省和辽宁省均比年鉴数据低,这使得玉米作物在东北三省的总面积误差值远小于水稻。大豆是三种作物中误差最小的,事实上,这和大豆本身的种植面积小有关,因此,我们在计算误差绝对值的基础上,也有必要进一步得到误差比例。从表 8.2 中可以看到,玉米由于种植面积基数较大,所以误差比例在全部三个省份均低于 5%,东北三省总面积误差比例仅为 1.5%。水稻虽然东北三省总面积误差比例不到 9%,但是在辽宁省,误差比例超过 30%,这和辽宁省水稻种植面积较小有关。大豆东北三省总面积误差比例最低,仅为 1.2%,但是在辽宁省其误差比例高达 53.8%,辽宁省的大豆种植面积是三个省份中最少的。从以上分析可以看出,误差比例最大的类型并没有出现在种植面积较大的作物和省份上,反而出现在种植面积较少的作物和省份上,例如辽宁省的水稻作物和大豆作物。此外,无论是各个省份还是东北三省整体,总的耕地面积误差比例相差不大,由于黑龙江省耕地面积最大,因此其耕地面积误差值也最大,达到 $8.523 \times 10^5 \mathrm{hm}^2$,远高于吉林省和辽宁省。

表 8.2 STS 方法与统计年鉴数据误差

	省份	玉米	水稻	大豆	总耕地
面积 （$\times 10^3 \mathrm{hm}^2$）	黑龙江	82.3	118.1	−78.9	852.3
	吉林	−141.4	83.6	52.2	225.1
	辽宁	−115.5	180.6	61.6	291.9
	总量	−174.6	382.3	34.9	1369.3
误差比例 （%）	黑龙江	1.4	3.8	3.2	6.9
	吉林	3.7	11.0	18.3	4.0
	辽宁	4.8	33.1	53.8	6.9
	总量	1.5	8.6	1.2	6.2

8.2.2 基于时空谱特征的单一作物识别模型

现有分类模型一般要求样本种类充足,针对大尺度区域作物分类而言,地表样本采集较为困难,使得现有模型难以获得较高的分类精度。针对此问题,本节介绍基于时空谱特征的单一作物识别模型。

以 5.4 节提取的时空谱多维特征为基础,基于数据描述(data description,DD)理论,对遥感数据中不同地域同一作物的样本特征进行描述,构建单一作物样本的一致性描述模型,实现单一作物时空谱分类模型。

数据描述的方法有多种,本模型采用支持向量数据描述法:首先,通过非线性映射,将原始训练样本 $\boldsymbol{x}$ 映射到高维的内积空间(或特征空间);然后,在特征空间中寻找一个包含全部或大部分被映射到特征空间的训练样本且体积最小的超球体(最优超球体);最后,通过非线性映射,该样本被视为一个正常点;否则,该新样本被视为一个异常点,最优超球体由其球心和半径决定。表达式为

$$\min F(R, \boldsymbol{a}, \xi_i) = R^2 + C \sum_{i=1}^{N} \xi_i$$

$$\text{s. t. } (\boldsymbol{x}_i - \boldsymbol{a})^{\mathrm{T}}(\boldsymbol{x}_i - \boldsymbol{a}) \leqslant R^2 + \xi_i, \xi_i \geqslant 0$$

为了有效利用遥感数据的时空谱特征,利用 5.5 节时空谱多维特征提取方法,提取样本完备的时空谱特征,并对样本的时空谱特征进行数据描述,最终可得到融合物候特征的单一作物时空谱分类模型。

如图 8.3 所示,在时空谱特征空间中,蓝色点为目标作物样本,黑色实线表示经过样本训练后的数据描述模型,超出该实线的点(如红色点)被认为不属于该样本所在的类别。

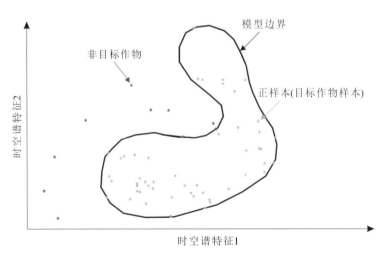

图 8.3 单一作物时空谱分类模型

8.3　基于全谱段信息的新型植被指数及农业监测应用

由于不同传感器之间的波段设置、光谱分辨率等性能指标存在差异,不同卫星数据获得的植被指数不能简单直接比较,因此发展具有普适性的光谱植被指数成为植被遥感研究的热点之一。针对以上问题,有学者提出利用通用光谱模式分解算法(universal pattern decomposition method,UPDM)(Zhang et al.,2007)构建基于全谱段信息的植被指数 VIUPD (vegetation index based on UPDM)(Zhang et al.,2010)。在 VIUPD 的基础上,通过进一步推导与计算,得到适合不同传感器的基于全谱段信息的植被指数 UNVI (universal normalised vegetation index)(Zhang et al.,2019a)。

8.3.1　多源/多时相卫星数据归一化特征提取模型

UPDM 是一种与传感器无关的多/高光谱遥感数据分析算法(Zhang et al.,2007)。UPDM 假设任何一种地物的光谱反射率值(或亮度值)可被分解成水体、植被、土壤这三种样本的标准光谱线性组合。UPDM 用公式表示如下:

$$R(i) = C_w P_w(i) + C_v P_v(i) + C_s P_s(i) + r(i) \tag{8.1}$$

其中,$R(i)$代表波段 i 的反射率值(地面测量数据或卫星数据),C_w、C_v、C_s值是代表各样本对应的 UPDM 系数,P_w、P_v、P_s值是三种标准样本(水体、植被、土壤)在目标光谱区间上归一化后的样本标准归一化反射率值,r 为残差。

标准光谱归一化计算公式为

$$\int |P_k(\lambda)d\lambda| = \int d\lambda, k = w,v,s \tag{8.2}$$

其中,$\int d\lambda$ 是全部波长范围的积分,$P_k(\lambda)$ 代表不同标准样本的归一化光谱,$P_k(\lambda)$ 的计算公式如下:

$$P_k(\lambda) = \frac{1}{\int R_k(\lambda)d\lambda / \int d\lambda} R_k(\lambda), k = w,v,s \tag{8.3}$$

式中,$R_k(\lambda)$ 为三种标准地物光谱反射率,分母表示在连续波长范围求光谱反射率的和。$P_k(\lambda)$ 是标准地物反射率在连续波段上的归一化,适用于任何传感器。当它应用于某一特定传感器时,按传感器各波段光谱范围,将 λ 代入,取平均值作为该波段的中心波长处反射率值,计算公式如下:

$$P_k(i) = \frac{\int_{\lambda_s(i)}^{\lambda_e(i)} P_k(\lambda)d\lambda}{\int_{\lambda_s(i)}^{\lambda_e(i)} d\lambda}, k = w,v,s, i = 1,2,\cdots,n \tag{8.4}$$

式中，$\lambda_s(i)$ 和 $\lambda_e(i)$ 分别为波段 i 的起始波长和终止波长，$\int_{\lambda_s(i)}^{\lambda_e(i)} \mathrm{d}\lambda$ 是指波段 i 的波长宽度。

如果对公式(8.1)在整个波长范围内积分，可以得到：

$$C_w \int P_w(\lambda)\mathrm{d}\lambda + C_v \int P_v(\lambda)\mathrm{d}\lambda + C_s \int P_s(\lambda)\mathrm{d}\lambda = \int R(\lambda)\mathrm{d}\lambda \tag{8.5}$$

考虑到公式(8.2)，上式可写成如下形式：

$$C_w + C_v + C_s = \frac{\int \rho(\lambda)\mathrm{d}\lambda}{\int \mathrm{d}\lambda} \tag{8.6}$$

8.3.2　通用模式分解植被指数 VIUPD 构建原理与方法

由于三参数 UPDM 计算得到的黄色植被的残差较大，为了得到较高的精度，可以增加一个参数来抵消这种误差影响，因此，选择了介于绿色树叶和枯叶之间的黄色树叶作为第四个标准样本，即四参数 UPDM。

四参数 UPDM 计算公式如下：

$$R(i) \rightarrow C_w P_w(i) + C_v P_v(i) + C_s P_s(i) + C_4 P_4(i) \tag{8.7}$$

式中，C_4 是第四个参数的 UPDM 系数，P_4 是第四个参数相对于波段 i 的标准化反射率值，该值的计算首先是将其残差值在连续光谱区间上进行归一化，求出标准归一化反射率值 $P_4(\lambda)$：

$$P_4(\lambda) = \frac{r_4(\lambda)}{\int |r_4(\lambda)| \mathrm{d}\lambda / \int \mathrm{d}\lambda} \tag{8.8}$$

式中，$r_4(\lambda)$ 是公式(8.1)计算出的第四个参数的残差。即

$$r_4(\lambda) = R_4(\lambda) - \{C_w P_w(\lambda) + C_v P_v(\lambda) + C_s P_s(\lambda)\} \tag{8.9}$$

$R_4(\lambda)$ 是第四个参数的地面测定反射率值，将公式(8.9)代入公式(8.8)中，可获得 $P_4(\lambda)$ 的值。

在 UPDM 的基础上，张立福等(2010)提出了基于通用光谱模式分解的植被指数 VI-UPD，VIUPD 的计算公式如下：

$$\mathrm{VIUPD} = \frac{C_v - a \times C_s - C_4}{C_w + C_v + C_s} \tag{8.10}$$

其中，$(C_w + C_v + C_s)$ 代表 UPDM 系数总和，a 是标准土壤模式 UPDM 系数的修正因子。在标准植被的 VIUPD 值为 1、枯叶为 0 的条件下，推荐 $a=0.1$。

8.3.3　通用归一化植被指数 UNVI 计算方法

标准样本(水体、植被、土壤和黄叶)在目标光谱区间的归一化后反射率值计算较为复杂，为了方便基于全谱段信息的植被指数在不同卫星遥感数据上应用，通过对 VIUPD 植被指数整合与计算，针对不同传感器可得到基于全谱段信息的植被指数 UNVI(Zhang et al.，2019a)。UNVI 的构建步骤如下：

（1）对目标遥感影像进行预处理得到反射率数据 R。

（2）利用标准样本连续光谱数据归一化值按照目标传感器光谱响应函数重构得到各波段的重构反射率 M：

$$M_k(i) = \frac{\int_{\lambda_s(i)}^{\lambda_e(i)} P_k(\lambda)S_i(\lambda)\,\mathrm{d}\lambda}{\int_{\lambda_s(i)}^{\lambda_e(i)} S_i(\lambda)\,\mathrm{d}\lambda}, k = \mathrm{w,v,s,4}, i = 1,2,\cdots,n \tag{8.11}$$

其中，$S_i(\lambda)$ 代表波段 i 的光谱响应函数。

（3）将（1）影像数据中任一像素的光谱反射率值，利用公式（8.7）重构反射率矩阵进行正交空间投影转换，得到四种标准地物的特征参数 C：

$$C = MR \tag{8.12}$$

其中，$R = [R_1, R_2, \cdots, R_n]^T$ 代表像元的反射率列向量，n 为波段个数，$M = [M_w, M_v, M_s, M_4]^T$ 是 $4 \times n$ 矩阵，$C = [C_w, C_v, C_s, C_4]^T$ 代表水体、植被、土壤、黄叶各样本对应的 UPDM 参数。

（4）得到植被指数 UNVI：

$$\mathrm{UNVI} = \frac{C_v - a \times C_s - C_4}{C_w + C_v + C_s} \tag{8.13}$$

其中，a 是标准土壤模式 UPDM 系数的修正因子。在标准植被的 UNVI 值为 1、枯叶为 0 的条件下，推荐 $a=0.1$。UNVI 植被指数构建流程图如图 8.4 所示，表 8.3、表 8.4、表 8.5 和表 8.6 分别给出了适合 MODIS 和 Landsat TM、Landsat ETM、Landsat 8 OLI 传感器的 UNVI 计算参数矩阵 M。

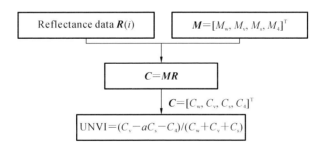

图 8.4 UNVI 植被指数构建流程图

表 8.3 适用于 MODIS 传感器的 UNVI 系数矩阵 M

波段	1	2	3	4	5	6	7
M（MODIS）	0.03	0.029 6	0.172 8	0.135 7	−0.029 4	−0.070 9	−0.102
	−0.154 7	0.351 6	−0.007 6	−0.005	0.199	−0.072 8	−0.251 8
	0.256 6	−0.227 3	−0.091 2	−0.018 2	−0.006 7	0.318 9	0.521
	0.221 6	0.005 5	−0.146 5	0.057 2	0.019 6	−0.056 4	−0.101 1

表 8.4　适用于 Landsat TM 传感器的 UNVI 系数矩阵 $\boldsymbol{M}$

波段	1	2	3	4	5	7
	0.230 1	0.116 9	−0.018 7	0.016 8	−0.092 7	−0.089 5
$\boldsymbol{M}$（Landsat TM）	−0.023 4	−0.029 4	−0.139 2	0.503 3	−0.042 1	−0.236 4
	−0.140 6	0.025 6	0.280 9	−0.241 3	0.361 8	0.498 5
	−0.146 7	0.069 7	0.219 6	0.018 4	−0.043 3	−0.121 6

表 8.5　适用于 Landsat ETM＋传感器的 UNVI 系数矩阵 $\boldsymbol{M}$

波段	1	2	3	4	5	7
	0.216 8	0.124 2	−0.010 9	0.014 9	−0.091 5	−0.091 1
$\boldsymbol{M}$（Landsat ETM＋）	−0.026 5	−0.020 3	−0.145 3	0.500 2	−0.043 1	−0.232 9
	−0.131 1	0.009 9	0.285 5	−0.234 5	0.361 8	0.495 2
	−0.142 7	0.063 1	0.218 9	0.019 3	−0.043 2	−0.119 6

表 8.6　适用于 Landsat 8 OLI 传感器的 UNVI 系数矩阵 $\boldsymbol{M}$

波段	2	3	4	5	6	7
	0.202 5	0.131 4	−0.000 4	0.014 0	−0.089 1	−0.095 7
$\boldsymbol{M}$（Landsat 8 OLI）	−0.031 7	−0.008 0	−0.140 0	0.497 6	−0.045 3	−0.231 2
	−0.114 5	−0.010 9	0.272 4	−0.238 4	0.361 6	0.506 2
	−0.145 8	0.058 7	0.226 9	0.021 9	−0.049 1	−0.115 1

8.3.4　UNVI 在监测植被变化上的特征分析

由于 UNVI 充分利用了光学遥感数据可见光-近红外-短波红外的植被反射光谱信息，与传统仅利用两个谱段植被反射信息的 NDVI、比值植被指数等相比，理论上具有更准确地反映植被生长过程中细节变化的潜力。为探究 UNVI 在反映植被生长变化中的优势，本节将冬小麦作为研究对象，以 Landsat 8 OLI 传感器波段设置为例，分别基于模型模拟数据与野外实验数据，比较 UNVI 与 NDVI、EVI 和 MSAVI2（modified soil adjusted vegetation index 2）（Qi，1994）在植被理化参数（包括叶绿素含量和叶面积指数）反演中的表现。

8.3.4.1　基于模拟数据的 UNVI 指数特征分析

1.数据模拟

使用 PROSAIL 模型（Verhoef，1984）模拟不同叶绿素含量和 LAI 条件下的植被冠层反射率光谱。模型的输入参数如表 8.7，PROSAIL 模型输出的植被冠层反射率的光谱分辨率为 1 nm。将 PROSAIL 模型输出的植被冠层反射率光谱与 Landsat 8 OLI 各波段的光谱响应函数（SRF）进行卷积，计算得到 UNVI、NDVI、EVI 和 MSAVI2 指数，其中 MSAVI2 指数的计算公式（Qi，1994）为

$$MSAVI2 = (2\,\rho_{NIR} + 1 - \sqrt{[(2\rho_{NIR} + 1)^2 - 8(\rho_{NIR} - \rho_{RED})]})/2 \qquad (8.14)$$

式中,ρ_R 和 ρ_{NIR} 分别为红和近红外波段反射率。

表 8.7　PROSAIL 模型的输入参数:各参数的参考值源于文献(Berger et al.,2018)

参数	缩写	单位	值域	固定值
叶绿素 a 与 b 含量	Cab	$\mu g \cdot cm^{-2}$	5~80	
叶面积指数	LAI		0.5~8	
干物质含量	Cm	$g \cdot cm^{-2}$		0.012
等效水厚度	EWT	cm		0.01
叶片结构系数	N			1.4
叶倾角分布	LIDFa			0
叶倾角分布变化	LIDFb			−1
太阳天顶角	SZA	°		30
观测天顶角	VZA	°		0
相对方位角	RAA	°		90

2. 结果分析

公式(8.13)中参数 a 取值变化对 UNVI 有影响,图 8.5 显示了不同 a 值下,UNVI 随叶绿素含量[图 8.5(a)]和 LAI[图 8.5(b)]的变化情况。

随着叶绿素含量的增加,不同 a 值下 UNVI 的变化趋势是相似的,这一结果表明,不同叶绿素含量条件下,参数 a 的设置对 UNVI 的影响是相对稳定的。在图 8.5(a)中,LAI 为固定值 2.5,叶绿素含量是从 5 $\mu g \cdot cm^{-2}$ 变化到 80 $\mu g \cdot cm^{-2}$。在这种植被覆盖率保持不变的模拟情况下,公式(8.13)中反映土壤背景的 C_s 项是相对稳定的,因此,在不同叶绿素条件下,a 的增加并不影响 UNVI 的总体变化趋势。

在图 8.5(b)中,当 LAI 小于 3 时,随着参数 a 值的升高,UNVI 随 LAI 变化的斜率也在增加。然而,当 LAI 增加到 3 以上时,不同 a 值下,UNVI 的变化趋势大致相同。这些结果表明,当 LAI 较高时,a 的变化对 UNVI 的影响较弱。然而,当 LAI 小于 3 时,UNVI 易受 a 值变化的影响。在 LAI 值较高的情况下,公式(8.13)中的 C_s 项对 UNVI 的贡献相对较小,而在 LAI 值较低的情况下,C_s 的贡献相对较大。因此,a 值在 LAI 低值条件下对 UNVI 的影响更为显著。

将 a 值设为 0.1,图 8.6(a)显示 UNVI、NDVI、EVI 和 MSAVI2 与叶绿素含量和 LAI 的变化关系。当叶绿素含量高于 40 $\mu g \cdot cm^{-2}$ 时,各个植被指数均表现出明显的饱和效应。而在图 8.6(b)中,当 LAI 大于 5 时 UNVI 趋于饱和,而当 LAI 在 3 左右时 NDVI 趋于饱和,LAI 在 4.5 左右时 EVI 和 MSAVI2 均趋于饱和。结果表明,UNVI 虽然在监测叶绿素变化上与其他植被指数相比并未展现出明显优势,但在 LAI 监测上,UNVI 值域范围更大,饱和点也更高。

已有研究显示,LAI 作为植被冠层结构变量,当波长在 1 400~1 800 nm 时,LAI 对植被冠层反射率的贡献比例达到 55% 以上,当波长在 1 880~2 400 nm 时,LAI 对植被冠层反射率的贡献比例达到 70% 以上(Verrelst et al.,2015)。UNVI 由于使用了短波红外波段在内的多个波段,因此在反演 LAI 上更具优势,而 NDVI、EVI 和 MSAVI2 并不能充分利用植被

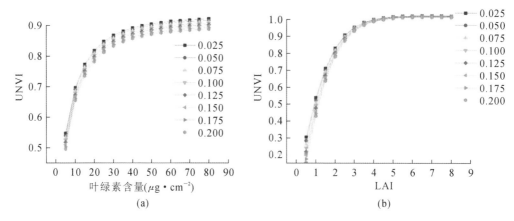

图 8.5　UNVI 与叶绿素含量(a)和叶面积指数(LAI) (b)的关系

图(a)中,LAI 为 2.5,叶绿素含量为 5～80 μg・cm⁻²,增量为 5 μg・cm⁻²;

图(b)中,叶绿素含量为 50 μg・cm⁻²,LAI 为 0.5～8,增量为 0.5。

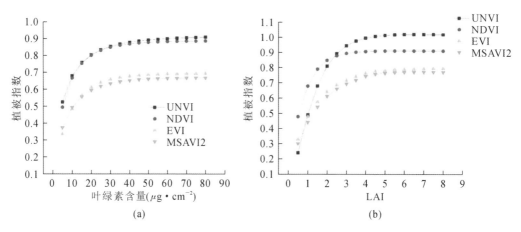

图 8.6　UNVI、NDVI、EVI 和 MSAVI2 与叶绿素含量和 LAI 的变化关系

图(a)中,LAI 为 2.5,叶绿素含量为 5～80 μg・cm⁻²,增量为 5 μg・cm⁻²;

图(b)中,叶绿素含量为 50 μg・cm⁻²,LAI 为 0.5～8,增量为 0.5

冠层反射率中所涵盖的植被理化参数信息。因此,UNVI 指数在反映植被生长变化信息上具有更强的应用潜力。

8.3.4.2　基于实测数据的 UNVI 指数特征分析

1.实测数据

实测数据来源于 2013 年 5 月在小汤山国家精准农业研究示范基地(北京,40°10′34″37N,116°27′2″43E)开展的田间观测实验,主要包括冬小麦冠层光谱采集、叶面积指数测量、叶绿素含量测定等。其中,冬小麦冠层的光谱反射率是由 PSR-3500 光谱仪获取的。整个实验区包括 17 个地块,每个地块面积为 1 m²。测量冬小麦冠层光谱时,PSR-3500 光谱仪的光纤探头距离小麦冠层 15 cm,同时保证光谱仪探头的视场中植被分布相对均匀。同模拟光谱数据处理方法相似,将光谱仪测得的植被冠层反射率光谱与 Landsat 8 OLI 各波段的光谱响应函数(SRF)进行卷积,然后计算 UNVI、NDVI、EVI 和 MSAVI2 指数。LAI 由 LAI 2000 仪器测量获得。在每个地块中随机选取 4 株冬小麦利用 SPAD-502 叶绿素仪测定冬小麦叶片叶绿素含量,取平均值代表此地块冬小麦的叶绿素含量。

2.结果分析

在图 8.7 中,叶绿素含量以 SPAD 单位表示,各个植被指数都与叶绿素含量有较高的相关性。NDVI 和 UNVI 都很好地反映了叶绿素含量的变化,UNVI 具有较高的决定系数(R^2),并且在同样的叶绿素变化范围下,UNVI 的数值变化范围为 $0.4 \sim 1.32$,比 NDVI、EVI 和 MSAVI2 具有更大的动态变化范围,此结果说明,UNVI 在表现植被细节变化上可能比其他三个植被指数更为灵敏。

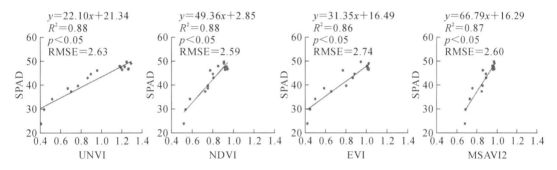

图 8.7　UNVI、NDVI、EVI 和 MSAVI2 与 SPAD-502 叶绿素仪测定的叶绿素含量之间的相关性

图 8.8 展示了四个植被指数和 LAI 之间的关系。其中,UNVI 与 LAI 的相关性最高,由于 UNVI 是通过多个波段计算得到的,UNVI 在反映植被冠层动态变化上更具有优势。此外,在同样的 LAI 变化范围下,UNVI 的数值变化范围比 NDVI、EVI 和 MSAVI2 的变化范围要更大。NDVI、EVI 和 MSAVI2 指数在高 LAI 处的饱和现象也很明显。这与图 8.6 所示的基于模型模拟的敏感性分析结果一致。总体而言,UNVI 可以较好地反映 LAI 动态变化,且表现结果优于 NDVI、EVI 和 MSAVI2。

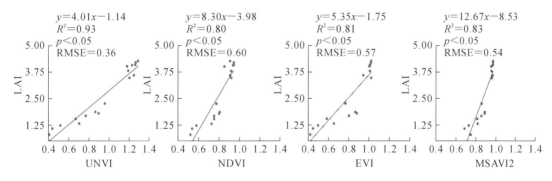

图 8.8　UNVI、NDVI、EVI 和 MSAVI2 与 LAI 之间的关系

综上所述,在 LAI 和叶绿素含量反演中,相比于 NDVI、EVI 和 MSAVI2,UNVI 具有更

高的饱和点和更大的动态变化范围。与传统的仅利用部分谱段植被反射信息的植被指数相比,UNVI 充分利用了植被反射光谱全谱段信息(可见光-近红外-短波红外),在反映植被动态生长的细节变化方面更具优势。

8.3.5　基于 UNVI 的农业干旱监测

本节针对农业干旱监测应用需求,利用 UNVI 在反映植被细节变化上的优势,构建 UNVI 遥感共性产品,分析其在农业干旱监测应用中的适用性。

为便于多维时空谱遥感数据的构建、读取与分析,中国科学院遥感与数字地球研究所高光谱遥感团队研发了多维分析软件模块,即 MDA(multi-dimensional data analysis)软件模块,该模块集成于 MARS(multi-dimensional analysis of remote sensing)多维遥感分析软件中。利用 MARS 软件将多源卫星遥感(如 MODIS 和 Landsat TM、Landsat ETM、Landsat 8 OLI 传感器等)地表反射率数据,与该卫星对应的 UNVI 特征提取系数矩阵 $\boldsymbol{M}$ 逐像元进行运算,得到相应的 UNVI 特征参数,再代入 UNVI 计算模型即可计算出对应卫星的 UNVI 指数。为方便对农业干旱的连续监测,本节使用 MDD 数据集中的 TIP 存储格式对 UNVI 遥感数据进行存储。

8.3.5.1　数据与方法

为探究 UNVI 指数在农业干旱监测中是否具有更准确评估植被受胁迫状态的应用潜力,本节将在通量站点尺度下,基于 2012 年美国大平原植被干旱事件,分别在农田和森林两种不同植被类型下,讨论 UNVI 指数对农业干旱胁迫的响应。

1.通量站点数据

本节将以通量站点 GPP 变化来描述植被受干旱胁迫的严重程度,选取的通量站点皆位于 2012 年美国大平原植被干旱区域,各通量站点信息如表 8.8 所示,除 US-Ne1 站点在 2013 年未获取可靠 GPP 数据外,其余通量站点的时间覆盖范围均为 2007—2013 年。通量站点数据来源于 FLUXNET 2015 数据集,为保证 GPP 数据的可靠性,对每天的 GPP 数据进行质量控制,并取 8 天数据的平均值。FLUXNET 2015 数据集中的 GPP 数据分别是由日间方法和夜间方法获得的,当这两种方法获取的 GPP 之差不超过 $2\ \mathrm{g} \cdot \mathrm{cm}^{-2} \cdot \mathrm{d}^{-1}$,且不超过二者均值的 20% 时,则认为是有效数据(Zhang et al.,2018b)。

表 8.8　通量站点信息

植被类型	站点名称	纬度(°)	经度(°)
落叶阔叶林	US-MMS	39°19′23″31.2N	86°24′47″9.6W
农田	US-Ne1	41°3′54″21.6W	96°28′35″45.6W
常绿针叶林	US-NR1	40°19′44″24N	105°32′47″9.6W
混交林	US-PFa	45°56′45″14.4N	90°16′20″16.8W

2.植被指数

基于 MOD09A1(8 天,500 m)数据构建了覆盖通量站点所在位置 3×3 像元窗口区域的 UNVI 数据,同样利用 MOD09A1 数据计算了传统植被指数 NDVI 和 EVI,并利用 MOD09A1 的质量控制文件对数据进行掩模,MOD09A1 数据时间范围与各个通量站点相一致。

3.分析方法

以植被对干旱产生胁迫响应开始至生长季结束为研究时间段,分析 GPP 相对异常与 UNVI、EVI 和 NDVI 指数的相对异常之间的相关性,相对异常计算方法如公式(8.15),由于各个通量站点的位置以及植被类型不同,各个站点的植被在表现出干旱胁迫的起始时间存在差异,因此,首先基于站点 GPP 数据,分析出各个站点植被发生干旱胁迫的起始时间,然后,针对各站点的干旱胁迫时间分析 GPP 异常与植被指数异常之间的相关性。

$$\Delta(i,k) = (P(i,k) - P(i)_{\text{mean}})/P(i)_{\text{std}} \tag{8.15}$$

式中,$P(i,k)$ 为不同参数变量(如 GPP、UNVI 等变量)第 k 年第 i 个月的数据,$P(i)_{\text{mean}}$ 和 $P(i)_{\text{std}}$ 分别为各数据集研究期限第 i 个月的多年均值和标准差。

8.3.5.2 结果与讨论

图 8.9 展示了各个通量站点 GPP(单位为 g·cm^{-2}·d^{-1})的历史均值与 2012 年干旱年的 8 天间隔变化曲线。

根据图 8.9 分别确定各个站点的植被干旱胁迫的起始时间,US-MMS、US-Ne1 和 US-Nr1 均为 6 月 18 日,US-PFa 为 7 月 28 日。基于以上各站点干旱起始时间以及生长季结束时间,分析 GPP 相对异常与各个植被指数相对异常的相关性,如图 8.10 至图 8.13 所示。

图 8.10 和图 8.11 中,相比于 EVI 和 NDVI,UNVI 指数在表现 GPP 异常变化上更具一致性,落叶阔叶林与农田均为植被冠层等理化参数具有明显季节变化特征的植被类型,UNVI 能更好地表现植被生长细节变化的特征,在监测植被干旱胁迫生理变化方面更具优势。

图 8.12 中,对于常绿针叶林,各个植被指数均不能很好地表现 GPP 异常变化,这表明对于植被冠层变化不明显的常绿针叶林,各个植被指数难以描述植被干旱生理胁迫状态,在监测常绿林植被干旱应用中存在局限。如图 8.13,对于混交林,UNVI 相比于 EVI 和 ND-VI,与 GPP 异常具有更高的相关性,但相关性相比于落叶阔叶林和农田仍是比较低的,这可能是因为混交林中也含有一定比例的常绿植被。总之,UNVI 指数虽然在监测常绿林植被干旱胁迫方面不理想,但对于落叶阔叶林、农田以及混交林,UNVI 比传统植被指数更能够准确反映植被生理胁迫状态,监测农业干旱更具优势。

8.4 太阳诱导叶绿素荧光遥感反演及农业监测新方法

现代化农业管理需要实时、准确的农作物长势信息作为基础。光合作用是植被吸收和转化光能的过程,光合作用强弱反映农作物受环境胁迫状态,且与产量密切相关。因此,光合作用状态是衡量植被长势的重要指标(王思恒,2019)。传统遥感通过光学或激光雷达等手段,获取与植被绿度或冠层结构相关的信息,间接监测植被光合作用(Guan et al.,2017)。一方面,这些信息不能直接指示真实的光合作用强弱(Zhang et al.,2014);另一方面,在反映植被环境胁迫对光合作用的影响时,这些信息往往具有延迟性(Ji et al.,2003)。因此,基于传统卫星遥感

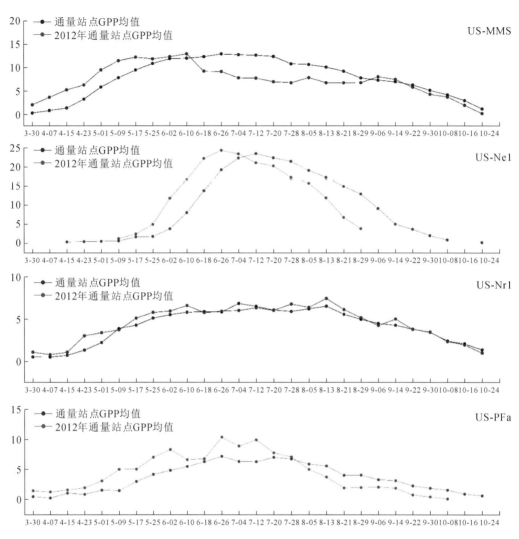

图 8.9　通量站点 GPP 年变化曲线(红线为干旱年 GPP,蓝线表示 GPP 历史均值)

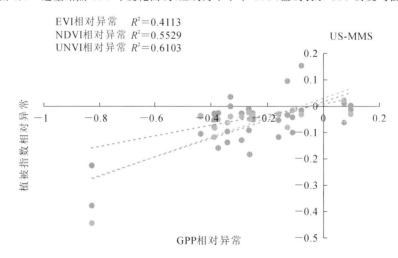

图 8.10　落叶阔叶林植被干旱胁迫条件下,GPP 相对异常与各植被指数相对异常相关性

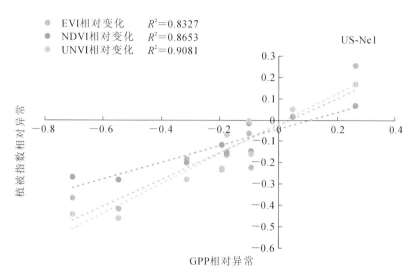

图 8.11　农田植被干旱胁迫条件下,GPP 相对异常与各植被指数相对异常相关性

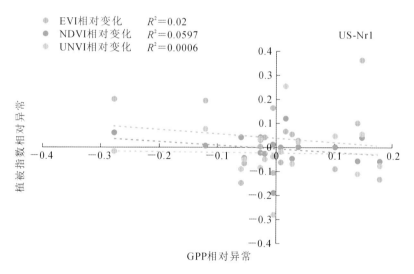

图 8.12　常绿针叶林植被干旱胁迫条件下,GPP 相对异常与各植被指数相对异常相关性

手段监测光合作用时犹如"隔靴搔痒",且在进行胁迫监测时具有一定的"滞后性"。

绿色植物光合作用过程中,有一小部分(通常小于 5%)吸收的光合有效辐射能量(absorbed photosynthetically active radiation,APAR)以叶绿素荧光(chlorophyll fluorescence)的形式被叶绿素分子重新释放(van der Tol et al.,2014)。叶绿素荧光比吸收光的波长更

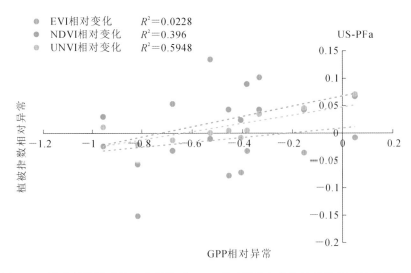

图 8.13　混交林植被干旱胁迫条件下,GPP 相对异常与各植被指数相对异常相关性

长,在自然光照条件下,叶绿素荧光的波长范围为 650～800 nm(APAR 的波长范围为 400～700 nm),被称为太阳诱导叶绿素荧光(solar-induced chlorophyll fluorescence,SIF)(Porcar-Castell et al.,2014a)。SIF 是光合作用光反应阶段的"副产品",与植被光合固碳耗能及热耗散同源,被誉为光合作用的直接"探针",具有直接指示植被总光合固碳量(gross primary production,GPP)(Guanter et al.,2014)和快速反映植被受环境胁迫状态(Sun et al.,2015)的潜力。

SIF 位于红至近红外波段,属于光学遥感观测范畴。近些年,随着卫星、航空遥感探测 SIF 技术的发展,SIF 遥感反演及基于 SIF 数据的植被光合作用监测成为国内外多个领域的研究热点。来自多源遥感平台的 SIF 数据提供了更加"真实""直接"的光合作用信息,为光合作用遥感监测打开了新世界的大门(Köhler et al.,2018;Walther et al.,2016;Zhang et al.,2018a;Zhang et al.,2018b)。因此,基于航空、卫星遥感平台的 SIF 数据有望为现代农业信息管理提供直接的光合作用信息。本节介绍 SIF 高光谱遥感反演的基本原理、大气层顶尺度 SIF 反演的难点、中等光谱分辨率(亚纳米级)下 SIF 反演算法及其优化方法,以及基于 SIF 的农业干旱监测等相关内容。

8.4.1　SIF 高光谱遥感反演原理与难点

8.4.1.1　SIF 反演的核心问题

近地表尺度 SIF 的遥感反演最早可追溯至 1975 年(Plascyk and Gabriel,1975)。太阳辐射亮度谱线经过太阳大气和地球大气中各成分的吸收,到达传感器时存在宽度不等(0.1～10 nm)、深度不同的吸收谷(胡姣婵 等,2015),其中,受太阳大气成分(如 Fe、K 和 H)吸收而形成的暗线称为夫琅禾费暗线(Fraunhofer lines),受地球大气成分(如 H_2O、O_2)吸收而形成的暗线称为大气吸收线。SIF 作为地表发射信号,叠加于反射信息之上,改变了夫琅禾费线和大气吸收线的深度,利用 SIF 对这些暗线的"井"填充效应(图 8.14),通过比对原始暗线深度及经 SIF 填充后的暗线深度,可以实现 SIF 的遥感反演(黄长平,2013;刘新杰,2016)。由于反演 SIF 至少利用一条暗线,且对于任意一条暗线,传感器的光谱分辨率愈高,观测得到的原始暗线深度愈深,SIF 对暗线的填充效应愈明显,则同等信噪比条件下 SIF 反演的鲁棒性愈强。因此,SIF 的遥感反演需要在高光谱分辨率条件下实现,其核心问题为如何准确得到未被荧光填充的原始暗线和被荧光填充后的暗线(Meroni et al.,2009)。

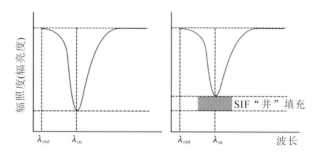

图 8.14　SIF 对夫琅禾费线(或大气吸收线)的"井"填充效应改变了夫琅禾费线的深度

绿色方框表示 SIF 信号;图中 λ 表示波长,下标 in、out 表示位于夫琅禾费暗线内、外

8.4.1.2　SIF 反演的难点

近地表尺度的叶绿素荧光遥感反演相对较为容易实现,利用余弦接收器对天空观测或利用裸光纤对标准反射白板观测获得未被荧光填充的暗线,忽略(或考虑)传感器至植被冠层路径内大气对荧光上行辐射的吸收和散射,通过假设暗线内外的冠层反射率和荧光光谱满足特定的条件(如相等、线性变化、样条曲线变化等),反演得到冠层 SIF。Meroni 等(2009)总结了近地面利用大气吸收线反演 SIF 的算法,包括 FLD (fraunhofer line discrimination)系列算法和光谱拟合算法 SFM (spectral fitting methods)。

受地球大气的影响,相对于近地面,大气层顶的 SIF 反演问题则更为复杂。大气层顶尺度利用大气吸收线,如 O_2-A (760 nm 附近)或 O_2-B (687 nm 附近)暗线进行 SIF 反演面临 2 个主要问题。以 O_2-A 暗线为例,一方面,到达地表的太阳辐射光谱中的 O_2-A 暗线无法直接观测,即未被 SIF 填充的暗线深度未知,只能通过模拟估计(Cogliati et al.,2015);另一方面,冠层释放的 SIF 在传输过程中被大气中的 O_2 吸收,改变了原始荧光谱线特征,在强吸收波段甚至可能导致荧光信号完全被吸收(Frankenberg et al.,2011),给 SIF 反演带来不确定性。图 8.15 展示了 0.3 nm 光谱分辨率条件下冠层释放的 SIF、到达大气层顶的 SIF、大气上行透过率和传感器入瞳辐亮度。

利用位于大气窗口的夫琅禾费线进行荧光反演无须考虑地球大气的影响,但夫琅禾费线的宽度通常较窄,在同等光谱分辨率条件下深度较浅,因此对传感器的光谱分辨率及信噪比提出了更高要求(Köhler et al.,2015b);此外,在超高光谱分辨率条件下,地球大气中的非弹性散射(转动拉曼散射,Raman rotational scattering,RRS)、传感器杂散光等对夫琅禾费线的填充效应更加明显(Vasilkov et al.,2013),为 SIF 反演带来系统误差。

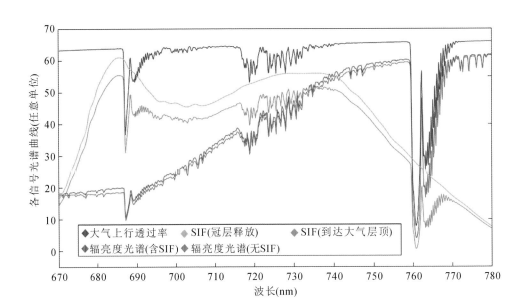

图 8.15　0.3 nm 光谱分辨率条件下的大气上行透过率、冠层释放的荧光光谱曲线、

到达大气层顶的荧光光谱曲线和标准植被传感器入瞳辐亮度光谱曲线

大气上行透过率和传感器入瞳辐亮度由 MODTRAN5 模拟得到；荧光光谱曲线由 SCOPE 模型模拟得到

8.4.2　SIF 高光谱遥感反演典型算法、优化及评价

8.4.2.1　亚纳米分辨率 SIF 反演思路

SIF 反演算法与传感器光谱分辨率、信噪比等指标密切相关。目前专门针对 SIF 进行探测的卫星传感器通常设置为覆盖 SIF 发射主要谱段（670～780 nm）且具有中等光谱分辨率（亚纳米级）的成像光谱仪，如 ESA-ELEX 计划和中国陆地生态系统碳监测卫星（陆碳卫星）光谱分辨率指标均设计为 0.3 nm。中等光谱分辨率条件下大气层顶的 SIF 反演主要有以下两种思路。

第一种思路仍试图利用地球大气吸收线进行 SIF 反演，通过对太阳辐射及大气吸收和散射的定量化描述建立耦合荧光发射和大气、地表散射的大气辐射传输方程，将大气层顶的荧光反演问题转化至大气层底，再利用近地表 SIF 反演算法求解荧光。这类算法主要由 ESA 的 FLEX 团队提出，包括改进的 FLD 系列算法（Damm et al.，2014；Guanter et al.，2010；Guanter et al.，2007）和基于严密辐射传输方程的 SFM 算法（Cogliati et al.，2015；Zhao et al.，2018）。这类算法的优势在于对传感器光谱分辨率的要求不高（亚纳米级至纳米级均可满足），具备全谱段 SIF 反演的潜力，且 FLEX 团队开展了大量基于模拟数据和航空数据的算法测试实验（Vicent et al.，2016），对算法的不确定性有较完备评估；其劣势在于反演的精度取决于对大气状态描述的准确程度及建立的辐射传输方程的严密程度，容易产生系统误差（Liu and Liu，2014）。

第二种思路则主要利用 SIF 对夫琅禾费线的填充，将传感器观测到的入瞳辐亮度视为非荧光信号和荧光信号的线性叠加,利用大量非荧光目标(海上浓云、沙漠、冰雪等)光谱构成训练集,对其光谱进行特征提取,用提取的少量特征表达任意观测的非荧光信号,再利用简化的辐射传输方程进行荧光信号的分离,这类算法称为数据驱动算法,典型算法包括 SVD 算法(Frankenberg et al.,2014;Guanter et al.,2015;Guanter et al.,2012;Guanter et al.,2013)和 PCA 算法(Joiner et al.,2013;Joiner et al.,2016;Köhler et al.,2015b;Sanders et al.,2016)。数据驱动算法的优势在于对传感器的光谱分辨率要求低于简化的物理模型算法,通常亚纳米级即可满足,在降低了硬件需求的同时避免了辐射传输计算,进而提高了算法效率,数据驱动算法已经应用于全球卫星荧光提取并发布了时间序列荧光产品(Du et al.,2018;Joiner et al.,2013;Joiner et al.,2016;Köehler et al.,2018;Köhler et al.,2015a;Köhler et al.,2015b;Sun et al.,2018);数据驱动算法的不确定性在于,算法中需要经验参数设置,不同数据源需采用不同反演窗口并需要改变参数设置,且算法表现依赖于选择的训练集的代表性(Zhang et al.,2017b)。

后两节将以 SFM 算法和 SVD 算法为例,详细介绍基于 SFM 算法的 O_2-A、O_2-B 谱段 SIF 反演和基于 SVD 算法的远红波段 SIF 反演,以及利用端对端模拟优化 SVD 算法。

8.4.2.2 SFM 算法设计与评价

SFM 算法的思想是,在较宽的窗口内,基于 SIF 与反射率谱线的自然光谱特性,利用多个波段进行最小二乘拟合,反演得到窗口内连续的 SIF 光谱曲线。大气层顶利用 SFM 算法进行 SIF 反演需要进行严密的大气订正,将问题转换为近地表的 SIF 反演。具体如下:首先,忽略 SIF 信号进行大气程辐射订正得到近地表表观反射率:

$$L_{TOA} = L_0 + \frac{\frac{E_{tot}}{\pi} \cdot R_{app} \cdot T_\uparrow}{1 - S \cdot R_{app}}, \Rightarrow R_{app} = \frac{L_{TOA} - L_0}{(L_{TOA} - L_0) \cdot S + \frac{E_{tot}}{\pi} \cdot T_\uparrow} \tag{8.16}$$

式中,L_{TOA} 为遥感器获取的大气层顶辐射亮度,L_0 为大气程辐射亮度,E_{tot} 为到达地表的总太阳辐射能量(包括直射光和散射光),$T_\uparrow$ 为大气上行透过率,S 为大气球面反照率,R_{app} 为近地表表观反射率,包含 SIF 的贡献。假设存在地面标准板,则标准板的近地表辐亮度为

$$L_{WLR} = \frac{E_{tot}}{\pi \cdot (1 - S \cdot R_{app})} \tag{8.17}$$

则经大气订正后的近地表辐亮度(L_{TOC})为

$$L_{TOC} = R_{app} \cdot L_{WLR} \tag{8.18}$$

至此,将大气层顶问题完全转化至大气层底,利用近地表传感器观测辐亮度基本公式:

$$L_{TOC} = \rho(\lambda) \cdot L_{WLR}(\lambda) + F_s(\lambda) \tag{8.19}$$

假设地表反射率和荧光光谱满足特定的数学函数(如线性、高次多项式或高斯函数等),结合最小二乘原则进行 SIF 的光谱拟合反演。

$$\min \sum (L_{TOC}(\lambda) - \rho(\lambda) \cdot L_{WLR}(\lambda) - F_s(\lambda))^2 \tag{8.20}$$

SFM 算法被选为 FLEX 计划标准荧光反演算法(Vicent et al.,2016),Cogliati 等(2015)基于 FLEX-FLORIS 模拟数据,在 O_2-A、O_2-B 波段应用多种 SFM 算法进行了大气

层顶 SIF 反演,并评价了各算法的性能。

目前 SFM 算法的测试通常在模拟环境下实现,本节利用 SCOPE 与 MODTRAN5 模拟得到了 0.3 nm 条件下与 FLEX-FLORIS 传感器具有类似信噪比的模拟数据如图 8.15 所示,进行了基于 SFM 算法的 O_2-A、O_2-B 波段 SIF 反演。由于 O_2-A 吸收波段附近的反射率变化相对平缓,利用大部分简单的数学函数(多项式、分段三次样条等)拟合反射率与荧光光谱均可达到满意的精度;而 O_2-B 吸收波段位于反射红边,反射率变化大,需较高次多项式进行拟合。通过调研分析比较,在 O_2-A 和 O_2-B 波段,选用三次多项式模拟特定光谱区域的反射率,选用一次多项式模拟荧光光谱。图 8.16 和图 8.17 分别展示了 O_2-A 和 O_2-B 波段 SFM 算法的反演结果,表 8.9 展示了反演精度。

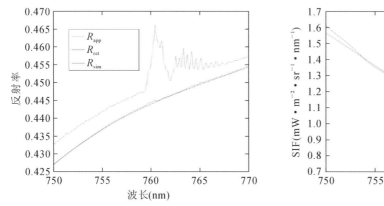

图 8.16　SFM 方法分离反射率与 SIF 结果(O_2-A 波段)

R_{app} 为经过大气校正的表观反射率;

R_{ret} 为反演得到的地表反射率;R_{sim} 为模拟的地表反射率;

SIF_{ret} 和 SIF_{sim} 分别为反演得到的和前向模型输入的 SIF 信号

表 8.9　基于严密大气辐射传输方程计算的 SIF 反演算法(SFM)精度

	O_2-A	O_2-B
R_{RMSE}	0.0147 mW $\cdot$ m^{-2} $\cdot$ sr^{-1} $\cdot$ nm^{-1}	0.0436 mW $\cdot$ m^{-2} $\cdot$ sr^{-1} $\cdot$ nm^{-1}
RRMSE	1.1%	4.64%

由图 8.16、图 8.17 和表 8.9 可知,SFM 算法在 O_2-A 波段反演表现好于 O_2-B 波段,其原因在于 O_2-A 波段处于远红-近红外高反射肩,植被冠层反射率高,因此暗线相对深度较深,SIF 对暗线的填充效果相比 O_2-B 波段更加明显,因此反演的鲁棒性较强。总的来说,在端对端模拟条件(对大气条件的绝对知晓和对大气辐射传输过程的完美描述)下,SFM 算法可以实现卫星尺度 O_2-A、O_2-B 波段 SIF 反演,获得较为可靠的精度。

8.4.2.3　SVD 算法优化与评价

本小节详细介绍 SVD 算法基本原理,并基于模拟数据展示 SVD 算法优化的方法,最后基于航空遥感数据实现基于 SVD 算法的 SIF 反演。

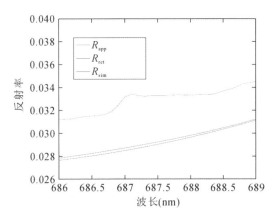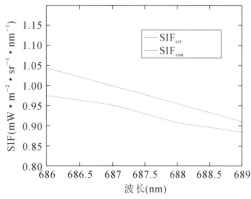

图 8.17　SFM 方法分离反射率与 SIF 结果(O_2-B 波段)

R_{app} 为经过大气校正的表观反射率；

R_{ret} 为反演得到的地表反射率；R_{sim} 为模拟的地表反射率；

SIF_{ret} 和 SIF_{sim} 分别为反演得到的和前向模型输入的 SIF 信号

大气层顶辐亮度可近似表达为非荧光光谱与荧光光谱的叠加形式：

$$L_{TOA} = \frac{\mu_0 \cdot I_{sol}}{\pi}\Big[\rho_0 + \frac{\rho_s \cdot T_{\uparrow\downarrow}}{1 - S \cdot \rho_s}\Big] + \frac{F_s \cdot T_\uparrow}{1 - S \cdot \rho_s} \tag{8.21}$$

式中，ρ_s 和 ρ_0 分别表示地表和大气对太阳辐照度的后向散射。公式(8.21)右边第一项为非荧光光谱，第二项为荧光光谱。SVD 算法认为，非荧光光谱部分可进一步分解为低频信息和高频信息，其中低频信息由大气后向散射(ρ_0)、大气球面反照(S)和地表反射(ρ_s)贡献，高频信息则由太阳大气和地球大气分子的吸收贡献(即夫琅禾费线和大气吸收线)。低频信息平滑，可表达为波长的高次多项式函数；高频信息具有特定的变化规律，可视为少量统计特征波谱的线性叠加，这些特征波谱则由传感器对非荧光目标观测的光谱进行特征提取(SVD)得到。荧光信号则可表达为特定的数学函数或具有固定光谱形状的谱线。因此，公式(8.21)可改写为

$$L_{TOA} = \Big(\sum_{i=0}^{n_p} a_i \cdot \lambda^i\Big) \cdot \sum_{j=1}^{n_V} \alpha_j \cdot v_j + F_s \cdot h_F \cdot T_\uparrow \tag{8.22}$$

式中，n_p 为多项式次数，n_V 为使用非荧光特征个数(通常只取前几个主要特征)，v_j 为训练得到的高频变化特征，a_i 和 α_j 为拟合参数，h_F 为荧光形状函数，通常取高斯函数或通过模型模拟得到，因此，一旦得到大气上行透过率，则公式(8.22)中的自由变量为 a_i、α_j 和 F_s，则求解 SIF 变为线性最小二乘求解问题。

数据驱动算法本质上是一种与统计特征相关的经验-物理混合的半经验算法，算法表现与传感器特性密切相关，因此通常需要结合数据特点进行优化，采用端对端模拟(end-to-end simulation，E2E simulation)的方式确定算法中的一些关键参数并评价算法表现。本节通过构建 SCOPE-MODTRAN5 查找表模拟得到了 FLEX-FLORIS 传感器在不同地表-大气条件下的辐亮度光谱数据，进行端对端 SIF 反演模拟，展示数据驱动算法优化方法。

在数据驱动算法的实际应用中，首要问题是确定反演窗口。反演窗口决定了窗口内夫

琅禾费线特征的多少,通常传感器的光谱分辨率及信噪比越高,所需反演窗口越窄。对于不同反演窗口,重构非荧光目标光谱所需要的特征向量个数(n_v)不同,过小的n_v不足以表达高频信息,过大的n_v容易导致对噪声的过拟合。此外,前向模型中h_F通常设置为波长的高斯函数,实际情况下SIF光谱的远红波峰虽然固定在740 nm附近(由SIF发射的生理机制决定),但其波形可能随冠层结构、叶片特性发生改变。因此,h_F与实际冠层尺度的SIF光谱的差异会对反演造成潜在影响。综上,本节考虑的优化参数包括反演窗口、特征波谱个数n_v和SIF波形函数h_F,具体如表8.10所示。

表8.10　陆碳卫星数据驱动SIF反演算法设计优化参数

反演窗口(nm)	[720,758](含强水汽吸收波段) [735,758](含弱水汽吸收波段) [745,758](大气窗口波段)
特征个数(n_v)	2～9(依据反演窗口宽度而改变)
荧光波形函数(h_F)	$h_F = \exp\left[\dfrac{-(\lambda-\mu_h)^2}{2\sigma_h^2}\right]$,$\mu_h=740$ nm,$\sigma_h=[20,30,40]$ nm

端对端模拟结果从精密度(precision)和准确度(accuracy)两方面评价。精密度为反演对噪声的敏感性,通过SIF输入值与SIF反演值线性回归模型的决定系数(coefficient of determination,R^2)衡量;准确度反映反演值与真实值的偏差,通过SIF输入值与SIF反演值线性回归模型的斜率(slope)和截距(bias)衡量。图8.18展示了不同反演窗口下的端对端SIF反演结果。对于不同窗口,这里使用了不同的n_v,n_v对反演结果的影响将在后文讨论。由图8.18的结果可以看出,SIF反演的精密度随反演窗口的拓宽而提升,720～758 nm、735～758 nm和745～758 nm三个窗口端对端反演的R^2分别为0.866、0.765和0.613,表明窗口越宽,反演的抗噪性越强,鲁棒性越好。与精密度不同,反演的准确度随窗口的拓宽而降低:虽然三个窗口的端对端反演均取得了较小的bias(三个窗口的端对端反演bias分别为0.03、-0.037和-0.043),但反演窗口越窄,端对端反演结果的斜率越接近于1。这表明反演窗口越窄,反演值总体上越接近于真实值。

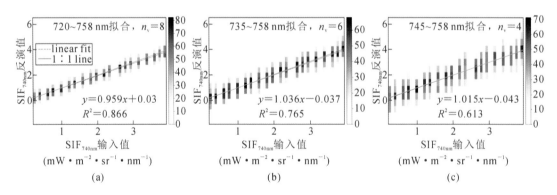

图8.18　720～758 nm(a)、735～758 nm(b)和745～758 nm (c)三个窗口端对端SIF反演结果
前向模型中n_p统一设置为3,h_F依照表8.10设置($\sigma_h=30$ nm)

图 8.19 展示了不同窗口下,端对端反演的精密度与准确度随 n_v 的变化。从图 8.19(c) 的结果中可以看出,对于 735～758 nm 和 745～758 nm 两个窗口的反演,R^2 几乎不随 n_v 的变化而改变(除 745～758 nm 的反演 R^2 随 n_v 增加而稍有下降);对于 720～758 nm 窗口,R^2 随 n_v 的增加而增加,在 $n_v=8$ 时达到最大,在 $n_v=9$ 时稍有下降。735～758 nm 和 745～758 nm 两个窗口的反演准确度对 n_v 的敏感性较低(斜率接近于 1,截距接近于 0),而 720～758 nm 端对端反演的斜率和截距均对随 n_v 的改变发生较大变化,在 $n_v=8$ 时取得最佳反演准确度。

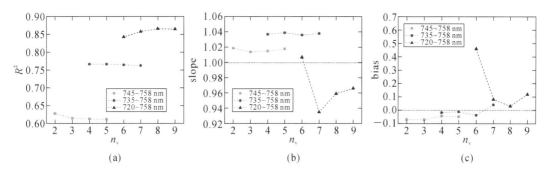

图 8.19　720～758 nm、735～758 nm 和 745～758 nm 三个窗口端对端 SIF 反演精密度[$R^2(a)$]和准确度
[slope(b)和 bias(c)]对 n_v 参数的敏感性分析
slope=1 和 bias=0 标准线(无偏差)用红色虚线标出;
前向模型中 n_p 统一设置为 3,h_F 依照表 8.10 给出的公式设置($\sigma_h=30$ nm)

图 8.20 展示了不同反演窗口内改变前向模型中 h_F 的 σ_h 参数时的反演结果。从图 8.20(c)的结果中可以看出,三个窗口内的反演精密度(R^2)均不随 σ_h 的改变发生变化,但 σ_h 会影响反演的准确度(slope 和 bias)。720～758 nm 的 slope 和 bias 对 σ_h 的变化较敏感,slope 在 $\sigma_h=30$ nm 时最接近于 1,当 σ_h 设置为 20 nm 时反演的 bias 较大;对 735～758 nm 和 745～758 nm,反演在 $\sigma_h=30$ nm 时 slope 最接近于 1,反演的 bias 均较小。

为了进一步验证优化后的 SVD 算法的可行性与合理性,基于 HyPlant 航空遥感数据,利用优化后的 SVD 算法进行 SIF 反演。HyPlant 是 FLEX-FLORIS 荧光成像仪的航空模拟器,在光谱范围 670～780 nm 内具有 1 024 个波段,本节所使用的 HyPlant 数据为 Duke Forest 实验区($35°58'12''$N,$78°5'24''$W)的航飞数据,地面主要土地覆盖类型为浓密森林,飞行时间为当地时间 2013 年 10 月 25 日 10:09 至 16:40,数据获取时间大约在上午 10:30。

选取影像内归一化差值植被指数(normalized difference vegetation index,NDVI)小于 0.05 的像元作为非荧光目标构成训练集,进行高频波谱特征提取,应用于整幅影像内的 SIF 反演。图 8.21 展示了前向模型对 HyPlant 辐亮度光谱的拟合结果和反演的平均拟合残差。从图 8.21 的结果看,前向模型取得了较好的拟合效果,表明提取的特征与多项式的组合可以较好地表达辐亮度光谱中的高频、低频变化特征;无 SIF 项时的拟合残差在夫琅禾费线波段明显高于含 SIF 项时的拟合残差,表明 HyPlant 数据条件下 SIF 对 735～758 nm 窗口内的夫琅禾费线填充效果明显。

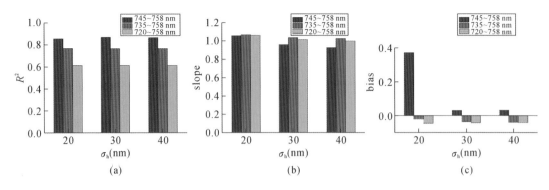

图 8.20　720～758 nm、735～758 nm 和 745～758 nm 三个窗口端对端 SIF 反演精密度（R^2（a））

和准确度[slope（b）和 bias（c）]对 σ_h 参数的敏感性分析

前向模型中 n_p 统一设置为 3，三个窗口反演的 n_v 分别设置为 8、6 和 4

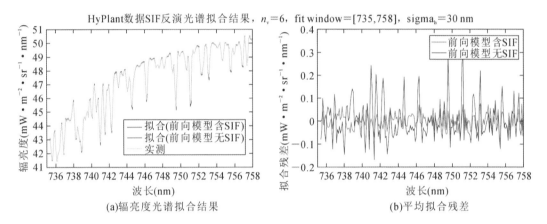

图 8.21　数据驱动算法在 HyPlant 数据的应用

　　图 8.22 展示了基于 HyPlant 数据的 SIF 反演结果。从图 8.22 的结果看，反演得到的 SIF 空间分布图与 NDVI 影像保持了较好的一致性，符合植被释放 SIF 的生理机制：生长旺盛的植被光合作用能力强，同等光照条件下释放更强的 SIF 信号；与此同时，相比于 NDVI 图像，SIF 分布图的"椒盐噪声"现象明显，可能的原因包括：①SIF 对光照的敏感性和其具有的表达光合作用细节的能力使得 SIF 本身包含比 NDVI 更多的信息；②SIF 反演受随机误差的影响较大，导致 SIF 空间分布图出现"椒盐噪声"现象；③航飞区域内缺少非荧光目标像元，构成的非荧光训练集代表性不足，使 SIF 反演出现一定偏差（SIF 负值）。相比于 735～758 nm 的反演结果，745～758 nm 的 SIF 分布图"椒盐噪声"现象更加明显，说明后者对噪声的敏感性更强，与端对端模拟的结果一致。

8.4.3　基于 SIF 的农业干旱监测

　　干旱是人类面临的主要自然灾害之一，由干旱导致的植被生产力下降不仅会破坏区域

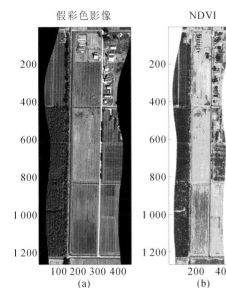
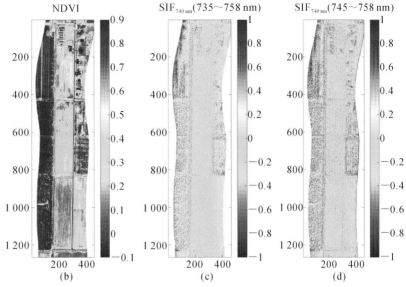

图 8.22　基于 HyPlant 数据的 SIF 反演结果

(a) HyPlant 数据假彩色合成影像;(b) NDVI 影像;

(c) 735~758 nm 窗口 SIF 反演结果;(d) 745~758 nm 窗口 SIF 反演结果

生态平衡,还威胁人类的粮食安全(Breshears et al.,2005;Easterling,2000)。随着全球气候变化导致的温度升高,干旱发生的频率和严重程度逐年增加。研究表明,2000—2009 年的十年间,全球范围内干旱共导致植被净初级生产力(NPP)减少了 0.55 Pg C(Zhao and Running,2010)。针对大规模干旱的快速监测及准确评估对于保障人类粮食安全和理解陆表植被对全球气候变化的响应具有重要意义。然而,由于干旱成因及表现的复杂性,干旱监测难度重重。首先,干旱具有多重定义。通常干旱可分为气象干旱、农业干旱、水文干旱和社会经济学干旱等,所以很难定义什么是"真正的"干旱(Heim Jr,2002)。其次,干旱的起始点和结束点十分模糊,干旱在早期并无十分明确的表现,因此在起始阶段很难监测(Ji and Peters,2003;Wilhite,2000)。基于上述事实,人们提出了一些干旱指数用于干旱监测。常用的有帕尔默干旱严重指数(PDSI)(Palmer,1965)及标准化降水指数(SPI)等(McKee et al.,1993,1995),其中,PDSI 基于温度、降水和土壤湿度平衡模型计算而来,SPI 则仅由降水异常计算而来,但 SPI 具有多时间尺度的特性,可用以表征以当前时间点为参考的过去不同长度历史时期内干旱状况。这些指数由气象因子计算得来,对于监测气象干旱十分有效(Rhee et al.,2010)。

对于陆表植被来说,气象干旱并不意味着真实的干旱,因为植被的干旱胁迫状态还取决于地下水存储、农业灌溉等非气象因素,因此,仅靠气象干旱指数并不能有效地监测农业干旱。遥感技术可以提供长时间、大范围的陆表植被观测信息,这些信息有助于监测植被"真实"的受胁迫状态。基于遥感反射率的植被指数(如归一化差值植被指数 NDVI(Zhang et al.,2017a)及归一化水分植被指数 NDWI(Gao,1996)等,或一些较为综合性的植被指数(如植被状态指数 VCI(Jiao et al.,2016;Kogan,1995)及尺度干旱状态指数 SDCI(Rhee et al.,2010)等被广泛应用于农业干旱监测,这些植被指数与气象干旱指数之间的关系,表现了植被生长活性对干旱的响应,干旱指数与植被指数的综合分析成为监测农业-气象干旱的重要手段,有助于理解植被在干旱状态下的光合作用变化(Gu et al.,2007)。

虽然一些研究表明遥感数据能够有效地用于干旱监测,但基于遥感反射率的植被指数在干旱监测中具有"先天缺陷",其主要劣势在于,仅当干旱发展到一定阶段时(较为严重的干旱已经发生),植被指数才能表现出"响应"。这是由于当植被处于早期水分或高温胁迫时,叶片色素含量和冠层结构尚未改变,冠层反射率光谱不能"快速响应",表现为植被指数不能发生明显变化。举例来说,当植被受到短期干旱胁迫时,仍有可能表现出很高的 ND-VI,通常 NDVI 对降水的响应延迟可达 1~2 个月(Di et al.,1994;Yang et al.,1997),对于某些地区(如美国中部大平原),NDVI 对降水的相应延迟可达 3 个月(Ji and Peters,2003)。虽然一些综合的植被指数(如 VCI、SDCI 等)相较于 NDVI 有较好的表现,但是基于植被指数的农业干旱监测终究利用的是冠层反射率的变化信息,而后者对干旱的敏感性在于叶绿素含量、水分含量及冠层结构对干旱的响应,而非光合作用本身对干旱的响应,其变化通常无法反映植被由环境胁迫导致的生理变化(Dobrowski et al.,2005;van der Molen et al.,2011)。除此之外,植被指数通常用于表征"绿度",在农业干旱监测中,评估由干旱导致的植被生产力的下降往往更有意义。因此,基于遥感反射率植被指数的干旱监测面临"延迟"和"间接"两大问题。

不同于冠层反射率,SIF 源于 APAR,且本身为光反应中的副产品。微观尺度下荧光、光合固碳耗能及热耗散之间的密切联系使得 SIF 与植被绿度密切相关的同时,具备快速反映植被因环境胁迫导致的光合作用变化的潜力。有研究表明,SIF 能够快速反应植被水分胁迫状态,且能够较为准确地捕捉土壤水分含量变化的信息(Sun et al.,2015;Zarco-Tejada et al.,2013)。此外,SIF 与 GPP 的强线性相关性使得基于 SIF 的干旱监测能够更加直观地体现干旱导致的植被生产力损失(Zhang et al.,2019b)。

因此,相比于传统基于遥感反射率的植被指数,理论上 SIF 在干旱监测中具有"快速"和"直接"的优势。Lee 等(2013)基于 GOSAT SIF 数据对亚马孙地区干旱导致的光合作用下降进行了评估;Yoshida 等(2015)基于 GOME-2 SIF 进行了俄罗斯地区干旱监测,发现 GOME-2 SIF 能够有效表达 GPP 的下降,且能够同时追踪 APAR 和 LUE 的变化;Sun 等(2015)发现 SIF 异常与土壤水分含量(SWC)异常存在正相关关系。

虽然上述研究均表明 SIF 具有干旱监测的潜力,但是并未发掘 SIF 对气象干旱的响应特点,缺乏针对干旱响应敏感性的分析,对于 SIF 能否帮助解决遥感干旱监测的"延迟性"问题仍然存疑。基于上述背景,本节基于卫星 SIF 数据、气象干旱指数数据及遥感植被指数数据,通过研究多年间卫星 SIF 数据与多种气象干旱指数之间的关系,探究了 SIF 相比于反射率植被指数是否对短期干旱更加敏感;结合具体农业干旱事件(美国中部大平原 2012 年严重干旱),对比了 SIF 与 GPP 在干旱年份的异常,评估 SIF 对于干旱导致的植被生产力下降的指示能力;最后,基于气象干旱指数、NDVI 和 SIF 分析了 2012 年美国中部大平原干旱的时空变化趋势,并讨论了基于 3 种指数监测结果的异同(Wang et al.,2016)。

8.4.3.1　数据与方法

本节选择美国中部大平原作为研究区,该研究区坐落于美国中部,位于半干旱气候至半湿润气候过渡地带,易受干旱侵袭,且该地区的植被类型以草地和农田为主,对降水和土壤水分含量敏感。图 8.23 展示了研究区的基本情况,涉及 3 个州:南达科他州(South Dakota,编号 39)、内布拉斯加州(Nebraska,编号 25)和堪萨斯州(Kansas,编号 14)。研究区中植被呈连续大面积分布态势,利于研究大尺度干旱事件。图 8.23 中的土地覆盖信息来自 MO-DIS 分类产品(MCD12Q1,2013),本节展示的一些结果与讨论将以美国国家气象数据中心(NCDC)定义的气候子区域(climate division,CD)为单元。

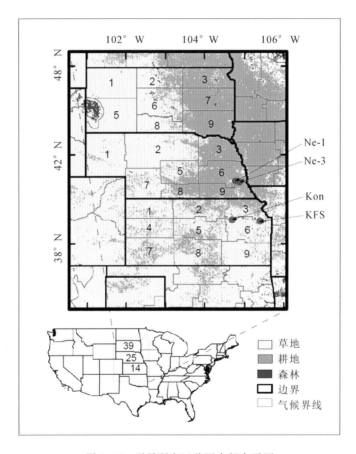

图 8.23　干旱研究区美国中部大平原

39、25 和 14 分别为州编码,大图中 1~9 的数字为气候子区域编码;
后文中将以州编码+气候子区域编码的方式表达某一气候子区域。Ne-1、Ne-3、Kon 和 KFS 为本节中
所用到的通量站点名称,红色圆点代表农作物站点,蓝色圆点代表草地站点

　　本节选择了 2 种应用较为广泛且与农业干旱密切相关的气象干旱指数,即标准化降水指数 SPI 和帕尔默干旱严重指数 PDSI,用于表征气象干旱条件,探究 SIF 对气象干旱的响应。SPI 指数首先将某地在相当长的一段历史时期内(如 30~50 年)某一具体时段(如 5 月)的降水量表达为标准正态分布概率密度函数,再对比该地该时段降水量与历史同期记录的该地该时段降水量,计算得到当前该地该时段的 SPI。SPI 可以表达不同时段的降水异常状况,为了对比 SIF 和反射率植被指数对短期气象干旱的响应,本节使用了 3 个短期 SPI,即

SPI-1、SPI-2 和 SPI-3,用以表达过去 1 个月、2 个月和 3 个月的干旱状况。除 SPI 外,还使用了基于月温度、降水和土壤水平衡模型的 PDSI。PDSI 同时考虑了温度和降水异常与当地植被生长情况,适用于短期农业干旱监测。不同尺度 SPI 与 SIF/植被指数的关系表达了后者对不同尺度内降水异常的响应;PDSI 与 SIF/植被指数的关系表达了后者对短期内综合干旱胁迫的响应。本节中使用的月尺度 SPI 和 PDSI(2008—2013 年)由 NCDC 提供。

本节所用的 GOME-2 SIF 数据为 NASA 发布的 GOME-2 v26 level 3 SIF 产品(0.5°格网月平均数据)(Joiner et al.,2016)。为了对比 SIF 与传统植被指数的干旱响应敏感性,考虑使用了 2 个在干旱监测中较常用到的植被指数:NDVI(Huete et al,2002)和 NDWI(Gao,1996)。2 个指数的计算公式如下:

$$NDVI = \frac{\rho_{NIR} - \rho_R}{\rho_{NIR} + \rho_R} \tag{8.23}$$

$$NDWI = \frac{\rho_{NIR} - \rho_{SWIR}}{\rho_{NIR} + \rho_{SWIR}}$$

式中 ρ_R、ρ_{NIR} 和 ρ_{SWIR} 分别为红、近红外和短波红外反射率。

本节使用的 MODIS 月平均植被指数产品(MOD13A3,1 km)由 MODIS LAADS 网站提供,其中包含月平均 NDVI 和月平均反射率(MODIS 1~7 波段)。所用通量数据由 AmeriFlux 网站提供,通过通量塔安装的涡度相关(eddy covariance,EC)仪器记录某一通量站点附近范围内的碳水通量交换数据。原始碳通量数据只能够计算得到碳通量净交换(NEE),GPP 估算则需要首先以模型估算呼吸强度,然后与 NEE 相加得到。所用 GPP 由通量站点基于日间呼吸模型 partitioning 方法得到(Lasslop et al.,2010)。原始 GPP 数据的时间分辨率为 0.5 h(经过 gap-fill 处理),本节将其重采样至月平均用于后续分析。通量站点的位置分布见图 8.23,基本信息见表 8.11。

表 8.11　所用通量站点基本信息

站点名	经度	纬度	植被覆盖类型	数据时间范围
US-KFS	95°11′24″W	39°3′36″N	草地	2008—2013 年(2009 年缺失)
US-Kon	96°33′36″W	39°4′48″N	草地	2008—2013 年
US-Ne1	96°17′24″W	41°6′N	农作物(玉米/大豆)	2010—2012 年(5—10 月)
US-Ne3	96°26′24″W	41°10′48″N	农作物(玉米/大豆)	2010—2012 年(5—10 月)

本节首先分析了 SIF 与不同干旱指数的关系,探究 SIF 对气象干旱的响应,并分月讨论。此外,本节仅对 5—10 月(植被生长旺季)的干旱状况进行了分析和讨论。由于本研究所用数据跨度为 6 年,每个气候子区域每月仅有 6 个数据点,因此临近的 2 个气候子区域被合并分析。随后对比了传统植被指数对干旱指数的响应。最后对比了干旱年份 GPP 与 SIF 相对于干旱年份的变化,并以正常年份作为对比,以气象干旱指数、SIF 和 NDVI 监测了 2012 年美国中部大平原的干旱时空变化状况。图 8.24 展示了本节研究的技术路线。

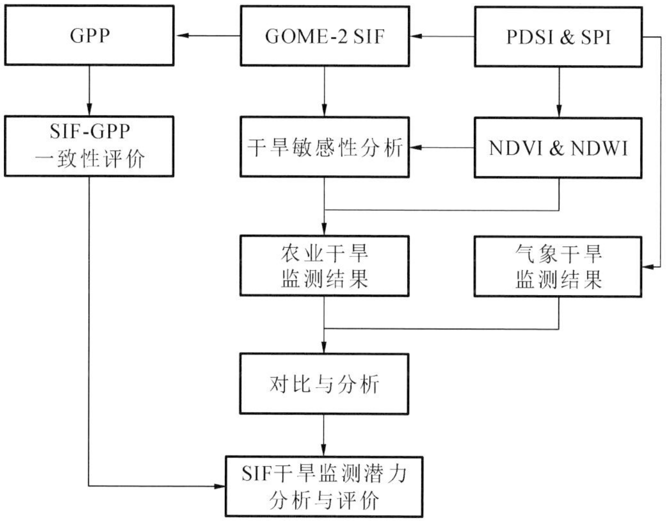

图 8.24　基于气象干旱指数、SIF、植被指数及 GPP 数据的 SIF 干旱监测潜力技术路线

8.4.3.2　结果与讨论

1.SIF 对气象干旱的响应

图 8.25、图 8.26、图 8.27 展示了不同气候子区域组合 GOME-2 SIF 和不同尺度 SPI 指数间的相关关系图(按月进行相关分析)。由结果看,对于 6—9 月,几乎所有的气候子区域中 SIF 与不同尺度的 SPI 指数均存在显著($p<0.05$)的正相关关系,但相关系数(r)的大小与 SPI 的时间尺度和所讨论的月份有关。SIF 与 SPI-1 的相关系数并未明显低于 SIF 与 SPI-2 或 SPI-3 的相关系数,且对于气候子区域组合 1401 和 1404、3901 和 3905,SIF 与 SPI-1 指数的相关系数反而更高,说明对于这些气候子区域,SIF 对短期干旱状况十分敏感。对于气候子区域组合 1406 和 1409、2501 和 2502,SIF 与 SPI-1 指数的相关系数较低,这些气候子区域位于土壤湿润的密西西比盆地(Anderson et al.,2011),因此地下存储水可能会减轻短期气象干旱对植被光合作用的影响。

对于位于较高纬度的气候子区域组合 3901 和 3905,6 月的 SIF 与 SPI-2 和 SPI-3 相关关系并不显著;对于位于较低纬度的气候子区域(如气候子区域组合 1401 和 1406、2501 和 2502),6 月中 SIF 与 SPI-3 的相关系数高于其他月份。这可能与不同纬度植被所处的物候期不同有关,低纬度地区植被的生长季比高纬度地区植被开始得更早,因此,6 月时,高纬度草地植被尚未进入生长旺季,光合作用对降水不敏感,而低纬度地区的草地植被已处于生长旺季,生长状态对降水具有较强的敏感性。对于 9 月,SIF 与 SPI 指数的相关系数通常低于其他几个月份。虽然干旱对于植被生长和光合作用强度的影响贯穿于整个生长季(Kramer and Boyer,1995),但植被光合作用对水分胁迫的敏感性取决于植被本身所处的物候期。7—8 月是北半球植被全年中的生长旺季,在该时段植被对水分的需求最大,对降水展现出最强的敏感性。

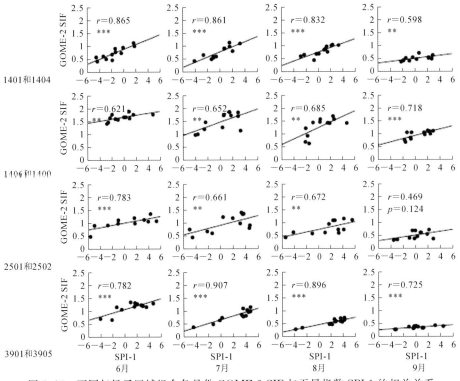

图 8.25　不同气候子区域组合各月份 GOME-2 SIF 与干旱指数 SPI-1 的相关关系

图中 r 为相关系数，"＊＊"和"＊＊＊"分别代表 0.05 和 0.01 显著性水平

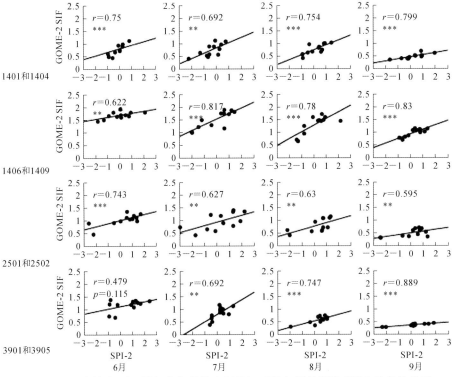

图 8.26　不同气候子区域组合各月份 GOME-2 SIF 与干旱指数 SPI-2 的相关关系

图中 r 为相关系数，"＊＊"和"＊＊＊"分别代表 0.05 和 0.01 显著性水平

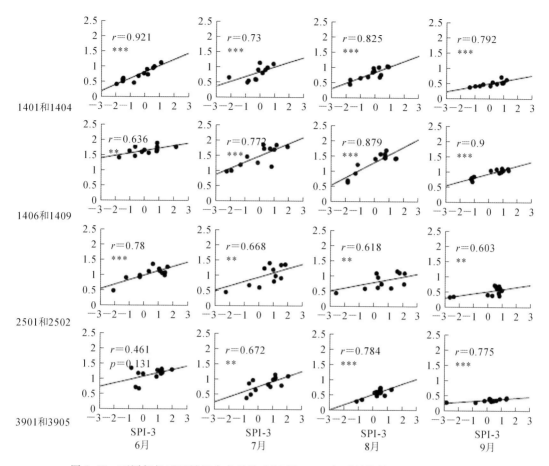

图8.27　不同气候子区域组合各月份 GOME-2 SIF 与干旱指数 SPI-3 的相关关系

图中 r 为相关系数,"＊＊"和"＊＊＊"分别代表 0.05 和 0.01 显著性水平

表8.12　生长旺季中不同气候子区域组合 NDVI 与多尺度 SPI 的相关系数

气候子区域组合	6 月			7 月			8 月		
	SPI-1	SPI-2	SPI-3	SPI-1	SPI-2	SPI-3	SPI-1	SPI-2	SPI-3
1401 和 1404	0.682	0.736	0.928	0.687	0.865	0.862	0.477	0.699	0.807
1406 和 1409	0.690	0.710	0.695	0.805	0.888	0.867	0.450	0.814	0.898
2501 和 2502	0.622	0.724	0.781	0.687	0.659	0.762	0.743	0.744	0.711
3901 和 3905	0.494	0.545	0.552	0.440	0.518	0.636	0.829	0.806	0.811

表8.12 给出了不同气候子区域组合内植被指数 NDVI 与多尺度 SPI 在生长旺季内 (6—8月)的相关系数,图8.28 对比了以草地为主要植被类型的 4 个气候子区域中整个旺盛生长季内 SIF 和植被指数(NDVI 和 NDWI)与 SPI 指数的相关系数。从表8.12 和图8.25 的结果看,总体上 SIF 与 SPI-1 的相关系数高于植被指数与 SPI-1 的相关系数,而植被指数与 SPI-3 的相关系数高于 SIF 与 SPI-3 的相关系数。SPI 与植被指数的相关系数随着 SPI 的时间尺度增加而提升,与前人的研究结果相一致(Ji and Peters,2003),表明光谱反射率植

被指数更能够反映过去一个较长时间段内干旱对植被的影响。相较之下,在一些气候子区域中,SIF 与不同尺度 SPI 相关系数的特点与 NDVI 类似(如 1401、1404,SIF 与 SPI-2 和 SPI-3 的相关系数更高),而对于另外一些气候子区域,SIF 与 SPI-1 或 SPI-2 的相关系数高于 SIF 与 SPI-3 的相关系数(如 2501 和 3901)。这说明对于一些地区,SIF 对干旱的响应更多地保留了植被指数的特点,而对于另外一些地区,SIF 更能够反映短期内的干旱状况对植被光合作用产生的影响。

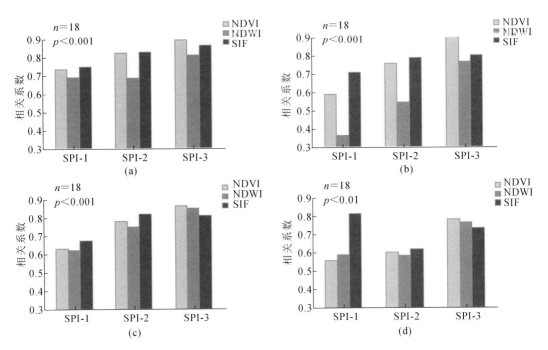

图 8.28 以草地为主要植被覆盖类型的气候子区域中生长旺季(6—8月)SIF、NDVI 和 NDWI 与不同尺度 SPI 的相关系数

(a)、(b)、(c)、(d) 分别对应气候子区域 1401、1404、2501 和 3901 的结果,

图中“n”为回归分析中的数据点个数,p 代表 SIF 与多尺度 SPI 的最低显著性水平

图 8.29 展示了不同气候子区域组合 GOME-2 SIF 和干旱指数 PDSI 之间的相关关系图(按月进行相关分析)。从图 8.29 的结果看,SIF 与 PDSI 存在普遍的显著正相关关系(除9月外),且相关系数通常高于 SIF 与 SPI 的相关系数。PDSI 综合代表了降水、温度及土壤水分异常导致的干旱,而高温和缺水均可能导致光合作用的变化(Souza et al.,2004)。前人的研究表明,植被在受到高温和缺水胁迫时,由于热耗散的增加,叶片尺度的荧光产率会降低(Briantais et al.,1996;Chen et al.,2019);从冠层尺度讲,干旱同时会导致 APAR 的下降,从而降低冠层释放的 SIF(Ač et al.,2015)。SIF 与 PDSI 显著的正相关关系表明 SIF 对短期(1 个月)内由高温和缺水导致的干旱胁迫响应显著。

本节中的结果表明,研究区内多年间卫星 SIF 数据对气象干旱的响应显著,且经过时空平均的卫星 SIF 数据仍然保持了对短期干旱的较强敏感性,SIF 相比于植被指数表现出更好的反映短期农业干旱的潜力。

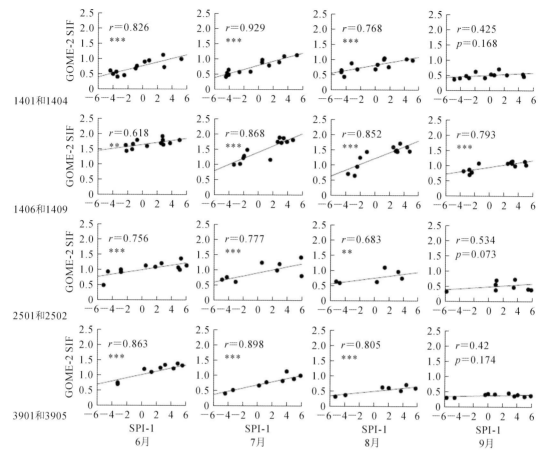

图 8.29　不同气候子区域组合各月份 GOME-2 SIF 与干旱指数 PDSI 的相关关系

图中 r 为相关系数，"＊＊"和"＊＊＊"分别代表 0.05 和 0.01 显著性水平

2. 干旱胁迫下 SIF 与 GPP 响应的关系

相比于植被指数，SIF 在监测大尺度干旱中的另一大优势在于 SIF 异常可用于直接表示由干旱导致的 GPP 下降。图 8.30 展示了多年间 GOME-2 SIF 与 GPP-EC 的季节性变化趋势，从图 8.30 的结果看，对于本节选取的 4 个通量站点，SIF 与 GPP 在整体上呈现类似的时间序列变化规律，细节上二者的不一致性可能由通量塔足印（直径 1 km 左右的圆形区域）与 GOME-2 数据分辨率（40 km×40 km）的不匹配、GPP 估算的不确定性和 SIF 反演的误差所致。

2012 年 5—8 月，美国中部大平原的常规性降雨未能如期而至，使得该地区经历了十分严重的干旱灾害。对于没有农业灌溉的三个站点（KFS、Kon 和 Ne-3），2012 年 GPP 和 SIF 相较于往年出现了明显的下降，表 8.13 展示了这三个站点 2012 年夏季的 GPP 和 SIF 最大值相较于 2010 年的下降比例。三个站点 7 月的 SIF 和 GPP 的下降均超过 20%，8 月则出现 10%～40%的下降，同时段净初级生产力 NPP 也发生了明显下降。随着降水的到来，2012 年大平原干旱从 9 月开始得到缓解，GPP 也一定程度上得到了恢复。对于 Ne-1 站点，由于农业灌溉的原因,在 2012 年并未出现明显的 GPP 下降,但 SIF 仍出现了较大下降,原因在于 GOME-2 的足印达到 40 km×40 km,无法覆盖均一的灌溉农田。

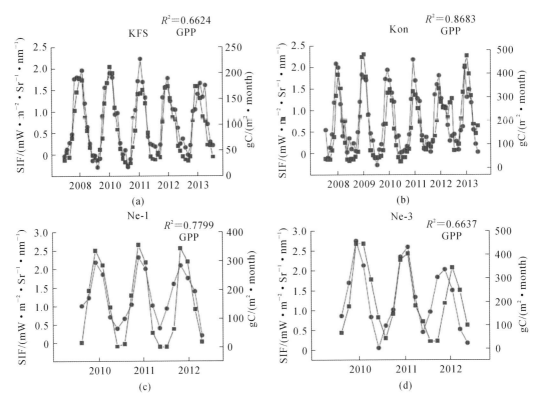

图 8.30　本节选取的 4 个通量站点 GOME-2 SIF 数据与 GPP-EC 的季节变化趋势
(a)、(b)中所用数据为全年 12 个月的记录数据,(c)、(d)中所用数据仅为生长季(5—10 月)记录数据

表 8.13　2012 年 7—8 月 SIF 与 GPP 相对于 2010 年的下降比例

站点	相对于 2010 年的下降百分比			
	SIF(7 月)	GPP(7 月)	SIF(8 月)	GPP(8 月)
KFS	29%	34%	43%	41%
Kon	25%	23%	16%	10%
Ne-3	26%	57%	29%	23%

3. 农业干旱时空变化分析

图 8.31 展示了 2012 年 5—10 月美国中部大平原干旱指数 SPI-3 的时空变化情况(以气候子区域为空间单位)。从图中可以看出,从 6 月开始,美国中部大平原发生大规模的严重气象干旱,以西部和中南部为甚;7—8 月气象干旱达到最高峰,主要集中在大平原中部地区;9 月虽然大部分中部地区的气候子区域 SPI-3 依旧较低,但南部地区的旱情已得到缓解,且北部地区的 SPI-3 低值主要由 7 月和 8 月的降水缺乏导致;直到 10 月美国中部大平原的气象干旱基本得到了大面积的缓解。从图 8.31 看,2012 年夏季气象干旱席卷了整个美国中

部大平原地区,由6月伊始,7—8月达到顶峰,9—10月逐渐消退。处于中低纬度的气候子区域经历了最严重的气象干旱;大平原东部农田区和西部草地(参照图8.23的植被覆盖类型)均在生长旺季经历了严重的降水不足。

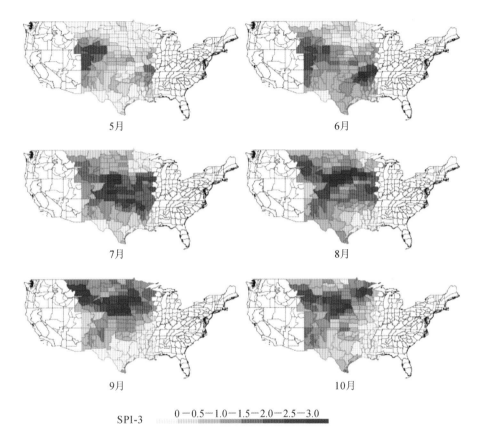

SPI-3   0—0.5—1.0—1.5—2.0—2.5—3.0

图8.31 2012年5—10月美国中部大平原气象干旱指数SPI-3时空变化情况

基于SIF对气象干旱的敏感响应和对农业干旱的指示意义(对GPP的指示意义),本节计算了2012年SIF相较于湿润年份(2010年)同期SIF的下降比例,以指示气象干旱对植被生产力造成的影响。图8.32展示了2012年5—10月美国中部大平原的SIF下降比例(相比于2010年同期),从图中的结果看,SIF异常与气象干旱的时空变化规律呈现出一定的相似性。依据SIF对GPP的指示意义,大规模的SIF下降表示了因干旱导致的GPP损失。整体上,2012年干旱对美国中部大平原整个生长季的植被生产力造成了严重破坏。5月,植被生产力的下降主要集中在南部和西部的有限地区;6月,植被生产力的下降遍布整个全国中部大平原西部地区,但相较之下西部地区的东部植被生产力仍处于正常水平;7—8月,植被生产力的下降几乎遍布整个美国中部大平原,又以中部大平原中西部最为严重;9—10月,大规模的植被生产力下降已基本消失。总体来说,主要的植被生产力损失集中在植被对水分需求最旺盛的生长旺季(6—8月),以中部大平原中西部地区最为严重。

图8.33展示了2012年美国中部大平原NDVI异常的时空变化情况。从图8.33的结

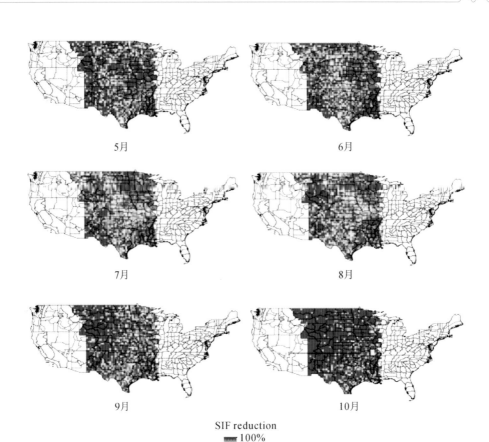

图 8.32   2012 年 5—10 月美国中部大平原 SIF 异常
(相较于 2010 年的下降百分比)时空变化情况

果看,5—8 月,NDVI 异常与 SIF 异常展现出相似的空间分布特性,表明 NDVI 同样体现了干旱导致的植被生产力下降。这是因为 NDVI 本身能够表示植被绿度,而植被绿度通常决定了植被的 fPAR,在月尺度上,由干旱导致的 fPAR(NDVI)下降能够较好地体现植被生产力的变化。NDVI 异常与 SIF 异常时空变化规律的主要区别有以下两点。

(1) 整体上,图 8.32 比图 8.33 的色度更偏红,表明干旱导致的 SIF 下降比例更多。这可能是由 SIF 与 NDVI 的不同指示意义以及 NDVI 本身的饱和性所致(Asner,et al.,2004;Gu et al.,2007)。首先,SIF 的单位是亮度,而 NDVI 则为无单位的指数(-1~1),通常 NDVI 与 PAR 的乘积与 SIF 具有更强的可比性(Zhang et al.,2019c);但是在干旱状态下高温和少水通常伴随着强辐射,因此 NDVI 与 PAR 的乘积可能会错误指示 APAR,所以本节并未将辐射因素加入 NDVI 与 SIF 的对比。此外,NDVI 对植被绿度指示存在饱和效应,在干旱状态下 NDVI 并不能准确表现干旱对植被生产力造成的真实破坏(Asner,2004;Gu et al.,2007)。

(2) 时空变化规律上,NDVI 异常与 SPI-3 更加一致,尤其在 9—10 月。前人的研究表明,美国中部大平原地区 NDVI 与 SPI-3 的相关系数高于与其他尺度 SPI 的相关系数,表明

NDVI 对过去 3 个月内的降水状况最为敏感(Ji and Peters,2003)，而 SIF 对短期干旱同样具有较强的敏感性(参照 SIF 与 SPI-1、SPI-2 和 PDSI 的较强相关性)，9—10 月的 NDVI 异常可能是由植被绿度对气象干旱的延迟响应所致。此外，9—10 月植被开始脱离生长旺季，植被绿度的下降并不能指示真实的植被生产力下降。另一方面，由于 SIF 本身受反演误差、重访周期和云等因素的影响，且 GOME-2 SIF 本身的空间分辨率较粗，NDVI 比 SIF 能够表达更多的细节信息，其监测结果受遥感数据质量影响较小。

上述 NDVI 与 SIF 的干旱监测结果的异同帮助阐明了 SIF 在大尺度干旱监测中相较于传统植被指数的潜在优势(反映短期干旱及直接反映植被生产力的变化)与存在的问题(数据本身的时空分辨率和质量)。

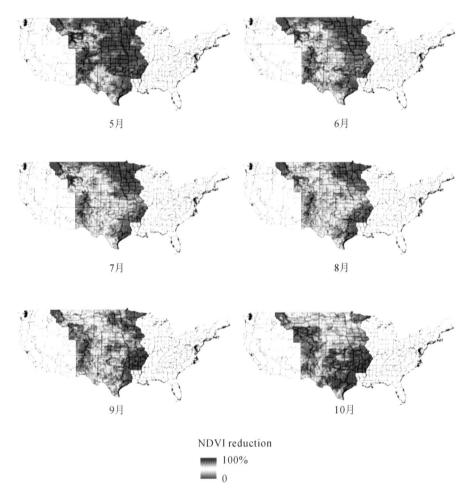

图 8.33　2012 年 5—10 月美国中部大平原 NDVI 异常
(相较于 2010 年的下降百分比)时空变化情况

4. 小结

干旱是一种成因复杂的自然灾害，通常表现为高温、少降水和强辐射。同时，干旱对植被的影响可大致分为生理性影响和结构性影响两方面。①生理性方面，高温和水分胁迫会导致热耗散主导光合作用中的能量分配,从而降低植被的光能利用效率(Chen et al.,2019;Porcar-Castell et al.,2014b);植被叶片在高温和缺水状态下还会通过关闭气孔来降低蒸腾作用以实现自我保护,气孔导度的变化会改变叶片与大气间 CO_2 交换的速率,从而影响植被的光合作用速率(Shan et al.,2019)。②结构性方面,干旱会使植被冠层含水量、叶绿素含量、冠层浓密程度(叶面积指数)甚至叶倾角会发生变化,这些结构性参数的变化改变植被冠层的光学特性,体现在冠层光谱反射率的改变(Verrelst et al.,2015;Verrelst et al.,2016)。生理性方面的变化通常贯穿干旱发生的各个阶段,而冠层结构参数通常需要干旱发展到一定阶段才会发生改变,这使得基于光谱反射率的植被指数对干旱的敏感性止步于冠层结构参数对干旱的敏感性(光化学指数 PRI 除外),使其对干旱的响应具有一定延迟性。

从遥感角度讲,SIF 不仅含有植被绿度信息(源自 APAR),且叶绿素荧光参与光反应中的能量分配,理论上能够更快速地反映植被因干旱胁迫导致的光合作用变化,具有体现干旱对植被的生理性影响的潜力。本节中 SIF 与短期气象干旱指数的强相关性表明,卫星 SIF 数据具有对短期干旱的响应能力。有研究表明,卫星 SIF 数据能够先于反射率植被指数对热浪做出响应(Song et al.,2018;Zhang et al.,2019b)。

除了对短期干旱状态更加敏感外,SIF 相对于 NDVI 的另一个潜在优势在于其对真实农业干旱的指示意义。研究表明,SIF 与 GPP 在不同尺度均有较强的线性相关性。SIF 源于叶绿素吸收的 APAR($APAR_{chl}$),而 NDVI 与冠层吸收的总 APAR 更加相关,前者更能够表示光合作用中真实的入射能量(Gitelson and Gamon,2015;Gitelson et al.,2014)。虽然最近有研究提出,SIF 与 GPP 的强相关关系源自 SIF 与 APAR 的密切关系(Miao et al.,2018;Yang et al.,2018),与 LUE_p 似乎无关,但较为公认的是,SIF 比传统反射率植被指数更能体现真实的光合作用强度,因此能够更加直接地反映农业干旱状况及干旱造成的植被生产力损失。

气象干旱并不意味着农业干旱。除气象因素外,植被生产力还受到地下水存储、人工灌溉等因素的影响。上述结果表明,在同样发生严重气象干旱的情况下,美国中部大平原西部比东部遭受了更严重的植被生产力损失,原因在于美国中部大平原东部地区的地下水含量较高,且多为受农业灌溉的农田区。然而研究表明,大平原地区的大面积灌溉改变了当地降水分布,且未来该地农业灌溉面临无水可用的局面(DeAngelis et al.,2010)。因此,虽然农业灌溉等因素可以在一定程度上缓解气象干旱导致的农业干旱,但气候变化所致的频发热浪已经对自然环境造成极大的破坏,且人类的干预行为一定程度上加剧了这种破坏。

本节利用 GOME-2 SIF 数据,结合气象干旱指数,探究了卫星 SIF 数据对气象干旱的敏感性,并对比传统遥感植被指数,结合 2012 年美国中部大平原干旱事件,评价了卫星 SIF 数据在大尺度干旱监测中的应用潜力,得到了以下主要结论:

(1)月尺度上 SIF 与多尺度 SPI 指数均存在较强的相关关系,且相对于植被指数 NDVI 和 NDWI,SIF 与 SPI-1 的相关系数更高,表明 SIF 具有快速响应气象干旱的潜力。

(2)SIF 与 PDSI 指数的相关系数普遍高于 SIF 与 SPI 指数的相关系数,表明 SIF 对高温-缺水综合胁迫的敏感性高于对单一气象因子(缺水)的敏感性。

（3）研究区 SIF 与 GPP 存在较强的相关关系,并且能够捕捉干旱年份 GPP 的下降,表明 SIF 具备反映由气象干旱导致的植被生产力变化(农业干旱)的潜力。

（4）虽然 2012 年 5—10 月气象干旱席卷了整个美国中部大平原,大平原西部比大平原东部遭受了更为严重的农业干旱。

参 考 文 献

Ač A，MALENOVSKÝ Z，OLEJNíč KOVá J，et al.，2015. Meta-analysis assessing potential of steady-state chlorophyll fluorescence for remote sensing detection of plant water，temperature and nitrogen stress[J]. Remote Sensing of Environment，168，420-436.

ANDERSON M C，HAIN C，WARDLOW B，et al.，2011. Evaluation of Drought Indices Based on Thermal Remote Sensing of Evapotranspiration over the Continental United States[J]. Journal of Climate，24(8)：2025-2044.

ASNER G P，NEPSTAD D，CARDINOT G，et al.，2004. Drought stress and carbon uptake in an Amazon forest measured with spaceborne imaging spectroscopy[J]. Proceedings of the National Academy of Sciences of the United States of America，101(16)：p. 6039-6044.

KATJA B，CLEMENT A，MARTIN D，et al.，2018. Evaluation of the PROSAIL Model Capabilities for Future Hyperspectral Model Environments：A Review Study[J]. Remote Sensing，10(2)：85.

BRESHEARS D D，COBB N S，RICH P M，et al.，2005. Regional vegetation die-off in response to global-change-type drought[J]. Proceedings of the National Academy of Sciences，102(42)：15144-15148.

BRIANTAIS J M，DACOSTA J，GOULAS Y，et al.，1996. Heat stress induces in leaves an increase of the minimum level of chlorophyll fluorescence，Fo：A time-resolved analysis[J]. Photosynthesis Research，48(1-2)：189-196.

XUEJUAN，CHEN，XINGGUO，et al.，2018. Relationship between fluorescence yield and photochemical yield under water stress with intermediate light[J]. Journal of Experimental Botany.

COGLIATI S，VERHOEF W，KRAFT S，et al.，2015. Retrieval of sun-induced fluorescence using advanced spectral fitting methods[J]. Remote Sensing of Environment，169：344-357.

DAMM A，GUANTER L，LAURENT V，et al.，2014. FLD-based retrieval of sun-induced chlorophyll fluorescence from medium spectral resolution airborne spectroscopy data[J]. Remote Sensing of Environment，147(18)：256-266.

DE ANGELIS A，DOMINGUEZ F，YING F，et al.，2010. Evidence of enhanced precipitation due to irrigation over the Great Plains of the United States[J]. Journal of Geophysical Research Atmospheres，115（D15）：115.

DI L，DC RUNDQUIST，HAN L，1994. Modelling relationships between NDVI and precipitation during vegetative growth cycles[J]. International Journal of Remote Sensing，15(10)：2121-2136.

DOBROWSKI S Z，PUSHNIK J C，ZARCO-TEJADA P J，et al.，2005. Simple reflectance indices track heat and water stress-induced changes in steady-state chlorophyll fluorescence at the canopy scale[J]. Remote Sensing of Environment，97(3)：403-414.

DU S，LIU L，LIU X，et al.，2018. Retrieval of global terrestrial solar-induced chlorophyll fluorescence from TanSat satellite[J]. Science Bulletin，63(22).

D R，EASTERLING，MEEHL G A，PARMESAN C，et al.，2000. Climate extremes：observations，modeling，and impacts[J]. Science（New York，N. Y.），289，(5487)：2068-2074.

FRANKENBERG C，BUTZ A，TOON G C，2011. Disentangling chlorophyll fluorescence from atmospheric scattering effects in O2 A-band spectra of reflected sun-light[J]. Geophysical Research Letters，38(3).

FRANKENBERG C，O'DELL C，BERRY J，et al.，2014. Prospects for chlorophyll fluorescence remote sensing from the Orbiting Carbon Observatory-2[J]. Remote Sensing of Environment，147，1-12.

GAO B C，1996. NDWI-A Normalized Difference Water Index for Remote Sensing of Vegetation Liquid Water from Space[J]. Proceedings of SPIE - The International Society for Optical Engineering，58(3)：257-266.

GITELSON A A，GAMON J A，2015. The need for a common basis for defining light-use efficiency：Implications for productivity estimation[J]. Remote Sensing of Environment，156：196-201.

GITELSON A A，PENG Y，ARKEBAUER T J，et al.，2014. Relationships between gross primary production，green LAI，and canopy chlorophyll content in maize：Implications for remote sensing of primary production[J]. Remote Sensing of Environment，144(Complete)：65-72.

GU Y，BROWN J F，VERDIN J P，et al.，2007. A five-year analysis of MODIS NDVI and NDWI for grassland drought assessment over the central Great Plains of the United States[J]. Geophysical Research Letters，34(6).

GUAN K，WU J，KIMBALL J S，et al.，2017. The shared and unique values of optical，fluorescence，thermal and microwave satellite data for estimating large-scale crop yields[J]. Remote Sensing of Environment，199：333-349.

GUANTER L，ABEN I，TOL P，et al.，2015. Potential of the TROPOspheric Monitoring Instrument（TROPOMI）onboard the Sentinel-5 Precursor for the monitoring of terrestrial chlorophyll fluorescence

［J］. Atmospheric Measurement Techniques，8(3):1337-1352.

GUANTER L，ALONSO L，GóMEZ-CHOVA L,et al.，2010. Developments for vegetation fluorescence re-
trieval from spaceborne high-resolution spectrometry in the O2-A and O2-B absorption bands［J］. Journal
of Geophysical Research，115.

GUANTER L，ALONSO L，L GóMEZ-CHOVA，et al.，2007. Estimation of solar-induced vegetation fluo-
rescence from space measurements［J］. Geophysical Research Letters,34(8).

GUANTER L,FRANKENBERG C,DUDHIA A，et al.，2012. Retrieval and global assessment of terrestri-
al chlorophyll fluorescence from GOSAT space measurements［J］. Remote Sensing of Environment，121
(none):236-251.

GUANTER L，ROSSINI M，COLOMBO R，et al.，2013. Using field spectroscopy to assess the potential
of statistical approaches for the retrieval of sun-induced chlorophyll fluorescence from ground and space
［J］. Remote Sensing of Environment，133(Complete):52-61.

GUANTER，LUIS，ZHANG，et al.，2014. Global and time-resolved monitoring of crop photosynthesis
with chlorophyll fluorescence［J］. Proceedings of the National Academy of Sciences，111(14):1327-1333.

HEIM，RICHARD R，2002. A review of twentieth-century drought indices used in the United States［J］.
Bulletin of the American Meteorological Society，83(8):1149-1165.

HUETE A，DIDAN K，MIURA T，et al.，2002. Overview of the radiometric and biophysical performance
of the MODIS vegetation indices［J］. Remote Sensing of Environment，83(1-2):195-213.

JI L，PETERS A J，2003. Assessing vegetation response to drought in the northern Great Plains using veg-
etation and drought indices［J］. Remote Sensing of Environment，87(1):85-98.

JIAO W，ZHANG L，CHANG Q，et al.，2016. Evaluating an Enhanced Vegetation Condition Index (VCI)
Based on VIUPD for Drought Monitoring in the Continental United States［J］. Remote Sensing，8
(3):224.

JOINER J，GAUNTER L，LINDSTROT R，et al.，2013. Global monitoring of terrestrial chlorophyll fluo-
rescence from moderate-spectral-resolution near-infrared satellite measurements: methodology, simula-
tions，and application to GOME-2［J］. Atmospheric Measurement Techniques，6(10):2803-2823.

JOINER J,YOSHIDA Y,GUANTER L，et al.，2016. New methods for the retrieval of chlorophyll red fluo-
rescence from hyperspectral satellite instruments: simulations and application to GOME-2 and SCIAMA-
CHY［J］. Copernicus Publications.

KöEHLER P，FRANKENBERG C,MAGNEY T S，et al.，2018. Global Retrievals of Solar-Induced Chlo-
rophyll Fluorescence With TROPOMI: First Results and Intersensor Comparison to OCO-2［J］. Geophys-

ical Research Letters，45.

KOHLER P，GUANTER L，FRANKENBERG C，2015. Simplified Physically Based Retrieval of Sun-Induced Chlorophyll Fluorescence From GOSAT Data[J]. IEEE Geoence and Remote Sensing Letters，PP(7):1-5.

KöHLER P，GUANTER L，JOINER J，2015. A linear method for the retrieval of sun-induced chlorophyll fluorescence from GOME-2 and SCIAMACHY data[J]. Atmospheric Measurement Techniques，8:2589-2608.

B P K A，A L G，C H K，et al.，2018. Assessing the potential of sun-induced fluorescence and the canopy scattering coefficient to track large-scale vegetation dynamics in Amazon forests[J]. Remote Sensing of Environment，204:769-785.

KOGAN,FELIX N，1995. Droughts of the Late 1980s in the United States as Derived from NOAA Polar-Orbiting Satellite Data[J]. Bulletin of the American Meteorological Society，76(5):655-668.

KRAMER P J，BOYER J S，1995. Water Relations of Plants and Soils[J]. Water Relations of Plants & Soils，7.

LEE J E，FRANKENBERG C，TOL C，et al.，2013. Forest productivity and water stress in Amazonia: Observations from GOSAT chlorophyll fluorescence[J]. Proceedings of the Royal Society B: Biological Sciences，280(1761).

LIU X，LIU L，2014. Assessing Band Sensitivity to Atmospheric Radiation Transferfor Space-Based Retrieval of Solar-Induced Chlorophyll Fluorescence[J]. Remote Sensing，6，10656-10675.

MCKEE T B，DOESKEN N J，KLEIST J，1993. The Relationship of Drought Frequency and Duration to Time Scales[C]// Proceedings of the 8th Conference on Applied Climatology，179-183. American Meteorological Society，Boston.

MCKEE T B，DOESKIN N J，KLEIST J，1995. Drought Monitoring With Multiple Time Scales[C]// Ninth Conference on Applied Climatology. American Meteorological Society，Boston.

MERONI M，ROSSINI M，GUANTER L，et al.，2009. Remote sensing of solar-induced chlorophyll fluorescence: Review of methods and applications[J]. Remote Sensing of Environment，113(10):2037-2051.

MIAO G，GUAN K，YANG X，et al.，2018. Sun-Induced Chlorophyll Fluorescence，Photosynthesis，and Light Use Efficiency of a Soybean Field[J]. Journal of Geophysical Research: Biogeosciences，123，610-623.

PALMER W C. 1965. Meteorological drought [C]// Research Paper 45，U. S. Department of Commerce，Weather Bureau，Washington D. C. ，58pp.

PLASCYK，JAMES，A，et al.，1975. The Fraunhofer Line Discriminator MKII-An Airborne Instrument for Precise and Standardized Ecological Luminescence Measurement[J]. Instrumentation & Measurement IEEE Transactions on，24，306-313.

ALBERT P C，ESA T，JON A，et al.，2014. Linking chlorophyll a fluorescence to photosynthesis for remote sensing applications：mechanisms and challenges[J]. Journal of Experimental Botany，(15)：4065-4095.

QI J G，CHEHBOUNI A R，HUETE A R，et al.，1994. A Modified Soil Adjusted Vegetation Index[J]. Remote Sensing of Environment，48(2)：119-126.

QI J G，CHEHBOUNI A R，HUETE A R，et al.，1994. A Modified Soil Adjusted Vegetation Index[J]. Remote Sensing of Environment，48(2)：119-126.

RHEE J，IM J，CARBONE G J，2010. Monitoring agricultural drought for arid and humid regions using multi-sensor remote sensing data[J]. Remote Sensing of Environment，114(12)：2875-2887.

SANDERS A，VERSTRAETEN W W，KOOREMAN M L，et al.，2016. Spaceborne Sun-Induced Vegetation Fluorescence Time Series from 2007 to 2015 Evaluated with Australian Flux Tower Measurements [J]. Remote Sensing，8(12)：895.

SHAN N，JU W，MIGLIAVACCA M，et al.，2019. Modeling canopy conductance and transpiration from solar-induced chlorophyll fluorescence[J]. Agricultural and Forest Meteorology，268：189-201.

SONG L，GUANTER L，GUAN K，et al.，2018. Satellite sun-induced chlorophyll fluorescence detects early response of winter wheat to heat stress in the Indian Indo-Gangetic Plains[J]. Global Change Biology，24：4023-4037.

SOUZA R P，MACHADO E C，SILVA J，et al.，2004. Photosynthetic gas exchange，chlorophyll fluorescence and some associated metabolic changes in cowpea (Vigna unguiculata) during water stress and recovery[J]. Environmental & Experimental Botany，51(1)：45-56.

SUN Y，FRANKENBERG C，JUNG M，et al.，2018. Overview of Solar-Induced chlorophyll Fluorescence (SIF) from the Orbiting Carbon Observatory-2：Retrieval，cross-mission comparison，and global monitoring for GPP[J]. Remote Sensing of Environment，209：808-823.

SUN Y，FU R，DICKINSON R，et al.，2016. Drought onset mechanisms revealed by satellite solar-induced chlorophyll fluorescence：Insights from two contrasting extreme events[J]. Journal of Geophysical Research：Biogeosciences，120(11)：2427-2440.

XUE，Y，TONG，et al.，2014. Progress in Hyperspectral Remote Sensing Science and Technology in China Over the Past Three Decades[J]. IEEE journal of selected topics in applied earth observations and remote sensing，7(1):70-91.

QINGXI T，BING Z，LIFU Z，2016. Current progress of hyperspectral remote sensing in China[J]. Journal of Remote Sensing，20，689-707.

MOLEN M，DOLMAN A J，CIAIS P，et al.，2011. Drought and ecosystem carbon cycling[J]. Agricultural & Forest Meteorology，151(7):765-773.

TOL C V，BERRY J A，CAMPBELL P，et al.，2014. Models of fluorescence and photosynthesis for interpreting measurements of solar induced chlorophyll fluorescence[J]. Journal of Geophysical Research，Biogeoences，119(12):2312-2327.

VASILKOV A，JOINER J，SPURR R，2013. Note on rotational-Raman scattering in the O2 A- and B-bands[J]. Atmospheric Measurement Techniques，6(4):981-990.

VERHOEF W，1984. Light scattering by leaf layers with application to canopy reflectance modeling：The SAIL model[J]. Remote Sensing of Environment，16(2):125-141.

A J V，A J P R，B C V D T，et al.，2015 Global sensitivity analysis of the SCOPE model：What drives simulated canopy-leaving sun-induced fluorescence? [J]. Remote Sensing of Environment，166:8-21.

SABATER，NEUS，PABLO，et al.，2016. Evaluating the predictive power of sun-induced chlorophyll fluorescence to estimate net photosynthesis of vegetation canopies：A SCOPE modeling study[J]. Remote Sensing of Environment：An Interdisciplinary Journal，176:139-151.

VICENT J，SABATER N，TENJO C，et al.，2016. FLEX End-to-End Mission Performance Simulator[J]. IEEE Transactions on Geoscience and Remote Sensing，54(7):1-9.

WALTHER S，VOIGT M，THUM T，et al.，2016. Satellite chlorophyll fluorescence measurements reveal large-scale decoupling of photosynthesis and greenness dynamics in boreal evergreen forests[J]. Global Change Biology，22(9):2979-2996.

WANG S，HUANG C，ZHANG L，et al.，2016 Monitoring and Assessing the 2012 Drought in the Great Plains：Analyzing Satellite-Retrieved Solar-Induced Chlorophyll Fluorescence，Drought Indices，and Gross Primary Production[J]. Remote Sensing，8(2):61.

WILHITE D A，2000. Drought as a Natural Hazard：Concepts and Definitions[J]. Drought a global assessment，1:3-18.

YANG K，YOUNGRYEL R，BENJAMIN D，et al.，2018. Sun-induced chlorophyll fluorescence is more strongly related to absorbed light than to photosynthesis at half-hourly resolution in a rice paddy[J]. Remote Sensing of Environment，216:658-673.

YANG W，YANG L，MERCHANT J W，1997. An assessment of AVHRR/NDVI-ecoclimatological relations in Nebraska, U. S. A. [J]. International Journal of Remote Sensing, 18(10):2161-2180.

YOSHIDA Y, JOINER J, TUCKER C, et al. , 2015. The 2010 Russian drought impact on satellite measurements of solar-induced chlorophyll fluorescence: Insights from modeling and comparisons with parameters derived from satellite reflectances[J]. Remote Sensing of Environment, 166:163-177.

ZARCO-TEJADA P J, MORALES A, TESTI L, et al. ,2013. Spatio-temporal patterns of chlorophyll fluorescence and physiological and structural indices acquired from hyperspectral imagery as compared with carbon fluxes measured with eddy covariance[J]. Remote Sensing of Environment, 133 (Complete): 102-115.

ZHANG L, FUJIWARA N, FURUMI S, et al. , 2007. Assessment of the universal pattern decomposition method using MODIS and ETM data[J]. International Journal of Remote Sensing, 28(1/2):125-142.

ZHANG L, JIAO W, ZHANG H, et al. ,2017. Studying drought phenomena in the Continental United States in 2011 and 2012 using various drought indices[J]. Remote Sensing of Environment, 190: 96-106.

ZHANG L, LIU B, ZHANG B, et al. , 2010. An evaluation of the effect of the spectral response function of satellite sensors on the precision of the universal pattern decomposition method[J]. International Journal of Remote Sensing, 31(7-8):2083-2090.

ZHANG L, QIAO N, BAIG M, et al. ,2019. Monitoring vegetation dynamics using the universal normalized vegetation index (UNVI): An optimized vegetation index-VIUPD[J]. Remote Sensing Letters, 10(7-9):629-638.

ZHANG L, QIAO N, HUANG C, et al. , 2019. Monitoring Drought Effects on Vegetation Productivity Using Satellite Solar-Induced Chlorophyll Fluorescence[J]. Remote Sensing, 11(4):378.

ZHANG L, WANG S, HUANG C, et al. , 2017. Retrieval of sun-induced chlorophyll fluorescence using statistical approaches without synchronous irradiance data[J]. IEEE Geoscience and Remote Sensing Letters, 14:384-388.

ZHANG Y, GUANTER L, BERRY J A, et al. ,2014. Estimation of vegetation photosynthetic capacity from space-based measurements of chlorophyll fluorescence for terrestrial biosphere models [J]. Glob Chang Biol, 20:3727-3742.

ZHANG Y, GUANTER L, JOINER J, et al. , 2018. Spatially-explicit monitoring of crop photosynthetic capacity through the use of space-based chlorophyll fluorescence data[J]. Remote Sensing of Environment, 210:362-374.

ZHANG, YAO, XIAO, et al. , 2018. On the relationship between sub-daily instantaneous and daily total gross primary production: Implications for interpreting satellite-based SIF retrievals[J]. Remote Sensing of Environment，205：276-289.

ZHAO F，LI R，VERHOEF W，et al.，2018. Reconstruction of the full spectrum of solar-induced chloro-phyll fluorescence：Intercomparison study for a novel method［J］. Remote Sensing of Environment，219：233-246.

ZHAO M，RUNNING S W，2010. Drought-induced reduction in global terrestrial net primary production from 2000 through 2009.［J］. Science，329(5994)：940.

陈仲新，任建强，唐华俊，等，2016. 农业遥感研究应用进展与展望［J］. 遥感学报，20(005)：748-767.

胡姣婵，刘良云，刘新杰，2015. FluorMOD 模拟叶绿素荧光夫琅和费暗线反演算法不确定性分析［J］. 遥感学报，19(4)：594-608.

黄长平，2013. 太阳光诱导下的植被叶绿素荧光遥感反演方法研究［D］. 北京：中国科学院大学.

刘新杰，2016. 日光诱导叶绿素荧光的遥感反演研究［D］. 北京：中国科学院大学.

唐华俊，吴文斌，杨鹏，等，2010. 农作物空间格局遥感监测研究进展［J］. 中国农业科学，43(14)：2879-2888.

王思恒，2019. 陆地生态系统碳监测卫星叶绿素荧光反演算法与应用潜力研究［D］. 北京：中国科学院大学.

第9章　高光谱书画文物信息提取

9.1　概　　述

书画文物信息提取，是指在设备、工具的辅助下，利用专业人员的相关知识，提取出蕴含在书画文物中的大量对文物保护、修复、鉴定等有用的信息。随着科技水平的发展，遥感技术为文物保护及修复带来新的无损、快速、高效的文物信息采集、处理、分析方式，从而成为文物保护修复领域、考古领域的研究热点（刘礼铭，2016）。高光谱成像技术，相较于传统的多光谱遥感技术，获取的影像具有波段多、光谱分辨率高、图谱合一等特点，获取的光谱信息可以捕捉地物之间的微弱差别，增强了人们对于地物的区分与认知（Li et al.，2015；Liang，2012）。相较于 X 射线荧光光谱、拉曼光谱等分析方法，高光谱成像技术扩展了光谱范围，缩小了波段间隔，丰富了波段信息，可以同时大幅面获得书画文物图像和反射光谱，在非接触的条件下对文物进行无损研究，可用于书画类文物的颜料信息提取、隐藏信息挖掘和真伪鉴定等，是目前最安全、不易受检测对象和检测环境限制的快速、无损检测、分析新技术之一（Wu et al.，2014；丁新峰，2015）。

书画颜料是书画文物发展的基础和先导，其更新历史与书画文物的发展同步。准确地判别书画颜料的成分、材质对书画文物真伪鉴定及年代推定具有深远的意义。在书画文物信息提取应用中，颜料信息的分析识别是一项重要工作，是挖掘书画文物内在价值，正确评估、分析、研究书画文物的基础。1998 年，Baronti 利用可见光和红外波段成像光谱技术分析了收藏于佛罗伦萨乌菲兹艺术馆的 Luca Signorelli 的油画 Holy Trinity Predella，详细提取分析了画作的颜料信息（Baronti et al.，1998）。其后，众多应用研究利用高光谱遥感技术分析了多幅画作的不同颜料情况（Balas et al.，2003；Casini et al.，1999；Cloutis et al.，2016a；Cloutis et al.，2016b；武锋强 et al.，2014a），结论普遍认为利用可见光和红外（400～2 500 nm）谱段范围高光谱遥感技术，可有效区分、鉴别多种颜料成分（巩梦婷 等，2014；王乐乐，2015），同时还可保存图像信息，更具"图谱合一"的优势（武锋强 等，2014b）。

为更好地分析书画文物绘制技法及流传历史，研究人员针对颜料使用情况对光谱特征的影响开展了进一步的研究。在可见光和近红外波段，随着矿物颜料粉末颗粒增大，颜色越深，光谱反射率越低（杨晓莉 等，2017）。比较矿物颜料粉末光谱和骨胶调和颜料光谱，除开两处水吸收谱段,两者光谱特征信息并无明显变化(岑奕 等,2019)。不同涂抹厚度对颜料光谱影响较小,且光谱特征位置与幅值均没有明显变化(毛政科 等,2017)。这些研究成果可为书画文物的保护和修复提供一定依据,但现有的颜料光谱收集往往针对单个文物或者某几种颜色的颜料,仍不够系统、深入,光谱库仍不够完备。

书画文物的隐藏信息提取是书画文物信息提取的另一个研究重点。书画文物在绘制和长时间流传过程中,会出现颜料叠加遮挡、氧化退化、破损缺失等状况,其原始信息难以再现。这些包含在书画文物中不易察觉的微弱信息,涵盖范围广泛,包括轮廓信息、底稿信息、修补痕迹、擦除或污损笔迹、隐形损害信息、后期修复信息等(侯妙乐 等,2017)。书画文物的隐藏信息与文物制作、流传过程的情况息息相关,可为探求文物深层信息提供线索和帮助,协助区分识别书画作品,强化模糊或隐蔽特征的可见性,辅助分析绘画技法及特点,评估退化标志和研究环境影响,为文物鉴定提供鉴别依据,对于文物的分析研究有着极为重要的意义。利用高光谱成像技术"图谱合一"的特点,可以揭示单纯光谱分析或数字影像分析不易察觉的信息,从而再现这些隐藏信息(Sun et al. ,2015)。

然而,书画文物中往往有许多大幅面的字、画等,如果只对局部点进行分析,可能会错过重要信息,最好能够对书画文物进行整体分析。而常规的光谱成像技术,可见光近红外谱段和短波红外谱段分开成像,且缺乏均衡的光照条件,难以实现整个幅面的无畸变高光谱扫描成像,会造成后续光谱波段的辐射校正、几何校正、拼接等工作量的增加,也造成一定误差影响。为更好地推动文物科技工作的发展,促进高光谱遥感技术在文物数字化存档、文物诊断、文物修复等领域的应用,亟须针对书画文物信息提取需求研发高光谱无损检测系统平台。

本章就高光谱遥感书画文物信息提取进行详细介绍,包括矿物颜料光谱库的构建、颜料信息提取、隐藏信息提取以及高光谱无损检测系统平台的设计。

9.2　书画文物矿物颜料光谱库构建

书画类文物大多用颜色鲜明的颜料进行渲染,传统古画文物颜料一般有两类:矿物颜料和植物颜料。从使用历史上讲,先有矿物颜料,后有植物颜料。其中,矿物颜料一般由天然矿石研磨所得,而矿石一般是天然的结晶体,具有更稳定的物理、化学性质,其色彩鲜艳,经久不变,一般作为作画的主要颜料选择,也是书画文物研究的主要对象。但现有的颜料光谱收集往往针对单个文物或者某几种颜色的颜料,仍不够系统、深入,光谱库仍不够完备。构建中国古画矿物颜料库,不仅对我国文物保护具有重大的研究意义,对于世界颜料库也是一种补充。

9.2.1　书画类文物矿物颜料

中国古代画作使用的颜料是一种有色物质,一般不溶于水,也不溶于有机溶剂,主要经过调配涂绘在物体表面成色。颜料的颜色主要和人眼对光的感知有关。颜料呈现在人眼中的不同颜色,主要是因为颜料对光进行选择性吸收,导致对光某一种波长吸收强烈,从而呈现为该种颜色。

  中国矿物颜料的最早记载出现于商周时期,战国时期的古书《尚书·禹贡》上就有关于"黑土、白土、赤土、青土、黄土"的记载,从汉代起的历代绘画作品中,都可以看到大量矿物颜料(表9.1)的运用。其使用方法是先精选合适矿石,再人工粉碎、研磨分选、精制、漂洗和提纯,最后配鱼胶、骨胶等胶加工而成。

表 9.1　中国绘画文物矿物颜料

名称	二级分类	英文名称	成分	备注
朱砂		cinnabar	HgS	辰砂
朱磦		cinnabar	HgS	
银朱		vermilion	HgS,S	人造朱砂
铅丹		minium	Pb_3O_4	黄丹
赭石	赭褐	limonite	Fe_2O_3	代赭
	赭红	hematite	Fe_2O_3	
铁朱		iron oxide	$Fe_2O_3,n\,H_2O$	
土红		laterite	无定型黏土矿物混合物	
西洋红		carmine	$C_{22}H_{20}O_{13}$	
石绿		malachite	$CuCO_3\cdot Cu(OH)_2$	孔雀石
铜绿		verdigris	$Cu_2(OH)_2CO_3$	人工合成
石青	蓝铜矿	azurite	$2CuCO_3\cdot Cu(OH)_2$	碳酸盐
	青金石	lazurite	$(Na,Ca)_{4-8}(AlSiO_4)_6(SO_4,S,Cl)_{1-2}$	
雄黄		realgar	AsS	
雌黄		orpiment	As_2S_3	
石黄		orpiment	As_2S_3	黄金石外层质地较松的部分,中黄色
土黄		desert tan	$Fe_2O_3\cdot 3H_2O$ 和陶土	黄金石的外层部分
云母	金云母	phlogopite	$KM_{g3}(AlSi_3O_{10})(F,OH)_2$	
	白云母	muscovite	$KAl_2[Si_3AlO_{10}](OH,F)_2$	
	绿云母	euchlorite		
	黑云母	biotite	$K[(Mg,Fe)_3(AlSi_3O_{10})(F,OH)_2$	
高岭土		kaolinclay	$Al_2O_3\cdot 2SiO_2\cdot 2H_2O$	
蛤粉		clam meal	$CaCO_3$	
白垩		chalk	$CaCO_3$	
铅粉		ceruse	$2PbCO_3\cdot Pb(OH)_2$	胡粉
黑石脂		blackstone	C	黑石
珊瑚		coral	$CaCO_3$ 和微量元素	不常见
水晶		crystal	SiO_2 和微量元素	不常见
玛瑙		agate	SiO_2 和微量元素	不常见
松花石		turquoise	方解石、石英、云母、黏土等	不常见
金粉		gold	Au	
银粉		silver	Ag	

红色颜料主要包括朱砂、朱磦、银朱、赭石、铁朱、土红、铅丹以及西洋红。其中，朱砂、朱磦和银朱为同一种成分，朱砂大颗粒颜色为暗红色，小颗粒呈现为亮红色，经精炼之后，可以得到朱磦，而银朱为人造朱砂。赭石、铁朱、土红均含有 Fe_2O_3，不同在于赭石是天然矿物颜料，铁朱为人工精炼得来。铅丹为人造颜料，因含有毒性，渐渐不用于画作。西洋红是一种动物颜料，是经提炼仙人掌上的一种红色虫子得到的。

绿色颜料包括石绿、铜绿。石绿又名孔雀石，是一种天然矿石，色调偏冷，主要用于绘制植物的枝叶或青山绿水。铜绿是人造石绿。

黄色颜料包括雄黄、雌黄、土黄、石黄。这四种颜料一般是生长在一起的矿物，可以根据它们的颜色深浅进行区分。雄黄呈现为橙黄色，雌黄为金黄色，土黄和土地的颜色相近。石黄一般是黄金石外层质地比较松软的部分，呈现为中黄色。

青色颜料包括石青，又名大青或扁青，其中分为蓝铜矿和青金石两种，蓝铜矿为孔雀石的伴生矿，青金石为一种宝石。石青一般是由这两种矿物研磨而成。

白色颜料包括白云母、高岭土、铅粉、白垩。白云母为一种无色透明的天然矿石，研磨后光泽度高。铅粉又名胡粉，常用于古代化妆品中，为一种人造颜料。

黑色颜料包括黑石脂，即矿物碳，色黑，常用于绘制底稿线等部分。

金色颜料主要包括金和银两种，常用于壁画等宗教绘画，或者将颜料制作为箔状或者粉状，用于绘画。

从古代矿物颜料种类来看，不同颜色的颜料很容易判别，但是同种颜色的颜料由于可能含有相同的成分，所以往往比较难区分。但是从光谱曲线的角度，在 400～2 500 nm 波谱范围内，就可以将这些具有相似性的颜料进行区分判别。

9.2.2　矿物颜料光谱库构建

9.2.2.1　矿物颜料光谱采集及预处理

采用 PSR-3500 便携式地物光谱仪获取矿物颜料反射率光谱。PSR 光谱范围为 350～2 500 nm，光谱分辨率为 3 nm@700 nm、8 nm@1500 nm 以及 6 nm@2100 nm，光纤视场角（FOV）为 25°，可快速进行可见-近红外-短波红外谱段波谱的稳定测量。

采集时，将研磨好的粉状矿物颜料平铺在黑色卡纸上，尽量使粉状颜料表面平整，给卡纸贴上标签标明颜料种类，作为矿物颜料粉末样例。融化胶质，按照颜料的调和方式，在黑色卡纸上调和矿物颜料的胶质溶物，采用范围为半径 5 mm 的圆形溶物，作为矿物颜料胶质溶物样例。为降低杂散光对光谱采集的影响，采集过程在暗室中进行，光源为卤素光源。为避免光源入射和观测角度变化对光谱产生影响，采集过程中光纤探头和光源角度位置固定（保持 30°），在探头测量范围内改变矿物颜料粉末、骨胶溶物、上布色卡样例测量位置。每个样例采集10 条光谱，取均值，以降低测量过程中的随机误差，如图 9.1 所示。

为了有效地突出光谱曲线的吸收和反射特征，对采集的矿物颜料光谱曲线进行包络线去除。包络线法是一种光谱分析方法，最早由 Clark 和 Roush 提出，定义为逐点直线连接随波长变化的吸收或反射凸出的值点，并使折线在峰值点上的外角大于180°。包络线从直观

图 9.1　矿物颜料光谱采集

上来看,相当于光谱曲线的"外壳"。由于实际的光谱曲线由离散的样点组成,所以用连续的折线段来近似光谱曲线的包络线,它可以有效地突出光谱曲线吸收和反射的特征,并将其归一到一个一致的光谱背景上,有利于和其他光谱曲线进行特征数值比较,从而提取出特征波段进行分类识别(白继伟 等,2003)。

以原始光谱曲线上的值除以包络线上对应的值,即为光谱包络线去除,其计算方法如公式(9.1)和(9.2)所示:

$$R_{cj} = \frac{R_j}{R_{\text{start}} + K \cdot (\lambda_j - \lambda_{\text{start}})} \tag{9.1}$$

$$K = \frac{R_{\text{end}} - R_{\text{start}}}{\lambda_{\text{end}} - \lambda_{\text{start}}} \tag{9.2}$$

其中,λ_j 是第 j 波段;R_{cj} 是波段 j 的包络线去除值;R_j 是波段 j 的原始光谱反射率;R_{end} 和 R_{start} 分别是吸收曲线末端点和起始点的原始光谱反射率;λ_{start} 和 λ_{end} 分别是吸收曲线起始点波长和末端点波长;K 是吸收曲线起始点波段和末端点波段之间的斜率。

包络线去除后的数据有效抑制了噪声,突出了光谱的吸收和反射特征(陈璇 等,2017),从而可利用多种光谱分析方法提取波段特征。光谱特征提取以量化指标分析光谱曲线波形对应的波段波长位置、深度、对称度等特征,实现对光谱特征的量化表达。在包络线去除后的新光谱曲线上可得到曲线上每个点的反射率 $\rho_c(\lambda)$,由此可以计算出光谱曲线上每个点的光谱吸收深度 $D_c(\lambda)$。

$$D_c(\lambda) = 1 - \rho_c(\lambda) \tag{9.3}$$

9.2.2.2　矿物颜料光谱分析

红色颜料主要选用 3 种:朱砂1、朱砂2 和朱磦。其中,朱砂1 颗粒较大,颜色较深;朱砂2 颗粒较小,颜色较浅;朱磦由朱砂精炼而成,颜色最浅。图 9.2 为红色颜料粉末原始光谱及去包络线后的光谱。

由于矿物成分相同,朱磦、朱砂1 和朱砂2 的光谱曲线形态相似,在可见光波段先降后升,500 nm 附近形成一个较深的吸收特征,且宽度较宽(430~530 nm),红光附近反射率急速升高,近红外波段反射率变化较为平直,在 1 940 nm 和 2 250 nm 附近有弱吸收特征,这和武锋强等(2014a)所得检测结果较为一致。在该特征谱段范围内,随着朱砂颗粒直径的增

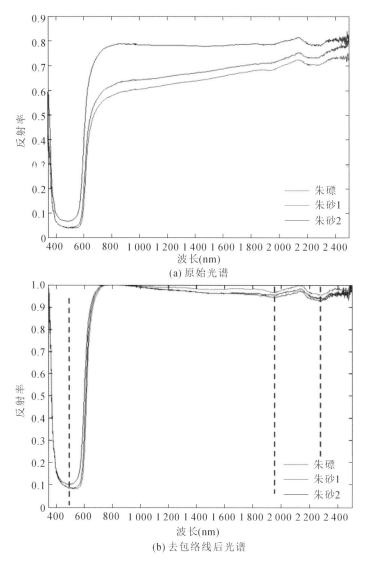

(a) 原始光谱

(b) 去包络线后光谱

图 9.2　红色矿物颜料粉末光谱

加,其颜色越深,幅值越低。

黄色颜料主要选用 5 种:雄黄、雌黄、土黄、赭石和金箔。其中,雄黄、雌黄、土黄为硫化物,赭石为铁氧化物,金箔为金属单质。图 9.3 为黄色颜料粉末原始光谱及去包络线后光谱。

黄色颜料的光谱吸收特征主要集中在 400～500 nm,不同颜料的吸收特征位置和吸收深度均不同。5 种黄色颜料中,赭石最容易区分,其在近红外波段的反射率整体较低,且 860 nm 附近还出现了吸收特征,这与铁氧化物的吸收特征一致;而雄黄、雌黄和土黄则在近红外和短波红外谱段表现出反射率较高且波形平直,在 1 890 nm 和 2 230 nm 附近有弱吸收特征,与红色颜料的光谱较为一致,应为硫化物的光谱特征;金箔在可见光波段的吸收特征窄浅,可作为区分依据。

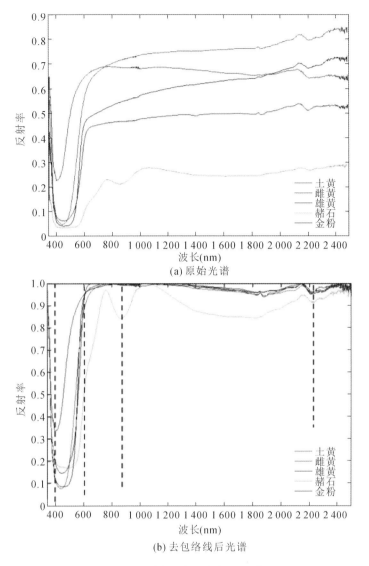

(a) 原始光谱

(b) 去包络线后光谱

图 9.3 黄色矿物颜料粉末光谱

蓝色颜料主要选用 5 种:石青 1、石青 2、石青 3、石青 4 和石青 5,主要成分均是蓝铜矿。五种石青主要按照研磨的颗粒大小区分,石青 1 颗粒最大,颜色最深;石青 5 颗粒最小,颜色最浅。图 9.4 为蓝色颜料粉末原始光谱及去包络线后光谱。

由图 9.4 可知,5 种石青矿物颜料成分相同,光谱特征相似。由比尔定律可知,颗粒越大,内部光学路径长度越大,光子被吸收的能量也就越大;颗粒越小,与内部光学路径长度相比,表面反射会成比例增加(赵恒谦,2015)。因此在可见光和近红外波段,矿物颜料颗粒越大,反射率越低。5 种石青的特征波段位置相同,在可见-近红波段,随着颜料粉末颗粒增大,吸收特征深度变小,符合矿物颗粒大小对反射率影响的规律。

绿色颜料主要选用 5 种:石绿 1、石绿 2、石绿 3、石绿 4 和石绿 5,其主要成分均是孔雀石。5 种石绿主要按照研磨的颗粒大小区分,石绿 1 颗粒最大,颜色最深;石绿 5 颗粒最小,

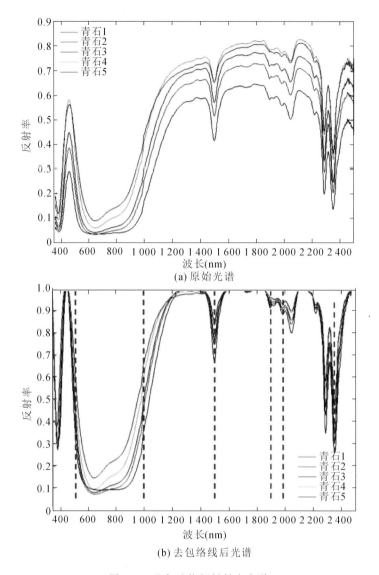

(a) 原始光谱

(b) 去包络线后光谱

图 9.4　蓝色矿物颜料粉末光谱

颜色最浅。

由图 9.5 可知,5 种石绿光谱特征相似,在可见光和近红外波段,颗粒越大,反射率越低,反射率随颗粒大小的变化规律与石青一致,在 550～1 000 nm 有较强的宽吸收特征,在 2 270 nm 和 2 350 nm 有明显吸收特征。

石青和石绿都是含铜的碱性碳酸盐,在碳酸盐的强特征波段 2 350 nm 附近,表现出明显的吸收特征;在 2 270 nm 附近表现出明显吸收特征,应该是 OH-弯曲振动所致;也都在 800 nm 有明显吸收特征,这点与 Cu^{2+} 光谱特征吻合。但与石青不同,石绿在 900～1 900 nm 红-近红波段反射率增加较缓,1 500 nm 无吸收特征,可以作为区分石青和石绿的依据。

白色颜料主要选用 2 种:白土和砟碌。白土主要成分为高岭土,是一种含 Al-OH 的黏

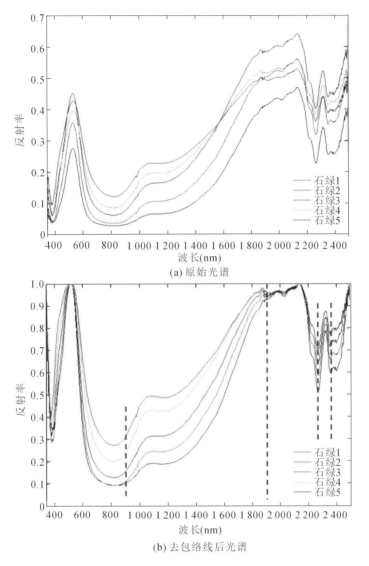

(a) 原始光谱

(b) 去包络线后光谱

图 9.5 绿色矿物颜料粉末光谱

土类矿物。砗磲则由海洋动物的贝壳研磨而成,其主要成分为碳酸钙。

由图 9.6 可知,白土和砗磲的反射率整体较高。可见光谱段范围,砗磲在 370 nm 处有弱吸收特征,而白土则在 370 nm 和 730 nm 处有两个明显的吸收特征,可作为区分。在短波红外和近红外谱段,白土在 1 425 nm、1 930 nm、2 230 nm 处均具有明显的吸收特征,1425 nm 处吸收特征为羟基和水分子的振动导致,1 930 nm 附近吸收特征则是由于水分子振动导致的,2 230 nm 处附近吸收特征则是铝离子和羟基作用引起的,和 Al-OH 矿物光谱特征吻合。砗磲在 2 320 nm 有明显的吸收特征,这与碳酸盐矿物光谱特征相吻合。

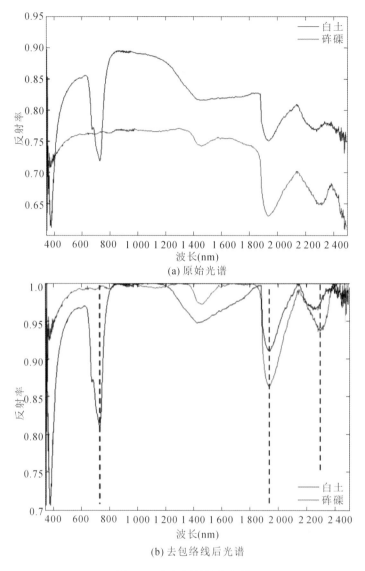

(a) 原始光谱

(b) 去包络线后光谱

图 9.6　白色颜料粉末光谱

9.2.3　胶质对矿物颜料光谱影响分析

为了更符合实际绘画情况,采用绘画用画布,将矿物粉末和胶质溶物进行调和后填涂在画布上,绘制成 2 cm×2 cm 大小的正方形,反复填涂 3 遍,制成矿物颜料色卡,如图 9.7 所示。对矿物颜料粉末、胶质溶物(骨胶和明胶)、上布色卡进行了光谱分析,以石青和金粉颜料为例,其光谱去包络线后如图 9.8 所示。

粉状颜料调和骨胶后,反射率整体下降,在 1 447 nm 和 1 928 nm 附近出现两个水的强吸收特征,这是由于颜料调和骨胶后含有大量的水。而当骨胶溶物涂绘后,随着膏状颜料中水分的减少,上述两个吸收特征均变弱,个别颜料在 1 447 nm 处的吸收特征甚至消

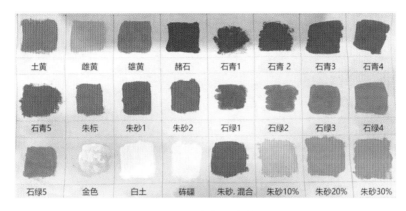

图 9.7　矿物颜料色卡图

失。由此可知,矿物颜料粉末和颜料色卡光谱较为接近,其光谱特征没有明显的差异;仅在 1 920 nm 处,石青及金粉矿物颜料粉末与色卡光谱特征存在差异,这是由于色卡中矿物颜料经过骨胶调和,在绘制之后仍含有一定水分,在该处受到水吸收特征的影响。因此,除 1 920 nm 可能导致的特征光谱差异,骨胶调和对矿物颜料光谱特征影响较小。为了探究明胶对于光谱曲线的影响程度,以石绿重复上述实验,结果显示明胶对于光谱曲线的主要特征影响不大,仍然可以依靠光谱曲线的特征识别颜料。而且,一般用于文物的颜料中的明胶随着时间的推移,逐渐变少,其影响作用变得更小。因此,在实际光谱库构建中,可直接采用矿物颜料粉末光谱;而利用矿物颜料粉末光谱和文物上的颜料光谱曲线进行匹配,也具有可靠性。

9.3　书画文物颜料信息提取

9.3.1　颜料信息提取方法

9.3.1.1　颜料端元提取

在高光谱图像上,传感器所获取的地面反射或发射光谱信号是以像元(pixel)为单位记录的,每个像元对应地面区域的大小由遥感器的空间分辨率决定,而每个像元对应的区域内往往包含多种不同的地物,它们有着不同的光谱响应特征,被称为特征地物。若一个像元对应的地面区域内只包含一种特征地物,则称此像元为纯像元(pure pixel)或物理端元;若一个像元对应的地面区域内包含两种或更多种特征地物,则称此像元为混合像元(mixed pixel),此像元记录的信息是区域内全部特征地物光谱信息的综合叠加。

比起全色和多光谱影像,混合像元现象在高光谱图像中更为严重,解决混合像元问题的

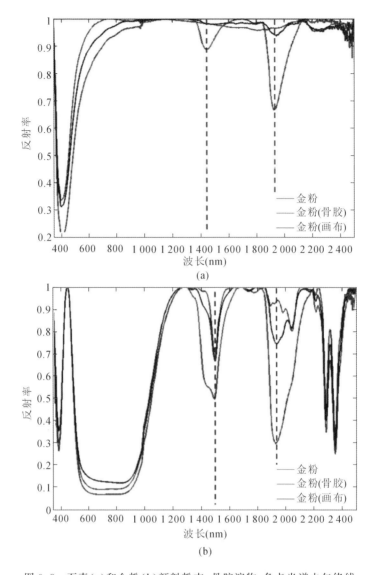

图 9.8　石青(a)和金粉(b)颜料粉末、骨胶溶物、色卡光谱去包络线

过程称为混合像元分解或光谱解混,在进行混合像元分解时,通常用图像中包含某种比例很高特征地物的像元代替纯像元,这些用来代替纯像元的"近似纯像元"被称为图像端元或端元(endmember)。

　　连续最大角凸锥算法(sequential maximum angle convex cone,SMACC)基于凸锥模型,借助约束条件来达到识别图像端元波谱的目的。首先利用极点数据确定凸锥,并根据该凸椎来定义第一个端元波谱;然后利用约束条件在该凸椎模型中进行投影,寻找在整幅影像中与第一端元差别最大的像元,生成另一个端元波谱;继续检索与这两种像元相差最大的像元,作为第三类端元;依次进行,直到生成所有的端元波谱数据。该算法通过迭代依次提取端元,每次迭代得到一个端元,计算此端元在各个像元中的比例系数并调整之前提取的各个端元在各个像元中的比例系数,同时利用投影变换从各个像元中去除此端元的影响,直到提取所有的端元后停止。这种方法可以为影像数据提供可靠的端元波谱曲线,速度快,且不需要过多的人工干预,特别是当高光谱数据各通道间具有高相关性时,该方法具有明显的优势(郭新蕾,2017)。

9.3.1.2 颜料光谱匹配算法

1.光谱角匹配算法

光谱角匹配算法(SAM)是根据目标光谱和测试光谱之间的夹角数值大小判断两条光谱曲线的相似性。两个光谱间的夹角数值越小,则它们的匹配程度越高。即

$$SAM(x,y) = \cos^{-1} \frac{\sum xy}{\sqrt{\sum (x)^2 \sum (y)^2}} \tag{9.4}$$

其中,$SAM(x,y)$ 为两个光谱之间的夹角,即光谱角;x 和 y 分别为参考光谱和测试光谱的波谱曲线。光谱角的大小只跟两个比较的光谱矢量方向有关,与其辐亮度无关,这就减弱了照度和地形对相似性度量的影响。该方法虽然能够比较光谱在形状上的相似程度,但是很难区分光谱在局部特征上的差异性。

2.光谱相关系数匹配算法

光谱相关系数匹配算法(SCM)是通过比较目标光谱与测试光谱之间相似性进行匹配的算法。即

$$SCM(s_i, s_j) = \frac{\sum_{l=1}^{L} (s_{il} - \bar{s_i})(s_{jl} - \bar{s_j})}{\left[\sum_{l=1}^{L} (s_{il} - \bar{s})^2\right]^{\frac{1}{2}} \left[\sum_{l=1}^{L} (s_{jl} - \bar{s_j})^2\right]^{\frac{1}{2}}} \tag{9.5}$$

其中,$\bar{s_i}$、$\bar{s_j}$ 分别为 s_i 和 s_j 的平均光谱。该方法可以将亮度和光谱形状同时考虑,得到的数值越大,说明两条光谱匹配度越高。

3.光谱信息散度算法

光谱信息散度 SID 是一种基于信息论衡量两条光谱之间差异的波谱分类方法。

$$SID(r_i, r_j) = D(r_i \parallel r_j) + D(r_j \parallel r_i) \tag{9.6}$$

$$D(r_j \parallel r_i) = \sum_{l=1}^{L} \boldsymbol{q}_l D_l(r_j \parallel r_i) = \sum_{l=1}^{L} \boldsymbol{q}_l [I_l(r_i) - I_l(r_j)] \tag{9.7}$$

$$D(r_i \parallel r_j) = \sum_{l=1}^{L} \boldsymbol{p}_l D_l(r_i \parallel r_j) = \sum_{l=1}^{L} \boldsymbol{p}_l [I_l(r_j) - I_l(r_i)] \tag{9.8}$$

其中,$\boldsymbol{q}_l$、$\boldsymbol{p}_l$ 分别为两条光谱 r_i 和 r_j 的概率向量,$D(r_i \parallel r_j)$、$D(r_j \parallel r_i)$ 分别为两条光谱 r_i 和 r_j 的相对熵。光谱信息散度可以对两条光谱进行整体上的比较,两条光谱越相似,SID 参量越小。

4.光谱信息散度与光谱角匹配算法

光谱信息散度与光谱角的匹配算法 SID_SA,可以将光谱角算法不能从物理角度反映能量值的差异的缺点改进,同时考虑光谱概率分布和光谱夹角,判断两条光谱的相似性。即

$$SID\_SA(x,y) = SID(x,y) \cdot \sin(SA(x,y)) \tag{9.9}$$

9.3.2　绢画颜料信息提取

9.3.2.1　《崇庆皇太后八旬万寿图文物》

《崇庆皇太后八旬万寿图》(图 9.9)为故宫收藏的"故 6541 号"文物,经故宫博物院分析,该画作者为姚文瀚。该图绢本设色,纵长 219 cm,横长 285 cm。图画内容大致可分为上下两段。上段部分包括大殿内寿者及祝寿的人群,画面上段中心部分人物经考证分别为崇庆皇太后和乾隆帝。崇庆皇太后身穿清代朝服,头戴凤冠,耳饰金龙衔珠珥,端坐于粉红地云鹤纹屏风前的宝座上。紧靠宴桌的右侧设有方凳,乾隆帝侧坐其上。东西两侧设有竖排座位,绘有穿戴朝服

图 9.9　《崇庆皇太后八旬万寿图》

的妃嫔、皇子和公主等人,两侧背景设置硕大的山水画插屏。下段绘殿外月台上场景。月台正中有一红漆描金龙长案,上置各类碟、碗、酒具之类;月台上有几个身穿朝服的小孩子在玩耍,形态各异;其左右最外侧各站立一名三眼花翎侍卫。画中人物众多,采用中西结合技法,宫殿、树木、山石等场景为中国画法,而人物特别是面部,则带有西洋绘画特点。画作中涉及多种颜料,色彩鲜明,具有较高的研究价值。

9.3.2.2　颜料信息匹配识别

选取崇庆皇太后、乾隆帝与东西间妃嫔的头冠为研究对象,如图 9.11 所示红框部分,通过目视判读,头冠主要呈现为黑色、棕色,部分为金饰。

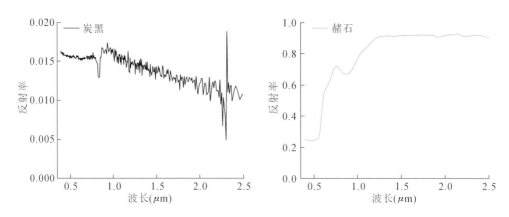

图 9.10　故宫颜料光谱库中炭黑颜料与赭石颜料光谱曲线

对头冠部分颜料进行识别提取,经查验,古代颜料中黑色颜料为炭黑。根据经验分析,棕色颜料包含赭石颜料,但是并不确定比例与其他成分。为了确定棕色颜料成分,将棕色颜料的光谱曲线与建立的故宫标准颜料光谱库进行比对分析,图 9.10 为颜料库中炭黑与赭石的标准光谱曲线图。提取高光谱影像图中棕色颜料的光谱曲线图,利用多种光谱匹配算法

进行比对,得到的匹配精度如表9.2所示,证明棕色颜料中包含赭石成分。

表 9.2 光谱算法匹配精度

匹配算法	赭石
SAM	0.279
SCM	0.714
SID	0.186
SID_SA	0.096

从光谱算法匹配结果可以得出以下结论:

(1) 测量时采集的光谱受光照条件以及相邻像元的影响,与标准光谱存在一定的差异。但是不影响光谱的主要特征,利用这些主要特征进行匹配,可以识别出颜料的种类。

(2) 通过对比四种算法的匹配度可以发现,SAM 与 SCM 受影响最大,得到的匹配度较低,SID 从信息熵出发,匹配精度相对较高,SID_SA 同时考虑光谱夹角与信息熵,得到的结果最为精确。

为了确定赭石颜料在头冠处的分布范围,以赭石颜料、炭黑颜料以及在影像图中提取的感兴趣区内其他颜料光谱曲线为参考光谱,进行颜料分类,得到图 9.11。从分布图中发现,黑色头冠不止包含有炭黑,也包含赭石颜料,且为主要颜料成分。除此之外,图中不同头冠颜料混合的情况也不同。这种结果可能与当时绘画时颜料的调配有关系,不同绘画部位的颜料的调配比例存在着差异。

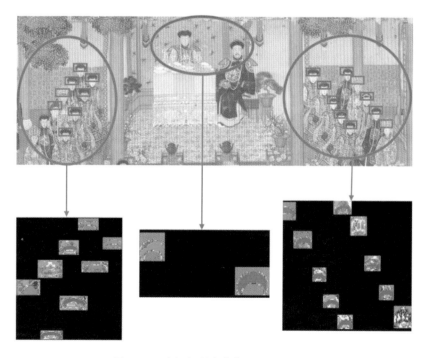

图 9.11 头冠颜料隐藏信息提取结果图

9.3.3　唐卡颜料信息提取

9.3.3.1　释迦牟尼佛本生故事唐卡文物

唐卡,亦称"唐嘎""唐喀",藏语译音,基本意思就是指用彩缎织物装裱成的卷轴画。唐卡是藏族文化中一种独具特色的绘画艺术形式,具有浓郁的地域色彩,题材包罗万象,除了宗教画之外还包括历史、民俗、医学、工艺等内容,具有通史性、趣味性、知识性、宗教性、工艺性等特点,堪称西藏文化的百科全书,对人们全面解析西藏的文化、历史具有重要的价值。

图 9.12　释迦牟尼佛本生故事

图 9.12 所示的释迦牟尼佛前传故事唐卡创作于 18 世纪,是清代乾隆年间宫廷画师的顶级作品,嘎玛嘎赤风格。画面正中为释迦牟尼佛,黄色身,螺发高髻,寂静相,头后是圆形华盖,身披红色袈裟,身后是天青色的圆形身光,左手持钵,右手施触地印,全跏趺坐于莲座上。主尊周围是释迦牟尼佛前传故事图,连环画构图,细节生动清晰,娓娓道来,简明易懂。

9.3.3.2　颜料信息提取

对全景影像颜料进行识别提取,利用 SMACC 算法提取出的 6 种端元光谱,通过光谱角匹配算法对比分析颜料光谱库中光谱,判断 6 种颜料分别为白垩土、雄黄、金粉、石绿、石青、朱砂。通过全约束最小二乘算法求解不同颜料的丰度,结果如图 9.13 所示,红色表示丰度值高,黑色表示丰度值低。

由图 9.13 可知,白垩土在整幅作品中分布范围较广,除了几个石青和石绿丰度较高的地方,其他位置基本都有白垩土,白垩土主要用于不同颜色的调和,使其产生丰富的色彩变化;雄黄主要集中在释迦牟尼佛像主尊腿部、莲花底座及周围背景的帷幔、房屋等;金粉主要用来绘制释迦牟尼佛像主尊的金身;石绿在整幅作品中分布较多,并通过不同含量、不同颗粒度的颜色展现不同背景颜色的深浅和层次的丰富;石青主要用于绘制佛像的头发。莲花底座以及周围背景中的天空和湖泊;朱砂主要用来绘制释迦牟尼佛像主尊袈裟上的花纹、莲花底座和背景中的帷幔等。

这些颜料使用的方式符合唐卡矿物颜料的常规使用模式:红色往往为朱砂;黄色为石黄或雄黄,用于绘制佛祖的体色,该唐卡中,佛祖的体色为金色,是在雄黄为底色的基础上加以黄金颜料绘制的;唐卡天空颜色很深,往往用石青来绘制;而唐卡上的白色,往往为碳酸钙类矿物,如白垩土、砗磲等,除开白云等背景外,白色还常常被用于淡化其他颜色,调配出淡粉、淡绿、淡蓝等色彩;唐卡上的绿色常常为石绿,用于表现唐卡上青山绿水等背景;唐卡上的描金为金箔磨粉绘制,往往用于佛像金身的描绘。

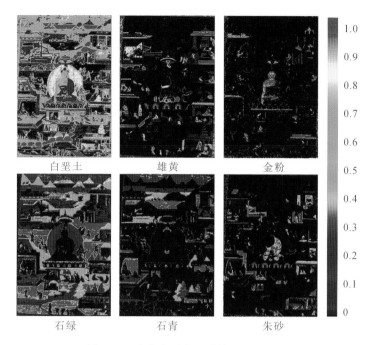

图 9.13 全约束最小二乘算法解混结果

9.4 书画文物隐藏信息提取

文物的隐藏信息是包含在文物中的微弱信息,主要包括作画时的涂抹信息、隐藏文字信息、后期修复信息等。传统文物鉴定工作主要依靠有经验的文物鉴定人员进行甄别,主要依据文物材质、创作风格、年代等信息,采用目视对比判别的方式进行鉴定。传统文物鉴定方式对工作人员技术要求非常高,且容易出现误差。隐藏信息可能与文物绘制、流传等经历相关,可以为我们探求文物深层信息提供线索和帮助,也可以为文物鉴定工作提供一种新的方式。

但是文物的隐藏信息非常微弱,很难观察到,难以被利用。目前利用成像的方式提取隐藏信息的研究非常少,主要是因为:①文物中包含的信息十分丰富,隐藏信息相对微弱,易被主要信息掩盖,难以以数据的形式记录下来;②即使以成像的方式被记录下来,在数据影像上,隐藏信息属于弱信息,受背景信息影响,一般信息提取方式难以奏效。

与传统的遥感数据相比,高光谱遥感影像数据具有几十个乃至几百个窄波段的连续光谱覆盖,在记录地物目标空间特征的同时,也对每个空间像元采集光谱数据,可以利用地物细节光谱特征有效区分、识别目标。本章节主要针对文物隐藏信息难的问题,利用高光谱遥感成像技术研究黄肠题凑墨书提取、印章字迹提取,以及唐卡修补信息提取等,协助文物工作人员了解古代墓穴中的记录信息,识别印章字迹及年代信息,获取唐卡年代和修缮情况,为文物的修复鉴定提供技术支持。

9.4.1 文物隐藏信息提取方法

9.4.1.1 主成分分析方法

高光谱图像的不同波段之间存在着一定的相关性，从直观上看，就是相邻波段的图像很相似，从提取有用信息的角度考虑，有相当大一部分数据是多余和重复的。主成分分析的目的就是把原来多个波段图像中的有用信息进行集中的，将原数据中主要信息集中到数目尽可能少的新的主成分图像中，并保证这些主成分图像之间互不相关，也就是说各个主成分包含的信息内容是不重叠的，从而在保留原始图像主要信息的前提下，大大减少影像数据量，达到增强或提取图像信息的目的。

主成分变换，又称作离散(karhunen-loeve,K-L)变换，是对某一高光谱图像 X，利用 K-L 变换矩阵 A 进行线性组合，而产生一组新的高光谱图像 Y，表达式为：$Y=AX$。式中，X 为变换前的高光谱空间的像元矢量；Y 为变换后的主分量空间的像元矢量；A 为变换矩阵。变换前各波段之间有很强的相关性，经过变换组合，输出图像 Y 的各分量之间将具有最小的相关性。

9.4.1.2 特征选择算法

特征波段一般是通过对地物光谱特征的分析得到。对于地物特征波段的选择，首先根据其光谱数据进行分析，得到其在波段范围内的具有诊断性的一些光谱特征；其次，将对应这些光谱特征的波段进行提取，这些波段就可以作为该地物的特征波段。一般特征波段的选择有两种方式：光谱特征定位和光谱距离计算。

光谱距离计算方法利用不同的度量准则进行计算，从数据的角度来判断各波段反射率差异。例如，一般来说计算待区分目标，其特征向量之间的距离，可以采用马氏距离、欧氏距离等相似性度量来评价。图 9.14 为白云石和高岭石的光谱反射率曲线，比较两者之间的特点可以发现，从可分性角度而言，在 2.17 μm 和 2.38 μm 波长范围部分，两者之间的距离相差较大，则这两个波段可以提取为特征波段。

在完成提取特征波段过程之后，需要对该光谱特征进行评价，作为一种参量化的描述，则需要对这些特征波段的光谱曲线反射率进行相应的数值运算。光谱特征的参量化描述过程主要有三种方法：光谱斜率计算、二值编码匹配、吸收指数。

光谱斜率计算是指将地物光谱曲线模拟成一段近似于直线段的光谱曲线，这条模拟出来的直线的斜率即为光谱斜率。若光谱斜率大于 0，则代表坡向为正值；若光谱斜率小于 0，则代表坡向为负值；若光谱斜率等于 0，则代表坡向为 0。

光谱二值编码简单理解是将光谱曲线分成若干个部分，然后依次对光谱曲线进行分段编码，具体的编码形式：设定编码所需的阈值，则若某一波段范围的光谱反射率大于该值，则编码值定为 1，若某一波段范围的光谱反射率小于该值，则编码值定为 0。除了这种较为简单的分段编码方式，还可以将二值编码进行扩展，编码的阈值设置范围可以设置为多位数，并且可以对相邻波段进行编码，通过相邻波段的波段运算等进行编码，以提取特征波段，增加波段间差异。

光谱吸收指数是用来描述光谱曲线的吸收特征的。光谱吸收特征一般可由相邻两个吸收谷点与谷点构成的肩部来计算。图 9.15 即光谱吸收指数的示意图。光谱吸收指数包括下面几个参量部分：吸收位置（AP，即在光谱曲线对应的吸收谷中，反射率最低值所对应的波长）、吸收深度（AD，即光谱曲线中的一个吸收谷中，反射率最低点与归一化包络线上相应点之间的距离）、吸收宽度（最大吸收深度一半值处所对应的光谱带宽 FWHM，full width at half the maximum depth）。对于光谱曲线来说，除去这三项定量化指数以外，还可用光谱曲线进行描述，光谱吸收特征对称性可以定义为：某一光谱吸收谷中，吸收位置右侧区域面积与左侧区域面积比值的常用对数。

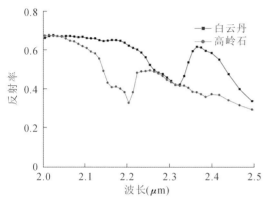

图 9.14　白云母和高岭石的光谱反射率曲线　　　　图 9.15　光谱吸收指数示意图

9.4.2　黄肠题凑墨书文字提取

9.4.2.1　定陶圣灵湖黄肠题凑文物

定陶圣灵湖黄肠题凑汉墓，位于山东省定陶区，在马集乡镇的大李家村西北方向约 2 000 m 被发现。该汉墓采用的黄肠题凑的墓穴结构（图 9.16）是目前我国考古发现的研究意义最为重要的汉代大型黄肠题凑墓穴。其规模、规格、保存完整度均排在汉墓之首，极具考古科研价值。墓葬的内部结构现存分为两个部分。该墓葬属于"甲"字大型柏木椁墓，墓道采用斜坡式，墓道的两侧均带有二层的台子。墓坑的形状呈现为近方形，属于地上墓坑。墓室是墓葬的主体结构部分，其近方形的结构中整体采用青砖砌成，作为保护墓室的屏障，长约 23 m。柏木墓室的结构包括侧室、耳室、甬道、门道以及黄肠题凑等部分，其中侧室 12 个，耳室 8 个，门道 4 个，结构中间的中室部分是棺木放置的位置。墓室呈对称结构，整个墓室中用柏木搭建，其中外室部分所用柏木近 21 000 根，各个侧室所用柏木中近 12 006 根，其他包括回廊以及中室四周均由黄肠木围建，共 2 412 根。此次发现的墓穴较为特殊的地方在于，在柏木以及垒砌所用的青砖上面，发现了大量的文字信息，包括朱字、墨书以及符号等，文字涉及的内容包括人名、地名、数字等信息，据统计，其所涉及的人名姓氏有 30 余种。

"题凑"是一种古代葬式,开始于上古,在汉代最为常见,汉代以后就很少再使用。"题凑"在结构上的特点体现在两个方面:一是每一层之间均采用平铺、叠垒的方式,一般不用榫卯;二是"木头皆内向",即用于垒筑题凑四壁的柏木和椁室壁板相互垂直(图9.17)。黄肠即柏木之中心部分,颜色呈现为黄色而质地致密,也被称作"刚柏",以木色淡黄而得名。"黄肠题凑"一名最初在《汉书·霍光传》中被提及,文中讲述,根据汉代的礼制,黄肠题凑与梓宫、便房、外藏椁、金缕玉衣等同属于帝王陵墓的种类。但个别大臣或人员,因功劳显著、地位高贵,经朝廷赏赐也可以使用。

山东菏泽市定陶县的定陶王墓地(王陵)M2汉墓于2010年开始进行抢救性考古发掘,出土的"黄肠题凑"形制的墓葬属于一座大型饱水木质结构建筑。该王陵"黄肠题凑"的墓葬形制保存完整,整体用材量约为 2 200 m³,是目前已经发掘出土的规模最大的一座"黄肠题凑"墓葬。"黄肠题凑"葬制是西汉时期盛行的帝、后和同制的诸侯王、后使用的一套葬制,必须用黄心柏木枋构成,否则便不成其制,因此是西汉最高等级的葬制之一。根据木质结构、随葬品和古代文献记载,推测有可能为西汉晚期汉哀帝之生母丁姬的墓葬。定陶汉墓遗址被评为全国重点文物保护单位和"2012 年度全国十大考古新发现"。

在对黄肠题凑木条的保护过程中,三层柏木在拆除两个榫头后,偶然发现柏木两两对贴的内侧依稀呈现墨书痕迹。由于木材已遭受约2000年的腐蚀,变色发黑严重,并且表面被残留污染物及盐霜覆盖,凭肉眼难以清晰辨认字迹。但由于碳分子的 z 典型吸收位置可以判定其为墨书,但是除此之外并不能确定其文字内容,给考古工作带来了极大的困难。利用普通可见光成像手段,也难以得到清晰的文字图片。在保证无损探测的基础上,本次研究在短波红外波段对目标进行高光谱成像,利用物体对不同的波长反射响应不同的特点,得到了相对清晰的文字图片,结合光谱分析技术,有效地识别了柏木间的文字信息,为考古工作的顺利进行提供了有利条件。

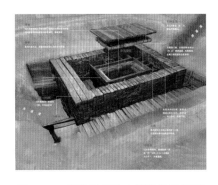 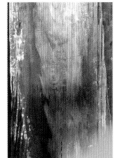

图 9.16　定陶汉墓的内部结构示意图　　　图 9.17　定陶汉墓黄肠题凑木样块局部照片

9.4.2.2　墨书文字提取

图 9.18 所示的是从高光谱成像数据中提取的木料与墨书各自的光谱曲线,纵坐标为反射率,横坐标为波段,波段范围 350～2 500 nm,图 9.18 中右侧曲线是木料的光谱曲线,木料在 1 400 nm、1 900 nm、2 300 nm 分别有小的吸收谷,对应着木料的不同组成成分的光谱特征。与木料光谱不同的是,墨书的反射率的值在各个波段上的值都很低,而且波动不大,都

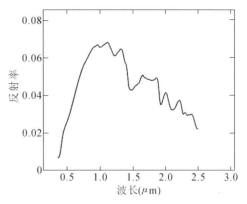

图 9.18 木料与墨书颜料的反射光谱曲线

在 2% 左右,如图 9.18 左侧光谱所示。一般墨书都是利用炭黑等材料绘制,炭黑在各波段都有着较强的吸收,而木料等则是在各波段有着较强的反射,因此相对于炭黑的暗色调,木料在各波段影像上表现为浅色调,两者就有了较大的反差,有利于隐藏墨书文字的提取。这也是高光谱成像数据提取墨书信息的物理基础。

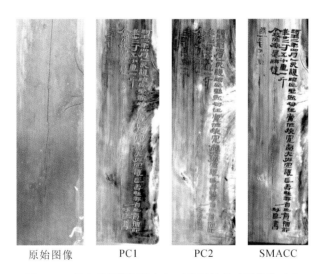

| 原始图像 | PC1 | PC2 | SMACC |

图 9.19 柏木的原始图像与经过分析处理后图像的对比

图 9.19 为柏木的原始图像与处理影像,从左到右依次为用相机拍摄的柏木表面图像,字迹几乎消失不见;PC1-PC2 为短波红外 1 000~2 500 nm 经过 PCA 处理后的图像,其中 PC1 包含了原始图像 90% 以上的信息;SMACC 图像为短波红外影像经过 SMACC 算法处理的图像,文字信息清晰可辨。原始图像由于年代久远,木材侵蚀等原因,柏木表面发黑,文字信息非常模糊,难以辨别。经短波红外系统扫描成像后的高光谱影像,由于木材和炭黑的反射率不同,可以将木料与墨书进行区分,从而识别出文字信息。为了提取隐藏的文字信息,利用光谱分析技术对图像进行处理。经过 PCA 变换后,高光谱图像达到了降维的目的,PCA 变换后前两个

主成分图像包含了原始图像 94％ 的有效信息,所以文字信息可以很清楚地辨别出来。利用 SMACC 算法提取的文字信息结果,较 PCA 变换结果更加清晰,容易辨别。利用图像的信息进行比较,可以看出,经过分析处理后的图像,文字有效信息较原始图像丰富,且 SMACC 算法提取的文字信息较 PCA 变换提取结果更清晰。

图 9.20 为与图 9.19 所示柏木相对贴合的另一块柏木,原始图像只能勉强看到墨书痕迹,经短波红外系统扫描成像后图像 PCA 变换后,文字信息得以加强,但是不能得到完整的字形,SMACC 算法处理后的图像,可以有效地还原字体的轮廓。该块柏木文字更为模糊,只包含了一部分文字信息,而且文字痕迹存在断裂缺失的现象。分析处理后,PCA 变换得到的第一主成分图像与第二主成分图像加深了文字的轮廓信息,但仍然不能清晰辨别出完整的字形,文字笔画间断裂缺失现象仍存在。基于 SMACC 算法提取的文字结果很好地还原了文字信息。可以看出 SMACC 在文字更为模糊、字形不完整时,提取信息的能力更强、效果更好。

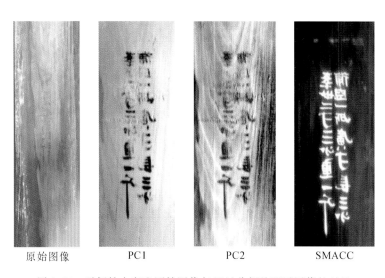

原始图像　　　　　　PC1　　　　　　PC2　　　　　　SMACC

图 9.20　对侧柏木字迹原始图像与经过分析处理后图像的对比

9.4.2.3　墨书信息解译

通过短波红外地面成像光谱系统的信息提取及清晰化呈现,黄肠题凑叠压木条内侧文字,考古学者可以初步辨认出"河平二年四月己亥护临匠圣斲奴任赏作掾憲嵩夫佐宣护长寿畦游省匠贺補节……奴良书……令政作丞晏临達"字样,初步反映了定陶汉墓黄肠题凑的制作年代、工匠名称、管理机构、墓葬营造等重要考古信息。"河平二年"属西汉后期汉成帝的年号,时间为公元前 27 年,这很可能表明该题凑木条的制作时间。另有一样块留墨书"……补空一所广寸长三分……",见图 9.21。对侧柏木上文字则为另一块柏木文字的镜像,文字内容一致,内容很可能记录了题凑尺寸规格和制作工艺信息。辨识文字仍需要考古学者通过进一步严谨系统的考证研究。诠释文字蕴含的历史背景和文化信息。这是定陶汉墓发掘以来,首次利用新型科技手段对隐藏字迹进行提取辨认,这一方法也可为其他墨书文物的识别及古代壁画轮廓线的信息提取提供借鉴参考。

图 9.21 为四块两两对立紧密贴合放置的柏木的文字信息,图中书写为柏木上原来书写

图 9.21　两块柏木文字解译结果

的墨书文字,印迹为经过浸润由另一块木头上的文字信息作用的结果。浸润现象是指当液体与固体接触时,液体的附着层将沿固体表面延伸的现象。液体与固体接触处形成一个液体薄层,叫作附着层。附着层里的分子既受固体分子的吸引,又受液体内部分子的吸引。如果附着层分子受固体分子吸引力相当强,附着层分子比液体内部更密集,附着层就出现液体相互推斥的力,造成跟固体接触的液体表面有扩展的趋势,形成浸润。

　　针对定陶汉墓的题凑结构中两块紧密贴合的柏木,对其上文字信息进行提取解译,得到提取结果,如图 9.21 所示。从两块柏木提取结果可以看到,文字内容一致,文字形状呈镜像显示。这是因为题凑结构要求柏木去皮,保证了接触面平滑,两块柏木紧密贴合,而两块柏木间微小的缝隙由于油墨以及水分子填充,形成水膜,水膜附着在柏木接触面上,柏木平躺放置,水膜延伸到柏木的整个接触面,达到形成浸润现象的条件。分子间作用力的吸引,导致一侧柏木上的文字信息,经过长年累月的作用,扩展到了对侧的柏木上,从而形成了镜像文字。本研究说明了文字文物随年代积累,在特定的条件下,会发生浸润现象。浸润现象的发生在一定程度上证明了文物的年代,也为文物鉴别提供了一种证明手段。

9.4.3　印章字迹信息提取

　　印章文物来源于故宫收藏的一幅未知年代的书法,其印章处画面由于年代侵蚀,受损严重,且长满霉渍,字迹难以辨认。利用地面成像光谱仪的可见光近红外波段对印章处画面扫描成像,得到其高光谱影像数据(图 9.22)。由于印章处画面含有大量的朱砂,需要提取印章的字迹信息,分析朱砂的光谱特征,如图 9.23 所示,朱砂光谱曲线在可见光部分有类似植物的"红边"的反射峰,可以利用该特征进行信息提取。

　　利用朱砂光谱特征中的吸收谷 570 nm 与反射峰 648 nm 进行波段运算,其分别对应着高光谱影像中的 110 波段和 153 波段。选取下面几种波段运算:

$$\text{index}(1) = B_{153}/B_{110} \tag{9.10}$$

$$\text{index}(2) = B_{153} \cdot B_{110} \tag{9.11}$$

$$\text{index}(3) = B_{153} + B_{110} \tag{9.12}$$

$$\text{index}(4) = \frac{B_{153} - B_{110}}{B_{153} + B_{110}} \tag{9.13}$$

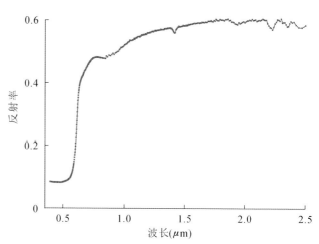

图 9.22　印章高光谱影像

（可见光近红外波段）

图 9.23　朱砂光谱曲线图

提取结果如图 9.24 所示。

index(1)字迹提取结果图　　　　index(2)字迹提取结果图

index(3)字迹提取结果图　　　　index(4)字迹提取结果图

图 9.24　各指数字迹提取结果

由提取图可发现,利用朱砂光谱特征波段进行指数运算均可以有效提取出印章的字迹信息,有效信息得到了增强。其中 index(1)、index(3) 的提取结果最好,有效字迹可以清楚地识别,且其他信息得到了抑制,index(4)的提取结果最差,有效信息最少。出现这种结果的原因主要是印章字迹属于凹陷,其凹痕中朱砂含量较印章其他部分含量多,所以对于 index(1)、index(3) 来说,将朱砂的特征进行了增强,故间接使字迹部分的信息得到了加强,提取结果更明显。

9.4.4　唐卡修补信息提取

9.4.4.1　长寿佛唐卡文物

长寿佛唐卡文物(图 9.25 所示)是 18 世纪绘画作品,绘画风格为京派雍和宫风格,属于宫廷风格,较为名贵,为勉唐派作品,格鲁派传承。该幅唐卡绘制的是长寿佛,长寿佛端坐于正中,上方从左到右依次是白度母、释迦牟尼和绿度母,下方从左到右依次是财宝天王、六臂大黑天和黄财神。

长寿佛唐卡由矿物颜料和植物颜料绘制,植物颜料绘制的主要是淡紫色和淡粉色区域。因年代久远,该幅唐卡出现了画面蒙灰和颜料褪色、脱落的情况,有些地方甚至出现画面撕裂和缺失,但是经过专业修复,表面已经看不出破损和修复痕迹。随着岁月流逝,矿物颜料会发生褪色,即使通过原区域使用的矿物颜料种类进行修复,也很难达到与原区域相同的颜色。修复唐卡时,主要以待修复区域的颜料颜色为标准,将多种颜料调和,配制出与待修复区域颜色最接近的颜色。因此,即使原来的区域由矿物颜料绘制,修复时也不一定使用矿物颜料,可能是将矿物颜料、植物颜料和化学颜料混合,使最终调配出的颜色最接近原画面颜色,这就为唐卡修复信息的高光谱提取创造了条件。

9.4.4.2　修复信息提取

该幅长寿佛唐卡经过后期修复,但修复效果较好,表面完全看不出破损和修复痕迹。利用可见光和短波红外地面高光谱成像系统,对该幅唐卡扫描成像,获得唐卡的可见光和短波红外高光谱影像数据,如图 9.26 所示。

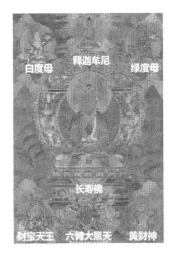

(a) 可见光　　　　　　　　(b) 短波红外

图 9.25　长寿佛唐卡示意图　　　　　图 9.26　长寿佛唐卡高光谱影像

对获取的可见/近红和短波红外高光谱影像分别进行主成分变换,选取前几个信息含量较多的主成分进行分析。

图 9.27 是唐卡可见/近红高光谱影像的主成分变换结果,PC1 包含了原始影像 90% 以上的主要信息,突出显示了石青和石绿颜料的分布情况;PC2 主要显示了画作的线描信息,以及朱砂的分布;PC3 显示了画作大的轮廓信息,以及雄黄的分布情况;PC4 显示了一些修复信息,但比较微弱,如右侧山峰的灰色区域,右上方的白色圆形区域;PC5 也显示了一些细节信息,但没有 PC2 所包含的信息量大;PC6 大部分是条带噪声。

图 9.28 是唐卡短波红外高光谱影像的主成分变换结果,PC1 主要显示画作的线描信息,以及隐藏在外层颜料下面的修复痕迹,如两侧山峰的白色区域;PC2 大部分都是噪声,几乎看不到轮廓信息;PC3 相对于 PC1,线描等细节信息减弱,更加突出修复信息,如两侧山峰位置,以及右上角的白色、呈放射状的区域;PC4 和 PC5 条噪声较大;PC6 也显示了一些修复信息,但没有 PC1 和 PC3 明显。

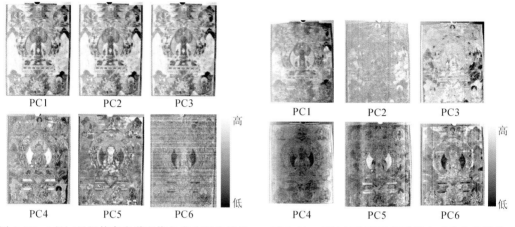

图 9.27　可见/近红外高光谱影像主成分变换结果　　图 9.28　短波红外高光谱影像主成分变换结果

选择显示修复信息较多的主成分,将可见/近红影像的 PC2、PC4 和 PC5 分别显示为红、绿、蓝,短波红外的 PC1、PC3 和 PC6 分别显示为红、绿、蓝,如图 9.29 所示。与可见/近红的主成分变换 RGB 合成图相比,短波红外的合成结果能更好地显示画作的修复痕迹,这是由于可见/近红的高光谱影像主要显示作品的颜色信息,而短波红外可以显示表面颜料层下面的信息。

(a) 可见光　　　　　　　　(b) 短波红外

图 9.29　主成分变换 RGB 合成图

对比发现，画作上有 4 处较为明显的修复痕迹，在图 9.26(b)中，分别位于区域 1 的绿色位置，区域 2 黄色十字形的位置，区域 3 黄色放射状的位置和区域 4 黄色的位置。图 9.26(a)中，区域 1 的磨损痕迹较明显，区域 2 的位置可以看到微弱的十字形修复痕迹，区域 3 的修复信息几乎不可见，区域 4 的修复痕迹不是很明显。

9.5 书画文物高光谱无损检测系统平台

书画文物中往往有许多大幅面的字、画、唐卡等，如果只对局部点进行分析，可能会错过重要信息，最好能够对书画文物进行整体分析。而常规的成像光谱技术，可见/近红外谱段和短波红外谱段分开成像，且缺乏均衡的光照条件，难以实现整个幅面的无畸变高光谱扫描成像，会造成后续光谱波段的辐射校正、几何校正、拼接工作量增加等影响，也带来一定误差影响。

9.5.1 大幅面高精度文物高光谱成像仪

大幅面高精度文物光谱成像自动扫描系统具有可见/近红外（visible and near infrared，VNIR）和短波红外（short wave infrared，SWIR）共光路设计，光谱范围 $400\sim2\,500$ nm，且光源与仪器同步运动保证成像幅面。可见/近红外和短波波段空间维像素个数分别为 1 600 个和 384 个；系统瞬时视场角优于 1.5 mrad。为满足大幅面古画样品的高光谱成像，系统最大成像幅面设计为 2 m×2 m，自动化扫描平台在采集程序控制下按照设定的路线进行数据的采集工作。

9.5.1.1 扫描系统

如图 9.30 所示，整个系统采用龙门架的方式，有三个移动维度，高光谱系统固定在龙门架的上方中部位置。Z 轴可以活动的空间为 30 cm，主要用于调整焦距，调节高光谱系统到文物样品的距离为设计值，然后调节透镜的焦距。此后 Z 轴的位置固定不变，X 轴和 Y 轴的可移动范围为 2 m，由此带来的有效益处为扫描平台可以对 2 m×2 m 大小的画作进行扫描成像。高光谱系统和平台紧密固定连接，在伺服电机的带动下随着平台一起移动。通过程序控制平台的移动轨迹，控制高光谱仪在样品上的移动方式。为了方便高光谱数据的后续拼接处理，平台的移动采取"之"字形方式，即为 Y 轴平台移动到合适位置固定，X 轴平台匀速缓慢移动，带动高光谱仪器系统在文物样品匀速略过，通过调整高光谱系统的采集速度和 X 轴平台的移动速度从而获取文物样品的高光谱数据。为方便高光谱数据的拼接处理和其他后处理，系统设计尽量保证光照的均匀性，将均匀线照明光源固定在 X 轴移动平台上，与高光谱系统同步移动。光源的照明角度和高光谱仪系统的采集角度保持不变，由此可以保证获取高光谱数据亮度基本一致，有利于保证拼接后高光谱图像的亮度一致，不会出现局部较亮而另一区域较暗的情况，有利于后期高光谱数据的处理。图 9.31 为文物高光谱扫描平台移动轨迹示意图。

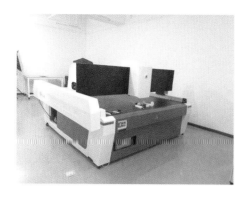 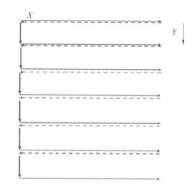

图 9.30　面向文物修复的高光谱扫描系统实物图　　图 9.31　文物高光谱扫描平台移动轨迹示意图

9.5.1.2　成像光谱仪

如图 9.32 所示，系统中悬挂的设备为可见/近红外和短波红外全谱段的高光谱设备。采用了一分二的光路结构，可见/近红外和短波红外的光谱仪设备对同一条样品扫描线进行成像。其中样品同一个扫描行的漫反射光通过狭缝后被二向色镜分为两路：可见/近红外和短波红外光谱仪系统。各自光路系统由聚焦透镜、狭缝、光栅、探测器等组成。

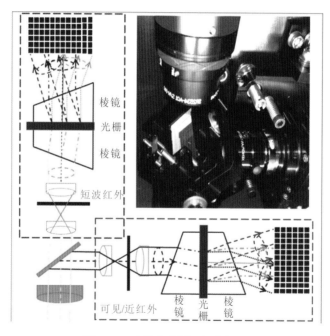

图 9.32　光路分光原理与实物图

根据系统设计原理，每一路光谱成像系统结构上分为望远镜系统与二次成像系统，狭缝将望远系统与二次成像系统有机结合为一体。望远系统将来自样品的漫反射光会聚在二次成像系统的入射狭缝上，光通过狭缝后被准直，穿过色散元件，再汇聚到面阵探测器上,探测器光敏面平行于狭缝的方向称为空间维,每一行的光敏面元是地物条带一个光谱通道的像;探测器光敏面垂直于狭缝的方向是光谱维,光敏面每一列光敏面元上是地物条带一个空间采样视场(像元)光谱色散的像。光谱成像系统每次成像对应于样品一条扫描线处的光谱信息,随着样品的移动就可以得到整个样品的光谱成像数据。图 9.33 为全谱段光谱仪系统外观图。

成像光谱仪的详细参数如表 9.3 所示。

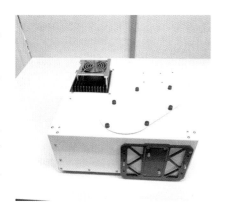

图 9.33　全谱段光谱仪系统外观图

表 9.3　Co-registered VNIR-SWIR **全波段高光谱成像仪**

项目	参数	
光谱范围	VNIR(400~1 000 nm)	SWIR(950~2 500 nm)
光学设计	高光谱同心反射光学系统	
波长范围	400~2 500 nm	
空间通道数	1 600	384
空间配准像素数	384	
狭缝宽度	20 μm	25 μm
光谱采样值(nm)	1.6	9.6
传感器类型	sCMOS	Stirling 制冷 MCT
位深	16 bit	
最大帧率	200 fps	

9.5.1.3　光源系统

高光谱成像系统的照明模块采用卤素光源(如溴钨灯等),其发射光谱可以覆盖 380~2 500 nm,发射功率稳定,光谱平滑,无特征谱线,适合用于反射光谱测量,且无紫外线,不会对文物造成紫外伤害。照明方式上,采用专门设计的匀化带状照明方式,如图 9.34 所示,在工作区域内光照均匀性可达到 95%(水平),且可避免传统线照明光源在拍摄立体物体时光照不均匀的情况。基于文物应用安全性的考虑,在照明体制上会设计专门的照度调节器,在保证照度均匀性的前提下实现照度的连续动态变化,在最大程度上避免照明对文物的影响。为避免卤素灯光源发热影响光谱成像设备的其他系统,采取卤素灯光源及光源控制外置。

图 9.34　线光源实物及均匀照明区域

9.5.2 文物高光谱图像分析软件系统

文物高光谱图像分析软件采用 C++语言和 QT 开发框架开发,具备跨平台运行能力,包含文件、预处理、光谱库、颜料提取、线描提取、符号提取、专题制图和帮助八大主要功能模块,每个模块又包含多个数据处理功能。此外,软件还包括基本工具和缩放功能模块。

整个系统的逻辑架构设计总共分为三层:基础底层、应用功能层以及 UI 层。

(1)基础底层为系统提供最基本的操作:对成像光谱仪数据的 I/O 操作、基本的数学运算,如统计类。由于成像光谱仪数据量很大,因此要求图像的 I/O 操作具有稳定的处理能力。

(2)应用功能层提供系统业务处理的基本模块,依据模块的功能,可以分为三个部分:包含图像基本处理功能以及数据转换的基础模块;包括辐射、几何校正以及反射率转换的专用数据预处理模块;面向成像光谱仪数据分析的专业应用模块,如颜料提取模块、线描提取模块、符号提取模块、专题制图模块等。

(3)UI 层主要提供与用户交互的软件功能与界面。提供专用于高光谱图像的显示模块以及光谱曲线显示模块。

三个层次均保持由高层调用低层的层次关系,应用功能层三个部分的模块实现高内聚、低耦合的软件设计原则。

对于应用功能层的各个功能模块,以包的形式进行组织。

系统主要由十个功能模块组成,即文件、预处理、光谱库、颜料提取、线描提取、符号提取、专题制图和帮助八大主要功能模块,以及基本工具和缩放功能模块。为满足文物高光谱数据智能分析的需求,减少人机交互,使数据分析处理后台化,每个应用模块的界面设计遵循网页设计的通用原则,即 KISS(keep it simple and stupid)原则,使应用功能模块操作简洁明了。图 9.35 为软件系统的十个功能模块及各模块下包含的子功能。

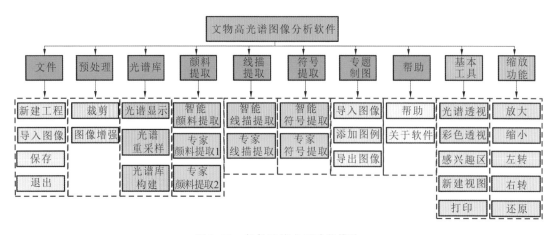

图 9.35 软件系统主要功能模块

图 9.36 是软件的主界面,整个界面风格、LOGO、图表等采用中国风设计风格。软件菜

单栏采用选项卡形式,共有文件、预处理、光谱库、颜料提取、线描提取、符号提取、专题制图和帮助八个选项卡,每个选项卡下包含具体功能。软件左右两侧的图层管理、数据管理、光谱曲线、文件信息和波段选择等功能窗口可自由拖放和关闭,方便用户使用。中间的主显示窗口可自由分屏,每个分屏窗口可显示不同的数据处理结果。

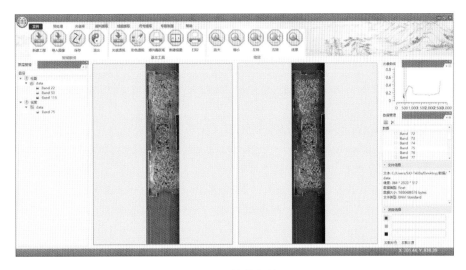

图 9.36　软件主界面

参 考 文 献

BALAS C，PAPADAKIS V，PAPADAKIS N，et al.，2003. A novel hyper-spectral imaging apparatus for the non-destructive analysis of objects of artistic and historic value[J]. Journal of Cultural Heritage，4：330-337.

BARONTI S，CA SINI A，LOTTI F，et al.，1998. Multispectral imaging system for the mapping of pigments in works of art by use of principal-component analysis[J]. Appl Opt，37(8):1299-1309.

CASINI A，LOTTI F，PICOLLO M，et al.，1999. Image spectroscopy mapping technique for noninvasive analysis of paintings Studies in Conservation Vol 44，No 1[J]. Studies in Conservation，44(1):39-48.

CLOUTIS E，MACKAY A，NORMAN L，et al.，2016. Identification of Historic Artists′ Pigments Using Spectral Reflectance and X-Ray Diffraction Properties I. Iron Oxide and Oxy-Hydroxide-Rich Pigments[J]. Journal of Near Infrared Spectroscopy，24(1):27.

CLOUTIS E，NORMAN L，CUDDY M，et al.，2016. Spectral reflectance (350-2500 nm) properties of historic artists′ pigments. II. Red-orange-yellow chromates，jarosites，organics，lead(-tin) oxides，sulfides，nitrites and antimonates[J]. Journal of Near Infrared Spectroscopy，24(2):119-140.

LI Q，NIU C，2015. Feature-enhanced spectral similarity measure for the analysis of hyperspectral imagery [J]. Journal of Applied Remote Sensing，9(1):096008.

HAIDA，LIANG，2011. Advances in multispectral and hyperspectral imaging for archaeology and art conservation[J]. Applied Physics A，106(2):309-323.

SUN M，ZHANG D，WANG Z，et al.，2015. What's Wrong with the Murals at the Mogao Grottoes：A Near-Infrared Hyperspectral Imaging Method[J]. Scientific Reports，5:14371.

WU T，ZHANG L，YI C，et al.，2014. Light weight airborne imaging spectrometer remote sensing system for mineral exploration in China[C]// Proc. of SPIE Vol. 9104，910406. International Society for Optics and Photonics.

白继伟，赵永超，张兵，等，2003. 基于包络线消除的高光谱图像分类方法研究[J]. 计算机工程与应用，39 (013):88-90.

岑奕，张琳姗，孙雪剑，等，2019. 唐卡丰色矿物颜料光谱分析[J]. 光谱学与光谱分析，39(04):146-152.

陈璇，林文鹏，王瑶，等，2017. 基于包络线法的长江三角洲典型植物光谱识别研究[J]. 海洋环境科学，36 (5):688-692.

丁新峰，2015. 基于高光谱成像技术的文物颜料研究[D]. 北京:北京建筑大学.

巩梦婷，冯萍莉，2014. 高光谱成像技术在中国画颜料分类和识别上的应用初探——以光谱角填图(SAM) 为例[J]. 文物保护与考古科学(04):78-85.

郭新蕾，2017. 基于成像光谱数据的文物隐藏信息提取研究[D]. 北京:中国科学院大学.

侯妙乐，潘宁，马清林，等，2017. 高光谱成像技术在彩绘文物分析中的研究综述简[J]. 光谱学与光谱分析，(6):1852-1860.

刘礼铭，2016. 基于三维重建的超高分辨率壁画快速数字化技术研究[D]. 杭州:浙江大学.

毛政科，张文元，于宗仁，等，2017. 颜料粉末的高光谱成像无损表征技术[J]. 粉末冶金材料科学与工程，(3):429-434.

王乐乐，李志敏，马清林，等，2015. 高光谱技术无损鉴定壁画颜料之研究--以西藏拉萨大昭寺壁画为例 [J]. 敦煌研究，(03):128-134.

武锋强，杨武年，李丹，2014. 基于高光谱成像与拉曼技术的艺术画颜料成分对比检测研究[J]. 矿物学报，034(002):166-170.

杨晓莉，万晓霞，2017. 受干扰光谱信息中矿物颜料粒径信息的获取[J]. 光谱学与光谱分析，37(7):2158-2164.

赵恒谦，2015. 高光谱矿物定量反演模型及不确定性研究[D]. 北京:中国科学院大学.